校企合作双元开发新形态“互联网+”创新型教材
高等职业教育机械设计制造类“十四五”应用型人才培养规划教材

机械加工工艺

（智媒体版）

主　　编　张海秀　李园奇
副 主 编　郑宗慧　雷海峰　许桂云　余晓庆
参　　编　王小九　刘　星
主　　审　李　湘
企业顾问　张　勇　谢志敏　张德勇　杨昌林　袁　林

西南交通大学出版社
·成　都·

内容简介

本书是职业本科院校机械设计制造类专业核心课程教材，是校企合作双元开发的成果，集新形态、信息化教学、“教、学、做”为一体，具有内容新、实用性强的特点。本书以“项目导向、任务驱动”为架构，以基于实际岗位能力需求按新形态教材理念进行编写，并配备相应的信息化教学资源。本书以典型零部件的加工工艺为载体，内容包括机械加工质量控制、机械加工工艺规程设计基础、典型轴类零件的加工工艺设计、盘套类零件的加工工艺设计、异形类零件的加工工艺设计、箱体类零件的加工工艺设计、螺纹类零件的加工工艺设计、圆柱齿轮的加工工艺设计、数控加工工艺设计、特种加工工艺简介，涵盖了机械加工工艺理论基础与项目实践过程。本书可用作机械设计制造及自动化、智能制造工程技术、数控技术、材料成型及控制工程等本科专业的教材，也可作为高职专科院校机械设计与制造、机械制造及自动化、模具设计与制造、机电设备技术、机械装备制造技术等专业的教材，还可作为从事国家装备制造和智能制造产业的企业培养紧缺高端技术技能型人才的参考书。

图书在版编目（CIP）数据

机械加工工艺：智媒体版 / 张海秀，李园奇主编
. —成都：西南交通大学出版社，2022.3
校企合作双元开发新形态“互联网+”创新型教材
高等职业教育机械设计制造类“十四五”应用型人才培养规划教材
ISBN 978-7-5643-8595-8

Ⅰ. ①机… Ⅱ. ①张… ②李… Ⅲ. ①金属切削－工艺学－高等职业教育－教材 Ⅳ. ①TG506

中国版本图书馆 CIP 数据核字（2022）第 024737 号

校企合作双元开发新形态“互联网+”创新型教材
高等职业教育机械设计制造类“十四五”应用型人才培养规划教材

Jixie Jiagong Gongyi（Zhimeiti Ban）
机械加工工艺（智媒体版）

主编 张海秀 李园奇

责任编辑	李 伟
封面设计	何东琳设计工作室
出版发行	西南交通大学出版社 （四川省成都市金牛区二环路北一段 111 号 西南交通大学创新大厦 21 楼）
邮政编码	610031
发行部电话	028-87600564 028-87600533
网址	http：//www.xnjdcbs.com
印刷	四川森林印务有限责任公司
成品尺寸	185 mm × 260 mm
印张	17.75
字数	464 千
版次	2022 年 3 月第 1 版
印次	2022 年 3 月第 1 次
书号	ISBN 978-7-5643-8595-8
定价	49.80 元

课件咨询电话：028-81435775
图书如有印装质量问题 本社负责退换

前言
PREFACE

机械加工工艺课程是机械设计制造类专业的一门主干课程。为了使机械加工工艺课程符合培养高素质技术技能人才的需要，课程开发团队组建了“校企合作”编写团队。本书始终以“机械设计制造类专业岗位职业能力要求”所确定的典型工作任务为依托，以工厂“典型零件的加工”过程为向导，结合企业零件实际生产制造的工作流程，分析每个流程所必需的知识和技能。本书归纳了“机械加工工艺”课程的主要工作任务，选择了合适的载体，构建了主要学习项目；按照任务驱动、项目导向的模式，以职业能力培养为重点，推动“校企合作、工学结合”的育人机制，将真实生产过程融入教学全过程。

《国家职业教育改革实施方案》文件提出，本科层次职业教育要注重实践教育、促进校企合作，另外《职业教育提质培优行动计划（2020—2023 年）》也提出了培养高素质创新型技术技能人才的要求，我校与企业工程技术人员进行深度合作，课程开发团队以“行业引领、企业主导、学校参与”的编写思路，认真分析机械制造企业零件工艺编制、零件生产等岗位的职业能力要求，并按照企业相应岗位的工作流程对课程内容进行了组织，对项目的知识重点与难点配置了三维可视化图像及视频，可通过二维码扫码获取，有利学生自学或课前预习、课后复习。本书体系结构分为两部分：理论基础知识和实践技能训练，注重实践教学，创新意识培养。

本书主要包括 10 个项目，每个项目的内容按照基础理论知识、实践技能训练任务的顺序编写，基本按照企业真实的工作环境来设置实践训练项目。

本书由张海秀、李园奇担任主编，郑宗慧、雷海峰、许桂云、余晓庆担任副主编，李湘担任主审。具体分工如下：项目 1、2、5、8 由张海秀编写，项目 3 由李湘编写，项目 4 由郑宗慧编写，项目 6 由雷海峰编写，项目 7 由许桂云编写，项目 9 由李园奇编写，项目 10 由余晓庆编写，重庆微族科技有限公司高级工程师王小九参编项目 10，重庆机电职业技术大学高级技师刘星参编项目 3 至项目 8，张海秀、李园奇负责教学资源收集、整理和统稿。重庆嘉陵特种装备有限公司生产部主任张勇、高级技师张德勇，重庆红宇精密工业有限公司品质部部长谢志敏、高级工程师杨昌林和工程师袁林担任企业顾问。

由于编者水平有限，书中难免存在疏漏和不足之处，敬请广大读者批评指正。

编　者

2021 年 11 月

数字资源列表

序号	项目	资源名称	资源类型	页码
1	项目 1	试切法车削轴类零件	视频	005
2		仿形车削	视频	006
3		展成法滚齿	视频	007
4		图 1-27 相关视频	视频	019
5		喷丸强化	视频	029
6		滚压加工原理	视频	029
7		项目 1 答案	文本	031
8	项目 2	轴承盖螺钉孔的三工位加工	视频	035
9		图 2-16 相关视频	视频	050
10		图 2-18 相关视频	视频	050
11		图 2-19 相关视频	视频	050
12		项目 2 答案	文本	079
13	项目 3	轴的种类	视频	081
14		轴的毛坯形式	视频	082
15		转轴	视频	085
16		项目 3 答案	文本	096
17	项目 4	法兰端盖	视频	098
18		轴承套	视频	099
19		液压缸	视频	123
20		项目 4 答案	文本	124
21	项目 5	拨叉三维图	视频	126
22		拨叉毛坯三维图	视频	130
23		CA6140 卧式车床拨叉	视频	147
24		车床拨叉	视频	148
25		项目 5 答案	文本	149
26	项目 6	分离式箱体零件	视频	151
27		车床主轴箱体	视频	158
28		车床主轴箱体毛坯	视频	160
29		项目 6 答案	文本	172

续表

目录
CONTENTS

项目 1 机械加工质量控制

教学导读

机械是由许多互相关联零件经加工后按一定顺序装配而成的，因此机械产品的质量取决于零件的加工和装配质量。零件的加工质量是保证产品使用性能的基础。为了满足和保证机械产品的性能要求与使用寿命，必须对零件的加工质量提出合适的要求，并给予控制。

知识要点

理解加工误差、加工精度、机械加工表面质量的概念；掌握尺寸精度、形状精度、位置精度的获取方法；了解影响加工精度和表面质量的因素；了解加工精度和表面质量对零件使用性能的影响；掌握保证和提高机械加工精度和表面质量的有效措施。

重点和难点

加工误差、加工精度、表面质量、机械加工精度和表面质量的获取方法。

素养目标

（1）培养学生的逻辑思维能力以及发现问题和解决问题的能力，引导启发学生的创造思维能力；

（2）培养学生刻苦钻研的学习态度、善于思考的学习方法、脚踏实地的工作作风；

（3）培养学生具备正确的价值观与评定事物的能力，具备一定的语言表达能力和人际交往能力。

模块 1 理论基础知识

1.1 概 述

机械零件在加工过程中，受到机械加工各方面的影响，加工后实际表面几何形状与理想几何形状总是存在一定的误差。这种误差分为宏观几何误差和微观几何误差。宏观几何误差统称为机械加工误差，它包括尺寸误差、几何形状误差和相互位置误差，表达的是机械加工精度的高低。微观几何误差又称表面粗糙度。介于宏观几何误差与微观几何误差之间的周期性几何形状误差，常用波度表示，波度主要由加工系统的振动引起。

同时，零件受到刀具切削部分的挤压和摩擦，在距零件表面一定深度处产生与基体物理力学性能相比具有某些变化的加工表面变质层，这些变化包括表面层加工硬化、表面层金相组织变化和表面层残余应力。

零件的加工质量包括零件的加工精度和表面质量两大部分。其中，零件的加工精度包括尺寸精度、形状精度和位置精度。零件的表面质量包括加工硬化、金相组织变化和残余应力及表面粗糙度。

1.2 机械加工精度

实际加工后零件的实际几何参数与理想零件的几何参数有一定的偏离。加工精度和加工误差是从两个不同方面来评定零件几何参数的，在实际生产中，加工精度的高低是用加工误差的大小来评定和表达的。

1.2.1 加工误差的概念

1. 加工误差

加工误差是指零件加工后的实际几何参数与理想几何参数的偏离程度。实际加工的零件不可能做得与理想零件完全一致，经加工后零件的实际几何参数与理想零件的几何参数的偏离程度称为加工误差。

无论是用试切法加工一个零件，还是用调整法加工一批零件，加工后都会发现可能有很多零件在尺寸、形状或位置方面与理想零件有所不同，它们之间的差值分别称为尺寸、形状和位置误差。

2. 原始误差

造成零件加工后在尺寸、形状或位置加工误差的工艺因素称为原始误差。在零件加工中，造成加工误差的主要原始误差大致可划分为如下两个方面。

（1）工艺系统的原有误差。

在工件未进行正式切削加工以前，加工方法本身存在加工原理误差或由机床、夹具、刀具、量具和工件所组成的工艺系统本身就存在某些误差因素，它们将在不同程度上以不同的形式反映到被加工的零件上去，造成加工误差。工艺系统原有的原始误差主要有加工原理误差、机床误差、夹具和刀具误差、工件误差、测量误差以及定位和安装调整误差等。

（2）加工过程中的其他因素。

在零件的加工过程中，力、热和磨损等因素的影响，破坏了工艺系统的原有精度，使工艺系统有关组成部分产生新的原始误差，从而进一步造成加工误差。加工过程中其他造成原始误差的要素，主要有工艺系统的受力变形、工艺系统热变形、工艺系统磨损和工艺系统残余应力等。

相应的原始误差分类如表 1-1 所示。

表 1-1 原始误差分类

原始误差	
工艺系统的原始误差（静误差）	工艺过程的原始误差（动误差）
原理误差 定位误差 调整误差 刀具误差 夹具误差 机床主轴回转误差 机床导轨导向误差 机床传动链误差	工艺系统受力变形 工艺系统受热变形 刀具磨损 测量误差 工件残余应力引起的变形

3. 误差敏感方向

在切削加工过程中，各类原始误差的影响会使刀具和工件间的正确几何关系遭到破坏，引起加工误差。不同方向的原始误差对加工误差的影响程度有所不同，差别很大。当原始误差方向与工序尺寸方向一致时，原始误差对加工精度的影响最大。

图 1-1 所示为车削外圆时的误差敏感方向。车削时工件的回转轴心是 O，刀尖正确位置在 A 点，设某一瞬时刀尖相对于工件回转轴心 O 的位置发生变化，移到 A'。AA'即为原始误差ΔY，由此引起工件加工后的半径由 R_0 变为 R，$R=OA'$。在三角形 OAA'中，有如下关系：

$$\Delta Y^2 = R^2 - R_0^2 = (R_0 + \Delta R)^2 - R_0^2 = 2R_0\Delta R + \Delta R^2 \tag{1-1}$$

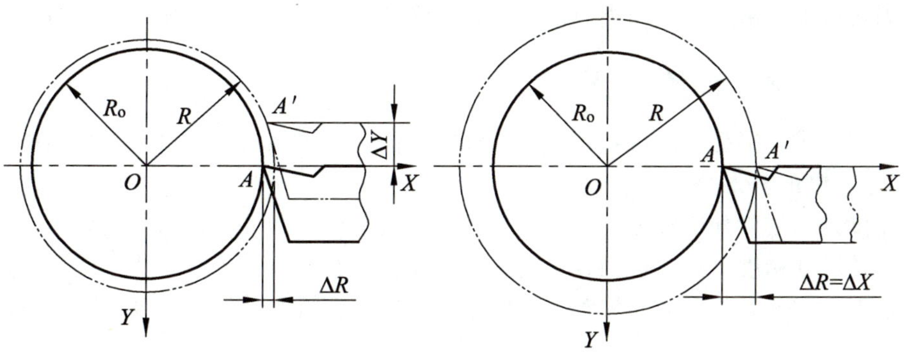

图 1-1 误差敏感方向

由于ΔR很小，ΔR^2可以忽略不计。因此，刀尖在Y方向上的位移引起的半径上（工序尺寸方向上）的加工误差ΔR为

$$\Delta R=\frac{\Delta Y^2}{2R_0} \tag{1-2}$$

设$2R_0 = 40$ mm，$\Delta Y = 0.1$ mm，得到$\Delta R = 0.000\ 25$ mm。

可见，ΔY对ΔR的影响很小。

如果刀具在X方向上存在原始误差ΔX，这时引起的半径上（工序尺寸方向上）的加工误差为

$$\Delta R=\Delta X \tag{1-3}$$

同样可设$2R_0 = 40$ mm，$\Delta X = 0.1$ mm，得到$\Delta R = 0.1$ mm。

可见，ΔX对ΔR的影响很大。

假设在不同方向产生的原始误差值ΔX和ΔY大小相同，但直径上误差值$2\Delta R$相差非常大。由此可知，当工艺系统原始误差引起刀尖和工件在加工表面的法线方向产生相对位移时，该误差对加工精度有直接影响，引起的加工误差为最大；而在加工表面切线方向产生的相对位移的影响最小，可以忽略不计。为了便于分析原始误差对加工精度的影响，把影响加工精度最大的方向（通过刀刃切削点的加工表面法线方向）称为误差敏感方向。

1.2.2 加工精度的概念

机械加工精度是指零件经机械加工后的实际几何参数（尺寸、形状、表面相互位置）与零件的理想几何参数相符合的程度。符合的程度越高，加工精度也越高。将尺寸精度、形状精度和位置精度统称为加工精度。

在一般情况下，尺寸精度、形状精度和位置精度之间存在一定的关系。例如，在确定轴的直径时，通常考虑圆柱表面的圆度和圆柱度；在确定两平面之间的距离时，通常考虑平面度和平行度。在个别情况下，零件的尺寸精度与形状精度之间没有联系。生产中，尺寸精度、形状精度和位置精度之间应该相互适应。尺寸精度高，其形状精度和位置精度要求也高；形状精度应高于尺寸精度，而位置精度在多数情况下也应高于尺寸精度。

保证和提高加工精度，实际上也就是限制和降低加工误差。从保证产品的使用性能要求和降低生产成本考虑，没有必要将每个零件加工得绝对精确，而只要满足规定的公差要求即可。研究加工精度的目的，就是研究如何把各种误差控制在允许的范围内，即在规定的公差范围内，掌握各种因素对加工精度的影响规律，从而寻找降低加工误差、提高加工精度的工艺措施。

1.2.3 加工精度的获取方法

在机械加工中，根据生产批量和生产条件的不同，可采用如下一些获得加工精度的方法。

1. 尺寸精度的获取方法

尺寸精度是对零件加工精度的基本要求，设计人员根据零件在机器中的作用与要求提出了零件应达到的尺寸精度要求，包括直径公差、长度公差和角度公差等。为了使零件达到规定的尺寸精度，工艺人员必须采取各种工艺手段予以实现。获得零件尺寸精度的方法有以下几种：

（1）试切法。

试切法是将刀具与工件的相对位置做初步调整并试切一次，测量试切所得尺寸，然后根据

测得的试切尺寸与所要求达到尺寸之间的差值调整刀具与工件的相对位置，再试切，重复上述过程，直到试切尺寸符合设计要求。图 1-2 所示为用试切法车削轴类零件。

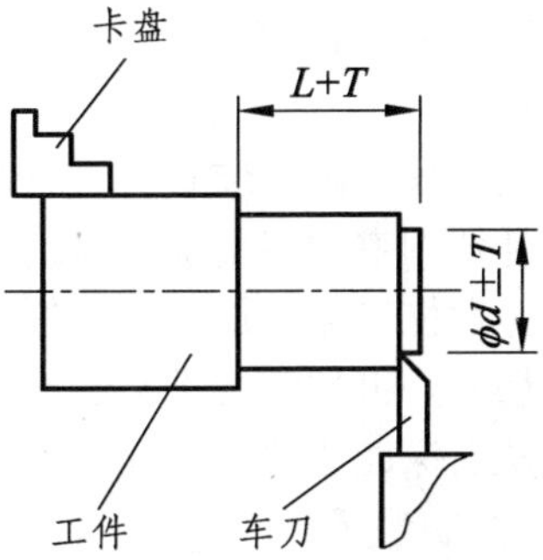

图 1-2　试切法车削轴类零件

试切法车削轴类零件视频

试切法确定刀具与工件的相对位置需经多次调整、试切、测量和计算，因此生产效率较低。但试切法可以达到很高的精度，是获得零件尺寸精度最早采用的加工方法，也是目前常用的能获得高精度尺寸的主要方法之一。用试切法获得高的尺寸精度，与操作工人的技术水平有关。试切法适用于单件、小批量生产或高精度零件的加工。

工件上轴颈尺寸的试切车削加工、轴颈尺寸的在线测量磨削、箱体零件孔系的试镗加工及精密量块的手工精研等，都是采用试切法加工的。

（2）定尺寸刀具法。

这种方法是以相应尺寸的刀具或组合刀具来保证被加工零件尺寸精度的一种方法。

用定尺寸刀具法加工，生产率高，加工后的零件尺寸精度较稳定，几乎与操作者的技术水平无关，只与刀具的相关尺寸有关。生产中常用定尺寸刀具法加工孔、槽、成型表面，适用于成批生产和大批量生产，但刀具设计与制造较复杂。例如用方形拉刀拉方孔，用钻头、扩孔钻、铰刀或镗刀块加工内孔，用组合铣刀铣工件两侧面和槽面等，都可以采用定尺寸刀具法加工。图 1-3 所示为定尺寸刀具加工示意图，其中图 1-3（a）为用镗刀块加工孔径为 D 的圆孔，图 1-3（b）为用拉刀加工尺寸为 $b \times b$ 的方孔。

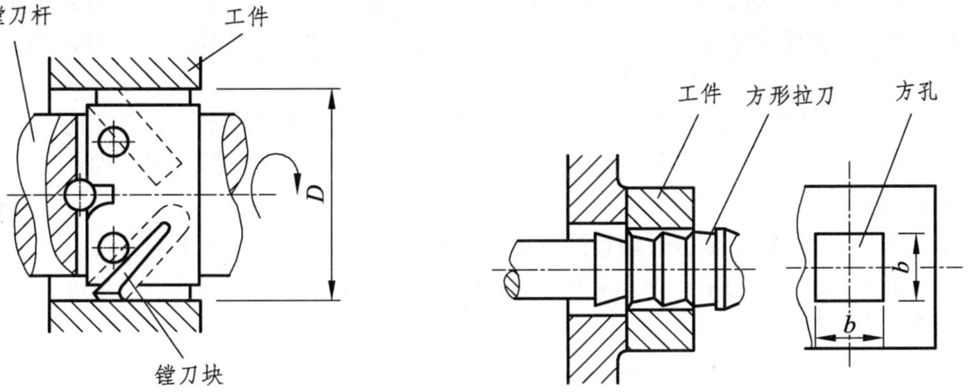

（a）镗孔　　（b）拉孔

图 1-3　定尺寸刀具加工

（3）调整法。

调整法是在成批生产条件下采用的一种加工方法。所谓调整法，是指按零件规定的尺寸预先调整好刀具与工件相对机床的位置，并在一批零件加工过程中始终保持这个位置不变，然后进行加工的加工方法。工件的加工精度取决于刀具、工件和机床间的调整精度，而刀具和工件调整位置是由正式加工前通过试切法来确定的。利用调整法加工零件，效率高，且工件的加工精度一致性好，适用于成批量生产和大量生产。

例如在多刀车床或六角自动车床上加工轴类零件、在铣床上铣槽、在无心磨床上磨削外圆及在摇臂钻床上用钻床夹具加工孔系等，都可以用调整法加工。

（4）自动控制法。

自动控制法是用尺寸测量装置、进给装置和控制系统组成一个自动加工控制系统，使加工过程中的测量、补偿调整和切削加工自动完成，以保证零件的尺寸精度。例如，具有自动测量功能的自动机床、数控机床和加工中心等都具有自动加工控制系统，从本质上说，自动控制法是自动化了的试切法。再如，在无心磨床上磨削轴承圈外圆时，通过测量装置控制导轮架进行微量补偿进给，从而保证工件的尺寸精度。

2. 形状精度的获取方法

机械零件在加工过程中会产生大小不同的形状误差，它们会影响机器的工作精度、连接强度、运动平稳性、密封性、耐磨性和使用寿命等，甚至对机器产生的噪声大小也有影响。因此为了保证零件的质量和互换性，设计时应对形状公差提出要求，以限定形状误差，加工时需采取必要的工艺方法给予保证。获得零件形状精度的方法有成型运动法和非成型运动法两种。

（1）成型运动法。

成型运动法是以刀尖作为一个点相对工件做有规律的切削成型运动，从而获得所要求零件表面形状的加工方法。这种方法常用于加工圆柱面、圆锥面、平面、球面、曲面、回转曲面、螺旋面和齿形面等。成型运动法主要包括轨迹法、仿形法、成型刀具法和展成法。

在生产中，为了提高生产效率，往往不是使用刀具刃口上的一个点，而是采用刀具的整个切削刃口（即线工具）加工工件。如采用拉刀、成型车刀或宽砂轮等对工件进行加工，这时由于制造刀具刃口的成型运动已在刀具的制造和刃磨过程中完成，故可明显简化零件加工过程中的成型运动，如生产中的宽砂轮横向进给磨削、成型车刀切削及螺纹表面的车削加工等。

在采用成型刀具的条件下，通过刀具相对工件所做的展成啮合运动，可以加工出形状很复杂的几何形面。如各种花键表面和齿形表面的加工是刀具相对工件做展成啮合运动，加工后的几何形面即是刀刃在成型运动中的包络面。

① 轨迹法：依靠刀尖与工件的相对运动轨迹来获得所要求的加工表面几何形状的一种加工方法。图 1-4 所示为利用工件做回转运动和刀具做斜直线运动获得内圆锥面。

仿形车削视频

② 仿形法：刀具按照仿形装置的形状进行进给，完成对工件加工的一种方法。如图 1-5 所示，在仿形车床上利用靠模和仿形刀架加工阶梯轴，其形状精度主要取决于靠模精度。

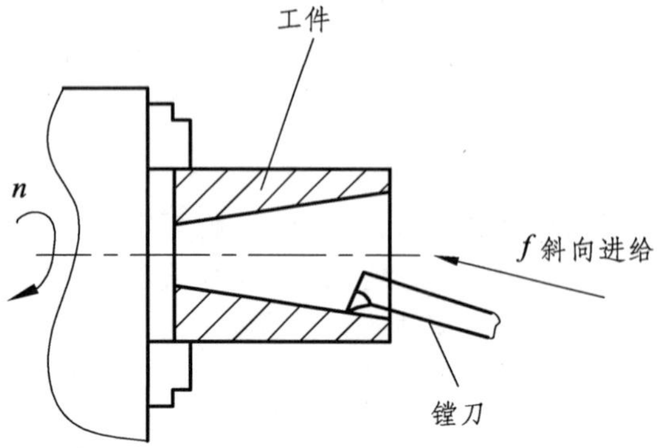

图 1-4　车锥孔

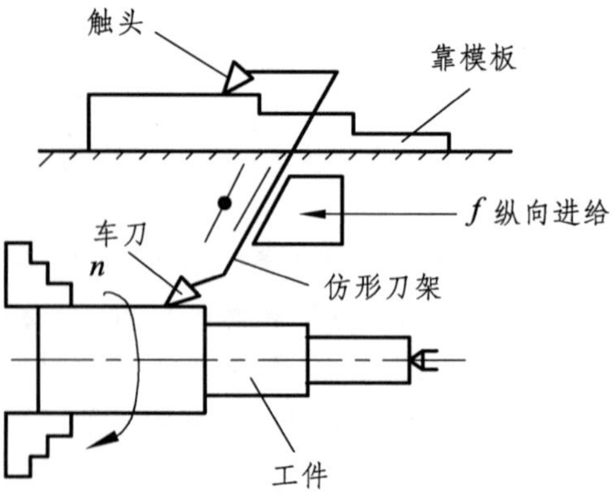

图 1-5　仿形车削

③ 成型刀具法：利用成型刀具来替代通用刀具对工件进行加工的一种方法。刀具切削刃的形状和加工表面所需获得的几何形状相一致，加工时刀具只需完成单一进给运动即可达到工件的形状要求，显然，其加工精度取决于成型刀具刀刃轮廓的形状精度，如图 1-6 所示。

④ 展成法：利用工件和刀具做展成切削运动进行加工的一种加工方法。螺纹加工、滚齿和插齿加工多采用展成法。图 1-7 所示为用展成法进行滚齿加工，其加工精度主要取决于展成切削运动链精度和刀具的制造精度。

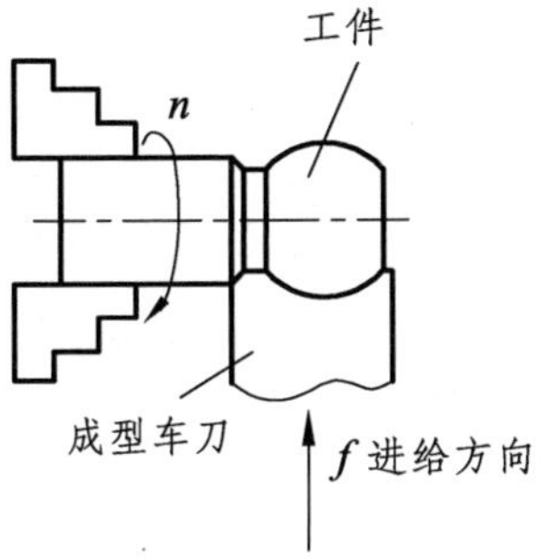

图 1-6　成型车削

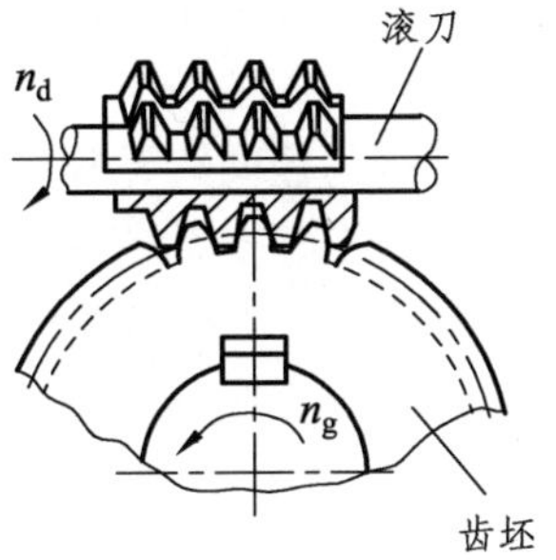

图 1-7　展成法滚齿

展成法滚齿视频

（2）非成型运动法。

非成型运动法是通过对工件加工表面形状的检测，由工人对其进行相应的修整加工，以获得所要求的形状精度。非成型运动法是获得零件表面形状精度的最原始方法，生产效率比较低，但当对零件的形状精度要求很高时（超过现有机床设备所能提供的成型运动精度），常采用此方法加工。例如，对平面度为 0 级的平板的加工，是通过三块平板配刮、配研的方法来保证的；再如高精度测量平台和平尺的精密刮研加工以及精密丝杠的手工研磨加工等。

3. 位置精度的获取方法

零件的几何要素之间的相互位置精度主要由机床精度、夹具精度和工件安装精度及机床运动与工件装夹后的位置精度予以保证。获取位置精度的方法有以下几种：

（1）一次装夹法。

零件表面的位置精度在一次安装中由刀具相对于工件的成型运动位置关系保证。例如，车削阶梯轴的外圆与端面，则阶梯轴同轴度是由车床主轴回转精度来保证的，而端面相对于外圆表面的垂直度要靠车床横向溜板（刀尖）运动轨迹与车床主轴回转中心线的垂直度来保证。箱体孔系加工中各孔之间的同轴度、平行度和垂直度等，均可采用一次装夹法。

（2）多次装夹法。

通过刀具相对于工件的成型运动与工件定位基准面之间的位置关系来保证零件表面的位置精度。例如，在车床上使用双顶尖两次装夹轴类零件，以完成不同表面的加工。不同安装下加工外圆表面之间的同轴度，是通过相同顶尖孔轴心线，用同一定位基准来实现的。

例如，轴类零件上键槽对外圆轴线的对称度，箱体平面与平面之间的平行度、垂直度、箱体孔与平面之间的平行度和垂直度等，均可采用多次装夹法获得。在多次装夹法中，又可根据工件的不同装夹方式划分为直接装夹法、找正装夹法和夹具装夹法。

（3）非成型运动法。

依靠操作工人的熟练程度，对工件的相关表面进行反复检测与加工，使之达到零件几何要素之间的位置精度要求。例如，研磨加工直角面时采用非成型运动法。

1.2.4 工艺系统的几何误差对加工精度的影响

机床的制造误差、安装误差以及使用中的磨损，都直接影响工件的加工精度。其中机床主轴回转运动、机床导轨直线运动和机床传动链的误差对工件的加工精度影响最大。如坐标镗床、精密车床和精密磨床，都要求主轴有较高的回转精度。

1. 机床主轴的回转运动误差对加工精度的影响

机床主轴的回转运动误差直接影响被加工工件的加工精度，尤其是在精加工时，机床主轴的回转误差往往是影响工件圆度误差的主要因素。

为便于研究，可以将主轴回转误差分解为径向跳动、轴向窜动、角度摆动三种基本形式，如图 1-8 所示。图 1-8（a）所示为径向跳动误差，又称径向漂移，是主轴实际回转中心线相对于理想中心线位置在横切面上的平移变动范围。图 1-8（b）所示为轴向窜动误差，又称轴向漂移，是主轴实际回转中心线沿理想中心线位置的轴向变动量。图 1-8（c）所示为角度摆动误差，又称角度漂移，是主轴实际回转中心线与理想中心线位置的角度偏移量。

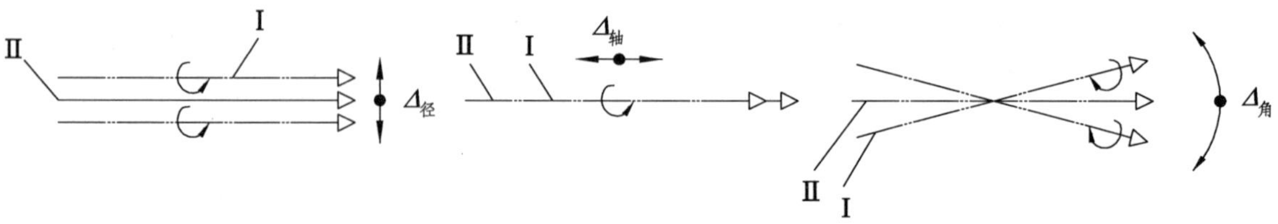

（a）径向跳动误差　（b）轴向窜动误差　（c）角度摆动误差

Ⅰ—主轴回转轴向；Ⅱ—主轴平均回转轴向。

图 1-8　主轴回转误差的基本形式

（1）主轴径向跳动误差对加工精度的影响。

不同的加工方法，主轴径向跳动误差对加工精度的影响也不同。在镗床上加工内孔时，主轴径向跳动误差可以引起工件的圆度误差和圆柱度误差；在车床上加工内孔时，主轴径向跳动误差对工件的圆度和圆柱度影响较小；但镗床上镗端面和车床上车端面时，主轴径向跳动误差对端面的形状精度无直接影响。

（2）主轴轴向窜动误差对加工精度的影响。

当主轴存在轴心线轴向窜动时，在车床上对孔和外圆加工并无大的影响。但在加工端面和螺纹时有明显影响，车出的端面对轴心线的垂直度误差随着切削直径的减小而增大，出现加工端面凹凸不平；主轴的轴向窜动误差使车削螺纹螺距产生周期性误差。

（3）主轴纯角度摆动误差对加工精度的影响。

如图 1-9 所示，在车外圆时，由于纯角度摆动误差，得到的是一个锥体而不是一个圆柱体，在镗床上镗孔时镗出的孔将是椭圆形锥孔。

（4）主轴回转运动误差对加工精度的影响。

主轴回转误差主要与主轴部件的制造精度有关，它是保证主轴回转精度的基础，包括轴承误差、轴承间隙、与轴承相配合零件的误差等（如轴承孔或主轴轴颈的圆柱度、两端轴承孔或主轴轴颈的同轴度等）。同时，主轴回转误差还和切削过程中主轴受力、受热后的变形及使用一段时间后的磨损有关。

对于不同类型的机床，其影响因素也各不相同。如图 1-10（a）所示的工件回转类机床（如车床、外圆磨床），因切削力的方向不变，主轴回转时作用在支承上的作用力方向也不变。因此主轴的支承轴颈的圆度误差影响较大，而轴承孔圆度误差影响较小。如图 1-10（b）所示的刀具回转类机床（如钻、铣、镗床）的轴颈回转到不同位置时与轴承孔接触的情况，切削力方向随旋转方向而改变，此时主轴支承轴颈的圆度误差影响较小，而轴承孔的圆度误差影响较大。

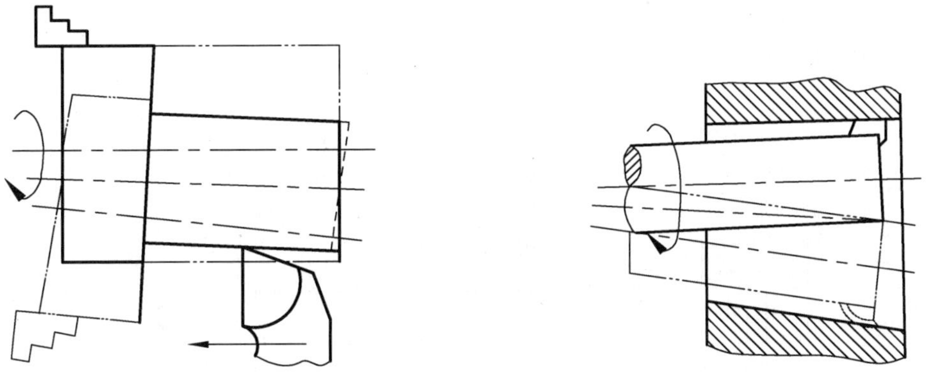

（a）车削　　（b）镗削

图 1-9　纯角度摆动误差对车削和镗削加工精度的影响

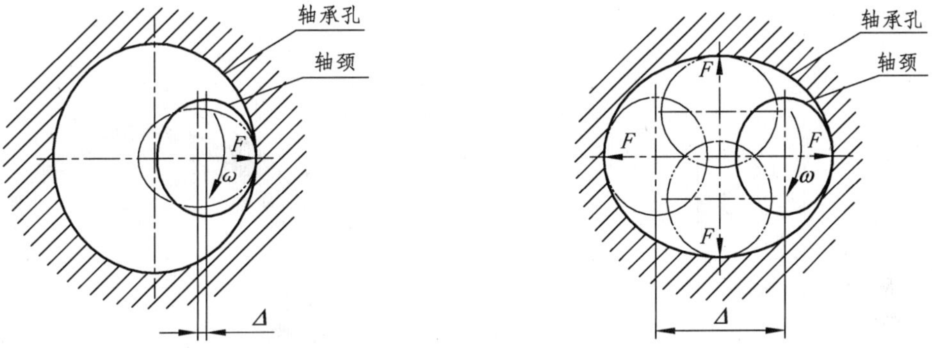

（a）工件回转类机床　　（b）刀具回转类机床

图 1-10　主轴回转运动误差的影响

（5）主轴回转精度的测量方法。

① 千分表测量法（径向、轴向）。

生产现场常用心棒检测法，将精密心棒插入主轴锥孔，在其圆周表面和端部用千分表测量，如图 1-11 所示。此法简单易行，但不能反映主轴工作转速下的回转精度，也不能区分产生误差的因素。如在测量的径向圆跳动中，既包含主轴回转轴线的圆跳动，又含有主轴锥孔相对回转轴线的同轴度误差所引起的径向圆跳动。

② 传感器测量法。

如图 1-12（a）所示是用于测量镗铣类机床主轴回转精度的装置，在主轴端部黏结一个精密测量球 3，球的中心和主轴回转轴线有偏心距 e（由摆动盘 1 调整其大小），在球的横向互相垂直的位置上安装两个位移传感器 2 和 4，并与测量球之间保持一定的间隙。当主轴旋转时，由于轴线的漂移引起测量间隙产生微小的变化，两个传感器就发出信号，经放大器 5 分别输入示波器 6 的水平和垂直的偏置板上。如果测量球是绝对的圆，主轴的旋转也是正确的，则示波器的光屏将显示出一个以测量球偏心 e 为半径的真圆；否则，若主轴的旋转存在径向圆跳动，则传感器输出的信号中，将其跳动量叠加到球心所做的圆周运动上。此时，示波器光屏上的光点将描绘出一个非圆的李沙育图形，如图 1-12（b）所示，它是由不重合的每转回转误差曲线叠加而成的。包容该图形半径差最小的两个同心圆的半径差ΔR_{min}即为主轴回转轴线径向圆跳动，它影响加工工件的圆度误差。图形轮廓线宽度 B 表示随机径向圆跳动，它影响工件的表面粗糙度。

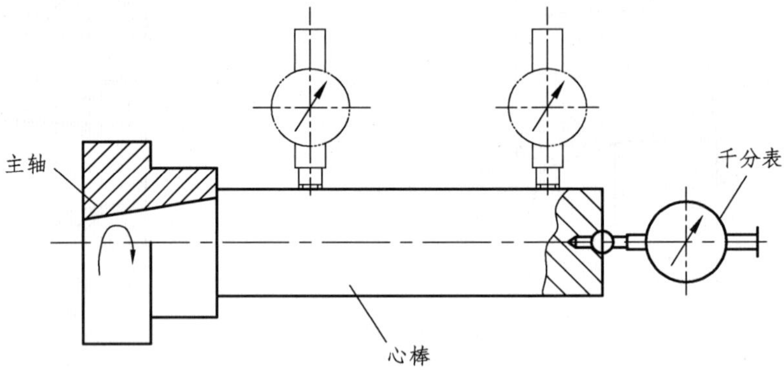

图 1-11　主轴回转精度的千分表测量法

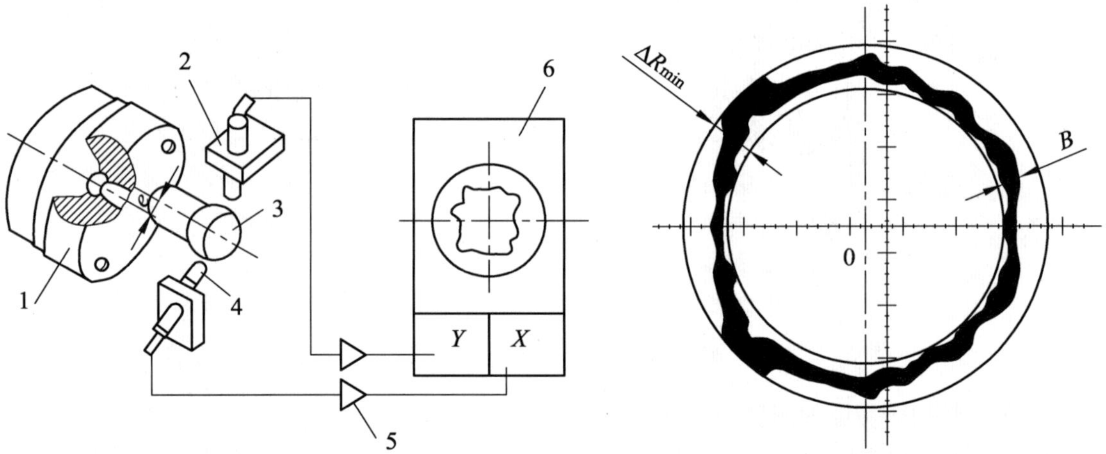

（a）主轴回转精度测量装置　　（b）描绘的图形

1—摆动盘；2，4—位移传感器；3—测量球；5—放大器；6—示波器。

图 1-12　传感器测量法

由于测量时示波器光屏上的光点是随主轴回转而描绘出的图形，直接反映了镗刀刀尖的轨迹，因而这种方法能准确地反映铣镗床主轴的回转精度。

（6）提高主轴回转精度的措施。

为了提高主轴的回转精度，在滑动轴承结构中采用静压轴承和动压轴承，也可以选用高精度的滚动轴承并对其进行预紧，同时还可以提高主轴轴颈和与主轴相配合零件的有关表面加工精度，或者采取措施使主轴的回转精度不反映到工件上去。例如，在卧式镗床上镗孔时，如图 1-13 所示，工件安装在镗模夹具中，镗杆支承在镗模夹具的支承孔上，镗杆的回转精度完全取决于镗模支承孔的形状精度及同轴度。因镗杆与机床主轴之间是浮动连接，故机床主轴回转误差对加工无影响。也可以采用两个固定顶尖支承，主轴只起传动作用。工件的回转精度完全取决于顶尖和中心孔的形状误差和同轴度误差，而提高顶尖和中心孔的精度要比提高主轴部件的精度容易且经济得多。例如，外圆磨床磨削外圆柱面时，就采用固定顶尖支承。

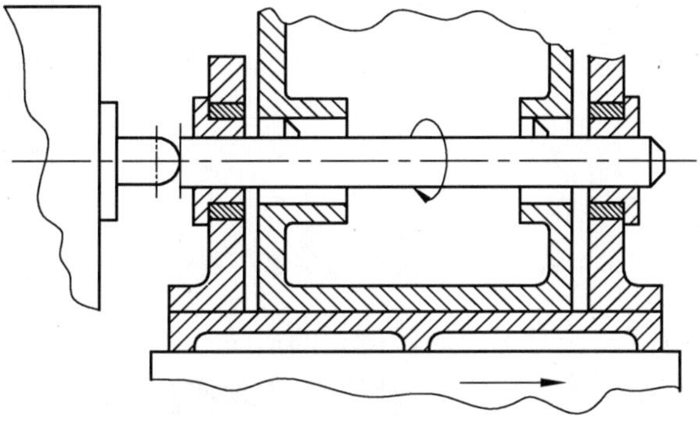

图 1-13　镗模镗孔

2. 机床导轨直线运动误差对加工精度的影响

机床导轨副是实现直线运动的主要部件，其制造和装配精度影响直线运动的主要因素，直接影响工件的加工精度。

（1）磨床导轨在水平面内的直线度误差对工件形状误差的影响。

如图 1-14（a）所示，导轨在 x 方向存在直线度误差 $\varDelta$；如图 1-14（b）所示，磨削外圆时工件沿砂轮法线方向产生位移，引起工件在半径方向上的误差 $\varDelta = \Delta R$，当磨削长外圆时，造成工件圆柱度误差。

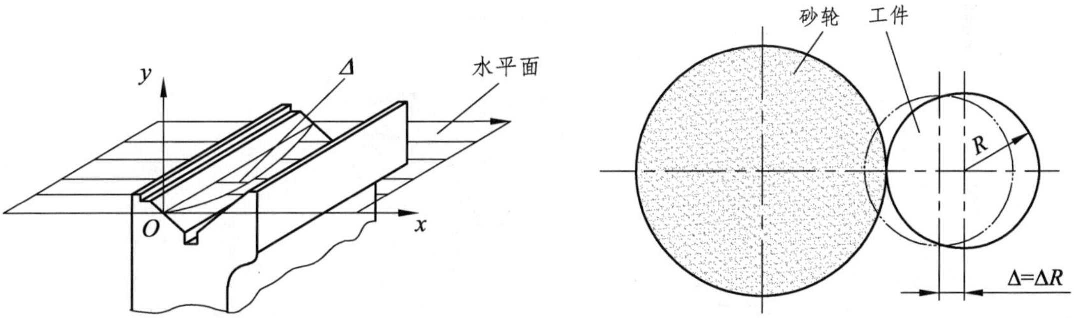

（a）磨床导轨在水平面内的误差 $\varDelta$　　（b）工件产生的误差 ΔR

图 1-14　磨床导轨在水平面内直线度误差对工件形状误差的影响

（2）磨床导轨在垂直面内的直线度误差对工件形状误差的影响。

如图 1-15（a）所示，磨床导轨在垂直面内 y 方向存在直线度误差 $\varDelta$；磨削外圆时，工件沿砂轮切线方向产生位移（误差非敏感方向），如图 1-15（b）所示。此时工件产生圆柱度误差 $\Delta R = \dfrac{\varDelta^2}{2R}$，其值很小（$\Delta R$ 为半径尺寸误差）。但平面磨床、龙门磨床、铣床等法向方向的位移（即误差敏感方向），将直接导致加工表面形成较大的形状误差。

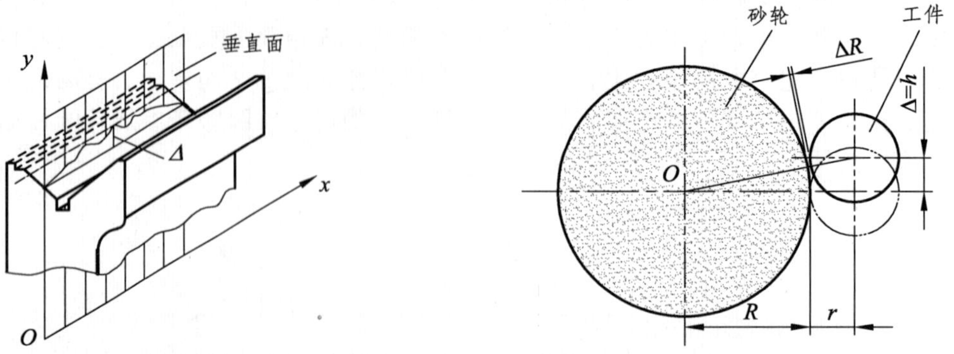

（a）磨床导轨在垂直面内的误差 Δ　　（b）工件产生的误差 ΔR

图 1-15　磨床导轨在垂直面内的直线度误差对工件形状误差的影响

（3）导轨面间的平行度误差对工件形状误差的影响。

如车床两导轨的平行度误差（扭曲）使床鞍产生横向倾斜，刀具产生位移，引起工件形状误差，如图 1-16 所示。

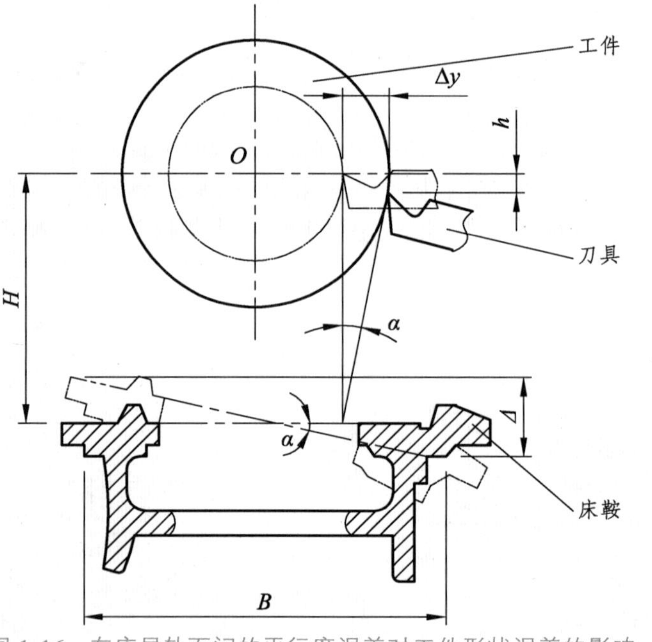

图 1-16　车床导轨面间的平行度误差对工件形状误差的影响

由几何关系可知：

$$\Delta y = \frac{\Delta \cdot H}{B}$$

式中　Δy——工件产生的半径误差；

H——主轴至导轨面的距离；

Δ——导轨在垂直方向的最大平行度误差；

B——导轨宽度。

机床的安装精度对导轨的精度影响很大，尤其是刚性较差的长床身，在自重的作用下容易产生变形。因此安装地基和安装方法如何，都将直接影响导轨的变形，产生工件的加工误差。

3. 机床传动链误差对加工精度的影响

（1）传动链误差。

传动链误差是指内联系传动链始末两端传动元件间相对运动的误差。它是按展成法加工工件时，影响加工精度的主要因素，一般用传动链末端元件的转角误差来衡量。

对于车削螺纹、滚齿、插齿、磨齿等加工方法来说，工件表面的成型运动必须要求各成型运动之间具有准确的速度或传动比关系，是通过传动元件的合成运动来实现的。例如，在滚齿机上用单头滚刀加工直齿轮时，要求滚刀与工件之间具有严格的运动关系，滚刀转一转，工件转过一个齿。这种运动关系是由刀具与工件间的传动链来保证的。图 1-17 所示为滚齿机传动链误差，具体可表示为

$$\varphi_n(\varphi_g)=\varphi_d\times\frac{64}{16}\times\frac{23}{23}\times\frac{23}{23}\times\frac{46}{46}\times i_c\cdot i_f\times\frac{1}{96}$$

式中 $\varphi_n(\varphi_g)$——工件转角；

φ_d——滚刀转角；

i_c——差动轮系的传动比；

i_f——分度挂轮传动比。

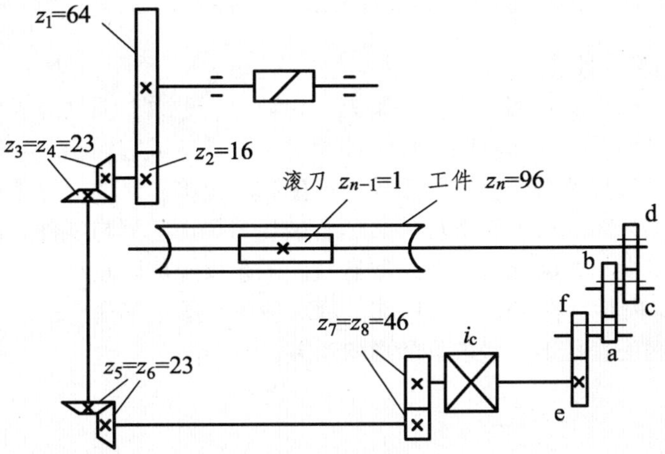

图 1-17 滚齿机传动链误差

传动链中的各传动元件，如齿轮、蜗轮、蜗杆等，因有制造误差（主要是影响运动精度的误差）、装配误差（主要是装配偏心）和磨损而破坏正常的运动关系，使工件产生误差。

（2）减小传动链误差的措施。

① 尽可能缩短传动链，减少传动元件数量。如图 1-18 所示是一台大批量生产中使用的精密螺纹磨床传动系统，机床用可换的母丝杠与被加工工件在同一轴线上串联起来，母丝杠螺距等于工件螺距，传动链最短，就可得到较高的传动精度。

② 减少各传动元件装配时的几何偏心，提高装配精度。

③ 提高传动链末端元件的制造精度。在一般的降速传动链中，末端元件的误差影响最大，故末端元件（如滚齿机的分度蜗轮、螺纹加工机床的母丝杠等）的精度就应最高。

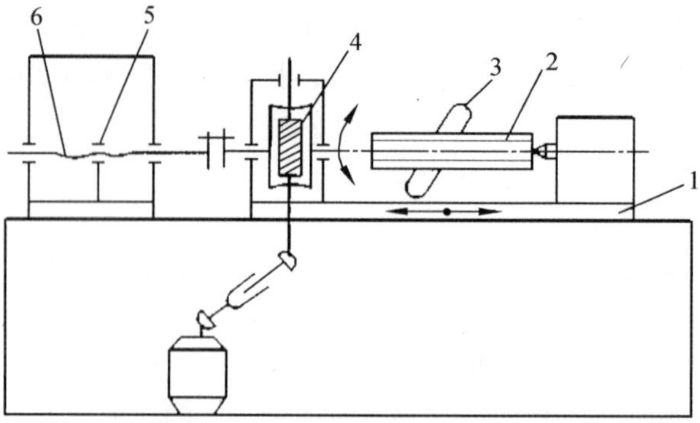

1—工作台；2—工件；3—砂轮；4—蜗杆副；5—螺母；6—母丝杠。

图 1-18　精密螺纹磨床传动系统

④ 在传动链中按降速比递增的原则分配各传动副的传动比。传动链末端传动副的降速比取得越大，则传动链中其余各传动元件误差的影响就越小。因此，分度蜗轮的齿数应取得较多，母丝杠蜗杆副的螺距也应较大，这将有利于减少传动链误差。

⑤ 采用误差校正装置。误差校正装置的实质是在原传动链中人为地加入一个“附加误差”，其大小与传动链本身的误差相等而方向相反，从而使之相互抵消。误差校正装置示例在后面内容“提高加工精度的工艺措施”中详细介绍，在此省略。

1.2.5　工艺系统的受力变形对加工精度的影响

1. 工艺系统刚度的概念

在加工过程中，由于受到切削力、夹紧力、传动力、重力、惯性力等外力作用，工艺系统会产生变形而破坏已调整好的刀具和工件间的相对位置，造成它们相互之间发生位移。同时，工艺系统各环节相互连接处由于存在间隙等而产生相对位移。这两部分位移总称为工艺系统的变形位移。显然，工艺系统产生变形位移必然会破坏刀具切削刃与工件表面间的已调整好的位置，使工件产生加工误差，因此有必要采取有效的工艺措施加以减小或消除。

如图 1-19（a）所示，在车床上采用前、后顶尖为支承来车削一根细长轴，最终使工件会出现中间直径大、两头直径小，呈鼓形的形状误差。

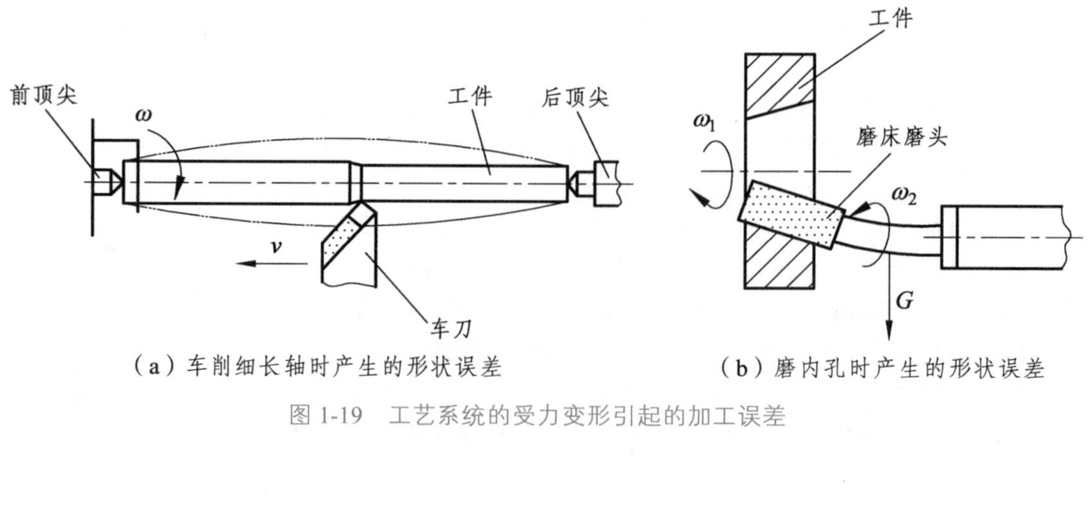

（a）车削细长轴时产生的形状误差　　（b）磨内孔时产生的形状误差

图 1-19　工艺系统的受力变形引起的加工误差

图 1-19（b）所示为内圆磨床上珩磨内孔时，砂轮轴受到径向磨削力而弯曲变形，磨出的孔出现锥度误差。另外，在外圆精磨的最后几个行程中，尽管砂轮没有径向进给，即无进给磨削，但依然能见到磨削火花，先多后少，直到无火花，说明逐渐消除了工艺系统受力变形的影响。

工艺系统中各组成环节在切削加工过程中，受到各种外力作用会产生不同程度的变形，使刀具和工件的相对位置发生变化，从而产生相应的加工误差。为了衡量工艺系统抵抗受力变形的能力和分析计算工艺系统受力变形对加工精度的影响，就需要建立工艺系统刚度的概念。

工艺系统在外力作用下抵抗变形的能力为

$$k=\frac{F}{Y}$$

式中 k——静刚度，N/mm；

F——沿变形方向上的静载荷大小，N；

Y——静变形量，mm。

工艺系统内各组成环节在切削加工过程中，都会产生不同程度的变形，使刀具和工件的相对位置发生改变，从而产生相应的加工误差。工艺系统在某处的法向（误差敏感方向）总变形 y_{st} 是各个组成环节在同一位置处法向变形的叠加，即

$$y_{\mathrm{st}}=y_{\mathrm{jc}}+y_{\mathrm{j}}+y_{\mathrm{d}}+y_{\mathrm{g}}$$

式中 y_{st}——工艺系统的变形量；

y_{jc}——机床的变形量；

y_{j}——夹具的变形量；

y_{d}——刀具的变形量；

y_{g}——工件的变形量。

工艺系统在某处受法向力 F_y，其刚度和各组成环节的刚度为

$$k_{\mathrm{st}}=\frac{F_y}{y_{\mathrm{st}}};\ k_{\mathrm{jc}}=\frac{F_y}{y_{\mathrm{jc}}};\ k_{\mathrm{j}}=\frac{F_y}{y_{\mathrm{j}}};\ k_{\mathrm{d}}=\frac{F_y}{y_{\mathrm{d}}};\ k_{\mathrm{g}}=\frac{F_y}{y_{\mathrm{g}}}$$

代入上式得工艺系统的刚度：

$$k_{\mathrm{st}}=1\Big/\left(\frac{1}{k_{\mathrm{jc}}}+\frac{1}{k_{\mathrm{j}}}+\frac{1}{k_{\mathrm{d}}}+\frac{1}{k_{\mathrm{g}}}\right)$$

式中：k_{st}、k_{jc}、k_{j}、k_{d}、k_{g} 分别是工艺系统、机床、夹具、刀具、工件的刚度。

2. 工艺系统的受力变形对加工精度的影响

（1）切削力作用点位置变化引起的工件形状误差。

在切削过程中，工艺系统的刚度会随切削力作用点位置的变化而变化，因此使工艺系统受力变形也随之变化，引起工件形状误差。下面以在车床两顶尖间加工光轴为例进行分析。

① 机床的变形。

假定工件短而粗，同时车刀悬伸长度很短，即工件和刀具的刚度很大，其受力变形比机床的变形小很多，可以忽略不计，此时工艺系统的变形只考虑机床的变形。又假定工件的加工余量很均匀，并且由于机床变形而造成的背吃刀量变化对切削力的影响很小，即假定车刀进给过程中切削力保持不变，故机床总变形位移量将是机床的床头箱、床尾及刀架等部件变形位移量的综合。当刀尖切至工件如图 1-20 所示的位置时，在切削力作用下，床头变形由 A 移至 A'，

尾座变形由 B 移至 B'，刀架变形由 C 移至 C'，它们的位移分别为 y_{tj}、y_{wz}、y_{dj}。此时工件的轴线由原来的 AB 位置移至 $A'B'$，则在切削点处的位移为 y_x。

$$y_x = y_{tj} + \Delta x = y_{tj} + \left(y_{wz} - y_{tj}\right)\frac{x}{L}$$

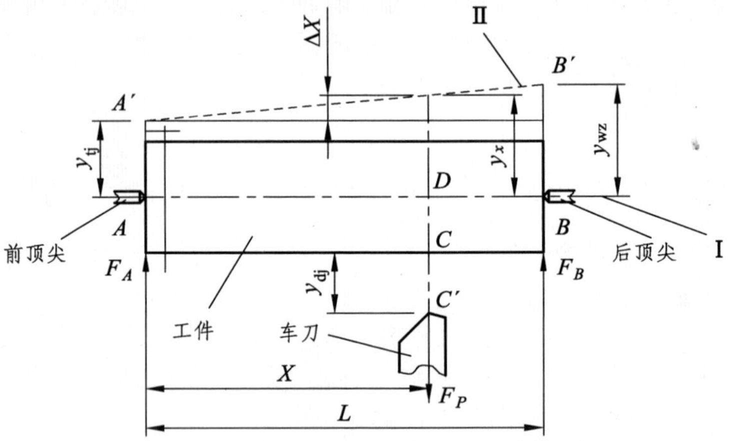

Ⅰ—变形前的工件轴线位置；Ⅱ—变形后的工件轴线位置。

图 1-20　工艺系统变形随切削力位置变化而变化

考虑到刀架的变形 y_{dj} 与 y_x 的方向相反，所以机床总的变形为

$$y_{jc} = y_x + y_{dj} \tag{1-4}$$

刚度定义为

$$y_{tj} = \frac{F_A}{k_{tj}} = \frac{F_P}{k_{tj}}\left(\frac{L-X}{L}\right);\quad y_{wz} = \frac{F_B}{k_{wz}} = \frac{F_P}{k_{wz}}\cdot\frac{X}{L};\quad y_{dj} = \frac{F_P}{k_{dj}}$$

式中：k_{tj}、k_{wz}、k_{dj} 分别为主轴箱、尾座和刀架的刚度。

通过整理，得到机床的总变形为

$$y_{jc} = F_P\left[\frac{1}{k_{tj}}\left(\frac{L-X}{L}\right)^2 + \frac{1}{k_{wz}}\left(\frac{X}{L}\right)^2 + \frac{1}{k_{dj}}\right] = y_{jc}\left(X\right) \tag{1-5}$$

式（1-5）说明，随着切削力作用点位置的变化，工艺系统变形是变化的，即工艺系统的刚度随切削力作用点变化而变化。

② 工件的变形。

由于机床变形大的地方，从工件上切去的金属层薄；相反，在机床变形小的地方，从工件上切去的金属层厚。因此机床受力变形使加工出来的工件呈“两端粗、中间细的马鞍形”，如图 1-21 所示为工件夹在两顶尖上车削后的工件形状。

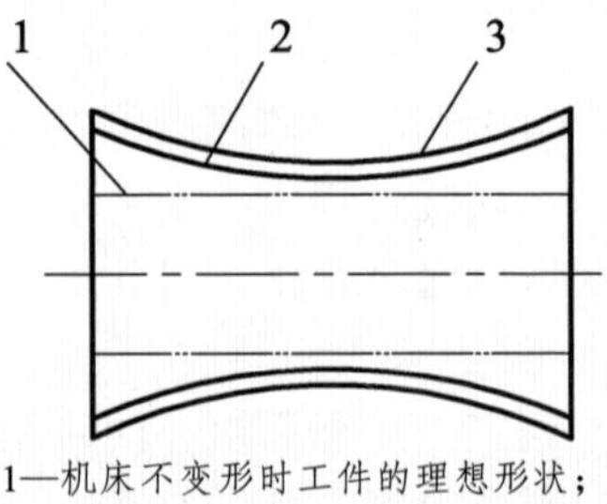

1—机床不变形时工件的理想形状；
2—考虑主轴箱、尾座变形的工件形状；
3—考虑刀架变形在内的工件形状。

图 1-21　机床变形引起的工件变形

若在两顶尖间车削刚性很差的细长轴，则工艺系统中的工件变形必须考虑。假设此时不考虑机床和刀具的变形，即可由材料力学理论计算工件在切削点的变形量：

$$y_g = \frac{F_P}{3EI}\frac{(L-X)^2 X^2}{L}$$

显然，加工后的工件呈腰鼓形（中间粗两头细），如图 1-19（a）中的双点画线所示。

③ 工艺系统的总变形。

当同时考虑机床和工件的变形时，工艺系统的变形为两者的叠加（忽略车刀的变形）。工艺系统的总变形为

$$y = y_{jc} + y_g = F_P\left[\frac{1}{k_{tj}}\left(\frac{L-X}{L}\right)^2 + \frac{1}{k_{wz}}\left(\frac{X}{L}\right)^2 + \frac{1}{k_{dj}} + \frac{(L-X)^2 X^2}{3EIL}\right]$$

工艺系统的刚度为

$$k = \frac{F_P}{y_{jc} + y_g} = \frac{1}{k_{tj}}\left(\frac{L-X}{L}\right)^2 + \frac{1}{k_{wz}}\left(\frac{X}{L}\right)^2 + \frac{1}{k_{dj}} + \frac{(L-X)^2 X^2}{3EIL}$$

因此，在测得车床主轴箱、尾座、刀架三个部位的刚度确定工件的材料和尺寸后，就可以按照 X 值估算车削圆轴时工艺系统的刚度。当已知刀具的切削角度、切削条件和切削用量时，在切削力 F_P 已知的情况下，利用上面的公式就可以估算出不同 X 处工件半径的变化。

例如，立式车床、龙门刨床、龙门铣床等的横梁及刀架，大型镗铣床滑枕内的主轴等，其刚度均随刀架位置或滑枕伸出长度不同而不同，这些都属于工艺系统的刚度随受力点位置变化的例子。镗床在镗孔时，镗杆可以看作是长度变化的悬臂梁；由于随镗杆长度的不断伸长，其刚度急剧降低，镗杆的变形对加工精度影响严重，如图 1-22 中的孔加工后变为喇叭形。

（2）切削力变化引起的加工误差。

在切削加工过程中，毛坯加工余量和材料硬度的变化引起切削力的变化，工艺系统受力变形也相应地发生变化，因而造成工件的尺寸误差和形状误差。如图 1-23 所示，工件毛坯有椭圆形的圆度误差，车削前将车刀调整至图中双点画线位置，即工件的理想轮廓位置。车削时刀尖受切削力影响移至实线位置。工件在每转一转的过程中，背吃刀量不断发生变化。背吃刀量大的部位，工件所受的切削力大，产生的受力变形也大，反之则小，加工后的工件仍然有圆度误差。这种经加工后零件存在的加工误差 Δ_g 和加工前的毛坯误差 Δ_m 相对应，其形状误差的公差带形状与加工前毛坯的形状误差公差带形状相似，这种现象称为误差复映现象。

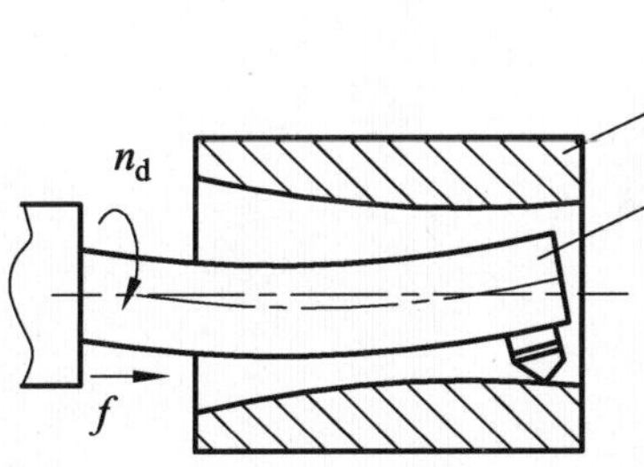

图 1-22　镗床刀杆的变形对加工精度的影响

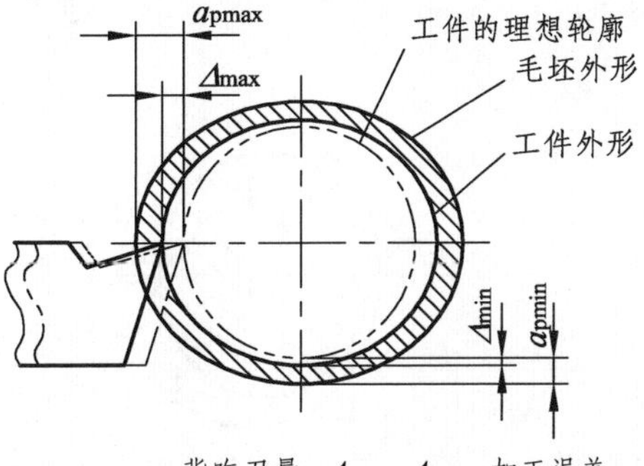

a_{pmax}，a_{pmin}—背吃刀量；Δ_{max}，Δ_{min}—加工误差。

图 1-23　切削力变化引起的加工误差——误差复映现象

令 $$\frac{\Delta_g}{\Delta_m}=\varepsilon<1$$

ε 定量地反映了毛坯误差经加工后减小的程度，称为误差复映系数。误差复映系数与工艺系统刚度成反比，即工艺系统刚度越大，复映在工件上的误差越小。

（3）夹紧力引起的加工误差。

工件在装夹时，由于工件刚度较低或夹紧力着力点不当，工件产生相应的变形，造成加工误差。如图 1-24 所示，薄壁工件装在车床上镗孔，利用三爪卡盘装夹后工件产生弹性变形。虽然镗出的孔为正圆形，但是在松开三爪卡盘后工件的弹性变形消失，工件内孔变形，呈三角棱圆形。

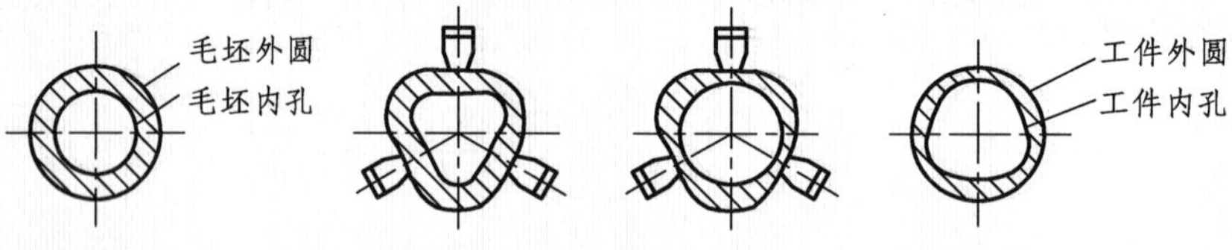

图 1-24 夹紧力引起的加工误差

夹紧变形引起的工件形状误差不仅取决于夹紧力的大小，而且与夹紧力的作用点及分布有关。可以采用增加接触面积、减小压强，减少薄壁工件因夹紧变形而产生的加工误差，可采用开口过渡环，如图 1-25（a）所示；也可采用圆弧面大三爪均匀夹紧，如图 1-25（b）所示。

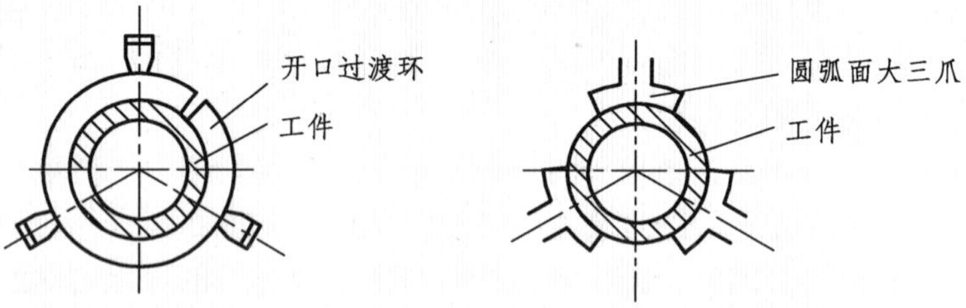

（a）采用开口过渡环 （b）采用圆弧面大三爪

图 1-25 减小薄壁类零件加工误差的措施

（4）惯性力引起的加工误差。

如图 1-26 所示，工件的惯性力在加工误差的敏感方向上的分力 Q 和切削力 F_y 的方向有时相同，有时相反，从而引起受力变形，使工件产生形状误差，加工后的工件呈心脏线形。

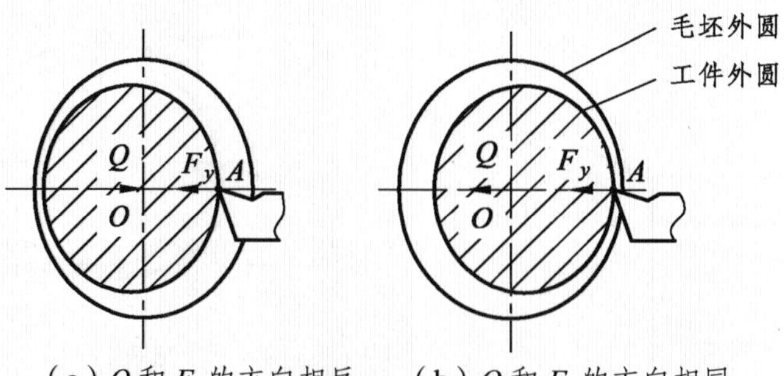

（a）Q 和 F_y 的方向相反 （b）Q 和 F_y 的方向相同

OA—加工误差的敏感方向；A 点—切削点；Q—惯性力在加工误差敏感方向上的分力；F_y—切削力。

图 1-26 惯性力引起的加工误差

3. 减小工艺系统受力变形对加工精度影响的措施

（1）提高连接件表面的接触刚度。

在机床设计中，尽量减少连接面的数目，并尽可能提高有关组成零件配合面的形状精度，降低表面粗糙度，增大接触面积，提高装配质量，减少接触变形，这些都是提高接触刚度的有效措施。因为机床部件的接触刚度远远低于同样外形尺寸的实体零件的刚度，所以提高零件间的接触刚度是提高工艺系统刚度的关键。

例如，提高机床导轨副的刮研质量或配研精度，减少机床主轴与滑动轴承之间的间隙和尾座套筒与尾座孔之间的配合间隙，多次研磨加工精密零件用的中心孔等，都是生产中提高接触刚度的常用措施。此外，还可采用预加载荷，使机床或夹具上的有关零件在装配时产生预紧力，以此消除配合面间的间隙，增加实际接触面积，提高接触刚度。通常在机床主轴组件的滚动轴承上采用预加载荷的方式提高接触刚度。

（2）提高机床部件的刚度。

机床部件的刚度在工艺系统中占有很大的比重。改进机床部件的某些结构，提高工艺系统的刚度，减少受力变形，是保证加工质量、提高生产率的有效途径。例如 MM7132 精密平面磨床采用十字导轨工作台，使工作台做纵向和横向进给运动，而砂轮架只做垂直进给，减少了一般平面磨床砂轮架的横向进给机构，显著地提高了砂轮架的刚度，从而使磨床的加工精度提高一个等级，即由普通级提高为精密级。其加工精度（平行度）由 0.015 mm/1000 mm，提高到 0.005 mm/1000 mm；表面粗糙度值由 Ra0.32 ~ 0.63 μm 减小为 Ra0.04 ~ 0.10 μm。

（3）设置辅助支承提高工件或刀具的刚度。

由切削力引起的加工误差，往往是因为工件或刀具的刚度不足而产生的。例如，车削细长轴时，工件容易变形，采用中心架或跟刀架，缩短切削力作用点与支承点之间的距离，从而提高工件的刚度，如图 1-27 所示。镗孔时，若镗刀杆伸出过长，可采用导向套来提高镗刀杆的刚度，如图 1-28 所示。

图 1-27 相关视频

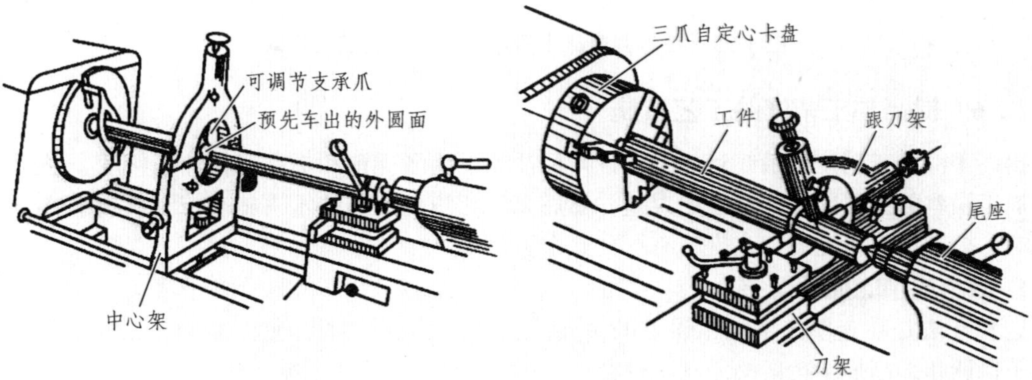

（a）采用中心架　　（b）采用跟刀架

图 1-27　设置辅助支承提高工件的刚度——车削细长轴时采用的辅助支承

（4）合理的装夹方式。

在外圆磨床上，用专用夹具安装磨薄片工件的方法，可以减小工件的变形，如图 1-29 所示。磨削时，薄片工件（垫圈）空套在夹具凸出的圆柱形凸台上，并紧靠夹具凸台端面 A，依靠两者之间的摩擦力使夹具带动工件旋转，使得工件的弹性变形基本消失。用砂轮端面磨削，就能保证工件的平面度和平行度。为了减小磨削热引起的工件变形，将砂轮端面修整成极狭窄的一环形圈面进行磨削，减小了砂轮与工件的磨削接触面，如图 1-29（a）所示。也可将磨床头架转动 90°，利用砂轮的周边来磨削，如图 1-29（b）所示。

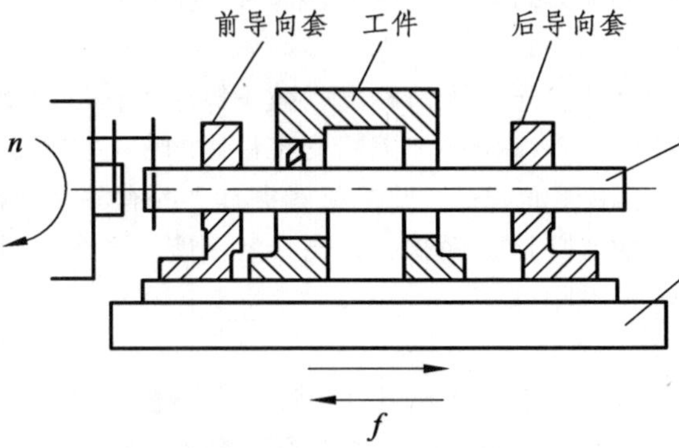

图 1-28　采用导向套来提高镗刀杆的刚度

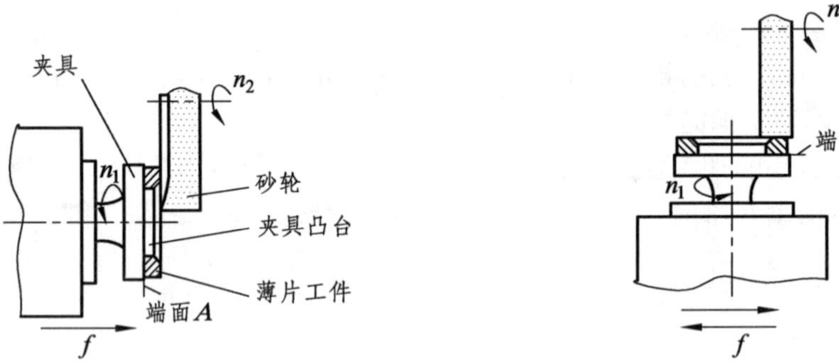

（a）　（b）

图 1-29　在外圆磨床上磨削薄片工件的装夹方式

1.2.6　提高加工精度的工艺措施

提高零件加工精度的最终目标是保证产品质量。为了保证和提高机械加工精度，必须找出造成加工误差的主要因素——原始误差，然后采取相应的工艺技术措施来控制或减小这些因素的影响。提高加工精度的工艺措施有下列几个方面：

1. 减小或消除原始误差

这种方法是在查明产生加工误差的主要原因之后，有针对性地采取措施来减少或消除误差，是保证和提高加工精度的最基本途径。

例如，在车削细长轴时，由于工件刚度差，再加上切削力作用和切削热的影响下工件容易产生弯曲变形和振动，如图 1-30（a）所示。可采用下列措施消除与减少变形，保证加工精度，如图 1-30（b）所示。

① 采用反向进给的切削方式，进给方向由卡盘一端指向尾座，使切削力在轴向方向的分力 F_{x2} 对工件起拉伸作用，消除原来切削力在轴向方向的分力 F_{x1} 对工件压杆失稳的现象。

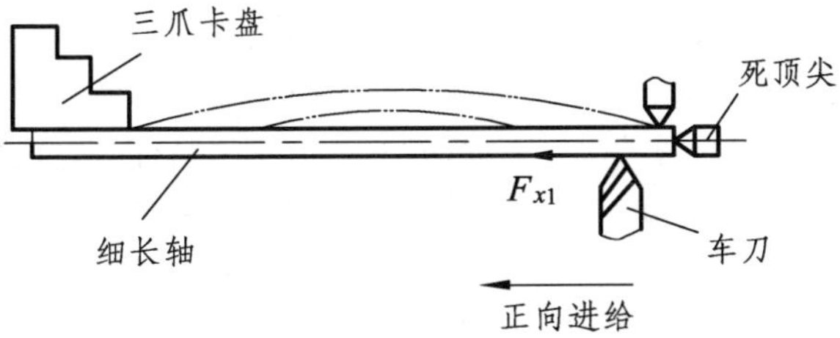

（a）正向进给时 F_{x1} 对细长轴起压缩作用

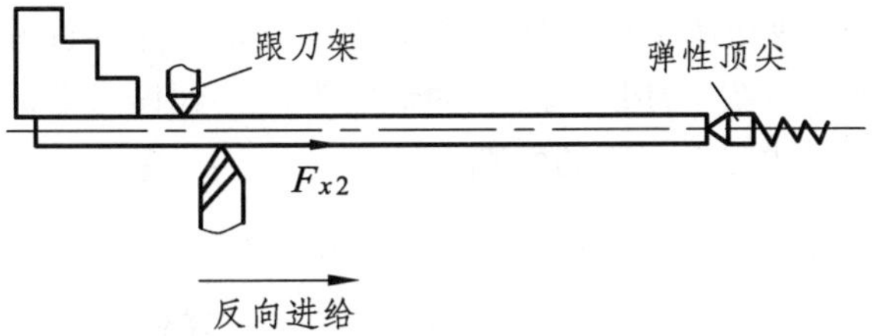

（b）反向进给时 F_{x2} 对细长轴起拉伸作用

图 1-30　车削细长轴时采取的工艺措施

② 尾座处改为可伸缩的弹性顶尖，避免因切削力在轴向方向的分力 F_{x2} 和工件受热伸长而产生弯曲变形。

③ 采用大进给量和较大主偏角的反向车刀，以增大切削力在轴向方向的分力，减少径向力，工件在强有力的拉伸作用下具有抑制振动作用，使切削平稳。

2. 补偿或抵消原始误差

当不能直接减少或消除工艺系统出现的原始误差时，可采用补偿或抵消原始误差的方法。

图 1-31 所示为高精度螺纹加工机床采用机械校正机构来提高机床传动链精度的方法，应用误差抵消来补偿传动链所带来的误差。根据测量被加工工件 1 的导程误差，设计出校正尺 5 上的校正误差曲线 7，校正尺 5 固定在机床床身上。加工螺纹时，机床母丝杠 3 带动螺母 2 及与其相固连的刀架和杠杆 4 产生移动；同时，校正尺 5 上的校正误差曲线 7 通过触头 6、杠杆 4

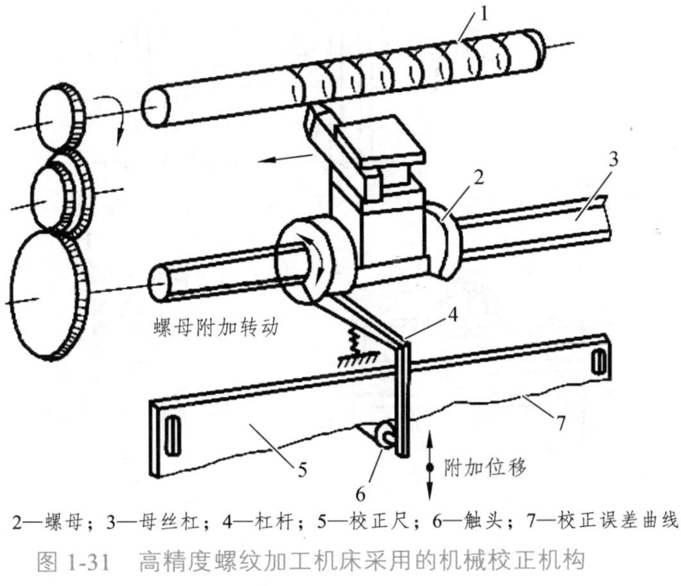

1—工件；2—螺母；3—母丝杠；4—杠杆；5—校正尺；6—触头；7—校正误差曲线。

图 1-31　高精度螺纹加工机床采用的机械校正机构

使螺母 2 产生一个附加转动，从而使刀架得到一个附加位移，以补偿传动误差。采用机械式的校正装置只能校正机床静态的传动误差。机械校正机构的实质是在原传动链中人为地加入一个误差，其大小与原传动链本身的误差大小相等而方向相反，从而使之相互抵消。

如果要校正机床静态及动态传动误差，需采用计算机控制的传动误差补偿装置，这里不赘述。

3. 转移原始误差

转移原始误差的实质是在一定条件下把原始误差转移到误差非敏感的方向或不影响加工精度的方向。

如图 1-32（b）所示，把转塔车床刀架上的外圆车刀安装在垂直方向，使转塔转位误差造成的车刀刀刃位置的变化出现在工件加工表面的切线方向，即误差非敏感方向，就可以减少转塔车床的转塔转位误差对零件加工精度的影响。

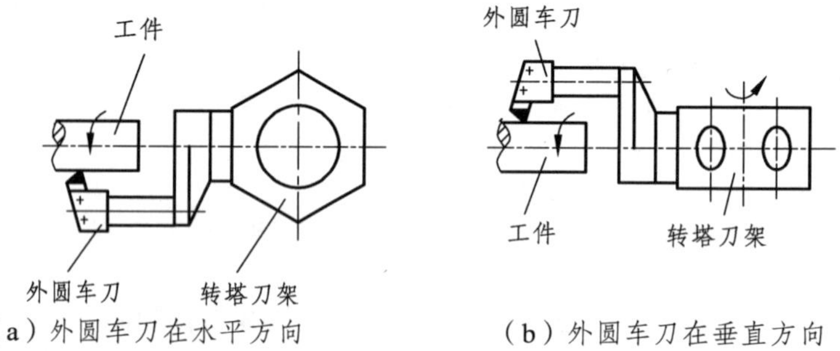

图 1-32　转塔车床刀架转位误差的转移

如图 1-33 所示，大型龙门机床横梁及刀架自重引起横梁导轨变形，从而影响刀架垂直进给的准确性，造成工件的几何形状误差。采用如图 1-34 所示的方法，使横梁及刀架自重转移到不影响加工精度的附加梁上，横梁导轨不受外力，具有高的导向精度，从而保证加工精度。

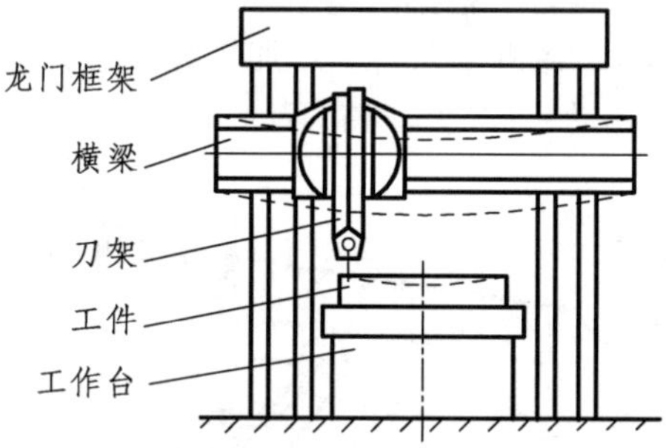

图 1-33　大型龙门机床横梁导轨变形影响工件的加工误差

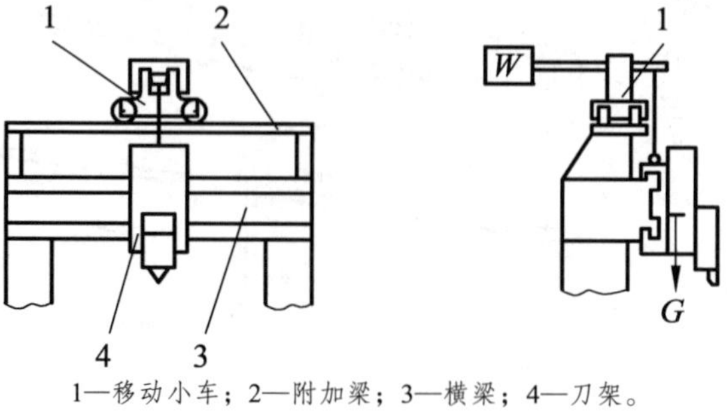

1—移动小车；2—附加梁；3—横梁；4—刀架。

图 1-34　大型龙门机床横梁导轨变形校正

在镗床上采用镗模加工箱体孔系的方法，使机床的原始误差转移到镗模上，使工件的加工精度完全取决于镗模的制造精度。由于镗模的体积比较小，结构比机床简单很多，镗模的制造精度比机床容易保证。因此，在一般精度的镗床上，可以加工出高精度的零件。

4. 就地加工

在机械加工和装配中，有些精度问题涉及很多零部件的相互关系。如果仅仅依靠提高零部件的精度来满足设计要求，有些精度指标不能达到，反而使制造成本增加。而采用就地加工的方法，可以解决这种难题。

例如，为了使牛头刨床、龙门刨床的工作台面分别相对滑枕和横梁保持平行的位置关系，在工作台装配到机床后，在自身机床上对其（工作台）进行“自刨自”的精加工。平面磨床的工作台面也是在装配后，完成“自磨自”的最终加工。

1.3 机械加工表面质量

影响机械零件机械加工质量的因素除了加工精度之外，还有机械加工表面质量。零件的机械加工表面质量是指零件加工后的微观几何特征和物理状态，以及表面波纹度、表面粗糙度和表面物理力学性能。零件的机械加工表面质量影响机械零件的加工质量，决定零件和机器整机的性能。

1.3.1 机械加工表面质量对零件使用性能的影响

机械零件的使用性能包括耐磨性、疲劳轻度、耐腐蚀性等，除了与零件材料本身的性质和热处理有关外，还与加工后的表面质量有关。

1. 表面质量对零件耐磨性能的影响

零件的耐磨性主要取决于两接触零件的表面粗糙度、润滑条件和表面加工硬化程度。

（1）零件的表面粗糙度和润滑条件对耐磨性的影响。

由试验得知，如图 1-35 所示，在一定条件下，对零件耐磨性来说都存在一个最佳的表面粗糙度，即过大或过小的表面粗糙度都会引起零件的严重磨损。当零件接触表面的粗糙度较大时，实际接触的是凸峰的顶部，接触面的压强增大、摩擦阻力也变大，在挤压力和剪切力的作用下，引起表面严重的磨损。当零件接触表面的粗糙度过小时，会不利于储存润滑油，从而产生分子亲和力，表面磨损反而会加剧。从耐磨性角度来看，表面粗糙度值在 *Ra*0.4 ~ 0.8 μm 为宜。

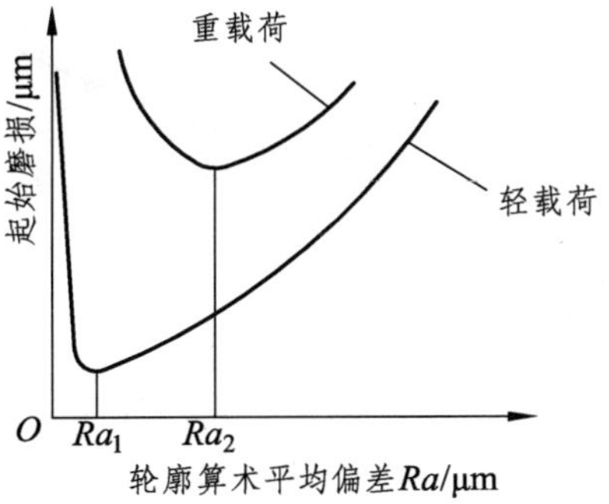

图 1-35　表面粗糙度与零件表面起始磨损的关系

（2）表面加工硬化程度对耐磨性的影响

零件表面加工后会产生一定的塑性变形，使得零件表层的性质变化，例如金相组织变化、加工硬化及残余应力的存在，都会影响零件的耐磨性。

零件表面的加工硬化使摩擦副表面层金属的显微硬度提高，故一般可使耐磨性提高。而过度的加工硬化将引起金属组织疏松，甚至出现裂纹和表面金属的剥落，使耐磨性下降。图 1-36 所示为 T7A 钢的磨损量随冷作硬化程度变化的关系，当冷作硬化硬度达到 380 HBS 左右时，耐磨性最佳。

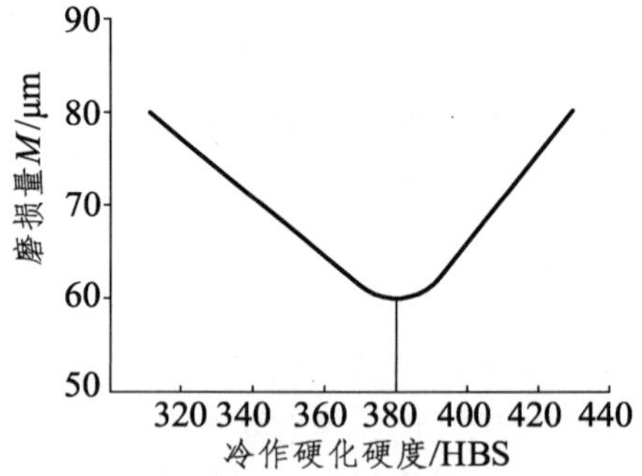

图 1-36　T7A 钢的磨损量随冷作硬化程度变化的关系

2. 表面质量对零件接触刚度的影响

零件的接触表面越粗糙，其实际有效接触面积就越小。即使零件间承受的载荷不变，若接触面的压强增大，接触应力随之增大，会引起表层变形增大，导致表面接触刚度变小，最终影响零件的工作精度和抗振性能。

3. 表面质量对零件配合性质的影响

表面粗糙度会改变实际有效过盈量或间隙量，因此表面质量好坏直接影响零件配合性质的稳定性。表面粗糙度太大时，对于过盈配合表面，装配时配合表面凸峰被挤平，使过盈量减小；间隙配合表面的初期磨损增大，工作一段时间后配合间隙就会加大，从而影响配合的稳定性。因此，对配合精度要求较高的连接，零件表面的粗糙度必须有相应的要求。

4. 表面质量对零件疲劳强度的影响

承受交变载荷的零件，表面粗糙、有划痕及微小的裂纹，易引起应力集中，使零件疲劳损坏。为了提高零件的疲劳强度，对零件的轴肩、沟槽等处，用精磨、抛光、滚压等工艺，减小这些应力集中区的表面粗糙度。表面粗糙度值越小，表面缺陷越少，零件耐疲劳性越好，如图 1-37 所示。

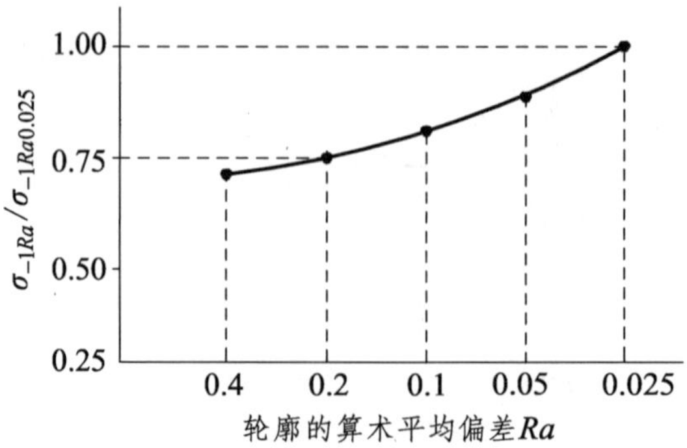

图 1-37　表面粗糙度对疲劳强度的影响

5. 表面质量对零件腐蚀性的影响

金属腐蚀是由化学过程和电化学过程引起的。钢、铁生锈，铜表面变绿都是腐蚀的表现。

金属表面越粗糙，表面微小裂纹越多，腐蚀性气味或液体越容易积存在零件表面的凹谷底部。如图 1-38 所示，当零件表面凹凸不平时，在凹谷底部易储存腐蚀性介质，底部角度越小，深度越大，介质对零件表面的腐蚀作用越强烈，图中箭头方向为介质对零件表面的腐蚀方向。因此，降低加工表面的粗糙度可以改善零件的抗腐蚀能力。

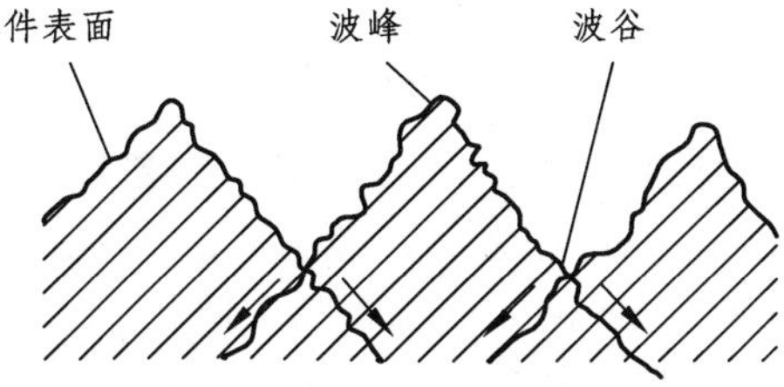

图 1-38 波谷底部腐蚀的发展

1.3.2 机械加工表面质量的影响因素

下面分析机械加工中各种工艺因素对加工表面质量的影响规律，从而通过这些规律来控制加工过程，达到改进加工表面质量、提高产品的使用性能。

1. 切削加工表面粗糙度的影响因素

机械加工中，影响切削加工表面粗糙度的主要因素有几何因素、物理要素和切削颤振。

（1）几何因素。

影响粗糙度的几何因素是指刀具进给运动方向在工件加工表面上留下来的残余面积形状，理论上与刀具形状完全一致，如图 1-39 所示，切削残余面积的高度 H 就是理论上的表面粗糙度。

图 1-39 中，切削残余面积的高度 H 是由刀具相对于工件表面的运动轨迹所形成的，它与进给量 f、主偏角 k_r、副偏角 k_r'、刀尖圆弧半径 r_ε 有关，见下列公式：

当刀尖圆弧半径 $r_\varepsilon = 0$ 时，切削残余面积的高度 H 为

$$H = \frac{f}{\cot k_r + \cot k_r'} \tag{1-6}$$

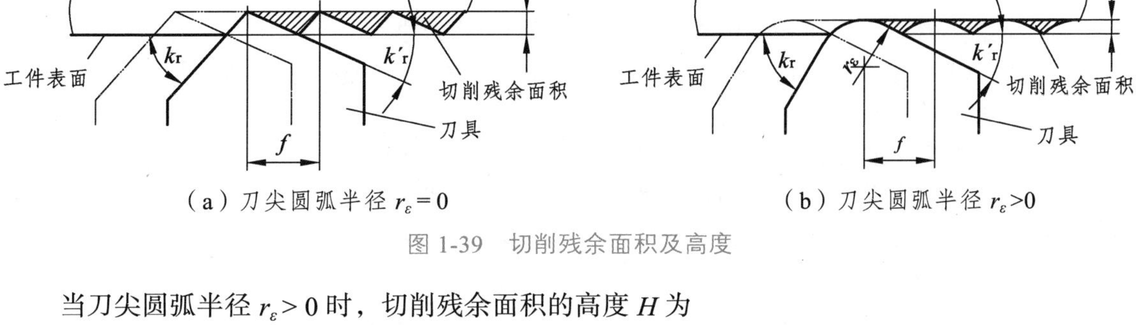

（a）刀尖圆弧半径 $r_\varepsilon=0$ （b）刀尖圆弧半径 $r_\varepsilon>0$

图 1-39 切削残余面积及高度

当刀尖圆弧半径 $r_\varepsilon > 0$ 时，切削残余面积的高度 H 为

$$H \approx \frac{f^2}{4r_\varepsilon} \tag{1-7}$$

从上面两式可知，欲减少切削残余面积高度 H，可以通过减小进给量 f、刀具的主偏角 k_r、副偏角 k_r' 和增大刀尖圆弧半径 r_ε 来实现。另外，提高刀具切削刃的刃磨质量也是降低表面粗糙度的有效措施。

（2）物理因素。

切削加工表面的粗糙度实际轮廓形状一般都与纯几何要素所形成的理论轮廓形状有较大的差别，这是切削加工中常伴随有塑性变形发生的缘故。

图 1-40 所示为加工塑性材料时切削速度对表面粗糙度的影响。切削速度 v 处于 20 ~ 40 m/min 时，表面粗糙度最大，因为在这个切削速度段，易出现积屑瘤，使加工表面质量严重恶化；当切削速度 v 超过 100 m/min 时，表面粗糙度值下降，并趋于稳定。在实际切削时，选择低速宽刃精切和高速精切，一般能得到较小的表面粗糙度值。

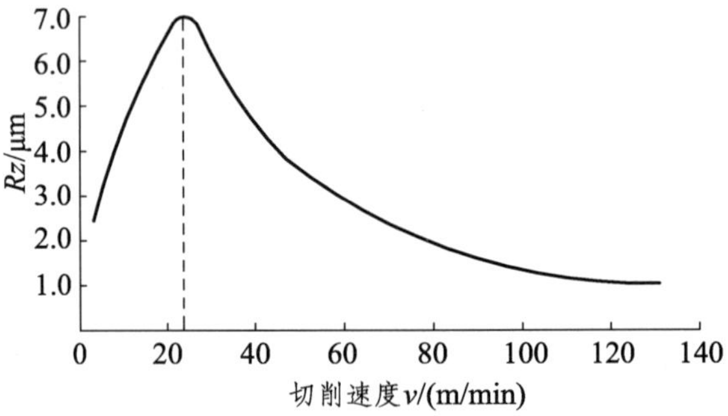

图 1-40　加工塑性材料时切削速度对表面粗糙度的影响

由于脆性材料在切削时几乎不发生塑性变形，其表面粗糙度主要是由几何因素影响的。因此，在加工脆性材料时，切削速度对表面粗糙度的影响不大。

对于同一种材料，金相组织越粗大，切削加工后的表面粗糙度值也越大。为减小切削加工后的表面粗糙度，常在精加工前对工件进行调质处理，目的在于得到均匀细密的晶粒组织和较高的硬度（减小塑性变形）。

另外，合理选择切削液、适当增大刀具的前角、提高刀具的刃磨质量等，均能有效地减小表面粗糙度值。

（3）切削颤振。

在切削过程中，各种不稳定因素有可能引起加工系统的振动，使刀具和工件相对位置发生变化，引起背吃刀量变化，使粗糙度增大。通过增大工艺系统的刚度和工件在加工过程中的刚度，可以有效减弱切削颤振。

2. 磨削加工表面粗糙度的影响因素

磨削加工表面粗糙度的形成与切削加工表面粗糙度的形成基本一样，也是由几何因素和表面层金属塑性变形决定的，但是磨削加工过程比切削加工过程复杂得多。

（1）几何因素。

磨削表面是由砂轮上大量的磨粒刻划出无数极细的沟槽形成的。单纯从几何因素考虑，可认为在单位面积上刻痕越多，即通过单位面积的磨粒数越多，刻痕的等高性越好，则磨削表面的粗糙度值越小。

① 磨削用量对表面粗糙度的影响因素。

砂轮速度越高，单位时间内通过被磨表面的磨粒数就越多，工件表面的粗糙度值就越小；工件速度增大，单位时间内通过被磨表面的磨粒数相应减少，表面粗糙度值将增大；砂轮纵向进给减少，工件表面的每个部位被砂轮重复磨削的次数增加，被磨表面的粗糙度值将减小。

② 砂轮粒度和砂轮修整对表面粗糙度的影响因素。

在相同的磨削条件下，砂轮的粒度号越大，参加磨削的磨粒越多，表面粗糙度值就越小。修整砂轮时的纵向进给量对磨削表面的粗糙度影响也很大。因为在修整砂轮时，金刚石笔的纵向进给量越小，砂轮表面磨粒的等高性越好，产生的微刃越多，被磨工件的表面粗糙度就越小。

（2）物理因素。

砂轮的磨削速度远比一般切削速度高得多，磨削温度很高，工件表面温度有时可达 1000 °C 以上，工件表面金属容易产生相变而烧伤。因此，磨削过程的塑性变形要比一般切削过程大得多。

由于塑性变形的缘故，被磨表面的几何形状与单纯根据几何因素所得到的原始形状大不相同。在力和热的双重作用下，被磨工件表面金属的晶粒在横向上被拉长，有时还产生细微的裂纹和局部的金属堆积现象。一般影响磨削表层金属塑性变形的因素是影响表面粗糙度的决定性因素。

① 磨削用量。

砂轮速度越大，工件材料因来不及变形，工件表层金属的塑性变形减小，工件的磨削表面的粗糙度值将明显减小；工件速度增加，塑性变形增加，表面粗糙度值将增大，工件的磨削表面的粗糙度值也会增大。

② 砂轮的选择。

砂轮粒度越细，磨削的表面粗糙度值越小。但磨粒太细时，砂轮易被磨屑堵塞，在切削热的作用下，反而会在表面产生烧伤等现象，会使表面粗糙度值增大。

砂轮硬度越高，磨粒不易脱落，磨钝的磨粒不能及时被新磨粒代替，使表面粗糙度增大。砂轮太软，磨粒易脱落，但磨削作用减弱，也会使表面粗糙度值增大。

由于紧密组织的砂轮中磨粒所占比例大、气孔小，在成型磨削和精密磨削时能够获得高精度和较小的表面粗糙度值。疏松组织的砂轮不易被磨屑堵塞，适用于对软金属、非金属软材料和热敏性材料（不锈钢、耐热钢等）进行磨削，可获得较小的表面粗糙度值。

生产中，为了获得满意的表面粗糙度，要合理选择砂轮材料。例如，刚玉（氧化物）砂轮磨粒较锋利，适用于磨削钢类材料；碳化硅、碳化硼砂轮磨粒硬度高，并且很耐磨，适用于磨削铸铁和硬质合金等材料。

③ 磨削液的应用。

由于磨削加工中磨削区温度很高，极易发生磨削区的塑性变形，因此必须采取有效的措施，把磨削液送入磨削区。

3. 加工表面变质层的影响因素

加工硬化、残余应力和表面层金属的金相组织变化等都会导致加工表面变质层产生。

（1）加工硬化。

机械加工过程中产生的塑性变形，使晶格扭曲、错位或畸变，晶粒间会产生滑移，会使晶粒被拉长，导致表面层金属硬度增加。像这种不经过热处理，而是由冷加工产生塑性变形造成的表面硬化现象，称为加工硬化，又称为冷作硬化。加工硬化表面硬度常常比材料基体硬度高出 1 ~ 2 倍，硬化层深度可达几十微米至几百微米。表 1-2 为常用机械加工方法加工钢件时形成的冷硬情况。在已加工表面形成过程中，塑性变形已达到表层以下相当的深度，越接近加工表面，变形硬化程度越严重。

表 1-2　常用机械加工方法产生的冷硬层深度和硬化程度（加工钢件）

加工方法	硬化层深度 h/μm		硬化程度 N/%	
	平均值	最大值	平均值	最大值
车削	30 ~ 50	200	120 ~ 150	200
精细车	20 ~ 60	—	140 ~ 180	220
端铣	40 ~ 100	200	140 ~ 160	200
周铣	40 ~ 80	110	120 ~ 140	180
钻孔、扩孔	180 ~ 200	250	160 ~ 170	—
拉孔	20 ~ 75	—	150 ~ 200	—
滚齿、插齿	120 ~ 150	—	160 ~ 200	—
外圆磨低碳钢	30 ~ 60	—	160 ~ 200	250
外圆磨未淬硬中碳钢	30 ~ 60	—	140 ~ 160	200
外圆磨淬火钢	20 ~ 40	—	125 ~ 130	—
平面磨	16 ~ 35	—	150	—
研磨	3 ~ 7	—	112 ~ 117	—

（2）残余应力。

工件被加工后，表面层都存在残余应力。当残余应力为拉力时，使疲劳裂纹增加，耐腐蚀性下降；残余应力为压力时，则使疲劳强度及耐磨性提高。工件各部分的残余应力分布不均匀，会使工件发生变形。

（3）表面层金属的金相组织变化。

在车削加工中，切削热大部分被切屑带走，表面温度升高不大，表面金属达不到相变温度。而在磨削加工中，尤其在冷却液不充分或冷却液不能到达磨削区时，砂轮与工件接触处温度达到金属相变温度，表面层金属金相组织发生变化，硬度下降，出现细微裂纹，甚至彩色氧化膜，称之为烧伤。烧伤程度有不同，轻度烧伤表面无色，但金相组织已变化，耐磨性急剧下降，这对淬火后需经磨削的主要表面是不允许的，所以尽量要避免磨削烧伤。

1.3.3　机械加工表面强化工艺

表面强化工艺是通过冷压加工方法使表面层金属发生冷态塑性变形，以减少表面粗糙度值，提高表面硬度，并在表面层产生残余压应力的表面强化工艺。表面强化工艺是一种既简单又有明显效果的加工方法，应用非常广泛。

对于承受高压力、交变载荷的零件，可以采用喷丸、滚压、碾压等表面强化工艺，使表面层产生残余压应力和加工硬化，并降低表面粗糙度，同时消除磨削等工序的残余拉应力，因此这些表面强化工艺可以大大提高工件的疲劳强度及抗应力腐蚀性能。

1. 喷丸强化

喷丸强化是利用大量快速运动（60 ~ 110 m/s）的珠丸（通常由压缩空气驱动）连续打击被加工工件表面，使工件表面产生冷硬层和残余压应力（应力层深度可达 0.25 mm），如图 1-41 所示。珠丸可以是铸铁材料，可以循环利用，也可以是切成小段的钢丝（使用一段时间后，自然变成球状）。对于铝质工件，为了避免表面残留铁质微粒而引起电解腐蚀，宜采用铝丸。珠丸的直径一般为 0.2 ~ 4 mm，对于尺寸较小、表面粗糙度值要求较小的工件，采用直径较小的珠丸。

喷丸强化主要用于强化形状复杂或不宜用其他方法强化的工件，如板弹簧、螺旋弹簧、连杆、齿轮、焊缝、涡轮盘及叶片等，可延长疲劳寿命 1 ~ 3 年，甚至几十倍。喷丸强化可显著提高零件的疲劳强度和使用寿命。

2. 滚压加工

滚压加工是一种无切屑加工，它利用经过淬硬和精细研磨过的滚轮或滚珠，在常温状态下对金属表面施加一定压力进行挤压（碾压），利用金属塑性变形将金属表层的凸起部分向下压、凹下部分往上挤，逐渐将前面工序留下的波峰压平，从而修正工件表面的微观几何形状，如图 1-42 所示。此外，它还能使工件表面金属组织细化，形成残余压应力。

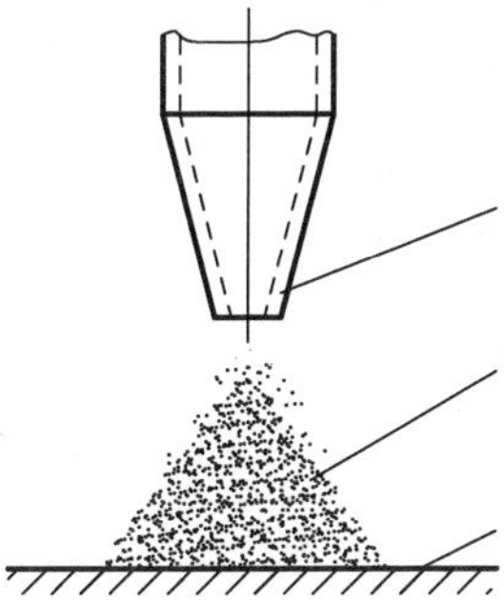

图 1-41　喷丸强化

图 1-42　滚压加工原理

喷丸强化视频

滚压加工原理视频

滚压加工的形式有很多，根据加工表面的形状来选择。图 1-43 所示为在车床上利用淬硬滚珠滚压外圆表面，图 1-44 所示为用淬硬钢球挤压未淬火工件内孔。

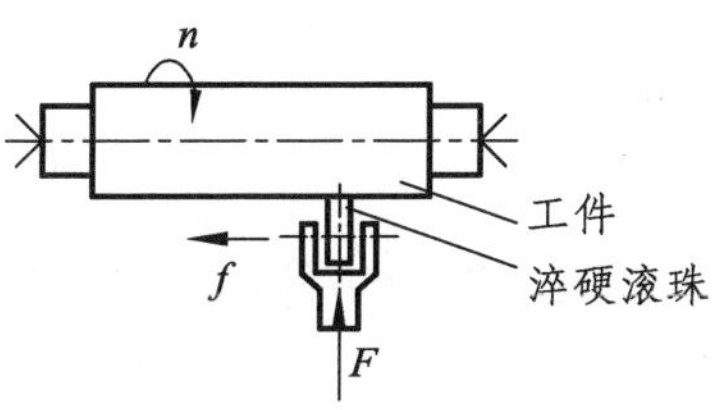

图 1-43　淬硬滚珠滚压外圆表面

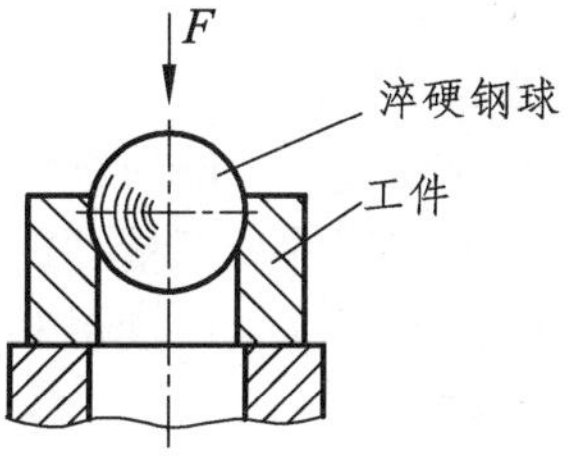

图 1-44　淬硬钢球挤压未淬火工件内孔

滚压加工工艺与切削加工不同，是一种塑性加工工艺，有生产率高、节约材料、产品强度高、质量稳定等优点。滚压加工可减小表面粗糙度值，表面硬度可提高 10% ~ 40%，金属表面的疲劳强度可提高 30% ~ 50%。

模块 2 技能训练

任务 1　轴套的机械加工精度分析

1. 任务内容

如图 1-45 所示的轴套，在机械加工时要考虑到工件尺寸精度、形状精度、位置精度、表面粗糙度和热处理等方面的要求。分析哪些因素会影响到这几个方面的要求；采用什么方法来保证上述要求？

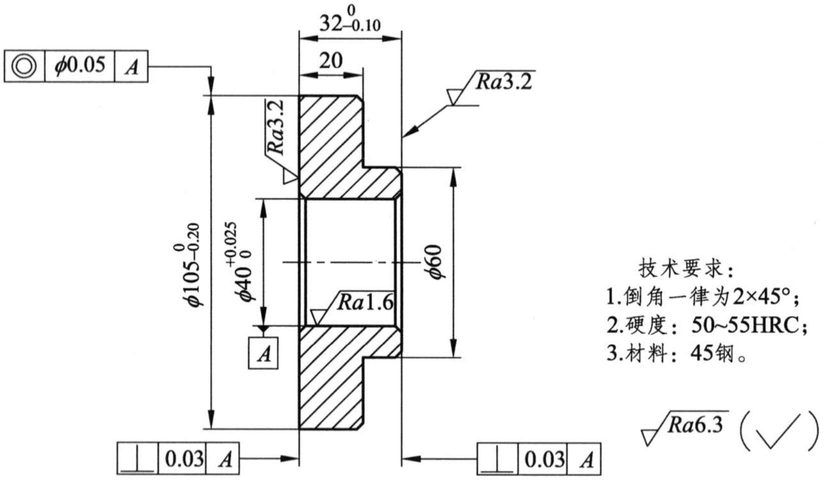

图 1-45　轴套

2. 任务准备

借助工具书，分析图 1-45 所示的轴套零件图上各项标注的含义，确定各表面的尺寸精度等级、形状精度等级、位置精度等级和表面粗糙度大小及热处理方式。

3. 实训目的

（1）熟悉读零件图，加深对尺寸精度、形状精度、位置精度和表面粗糙度概念的理解，了解不同的热处理方式对工件的影响；

（2）了解影响工件加工精度的要素；

（3）掌握在不同的生产批量和生产条件下，采用不同的方法获取工件加工精度的途径。

4. 实训步骤

（1）分析轴套各表面的尺寸精度、形状精度、位置精度、表面粗糙度和热处理方式；

（2）分析哪些因素影响到轴套各表面的尺寸精度、形状精度、位置精度、表面粗糙度和热处理方式；

（3）分析采用哪些方法来保证轴套的上述各项要求。

思考与练习

一、简答题

1. 什么是加工误差？产生加工误差的原因有哪些？

2. 什么是加工精度？获取加工精度的方法有哪些？

3. 简述工艺系统的几何误差对加工精度的影响。

4. 机械加工质量包括哪些内容？它对机械零件的使用性能有哪些影响？

5. 为什么采用开槽砂轮能够减轻或消除烧伤现象？

二、分析题

1. 图 1-46 是薄壁工件在夹紧力作用下引起的误差示意图。请分析其变形的原因，并写出防止薄壁工件变形的措施。

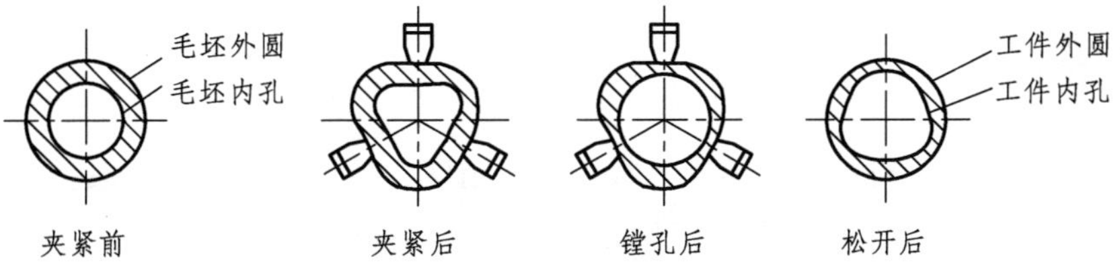

图 1-46 夹紧力引起的加工误差

2. 分析在车床上用两顶尖装夹工件车削细长轴时，出现图 1-47 所示误差的原因。可采用什么方法来减少或消除这些误差？

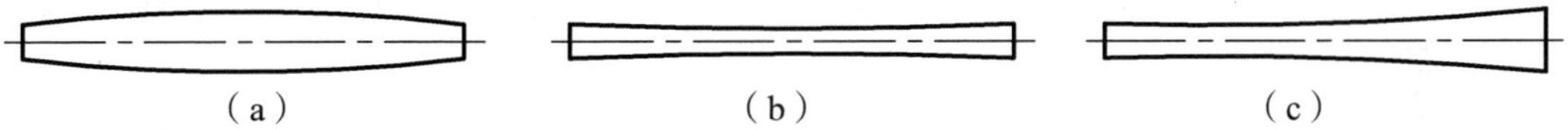

图 1-47 分析题第 2 题图

项目 1 答案

项目 2 机械加工工艺规程设计

教学导读

在实际生产中，由于对零件的结构形状、几何精度、技术条件和生产数量等的要求不同，一个零件往往要经过一定的加工过程才能将其由图样变成成品零件。

知识要点

熟悉机械加工工艺过程的组成；了解生产类型及其工艺特征；掌握制定机械加工工艺路线的主要工艺问题；掌握工序的具体设计问题。

重点和难点

机械加工工艺路线的制定；工序尺寸及公差的计算；定位基准的选择；零件表面加工方法的确定。

素养目标

（1）培养学生职业态度端正、敬业爱岗、忠于职守、诚实守信、团结协作的精神，具有明确的职业理想；

（2）培养学生遵守规则做事的职业习惯；

（3）培养学生积极主动、团结协作的精神和品德，具有较强的社会责任感、荣誉感和进取精神。

模块 1 理论基础知识

2.1 概 述

机械加工人员从工厂现有的生产条件、运营情况及零件的生产数量出发，根据零件加工的具体要求，在保证加工质量、提高生产效率和降低生产成本的前提下，对零件上的各加工表面选择适宜的加工方法，合理地安排加工顺序，科学拟定加工工艺过程，执行完整的机械加工工艺规程，才能获得合格的机械零件。

2.1.1 机器的生产过程和机械加工工艺过程的概念

机器的生产过程是将原材料转变为成品（机器）的全过程，包括原材料的运输、保管以及生产与技术准备、毛坯制造、机械加工、装配、检验、试车、油漆和包装等。为了降低生产成本和利于生产技术的发展，目前很多机器的生产过程已不是由一个工厂单独全部完成，而是由许多国内甚至国外的专业工厂共同完成。

在生产过程中，凡是改变生产对象的形状、尺寸、相对位置和性质等，使其成为成品或半成品的过程统称为机械加工工艺过程。机械加工工艺过程包括毛坯制造（铸造、锻造、焊接、冲压、注塑成型等）、零件加工、热处理和机器装配等。而运输、保管、动力供应、质量检验、工装（刀具、量具和夹具）制造、设备维修和保养等统称为辅助过程。

2.1.2 机械加工工艺过程的组成

机械加工工艺过程是机械产品生产过程的一部分，零件的机械加工工艺过程简称为“工艺”，是由若干个按一定顺序排列的工序组成的。工序是组成机械加工工艺过程的基本单元。在一个工序中，可能包含一个或几个安装，每个安装又可能包含一个或几个工步（或工位），每个工步包含一个或几个走刀（工作行程）。

1. 工 序

一个或一组工人在一个工作地点对同一个或同时对几个工件所连续完成的那一部分工艺过程称为工序。划分工序的主要依据是工作地点是否变动和工作是否连续。

因此，某一工艺过程只要工人、工作地点、工作对象（工件）之一发生变化或不是连续完成，就称为另外一个工序。例如，在车床上加工一批轴，可以先对整批毛坯轴进行粗车，经调质处理后再依次对它们进行精车。这时，由于加工过程被调质处理打断，虽然机械加工是在同一车床上进行的，但却属于不同的工序。

在零件的机械加工工艺过程中，还包括一些不改变零件形状、尺寸和表面形状，但却对工艺过程的完成有直接影响的工序。例如，检验、探伤、打标记、涂漆等工序，把这些工序称为辅助工序。

图 2-1 所示的阶梯轴，其加工工艺卡如表 2-1 所示，其工艺过程分为热处理、车、铣和磨四道工序。

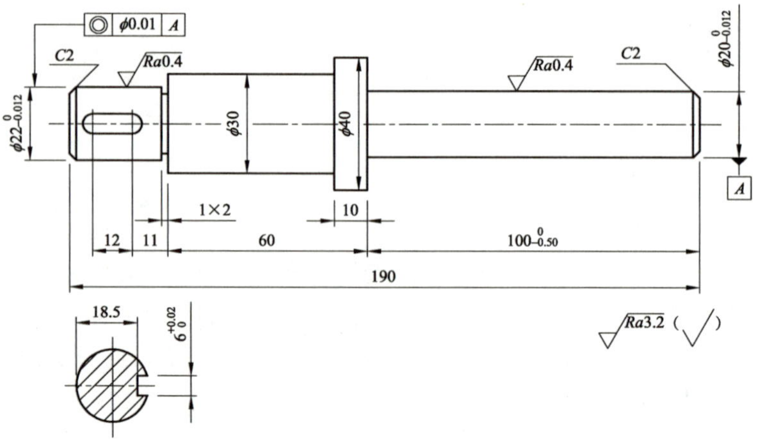

图 2-1 阶梯轴

表 2-1 阶梯轴的加工工艺卡

<table>
<tr><td colspan="3" rowspan="2">加工工艺卡</td><td colspan="2">产品名称</td><td></td><td>图号</td><td></td></tr>
<tr><td colspan="2">零件名称</td><td>阶梯轴</td><td>共 1 页</td><td>第 1 页</td></tr>
<tr><td colspan="2">材料种类</td><td>圆钢</td><td>牌号</td><td>45</td><td>毛坯尺寸</td><td colspan="2">ϕ45 mm × 200 mm</td></tr>
<tr><td>工序号</td><td>工序名称</td><td colspan="4">工序内容</td><td>设备</td><td>刀具</td></tr>
<tr><td>1</td><td>热处理</td><td colspan="4">调质 250 HBS</td><td></td><td></td></tr>
<tr><td>2</td><td>车</td><td colspan="4">车两端面保证总长尺寸；钻中心孔ϕ2 mm；车ϕ20 mm 外圆、ϕ22 mm 外圆，留磨削余量 0.3 ~ 0.4 mm；其余均车至最终尺寸；车槽，倒角</td><td>车床</td><td>B 型中心钻 ϕ2 mm</td></tr>
<tr><td>3</td><td>铣</td><td colspan="4">铣键槽</td><td>铣床</td><td>ϕ6 mm 键槽铣刀</td></tr>
<tr><td>4</td><td>磨</td><td colspan="4">磨 $\phi22_{-0.012}^{\ 0}$、$\phi20_{-0.012}^{\ 0}$ 外圆至最终尺寸</td><td>外圆磨床</td><td></td></tr>
</table>

2. 安　装

工件经一次装夹后所完成的那一部分工序称为安装。在一道工序中，工件可能被装夹一次或多次才能完成加工。

例如，在车床上加工轴，先加工一端的部分外圆表面，然后调头加工另一端，这时的工序内容就包含两个安装。

3. 工　位

为了完成一定的工序部分，一次装夹工件后，工件与夹具或设备的可动部分一起相对刀具或设备的固定部分所占据的每一个位置称为工位。

在一个安装中，可能只有一个工位，也可能有多个工位。

图 2-2 所示为轴承盖螺钉孔的三工位加工，是通过立轴回转式工作台使工件变换加工位置的例子。在该加工中共有 3 个工位，依次为装卸工位Ⅰ、钻孔工位Ⅱ和扩孔工位Ⅲ，机床上钻、

扩主轴箱同时完成轴向进给，实现在一个安装中同时进行钻孔和扩孔，从而减少因多次装夹而带来的装夹误差和时间损失。在生产批量比较大的情况下多采用多工位加工。

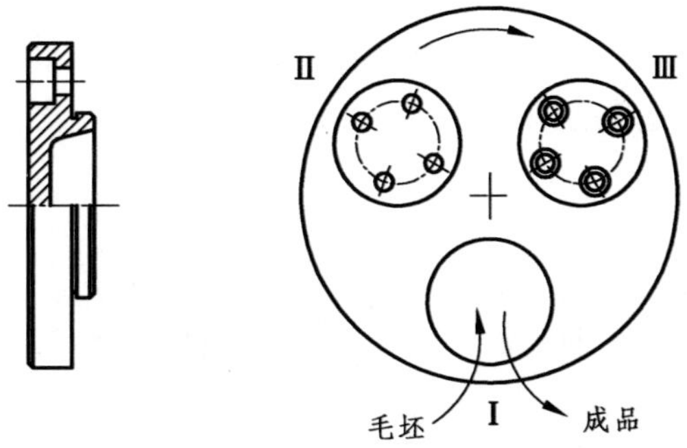

（a）零件图　（b）工位图

图 2-2　轴承盖螺钉孔的三工位加工

轴承盖螺钉孔的三工位加工视频

4. 工　步

在加工表面和加工刀具不变的情况下，所连续完成的那一部分工序内容称为工步。划分工步的依据是加工表面和刀具是否变化。在一个安装中可以完成一个或多个工步。

（1）复合工步。

为了提高生产效率而使用一组同时工作的刀具对零件的几个表面同时进行加工时，可以把它看作一个工步，称为复合工步。例如，在立轴转塔车床的回转刀架一次转位所完成的工位内容应属于一个工步，此时若有几把刀具同时参与切削，该工步就是一个复合工步。如图 2-3 所示，立轴转塔车床的回转刀架加工外圆和内孔，就是一个复合工步。

（2）合并工步。

在一次安装中，把连续加工几个相同的工步看作是一个工步，称为合并工步。如图 2-4 所示，在法兰盘的翼缘处均匀加工 4 个直径为ϕ8 mm 的孔，由于加工 4 个孔的工步完全相同，属于合并工步。

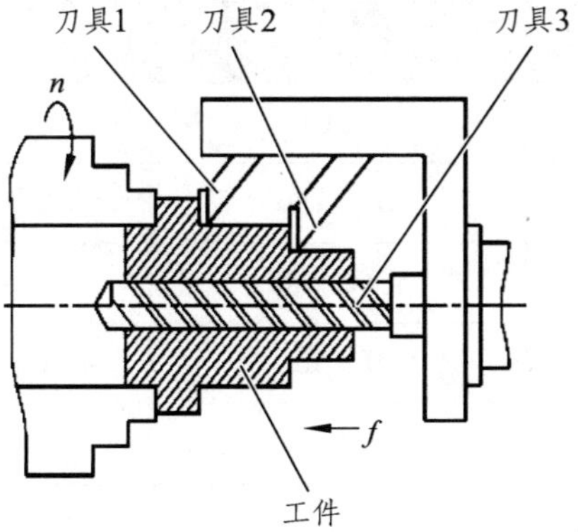

图 2-3　立轴转塔车床加工工件的外圆及内孔——复合工步

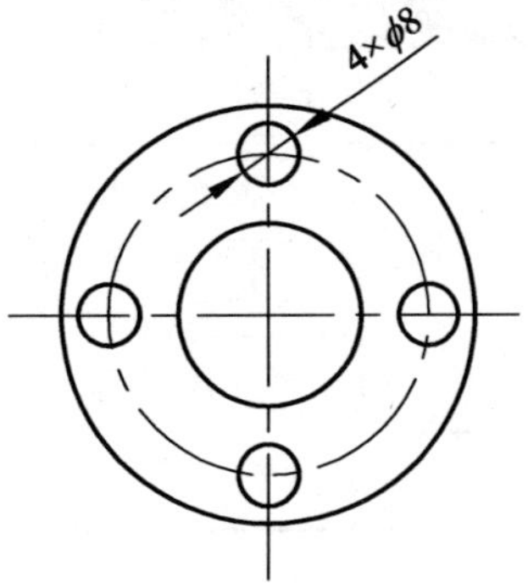

图 2-4　合并工步

5. 走　刀

切削刀具在加工表面上切削一次所完成的工步内容称为一次走刀。在一个工步内，若被加工表面需切去的金属层很厚，可分几次切削，每切削一次为一次走刀，一个工步可以包括一次或数次走刀。走刀次数又称行程次数。

2.1.3 生产类型及其工艺特征

在编制零件机械加工工艺规程和组织生产时，应先确定零件机械加工的生产组织形式。通常先根据零件的年生产纲领选取合适的生产类型，然后再由生产类型来确定零件机械加工的组织形式。

1. 生产纲领

生产纲领是指企业在计划内应当生产的产品产量和进度计划。计划期常定为 1 年，因此生产纲领常称为年产量。零件生产纲领要计入备品和废品的数量，可按下式计算：

$$N = Q \cdot n \cdot (1 + a\%) \cdot (1 + b\%) \tag{2-1}$$

式中 N——零件的年产量；

Q——机器产品的年产量，台/年；

n——每台机器产品中该零件的数量，件/台；

$a\%$——备品率；

$b\%$——废品率。

通常，工厂并不是把全年产量一次投入车间进行生产，而是根据产品周期、销售和库存量及车间生产均衡情况分批投入车间生产。每批投入生产产品或零件的数量称为批量。

2. 生产类型及其工艺特点

根据企业（或车间、工段、班组、工作地）生产专业化程度及产品尺寸大小和特点、年生产纲领、批量及投入生产的连续性，一般可将其生产类型分为单件生产、成批生产和大量生产三种类型。其中，成批生产又可分为大批量生产、中批量生产和小批量生产。表 2-2 为生产类型和生产纲领的关系。

表 2-2 生产类型和生产纲领的关系

生产类型		生产纲领（台/年或件/年）		
		重型零件（30 kg 以上）	中型零件（4 ~ 30 kg）	轻型零件（4 kg 以下）
单件生产		≤5	≤10	≤100
成批生产	小批量生产	5 ~ 100	10 ~ 150	100 ~ 500
	中批量生产	100 ~ 300	150 ~ 500	500 ~ 5000
	大批量生产	300 ~ 1000	500 ~ 5000	5000 ~ 50 000
大量生产		>1000	>5000	>50 000

从工艺特点看，小批量生产和单件生产的工艺特点相似，大批量生产和大量生产的工艺特点相似，因此，在生产上常按单件小批量生产、中批量生产和大批量生产来划分生产类型，并且按这三种生产类型归纳它们的工艺特点。不同的生产类型具有不同的工艺特点，在毛坯种类、机床及工艺装备选用、机床布置、人员素质及生产组织各方面均有明显区别。各种生产类型的工艺特点见表 2-3。

表 2-3　各种生产类型的工艺特点

工艺特征	生产类型		
	单件小批量生产	中批量生产	大批量生产
加工对象	品种很多，量少，经常变换	品种较多，量较多，周期性变换	品种少，量很多，固定不变
零件的互换性	无互换性，钳工修配	大部分零件具有互换性，同时还保留某些钳工修配工作	具有广泛的互换性，某些高精度配合件用分组选配法装配，不允许用钳工修配
毛坯制造	广泛采用木模手工造型、自由锻造。毛坯精度低，加工余量大	部分采用金属模机器造型、模锻等，部分采用木模手工造型、自由锻造。毛坯精度中等	广泛采用金属模机器造型、模锻等。毛坯精度高，加工余量小
机床设备及其布置	广泛采用通用机床，重要零件采用数控机床或加工中心。机床按机群布置	部分采用通用机床，部分采用数控机床、加工中心、柔性制造单元、柔性制造系统。机床按照零件类别分工段排列	采用高效专用机床、组合机床、可换主轴箱（或刀架）机床、可重组机床。采用流水线或自动线进行生产
工件的安装（装夹）方法	通用夹具装夹，划线找正	广泛采用夹具，部分划线找正	高效专用夹具装夹
获得规定加工精度的方法	试切法	一般在调整好的机床上加工，有时也用试切法	在调整好的机床上加工
工艺装备	广泛采用通用夹具、量具和刀具	广泛采用夹具、通用刀具、万能量具，部分采用专用刀具、专用量具	广泛采用高效率夹具、量具或自动检测装置、高效复合刀具
对工人的技术要求	高	中	低
生产率	低	中	高
成本	高	中	低
工艺规程	机械加工工艺过程卡	较详细的工艺规程，对重要零件有详细的工艺规程	详细编制工艺规程和各种工艺文件

3. 工艺文件

将零件机械加工工艺规程的内容，填入一定格式的卡片，即成为生产准备和施工依据的工艺文件。工艺文件目前还没有统一的格式，各企业都根据零件的复杂程度和生产类型自行确定。常用的工艺文件有机械加工工艺过程卡片、机械加工工艺卡片和机械加工工序卡片。

（1）机械加工工艺过程卡片。

机械加工工艺过程卡片是以工序为单位，简要地列出整个零件加工所经过的工艺路线（包括毛坯制造、机械加工和热处理等）。它是制定其他工艺文件的基础，也是生产准备、编排作业计划和组织生产的依据。在这种卡片中，由于各工序的说明不够具体，故一般不直接指导工人操作，而多作为生产管理方面使用。但在单件小批量生产中，由于通常不编制其他较详细的工艺文件，就以这种卡片指导生产。机械加工工艺过程卡片见表 2-4。

（2）机械加工工艺卡片。

机械加工工艺卡片是以工序为单位，详细地说明整个工艺过程的一种工艺文件。它是用来指导工人生产和帮助车间管理人员和技术人员掌握整个零件加工过程的一种主要技术文件，广泛用于成批量生产的零件和重要零件的小批量生产中。机械加工工艺卡片内容包括零件的材料、质量、毛坯种类、工序号、工序名称、工序内容、工艺参数、操作要求以及采用的设备和工艺装备等。机械加工工艺卡片见表 2-5。

表 2-4 机械加工工艺过程卡片

	机械加工工艺过程卡片		产品型号		零件图号		共 页 第 页				
			产品名称		零件名称						
	材料牌号		毛坯种类		毛坯外形尺寸		每毛坯可制件数		每台件数		备注
	工序号	工序名称	工序内容			车间	工段	设备	工艺装备	工时	
										准终	单件
描图											
审核											
底图号											
装订号											
						设计日期	审核日期		标准化日期	会签日期	
	标记	处数	更改文件号	签字	日期						

表 2-5 机械加工工艺卡片

工厂		机械加工工艺卡片		产品型号			零（部）件图号					共 页	
				产品名称			零（部）件名称					第 页	
材料牌号		毛坯种类			毛坯外形尺寸		每毛坯件数		每台件数			备注	
工序	装夹	工步	工序内容	同时加工零件数	切削用量			设备名称编号	工艺装备名称及编号			技术等级	工时定额
					背吃刀量/mm	切削速度/（m/min）	进给量/(mm/rad)		夹具	刀具	量具		单件	准终
						编制日期		审核日期	会签日期				
标记	处数	更改文件号		签字	日期								

（3）机械加工工序卡片。

机械加工工序卡片是根据机械加工工艺卡片为一道工序制定的。它更详细地说明整个零件各个工序的要求，是用来具体指导工人操作的工艺文件。在这种卡片上要画工序简图（后面有详细说明），说明该工序的每一工步的内容、工艺参数、操作要求以及所用的设备及工艺装备。机械加工工序卡片一般用于大批大量生产的零件。机械加工工序卡片见表 2-6。

表 2-6　机械加工工序卡片

<table>
<tr><td rowspan="15"></td><td colspan="3" rowspan="2">机械加工工序卡片</td><td>产品型号</td><td></td><td>零件图号</td><td colspan="2"></td><td colspan="2">共　页</td></tr>
<tr><td>产品名称</td><td></td><td>零件名称</td><td colspan="2"></td><td colspan="2">第　页</td></tr>
<tr><td colspan="4" rowspan="11"></td><td>车间</td><td>工序号</td><td colspan="2">工序名称</td><td colspan="2">材料牌号</td></tr>
<tr><td></td><td></td><td colspan="2"></td><td colspan="2"></td></tr>
<tr><td>毛坯种类</td><td>毛坯外形尺寸</td><td colspan="2">每件毛坯可制件数</td><td colspan="2">每台件数</td></tr>
<tr><td></td><td></td><td colspan="2"></td><td colspan="2"></td></tr>
<tr><td>设备名称</td><td>设备型号</td><td colspan="2">设备编号</td><td colspan="2">同时加工件数</td></tr>
<tr><td></td><td></td><td colspan="2"></td><td colspan="2"></td></tr>
<tr><td colspan="2">夹具编号</td><td colspan="2">夹具名称</td><td colspan="2">切削液</td></tr>
<tr><td colspan="2"></td><td colspan="2"></td><td colspan="2"></td></tr>
<tr><td colspan="2" rowspan="2">工位器具编号</td><td colspan="2" rowspan="2">工位器具名称</td><td colspan="2">工序工时</td></tr>
<tr><td>准终</td><td>单件</td></tr>
<tr><td colspan="2"></td><td colspan="2"></td><td colspan="2"></td></tr>
<tr><td rowspan="2">工步号</td><td rowspan="2">工步内容</td><td rowspan="2">工艺装备</td><td rowspan="2">主轴转速/（r/min）</td><td rowspan="2">切削速度/（m/min）</td><td rowspan="2">进给量/（m/min）</td><td rowspan="2">背吃刀量/mm</td><td rowspan="2">进给次数</td><td colspan="2">工步工时</td></tr>
<tr><td>机动</td><td>辅助</td></tr>
<tr><td>描图</td><td></td><td></td><td></td><td></td><td></td><td></td><td></td><td></td><td></td><td></td></tr>
<tr><td></td><td></td><td></td><td></td><td></td><td></td><td></td><td></td><td></td><td></td><td></td></tr>
<tr><td>描校</td><td></td><td></td><td></td><td></td><td></td><td></td><td></td><td></td><td></td><td></td></tr>
<tr><td></td><td></td><td></td><td></td><td></td><td></td><td></td><td></td><td></td><td></td><td></td></tr>
<tr><td>底图号</td><td></td><td></td><td></td><td></td><td></td><td></td><td></td><td></td><td></td><td></td></tr>
<tr><td></td><td></td><td></td><td></td><td></td><td></td><td></td><td></td><td></td><td></td><td></td></tr>
<tr><td>装订号</td><td></td><td></td><td></td><td></td><td></td><td></td><td></td><td></td><td></td><td></td></tr>
<tr><td></td><td></td><td></td><td></td><td colspan="2">编制日期</td><td colspan="2">审核日期</td><td colspan="2">标准化日期</td><td>会签日期</td></tr>
<tr><td>标记</td><td>处数</td><td>更改文件号</td><td>签字</td><td>日期</td><td colspan="2"></td><td colspan="2"></td><td colspan="2"></td></tr>
</table>

2.1.4　机械加工工艺规程的制定步骤

机械加工工艺规程的制定步骤如下：

（1）阅读装配图和零件图。通过阅读装配图和零件图，了解产品的用途、性能和工作条件，熟悉零件在产品中的地位和作用。

（2）工艺审查。审查图样上的尺寸、视图和技术要求是否完整、正确、统一，找出主要技术要求和分析关键的技术问题，重点审查零件的结构工艺性。

在工艺审查中发现了结构工艺性问题，那么应同产品设计部门联系，共同研究解决办法，切不可自行修改。常见的零件结构工艺性问题在“零件的工艺性分析”中详细介绍。

（3）确定毛坯。

确定毛坯的主要依据是零件在产品中的作用和生产纲领，以及零件本身的结构。常用的机械零件毛坯种类有铸件、锻件、型材、焊接件和冲压件等。毛坯的选择通常是由产品设计者完成的，工艺人员在设计机械加工工艺规程之前要熟悉毛坯的特点。毛坯种类和特点在“毛坯的选择”中详细介绍。

（4）拟定机械加工工艺路线。

拟定机械加工工艺路线是机械加工工艺规程的核心内容，主要内容包括定位基准的选择、加工方法的确定、加工阶段的划分、加工顺序的安排，以及热处理、检验和其他工序的安排等。

机械加工工艺路线的最终确定一般要通过一定的论证，即通过对几条工艺路线的分析与比较，从中选出一条适合本厂条件的和确保加工质量、高效率、低成本的最佳工艺路线。

（5）确定工艺装备。

确定满足各工序要求的工艺装备，如机床、夹具、刀具和量具等。对需要改装和重新设计的专用工艺装备应提出具体的设计任务书。

（6）确定各工序的加工余量、计算工序尺寸和公差。

（7）确定各工序的切削用量和工时定额。

（8）确定各主要工序的技术要求和检验方法。

（9）填写工艺文件。

2.2　零件的工艺性分析

在制定零件的机械加工工艺规程前，先要进行结构工艺性分析。零件的结构工艺性是指在满足使用要求的前提下制造该零件的可行性和经济性。在分析零件的结构工艺性过程中，首先要确定零件是否具有可加工性，再判断经济性。设计功能相同的零件，其结构工艺性可以有很大的差异。所谓结构工艺性好，是指在一定的工艺条件下，既能方便制造，又有较低的制造成本。

2.2.1　零件结构工艺性的概念

零件的结构工艺性是指所设计的零件在满足使用功能的前提下，要满足制造的可行性和经济性。零件的结构工艺性包括零件在各个制造过程中的工艺性，例如，零件结构的铸造、锻造、冲压、焊接、热处理、切削加工等工艺性。由此可见，零件结构工艺性涉及面很广，必须全面综合地分析。

在不同的生产类型和生产条件下，同样结构的零件制造的可行性和经济性可能不同。例如图 2-5 所示的双联斜齿轮，两齿圈之间的轴

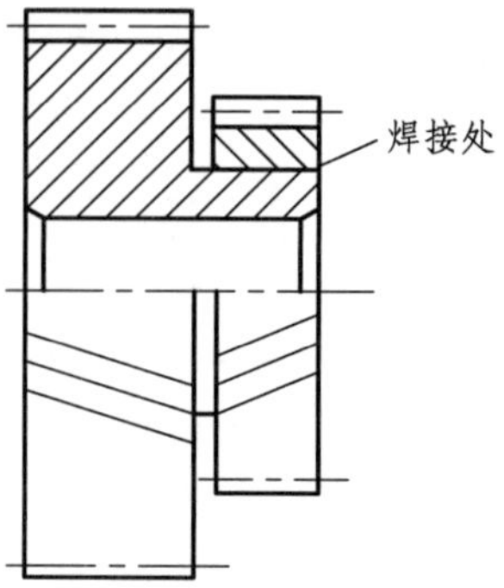

图 2-5　双联斜齿轮的结构

向距离很小，因而小齿圈不能用滚齿加工，只能用插齿加工；又因插斜齿需专用螺旋导轨，因而它的结构工艺性不好。若能采用电子束焊，先分别滚切两个齿圈，再将它们焊成一体，这样的制造工艺就较好，且能缩短齿轮间的轴向尺寸。由此可见，结构工艺性要根据具体的生产类型和生产条件来分析，它具有相对性。从上述分析可知，只有熟悉制造工艺、有一定实际知识并且掌握工艺理论，才能分析零件结构工艺性。

2.2.2 零件结构工艺性分析的要求

零件结构工艺性的分析，可从零件尺寸和公差的标注、零件的组成要素和零件的整体结构等方面来进行。

1. 审查各项技术要求

分析产品图纸，熟悉该产品的用途、性能及工作状态，明确被加工零件在产品中的位置和作用，进而了解图纸上各项技术要求制定的依据，以便在拟定工艺规程时采取适当的工艺措施。

【例 2-1】审查图 2-6 所示零件图纸的完整性、技术要求的合理性以及材料选择是否合理，并提出改进意见。

如图 2-6（a）所示的汽车板簧和弹簧吊耳内侧面的表面粗糙度，可由原设计的 *Ra*3.2 μm 改为 *Ra*25 μm 不会影响吊耳装配质量和使用性能，这样就可在铣削加工时增大进给量，以提高生产率。又如图 2-6（b）所示的方头销零件，其方头部分要求淬硬到 55 ~ 60 HRC，其销轴 ϕ8 mm（+0.001 ~ +0.01）上有个 ϕ2 mm（0 ~ +0.01）的小孔，在装配时配做，材料为 T8A，小孔 ϕ2 mm（0 ~ +0.01）因是配做，不能预先加工好，淬火时因零件太小势必全部被淬硬，造成 ϕ2 mm（0 ~ +0.01）孔很难加工。若将材料改为 20Cr，可局部渗碳，在小孔处镀铜保护，则零件加工就容易得多。

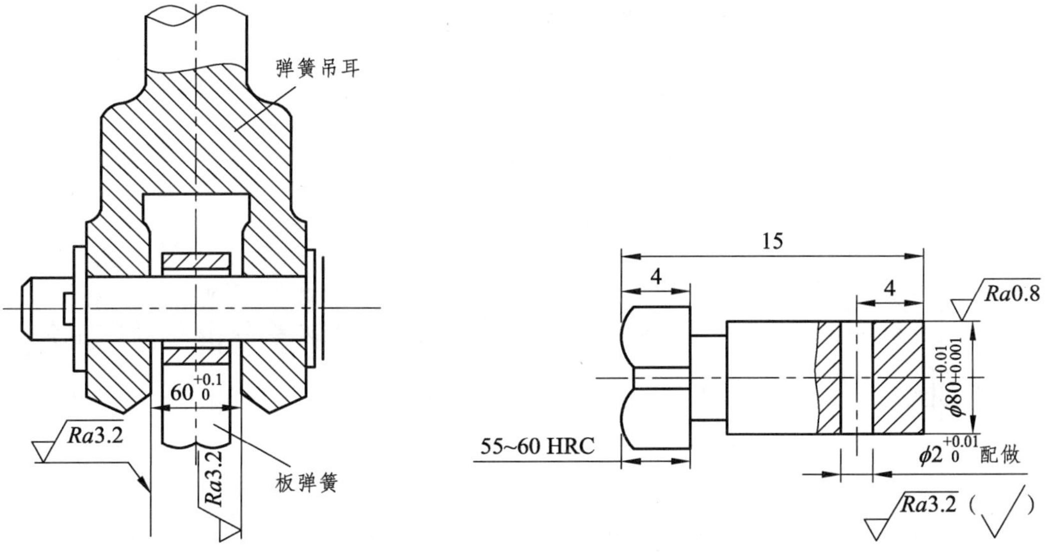

（a）零件材料选择不当　　（b）零件加工要求选择不当

图 2-6　零件材料选择不当和零件加工要求选择不当的示例

2. 审查零件结构工艺性

良好的工艺性是指在保证产品使用要求的前提下，零件加工时常采用生产率高、劳动量少、节省材料和生产成本低的方法制造出来。

在通常的工艺条件下，常见的零件结构工艺性问题分析如表 2-7 所示。

表 2-7　常见的零件结构工艺性问题分析

零件结构工艺性分析				
序号	结构工艺性不好		结构工艺性好	
1	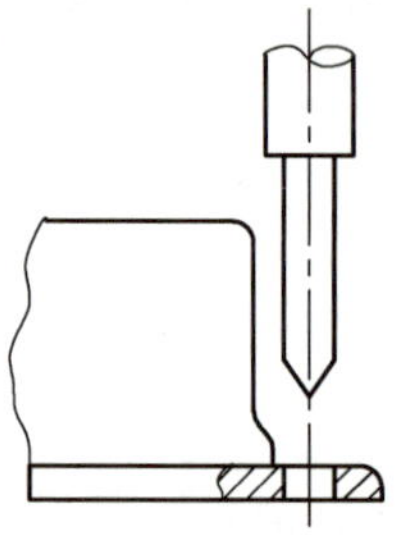	设计孔距离箱体壁太近。(1)钻头在圆角处易引偏；(2)箱壁高度尺寸大，需要加长钻头才能钻孔	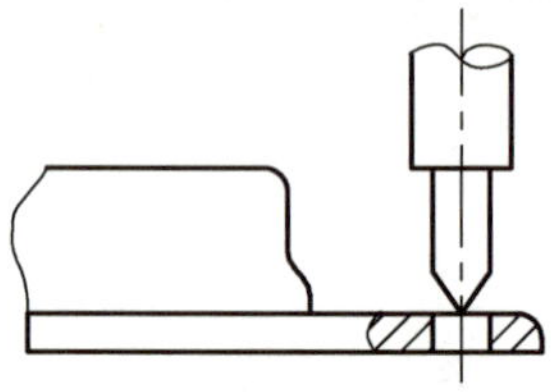	加长箱耳，无须加长钻头钻孔
2	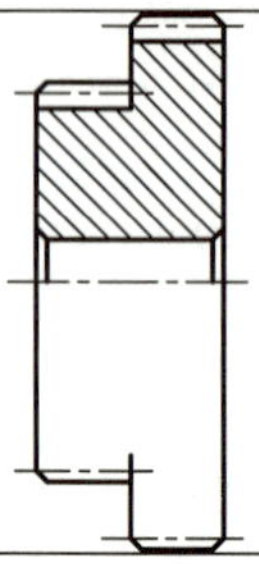	小齿轮插齿时无退刀槽而无法加工	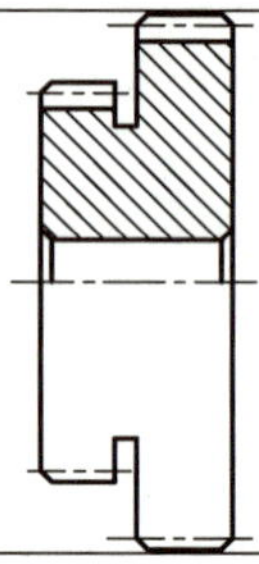	大齿轮可采用滚齿，也可采用插齿加工；小齿轮因有退刀槽，可以采用插齿加工
3	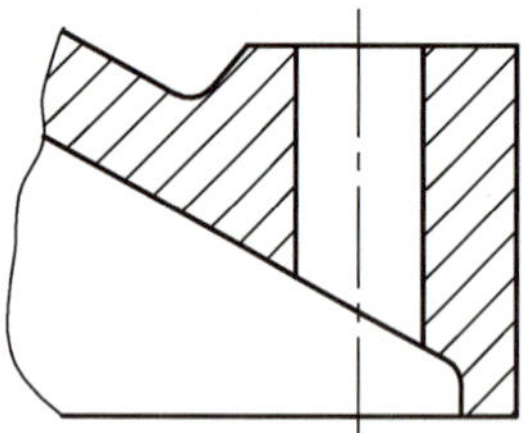	孔在内壁出口遇到斜面，孔易钻偏或钻头易折断	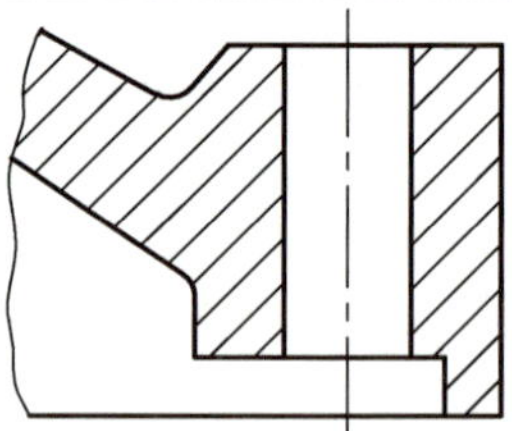	孔的内壁出口为平面，容易保证孔轴线的位置度
4	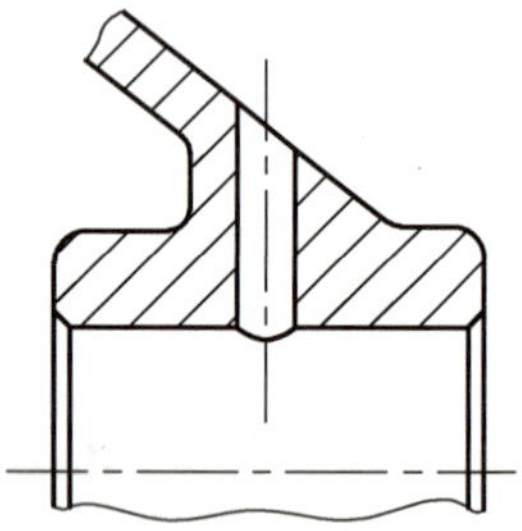	斜面上钻孔，钻头易引偏	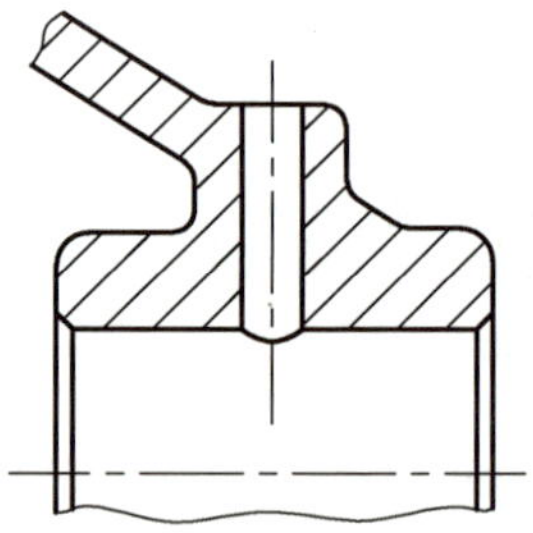	若结构允许，钻头进刀处设计成平面，方便直接钻孔
5	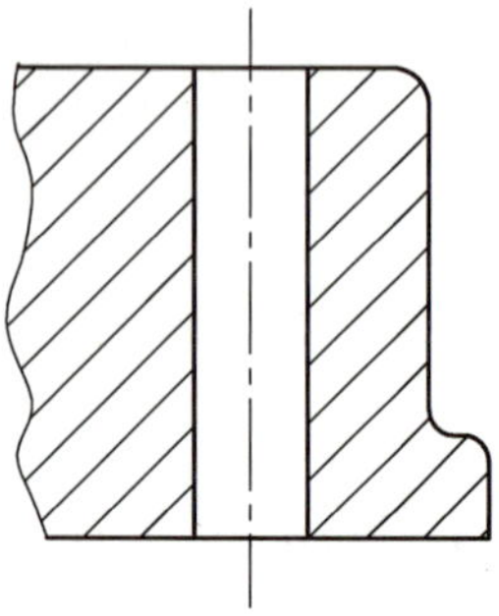	孔过深，加工时间长，钻头损耗大，钻头易偏斜	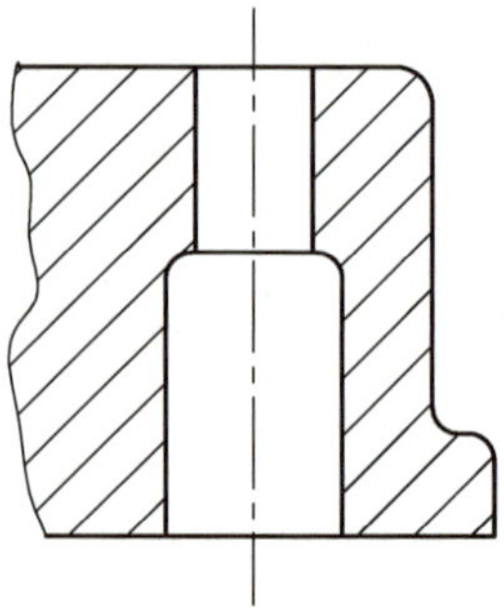	孔深减小，钻孔的一端留有空刀，钻孔时间短，钻头寿命长，钻头不易偏斜

零件结构工艺性分析				
序号	结构工艺性不好		结构工艺性好	
6	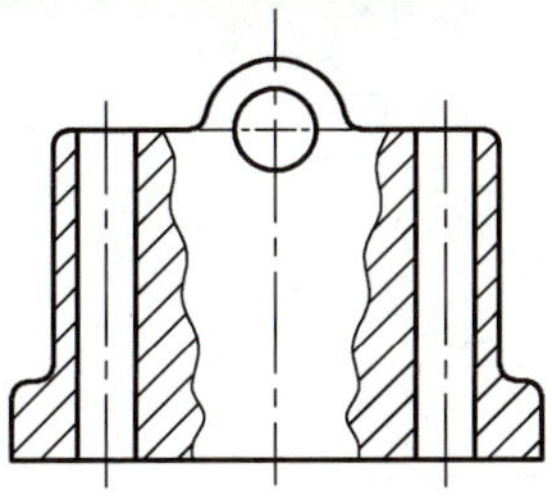	浪费材料，且要进行深孔加工	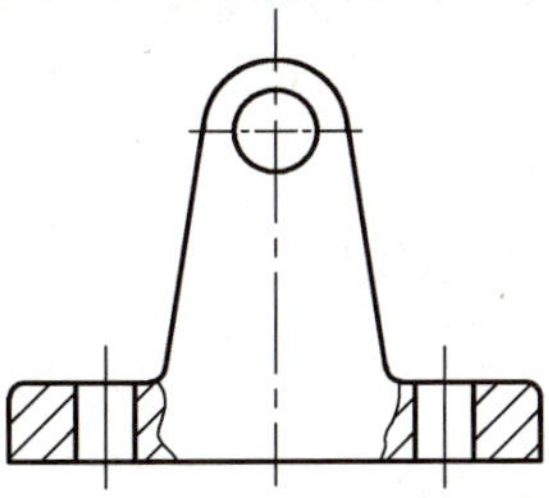	即可节约材料、减轻质量，又避免了深孔加工
7	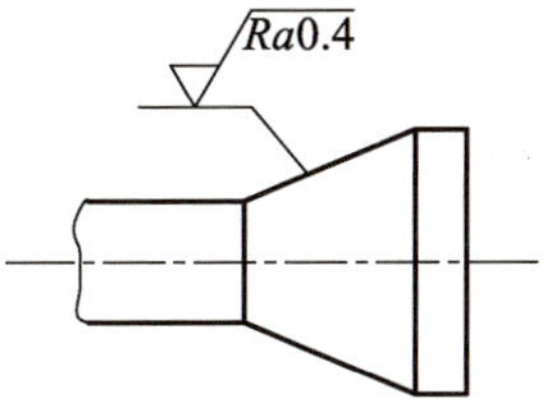	磨削圆锥面时会伤及圆柱表面，并且不能清根	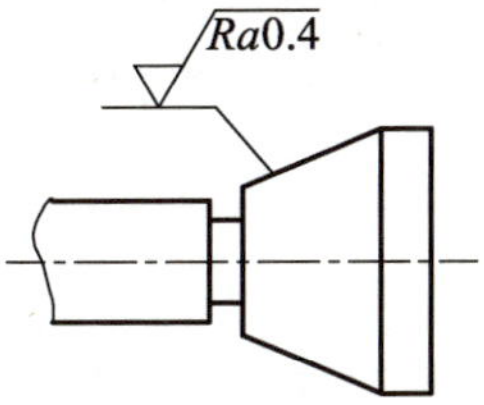	设计退刀槽后，可以方便地对圆锥面进行磨削加工
8	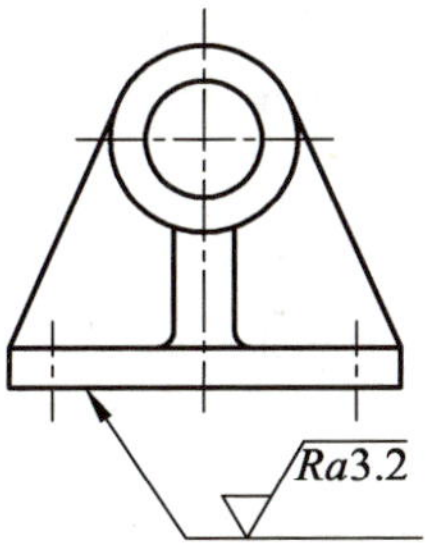	加工面面积大，加工时间长。若零件尺寸越大，平面度误差越大	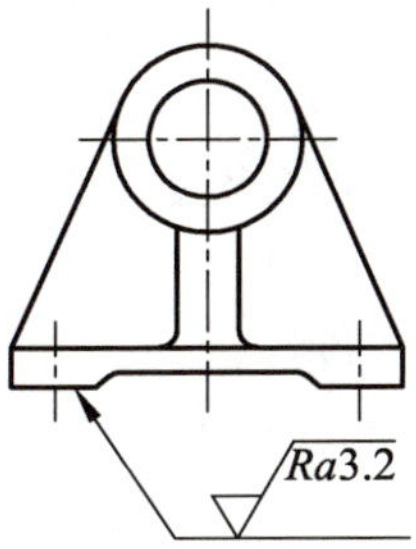	加工面面积减小，加工时间减少。刀具损耗减少，加工面的平面度易于保证
9	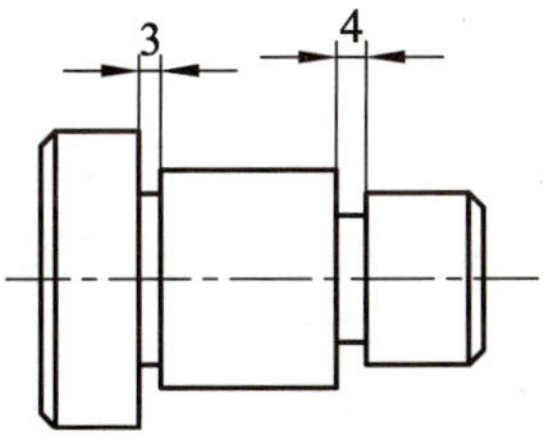	两处退刀槽宽度不相等，需要不同规格的刀具加工，增加了设计成本	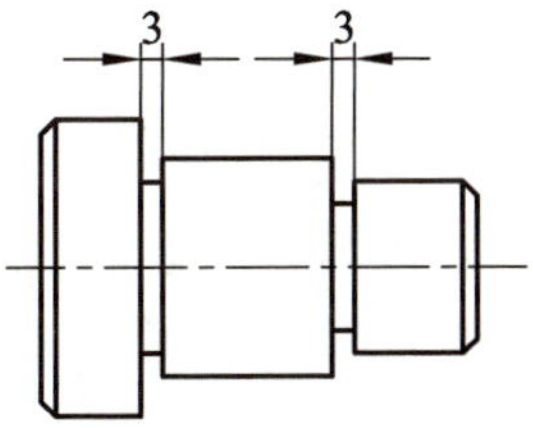	退刀槽宽度尺寸相同，可以用同一把刀具加工得到
10	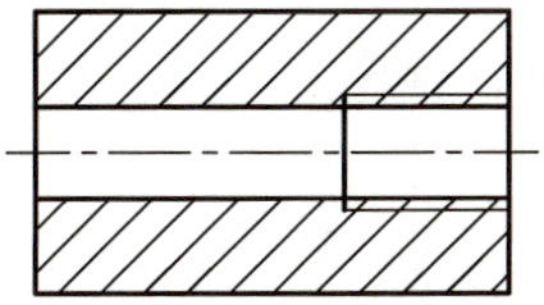	车螺纹时，螺纹根部易打刀，且不能清根	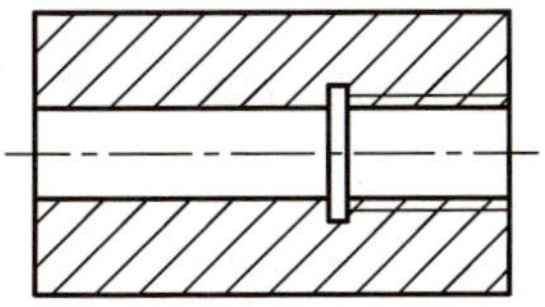	留有螺纹退刀槽，避免打刀，能使螺纹清根
11	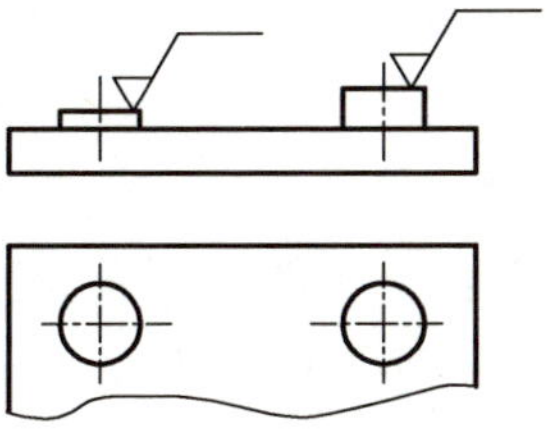	两处凸台高度不同，需要两次调整刀具加工凸台平面，影响生产率	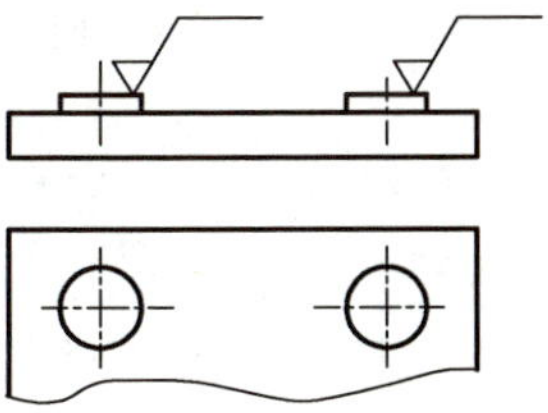	两处凸台平面在同一高度，一次调整刀具即可同时加工两个平面

续表

零件结构工艺性分析				
序号	结构工艺性不好		结构工艺性好	
12	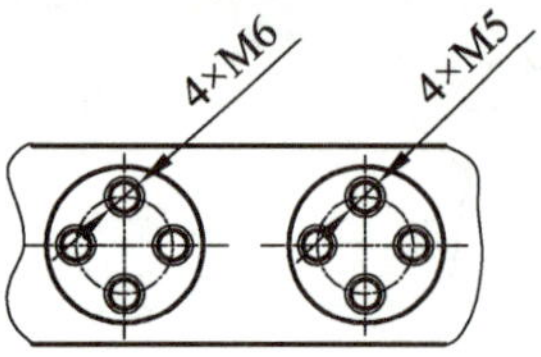	两端面上的螺纹孔尺寸相近，需换刀加工，装配也不便	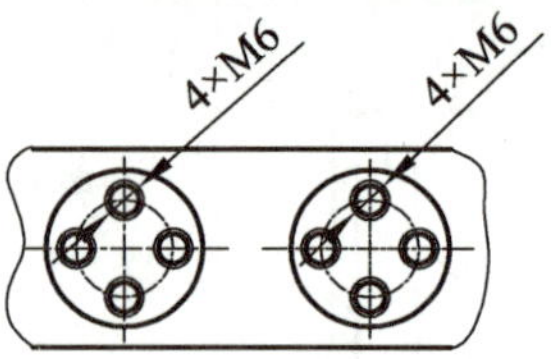	两端面上的螺纹孔尺寸相同，方便加工和装配
13	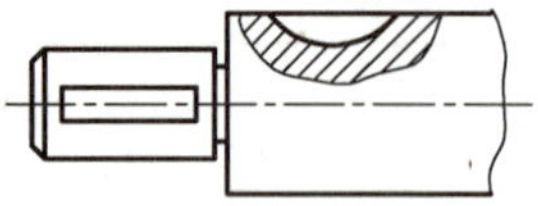	两处键槽在不同方向，需要两次调整轴的位置后加工	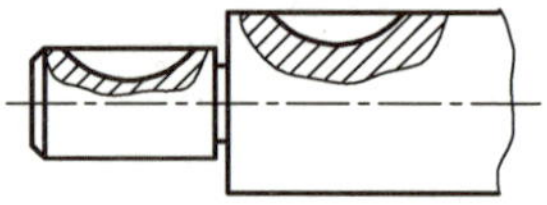	两处键槽在同一方位，一次装夹轴后，即可对两键槽加工

3. 结构设计时应注意的几项原则

（1）尽可能采用标准化参数，有利于采用标准刀具和量具；

（2）要保证加工的可行性和方便性，加工面应有利于刀具的进入和退出；

（3）加工表面形状应尽量简单，便于加工，并尽可能布置在同一表面或同一轴线上，以减少工件装夹、刀具调整及走刀次数；

（4）零件结构应便于工件装夹，并有利于增强工件或刀具的刚度；

（5）应尽可能减轻零件质量，减少加工表面面积，并尽量减少内表面加工；

（6）零件的结构应与先进的加工工艺方法相适应。

2.3 毛坯选择

在制定零件机械加工工艺规程前，还要选择毛坯类型及制造方法并确定毛坯精度。零件机械加工的工序数量、材料消耗和劳动量，在很大程度上与毛坯有关，所以正确选择毛坯有重大的技术经济意义。

2.3.1 毛坯类型

常用的机械零件毛坯种类有铸件、锻件、型材、焊接件和冲压件等。

1. 铸　件

铸件适宜做形状复杂的零件毛坯，如箱体、床身、底座、机架等。其常用材料有铸铁、铸钢、铸铜、铸铝等。其中，铸铁由于其成本低廉、吸振性能好和容易加工而得到广泛应用。铸造方法有砂型铸造、金属型铸造、离心铸造、压力铸造和精密铸造等。

2. 锻　件

锻件适于做强度和机械性能要求都高，而形状较为简单的零件毛坯。目前应用最广泛的锻造方法有自由锻造、模锻和精密锻造等。其中，自由锻造适合于制作小批量大型零件的毛坯；模锻适合制作中批量中小型零件的毛坯；精密锻造适合制作中批量及以上的小型零件的毛坯。

3. 型　材

型材包括热轧型材和冷拔型材（包括各种圆钢、方钢、板材、管材和型钢等）。热轧型材适合制作一般精度零件的毛坯，冷拉型材适合制作精度高、中小型零件的毛坯。

4. 焊接件

焊接件毛坯可由型材-型材、型材-锻件、型材-铸钢件等焊接组合而成。焊接件毛坯制造过程简单，制造周期短，但一般焊接后易变形，需要去应力时效处理。焊接方法有气焊、电弧焊和电渣焊等。

5. 冲压件

冲压件毛坯可以非常接近成品要求，但因冲压模具昂贵而仅用于大量生产或成批生产。

除了上述五类毛坯外，还有粉末冶金制品、工程塑料制品、新型陶瓷等毛坯也有一定的应用。

2.3.2　毛坯选择时考虑的因素

毛坯种类的选择主要依据下列各方面的因素：

1. 零件材料及其力学性能

例如，铸铁零件要用铸铁毛坯。钢材零件，力学性能要求高时，可选锻件；当力学性能要求不太高时，可选型材或铸钢。

2. 零件的形状和尺寸

形状复杂的零件，常采用铸造毛坯。薄壁零件不可用砂型铸造，大铸件用砂型铸造。常见钢质阶梯轴零件，若各台阶直径相差不大，可用棒料毛坯；若各台阶直径相差较大，可选锻件毛坯。大尺寸锻件宜选自由锻，小尺寸锻件宜选模锻。

3. 零件结构的经济性

增大毛坯尺寸公差能降低毛坯制造成本，但机械加工成本增加，选择毛坯时应使材料、毛坯制造和零件加工各项费用之和为最小。

4. 生产类型

大批量生产，应选精度和生产率都比较高的毛坯制造方法，如铸件选金属模铸造或精密铸造，锻件应采用模锻、冷轧和冷拉型材等；单件小批生产则应采用木模手工造型或自由锻。

5. 具体生产条件

考虑企业毛坯制造的水平和能力以及外协的可能性等，还要综合考虑制造成本和市场需求。

6. 利用新工艺、新技术和新材料的可能性

如精铸、精锻、冷挤压、粉末冶金和工程塑料等，应用这些方法后，可大大减少机械加工量，有时甚至可不再进行机械加工。

毛坯形状一般力求接近成品形状，以减少机械加工劳动量。但也有以下几种特殊情况：

（1）尺寸小或薄的零件，为便于加工时的装夹并减少夹头金属损失，可将多个工件连在一起，由一个毛坯制出。例如，钻套的加工就是采用一根长棒料毛坯，在粗车外圆和内孔后，用切断刀切为一个个钻套。

（2）装配后需要形成同一工作表面的两个相关零件，为保证加工质量并使加工方便，经常把两件毛坯合为一个毛坯，加工至一定阶段后再切开，例如，车床开合螺母外壳、发动机连杆

和曲轴轴瓦盖等的毛坯都是两件合制的。

（3）为了加工时安装工件方便，有的铸件毛坯需要铸造出工艺搭子，如图 2-7 所示。在零件加工后一般切去工艺搭子，而在对零件的使用没有影响或不影响外观的情况下也可保留在零件上。

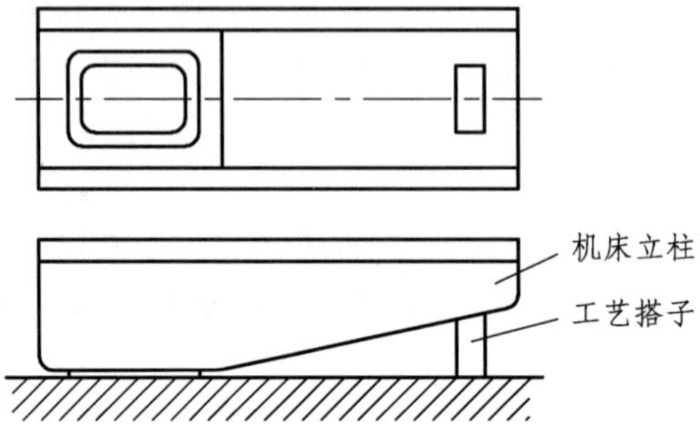

图 2-7　机床立柱加工时的工艺搭子

2.4　制定机械加工工艺路线的主要工艺问题

制定机械加工工艺路线时需要考虑的主要工艺问题有：定位基准的选择、加工方法的确定、加工阶段的划分、加工顺序的安排，以及热处理、检验、探伤、去毛刺等其他内容。

2.4.1　基准分类

用来确定生产对象上几何要素的几何关系所依据的点、线、面称为基准。根据其作用的不同，基准分为设计基准和工艺基准两大类。工艺基准又可分为工序基准、定位基准、测量基准和装配基准，如图 2-8 所示。

1. 设计基准

设计基准是零件图样上的基准，是设计人员根据零件功能的需要而选定的用来确定其他点、线、面位置的基准。零件图样上的设计基准不止一个，有时有多个。如图 2-9 所示的台阶轴的三个尺寸的设计基准，其中尺寸 d 的设计基准为 l_1，尺寸 D 的设计基准为 l_2，尺寸 C 的设计基准为轴的对称中心面 A。

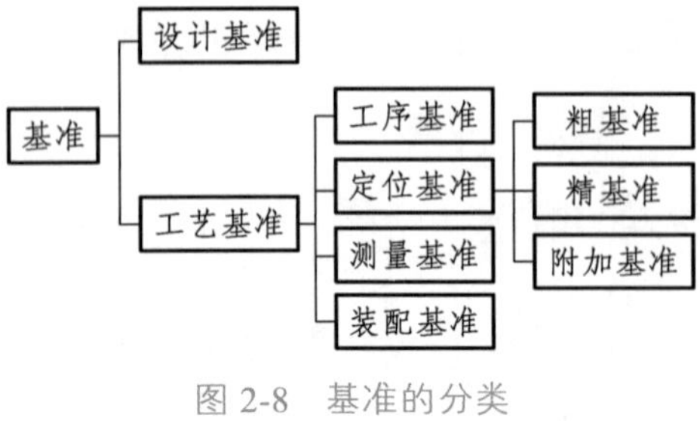

图 2-8　基准的分类

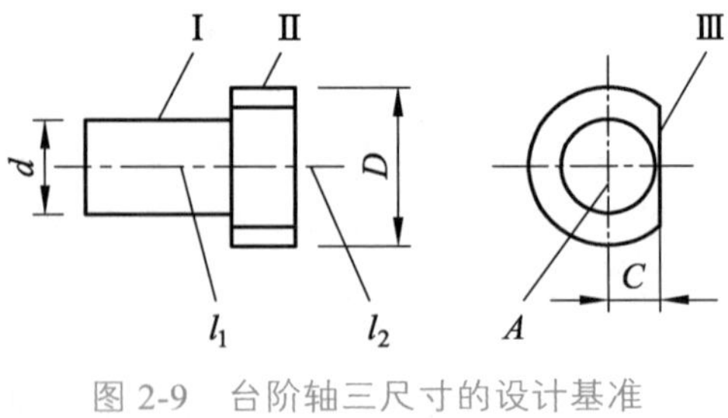

图 2-9　台阶轴三尺寸的设计基准

2. 工艺基准

工艺基准是指零件在加工、检验和装配时使用的基准，它包括定位基准、测量基准和装配基准。图 2-10 所示为加工平面 A 的工艺基准。

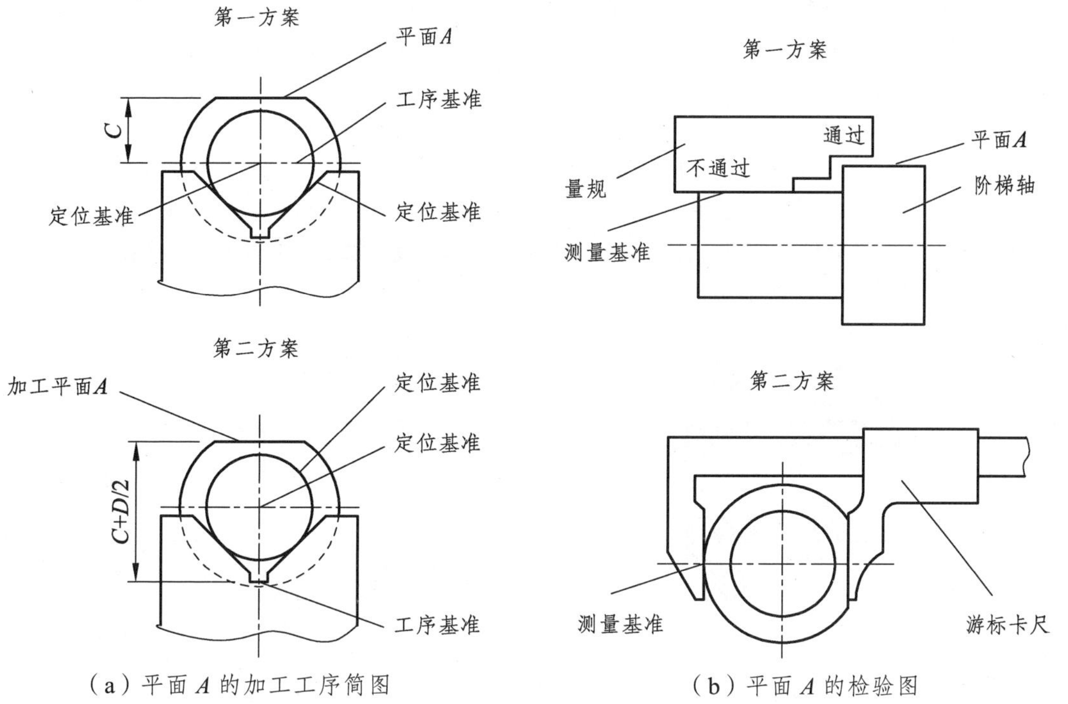

图 2-10　工艺基准

（1）定位基准：零件在加工中用作定位的基准是定位基准，分为粗定位基准和精定位基准。比如最简单的轴零件，在车削外圆时，可以先在卡盘上夹持工件一端，车削另一端端面或外圆，这时工件的定位基准是工件的轴线。加工中每个工序中也有一个基准，这是工序基准。工序基准是工序图上的基准，它是在工序图上用来确定本工序所加工表面加工后的尺寸、形状和位置的基准。

（2）测量基准：测量零件时所使用的基准，如图 2-10（b）所示。

（3）装配基准：装配时用来确定零件或部件在产品中的相对位置的基准。

2.4.2　定位基准的选择

加工过程中定位基准的选择对工艺过程有重要影响，拟定加工路线的第一步是选择定位基准。定位基准的选择合理与否，将直接影响所制定的零件加工工艺规程的质量。定位基准选择不当，往往会增加工序，或使夹具设计困难，甚至达不到零件的加工精度（特别是位置精度）要求，所以必须遵循一定的原则来正确选择每道工序使用的定位基准。

1. 粗定位基准的选择

粗定位基准的选择对零件加工有着重要的影响。选择粗定位基准时要考虑的是保证加工表面有足够的加工余量，不加工表面符合图样要求。在第一道机加工工序中，首先使用毛坯表面作为粗定位基准。选择粗定位基准，一般应遵循以下原则：

（1）选择不加工表面作为粗定位基准。

如果必须保证工件上加工面与不加工面的相互位置要求，那么应以不加工表面作为粗定位基准。图 2-11 所示的套筒零件选 *A* 表面为粗定位基准。在铸造时孔和外圆难免有偏心，加工时如果采用不加工表面 *A* 作为粗定位基准来装夹工件（夹具装夹，用三爪自定心片盘夹紧外圆面 *A*）进行加工，那么加工面 *B* 与不加工面 *A* 同轴，可以有效保证壁厚均匀，但是加工面 *B* 的加工余量是不均匀的。

（2）选择加工余量小的表面作粗定位基准。

对于具有较多加工表面的工件，选择粗定位基准时应考虑合理分配各加工表面的加工余量，保证各加工表面都能得到足够的加工余量。如图 2-12 所示的阶梯轴，在毛坯制造时两外圆偏心 3 mm，为使两个外圆加工后同轴，应选择其中加工余量最小的表面作为粗定位基准，以避免该表面在加工时因余量不足而留下部分毛坯面，造成废件。

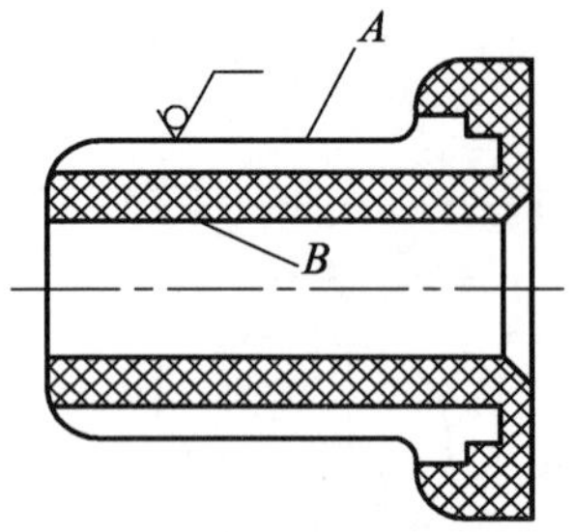

图 2-11 选择不加工表面作为粗定位基准

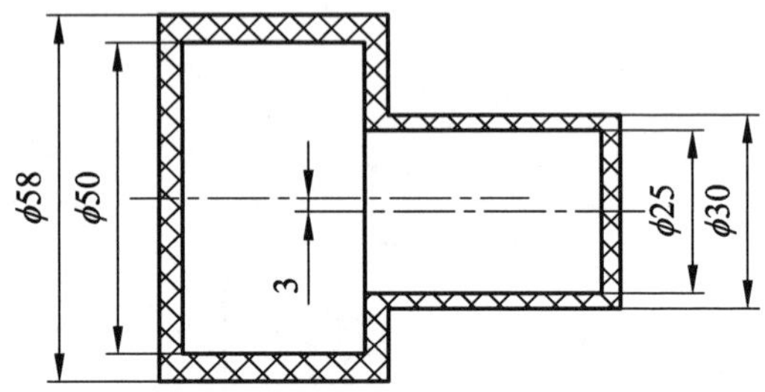

图 2-12 选择加工余量小的表面作粗定位基准

如图 2-12 所示的阶梯轴，应选 ϕ30 mm 外圆为粗定位基准加工 ϕ58 mm 外圆表面。如果选 ϕ58 mm 外圆为粗定位基准加工 ϕ30 mm 外圆表面时，当两外圆有 3 mm 的偏心时，则加工后的 ϕ25 mm 外圆表面的一侧可能会因余量不足而残留部分毛坯表面，从而使工件报废。

（3）选择重要加工表面作为粗定位基准。

为保证某重要加工表面的加工余量小而均匀，应以该重要加工表面作为粗定位基准。当零件上有多个重要加工表面时，应选择加工余量要求最严格的那个表面作为粗定位基准。

如图 2-13 所示的机床床身零件，要求导轨面应有较好的耐磨性，以保持其导向精度。由于铸造时的浇注位置（床身导轨面朝下）决定了导轨面处的金属组织均匀而致密，在机械加工中，为保留这样良好的金属组织，应使导轨面上的加工余量尽量小而均匀。

在加工机床床身时，先以导轨面为粗定位基准，加工床腿，然后以床腿为精定位基准，加工导轨面，使得导轨面上的加工余量足够。

图 2-13 机床床身加工的粗定位基准选择——选择重要加工表面作为粗定位基准

（4）选择平整且定位可靠的面作为粗定位基准。

选择粗定位基准时，必须考虑定位可靠、夹具简单、操作方便等问题。为此，要求选用的粗定位基准尽可能平整、光洁和有足够的尺寸，一般不允许选择有锻造飞边、铸造浇口、铸造冒口或其他缺陷的表面。

（5）粗定位基准应尽量避免重复使用。

通常在同一尺寸方向上（即同一自由度方向上），粗定位基准只能使用一次。因为毛坯表面粗糙且精度低，重复使用会产生较大的定位误差。

如图 2-14 所示，轴类工件以表面 B 为粗定位基准加工表面 A 之后，如果仍以表面 B 为粗定位基准加工表面 C，由于不能保证工件轴心线在前后两次装夹中位置的一致性，就必然导致加工出来的表面 A 与 C 之间产生较大的同轴度误差。

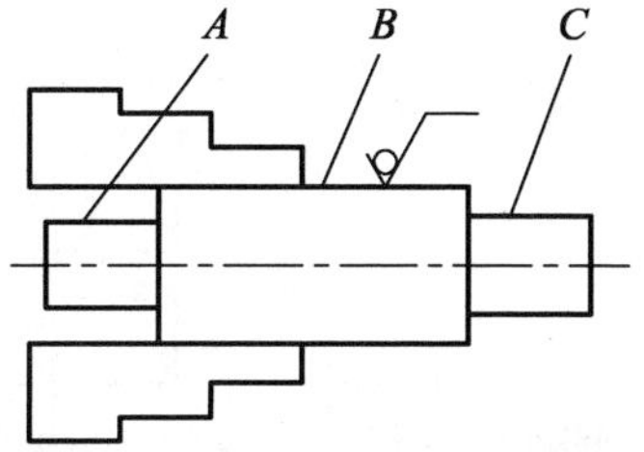

图 2-14 粗定位基准不重复使用

上述选择粗定位基准的五条原则，每一条原则都只说明一个方面的问题。在实际生产中，划线装夹有时可以兼顾这五条原则，而夹具装夹则不能同时兼顾，这就要根据具体情况进行分析，权衡利弊，保证主要技术要求。

2. 精定位基准的选择

精定位基准是已加工表面作为定位基准。选择精定位基准的原则是：保证产品质量、夹具结构简单、装夹工件方便。为了满足这些要求，一般应遵循以下原则：

（1）基准重合原则。

所谓基准重合原则，是指以设计基准作为定位基准。基准重合可以消除基准不重合而引起的误差。

图 2-15（a）为某零件的示意图，其中 C 面是 B 面的设计基准。图 2-15（b）为加工 B 面时的工序简图，选择 C 面作为加工 B 面时的定位基准，实现设计基准与定位基准重合。

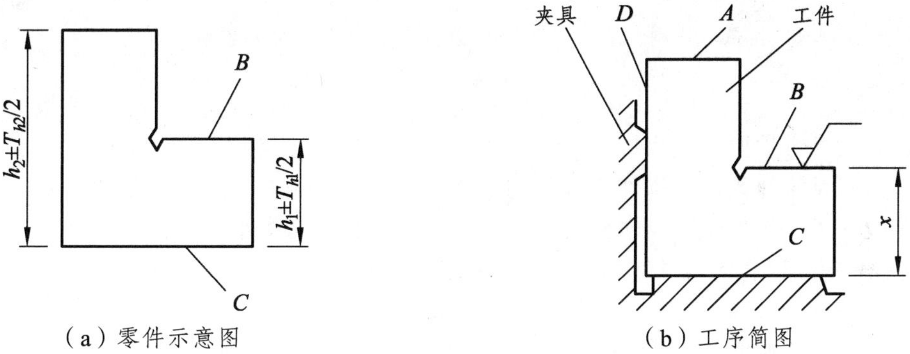

图 2-15 基准重合原则

（2）基准统一原则。

所谓基准统一原则，是指在同一道工序中，采用同一基准作为定位基准，加工尽量多的表面。基准统一保证了加工表面外的相互位置、简化了夹具结构。多次采用的同一基准也称为辅助基准。例如，加工轴类零件时，为保证同轴度要求，可选用两端面的中心孔作为统一基准，如图 2-16 所示；在活塞销孔加工工序中，为直接保证尺寸 a，则可采用顶面为精定位基准，如图 2-17 所示。

（3）互为基准原则。

所谓互为基准原则，是指加工时，前后工序之间相互作为基准。互为基准可以保证加工面之间的位置精度和尺寸精度。如图 2-18 所示的轴套零件的外圆面和内孔的磨削加工中，先以外圆面为定位基准磨削内孔，如图 2-18（a）所示，再以内孔面为定位基准磨削外圆面，如图 2-18（b）所示，实现互为基准原则。

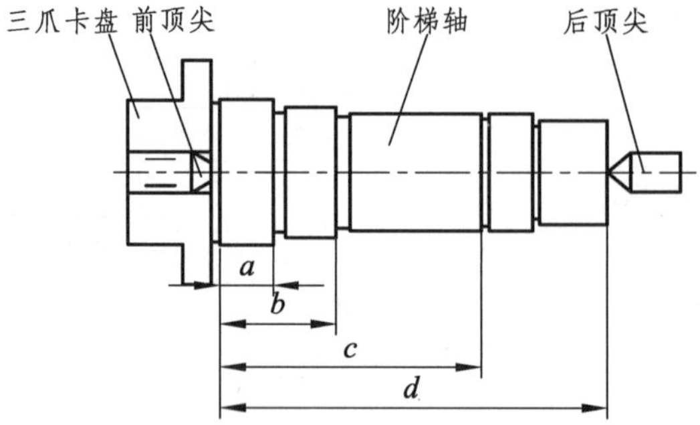

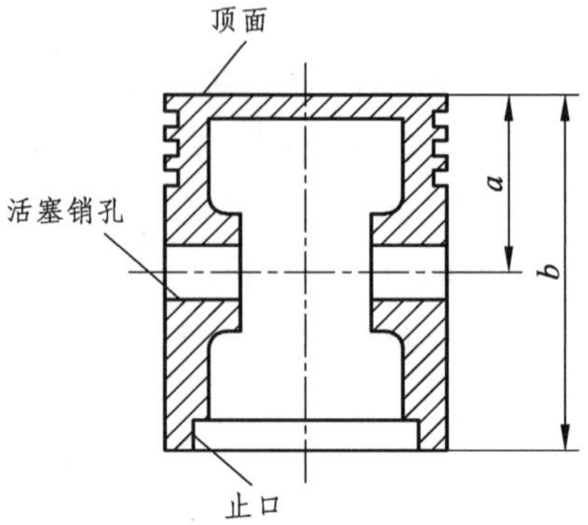

图 2-16 相关视频

图 2-16　车削阶梯轴类零件的外圆表面时采用基准统一原则

图 2-17　加工活塞销孔时采用基准统一原则

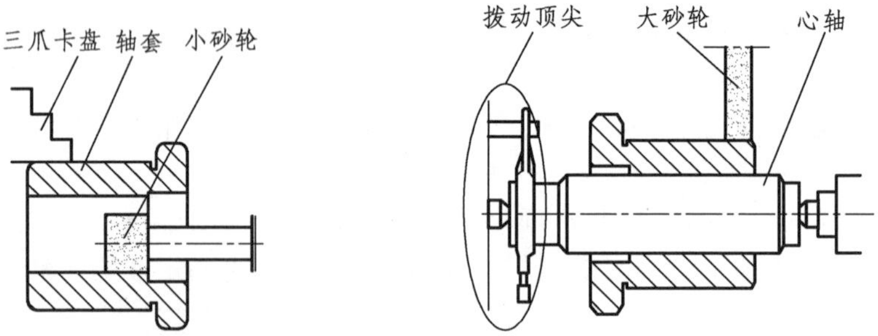

（a）以外圆面为定位基准磨削内孔　（b）以内孔面为定位基准磨削外圆面

图 2-18 相关视频

图 2-18　互为基准原则——轴套零件的外圆面和内孔的磨削加工

（4）自为基准原则。

所谓自为基准原则，是指加工工件的某表面时，以该表面作为定位基准，通过找正的方式来达到定位要求。例如机床导轨面的磨削加工，无心磨削法磨小轴零件等时，由于加工余量小而均匀，可选择加工表面本身作为定位基准。如图 2-19 所示的无心外圆磨床磨削小轴的加工中，加工面为工件的外圆面，定位基准为工件外圆表面本身。

请读者自己分析图 2-20 所示的定位基准选择情况，并说明理由。

图 2-19 相关视频

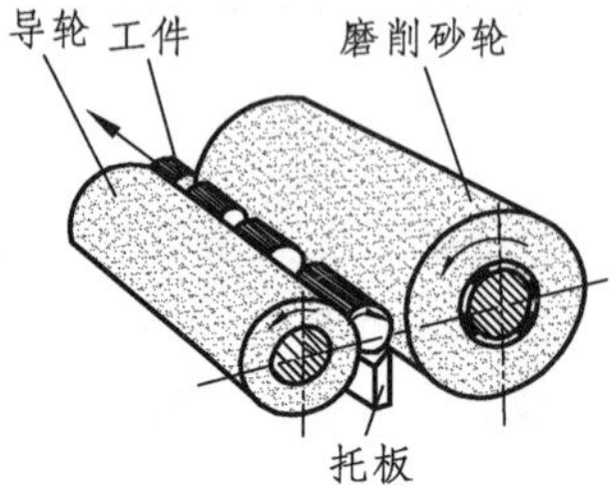

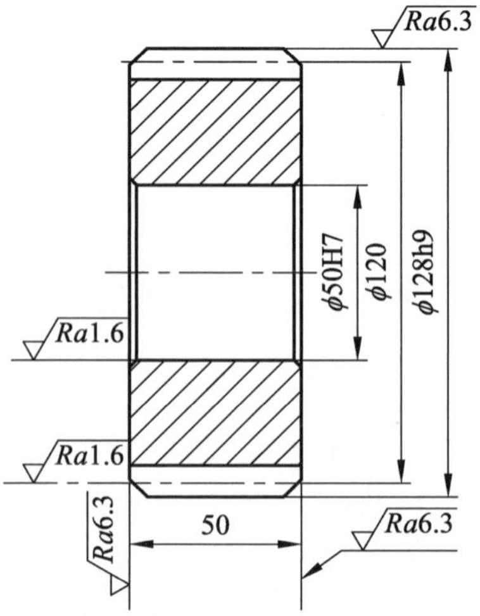

图 2-19　自为基准原则——无心外圆磨床的磨削加工

图 2-20　互为基准原则——圆柱齿轮加工中的基准选择

2.4.3 表面加工方法的选择

零件表面加工方法的选择是拟定工艺路线的首要步骤。确定零件表面的加工方案时，一般先根据表面的加工精度和表面粗糙度要求，选定最终加工方法，然后再确定从毛坯表面到最终成型表面的加工路线，即确定加工方案。由于获得零件表面同一精度和同一粗糙度的方案有好几种，在具体选择时，还应考虑工件的结构形状和尺寸、工件材料的性质、生产类型、生产率、经济性、生产条件和机床等。

确定零件表面加工方法时考虑的因素具体有以下几方面：

1. 根据零件的经济加工精度和经济表面粗糙度确定加工方案

加工零件的任何一个表面时，影响选择加工方法的因素很多，每种加工方法在不同的工作条件下所能达到的精度和经济效果均不同，也就是说所有的加工方法能够获得的加工精度和表面粗糙度均有一个较大的范围。例如，选择较低的切削用量，精细地操作，就能达到较高的精度，但是这样会降低生产率，增加成本。反之，若增大切削用量，就会提高生产率、降低成本，但精度相应会降低。所以在确定加工方法时，应根据工件的每个加工表面的技术要求来选择与经济精度相适应的加工方案。经济精度指的是在正常加工条件下（采用符合质量标准的设备、工艺装备和标准技术等级的工人，合理的加工时间）所能达到的加工精度，相应的表面粗糙度称为经济表面粗糙度。由统计资料表明，各种加工方法的加工精度和加工成本之间的关系呈负指数函数曲线分布，如图 2-21 所示。图中横坐标是加工精度 Δ，纵坐标是加工成本 Q。在曲线 A 点左侧，加工精度不易提高，且有一加工精度极限值 $\Delta_{极}$；在 B 点右侧，加工成本不易降低，也有一加工成本极限值 $Q_{极}$。曲线 AB 的精度区间属于经济精度范围。

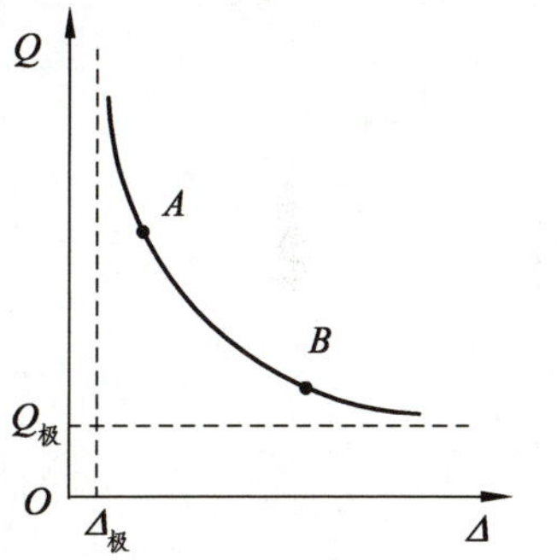

图 2-21　加工精度和加工成本之间的关系

表 2-8 ~ 表 2-10 为外圆、内孔和平面加工的典型加工路线及所能达到的经济加工精度和经济表面粗糙度，供读者选用时参考。

表 2-8　外圆表面的典型加工路线及所能达到的经济加工精度和经济表面粗糙度

序号	加工方法	经济加工精度（以尺寸公差等级表示）	经济表面粗糙度 Ra/μm	适用范围
1	粗车	IT11 ~ IT13	12.5 ~ 50	适用于淬火钢以外的各种金属
2	粗车—半精车	IT8 ~ IT10	3.2 ~ 6.3	
3	粗车—半精车—精车	IT7 ~ IT8	0.8 ~ 1.6	
4	粗车—半精车—精车—滚压或抛光	IT7 ~ IT8	0.025 ~ 0.2	
5	粗车—半精车—粗磨	IT7 ~ IT8	0.4 ~ 0.8	主要用于淬火钢，也可用于未淬火钢，但不宜加工有色金属
6	粗车—半精车—粗磨—精磨	IT6 ~ IT7	0.1 ~ 0.4	
7	粗车—半精车—粗磨—精磨—超精加工或轮式超精磨	IT5	0.05 ~ 0.1	
8	粗车—半精车—精车—精细车（金刚车）	IT6 ~ IT7	0.025 ~ 0.4	主要用于精度要求较高的有色金属的加工
9	粗车—半精车—粗磨—精磨—超精磨或镜面磨	IT5 及以上	0.025 ~ 0.01	用于极高精度的钢或铸铁外圆的加工
10	粗车—半精车—粗磨—精磨—研磨	IT5 及以上	0.01 ~ 0.1	

表 2-9　内孔表面的典型加工路线及所能达到的经济加工精度和经济表面粗糙度

序号	加工方法	经济加工精度（以尺寸公差等级表示）	经济表面粗糙度 Ra/μm	适用范围
1	钻	IT11～IT13	12.5	加工未淬火钢及铸铁的实心毛坯，也可用于加工有色金属。孔径 $D<\phi 15$ mm
2	钻—粗铰	IT8～IT9	1.6～3.2	
3	钻—粗铰—精铰	IT7～IT8	0.8～1.6	
4	钻—扩	IT10～IT11	6.3～12.5	加工未淬火钢及铸铁的实心毛坯，也可用于加工有色金属（但粗糙度稍大），孔径 $\phi 15$ mm$<D<\phi 20$ mm
5	钻—扩—粗铰	IT8～IT9	1.6～3.2	
6	钻—扩—粗铰—精铰	IT7	0.8～1.6	
7	钻—扩—机铰—手铰	IT6～IT7	0.1～0.4	
8	钻—扩—拉	IT7～IT9	0.1～1.6	大批大量生产中小零件的通孔（精度由拉刀的精度而定）
9	粗镗（或扩孔）	IT11～IT12	6.3～12.5	除淬火钢外的各种金属，毛坯留有铸出孔或锻出孔
10	粗镗（或粗扩）—半精镗（或精扩）	IT8～IT9	1.6～3.2	
11	粗镗（或粗扩）—半精镗（或精扩）—精镗（或铰）	IT7～IT8	0.8～1.6	
12	粗镗（或粗扩）—半精镗（或精扩）—精镗—浮动镗刀精镗	IT6～IT7	0.4～0.8	
13	粗镗（或扩）—半精镗—磨孔	IT7～IT8	0.2～0.8	主要用于淬火钢，也可用于未淬火钢，但不宜用于有色金属
14	粗镗（或扩）—半精镗—粗磨—精磨	IT6～IT7	0.1～0.2	
15	粗镗—半精镗—精镗—精细镗（或金刚镗）	IT6～IT7	0.05～0.4	主要用于精度要求高的有色金属的加工
16	钻—（扩）—粗铰—精铰—珩磨； 钻—（扩）—拉—珩磨； 粗镗—半精镗—精镗—珩磨	IT6～IT7	0.025～0.2	精度要求很高的孔
17	以研磨代替上述方法中的珩磨	IT5～IT6	<0.1	
18	钻（或粗镗）—扩（或半精镗）—精镗—金刚镗—脉冲滚挤	IT6～IT7	<0.1	成批大量生产的有色金属零件的小孔

表 2-10　平面的典型加工路线及所能达到的经济加工精度和经济表面粗糙度

序号	加工方法	经济加工精度（以尺寸公差等级表示）	经济表面粗糙度 Ra/μm	适用范围
1	粗车	IT11 ~ IT13	12.5 ~ 50	回转体零件的端面
2	粗车—半精车	IT8 ~ IT9	3.2 ~ 6.3	
3	粗车—半精车—精车	IT7 ~ IT8	0.8 ~ 1.6	
4	粗车—半精车—粗磨	IT7 ~ IT8	0.2 ~ 0.8	
5	粗刨（或粗铣）	IT11 ~ IT13	6.3 ~ 25	一般用于不淬硬的平面加工（端铣表面粗糙度 *Ra* 值较小）
6	粗刨（或粗铣）—精刨（或精铣）	IT8 ~ IT9	1.6 ~ 6.3	
7	粗刨（或粗铣）—精刨（或精铣）—刮研	IT6 ~ IT7	0.1 ~ 0.8	精度要求较高的不淬硬平面，批量较大时宜采用宽刃精刨
8	粗刨（或粗铣）—精刨（或精铣）—宽刃精刨	IT6 ~ IT7	0.2 ~ 0.8	
9	粗刨（或粗铣）—精刨（或精铣）—粗磨	IT7	0.2 ~ 0.8	加工精度要求高的淬硬平面或不淬硬平面
10	粗刨（或粗铣）—精刨（或精铣）—粗磨—精磨	IT5 ~ IT6	0.025 ~ 0.4	
11	粗铣—拉	IT7 ~ IT9	0.2 ~ 0.8	用于大量生产时的较小的平面加工（加工精度与拉刀精度有关）
12	粗铣—精铣—粗磨—研磨	IT5 及以上	0.1 ~ 0.8	高精度平面
13	粗插	IT9 ~ IT10	12.5 ~ 50	用于淬火钢以外金属件内表面的粗加工
14	粗插—精插	IT8 ~ IT9	1.6 ~ 3.2	用于淬火钢以外金属件内表面的半精加工
15	粗插—精插—拉削	IT6 ~ IT7	0.4 ~ 1.6	用于淬火钢以外金属件内表面的精加工

根据零件的经济加工精度和经济表面粗糙度的要求，采用相应的加工方法和加工方案，以提高生产率，取得较好的经济性。例如，加工除淬火钢以外的各种金属材料的外圆柱表面，当尺寸精度在 IT11 ~ IT13、表面粗糙度 Ra 在 12.5 ~ 50 μm 时，采用粗车的方法即可；当精度在 IT7 ~ IT8、表面粗糙度 Ra 在 0.8 ~ 1.6 μm 时，可采用粗车—半精车—精车的加工方案；若采用磨削加工方法，由于其加工成本太高而不经济。反之，在加工 IT6 级及以上精度的外圆柱表面时，需在车削的基础上进行磨削；若不采用磨削，只采用车削时，由于必须仔细刃磨刀具、精细调整机床，并采用较小的进给量等加工，导致加工时间较长、成本上升而不经济。

2. 根据零件的结构形状、尺寸和工作情况确定加工方案

例如，直径 $d \leqslant \phi 30$ mm 的小孔一般采用钻、扩和铰的方法；直径 $d > \phi 30$ mm 的大孔常采用镗削的加工方法；箱体上 IT7 级的孔一般不采用拉削或磨削加工，而采用镗削（大孔）或铰削（小孔）加工；对于非圆的通孔，批量较大时应优先考虑用拉削，而批量较小时用插削加工；对于难磨削的小孔，则可采用研磨加工。狭长平面更适宜刨削加工而不用铣削加工。

3. 根据被加工零件材料的性质确定加工方案

淬火钢、耐热钢等高硬度材料，应采用磨削作为精加工；未淬硬的精密零件的配合表面，可采用刮研加工；对硬度低而韧性较大的金属和有色金属，如铜、铝、镁铝合金等非铁合金，为避免磨削时砂轮表面的堵塞，采用金刚车、高速精车、精镗及精铣等作为精加工。

4. 根据生产类型确定加工方案

应结合生产类型考虑生产率和经济性，所选用的加工方法要与生产类型相适应。大批量生产中应选用高效的机床设备和高生产率的加工方法，如拉削平面、拉削型孔、滚铣花键等。单件小批量生产中则应选择设备和工艺装备易于调整，准备工作量小，工人便于操作的通用机床、通用工艺装备和常规加工方法。例如，平面采用刨削或铣削，孔采用钻、扩、铰或镗的加工方法。又如，为保证质量可靠和稳定，保证有较高的成品率，在大批量生产中采用珩磨和超精磨加工精密零件，也常常降级使用一些高精度的加工方法加工一些精度要求并不太高的表面。

5. 根据生产率和经济性确定加工方案

对于较大的平面，铣削加工生产率较高；窄长的工件宜用刨削加工；对于大量生产的低精度孔系，宜采用多轴钻；对于批量较大的曲面加工，可采用机械靠模加工、数控加工和特种加工等加工方法。

6. 根据生产条件确定加工方案

选择加工方法，不能脱离工厂或车间的设备情况和技术条件。选择加工方法时，不仅充分利用现有设备和工艺手段，挖掘企业潜力，发挥技术人员的创造性和积极性，也要不断改进现有的加工方法和设备，采用新技术和工艺。

7. 根据加工机床种类确定加工方案

根据产品变换周期的长短和生产批量的大小以及零件表面的复杂程度等因素，决定选择数控机床或普通机床。一般来讲，产品变换周期短，生产批量大，宜选数控机床；产品基本不变的大批大量生产宜选用组合机床；一些复杂和曲线、曲面结构，在数控机床上无法加工或加工困难时，可以采用普通机床加工。无论是普通机床还是数控机床，其精度都有高低之分，根据零件的精度要求选择精度合适的机床。

综上所述，选择零件表面加工方法时，要首先根据表面种类、零件材料、生产类型、技术要求，确定与加工要求相一致的经济加工精度和经济表面粗糙度，选择可供选用的最后精加工方法及加工路线。对选出的几种加工路线，综合考虑各方面因素，最终确定一种最优的加工方法和加工路线。

2.4.4 加工阶段的划分

零件加工时，往往不是一次加工完各个表面，而是各表面分别进行加工，逐渐逼近成品形状、尺寸和各项技术要求，即所谓的粗、精加工分开进行。特别是当零件的精度要求较高时，若将加工面从毛坯面开始到最终的精加工都集中在一个工序连续完成，则难以保证零件的精度要求，或者浪费人力、物力。

1. 划分加工阶段的目的

（1）保证加工质量。零件经过不同加工阶段的加工，可以保证有充分的时间消除热变形和消除粗加工产生的残余应力，使后续加工精度提高，保证加工质量。

（2）合理使用设备。粗加工中需要的设备要求功率大、刚性好，适合大切削用量，但精度低，不适合加工精度高的零件；精加工中需要的设备功率小、刚性较好，但精度高，适合加工精度高的零件。

（3）及时发现毛坯缺陷。在粗加工阶段发现毛坯有缺陷，就不必进行下一加工阶段的加工，可以及时修补或报废，以免后续加工浪费工时和加工费。

（4）便于安排热处理工序及其他辅助工序。

（5）合理使用技术工人，不造成人力资源的浪费。

2. 加工阶段的划分方法

对于一般精度的零件，加工过程按照精度要求的不同划分为以下三个加工阶段：粗加工阶段、半精加工阶段和精加工阶段。对于精度在 IT6 以上、表面粗糙度小于 *Ra*0.4 的零件，还需精整加工。

（1）粗加工阶段。

其主要目的是尽快去除大部分加工余量，同时为后面的加工提供较精确的基准和保证后续加工余量的均匀，使工件基本成型，所以这个阶段的特点是切削层厚（吃刀深）、切削力大、进给量大、转速慢。粗加工阶段主要考虑的是提高生产效率的问题。

（2）半精加工阶段。

半精加工阶段为精加工阶段做准备，保证精加工时的加工余量，并完成工件次要表面的加工，如钻孔、攻丝、铣方、铣扁方及平面、铣键槽、倒角（倒圆角）等。这一阶段要达到一定的精度及表面粗糙度，所以加工时选用的切削用量较小，转速较高。

（3）精加工阶段。

精加工阶段确保加工表面的尺寸、形状和位置精度达到或基本达到图样规定的精度要求及其表面粗糙度。这个阶段的主要任务是提高加工表面的各项精度和降低表面粗糙度，所以切削用量更小，转速更高。对于一般精度的零件至此加工完毕，而对于极少数精度很高的零件，在此阶段还需要为后期进行精密加工或光整加工做好准备。

（4）精密、光整加工阶段。

对于加工精度高于 IT6 级，表面粗糙度 $Ra \leqslant 0.2\ \mu m$ 的零件，在机加工的最后工序应安排如珩磨、研磨、抛光、精密磨削、超精加工、金刚石车、金刚镗或其他特种加工方法加工，以达到零件最终的精度要求。

在实际生产中根据具体情况划分加工阶段。例如，对那些工件毛坯余量特别大，表面特别粗糙，在粗加工前还要安排“去黑皮”加工阶段及“荒加工阶段”，如荒车等工序。为了及时发现毛坯废品及减少运输工作量，常把荒加工阶段放在毛坯准备车间用较低精度的机床进行加工。

由于高精度零件的中间热处理工序自然把工艺过程划分为几个阶段。例如在精密机床的主轴加工中，粗加工后进行消除残余应力的时效处理，半精加工后进行淬火，精加工后进行冰冷处理和低温回火，最后进行光整加工。

对于精度要求不高、工件刚度足够、毛坯质量好、加工余量小的零件加工，可以不划分加工阶段，如在自动生产线上加工的零件。有些精度要求不高的重型零件，考虑到安装、运输费力，常常不划分加工阶段，往往在一次装夹后完成全部粗加工、半精加工和精加工；或者在粗加工后松开夹具，消除夹紧变形，再用较小的夹紧力重新夹紧，进行半精加工和精加工，以保证重型零件的加工质量。而对于精度要求高的重型零件，仍要划分加工阶段，并安排时效处理等去应力处理。

2.4.5　加工顺序的安排

一个零件往往有多个表面需要加工，这些表面不仅有一定的精度要求，而且各表面之间还有一定的位置要求。为了达到这些技术要求，各表面的加工顺序就不能随意安排，零件上的全部加工表面应安排在一个合理的加工顺序中进行，为此零件的加工顺序安排必须遵循一定的原则。

1. 机械加工顺序的安排应遵循的原则

（1）基准先行。

基准先行有两个含义：① 先安排作为精定位基准表面的加工，再以该表面为精定位基准，粗、精加工其他表面；② 当加工面的精度要求很高时，为了保证一定的位置精度，在精加工前一般要精修精定位基准。例如，对精度要求较高的淬硬轴类零件或细长轴，要先加工两端的中心孔，再以中心孔为定位基准加工其他表面；在淬火后中心孔会有一定的变形，因此在磨削外圆之前需要精（研）修中心孔，使精定位基准保持应有的精度。再如，箱体类零件都是先安排定位基准面的加工（一般为一个大平面和两个销孔），再以此“一面两孔”为基准加工其他表面。

（2）先粗后精。

先安排粗加工、后安排精加工。各表面都应按照粗加工—半精加工—精加工—光整加工的顺序进行，以便循序渐进地提高加工精度和降低表面粗糙度。

为保证加工质量的要求，有些零件的最后精加工需放在部件装配之后或在总装过程中进行。例如，拖拉机连杆的大头孔，通过连接螺钉把连杆盖和连杆体连接装配为一体后再进行精镗和珩磨，如图 2-22 所示。

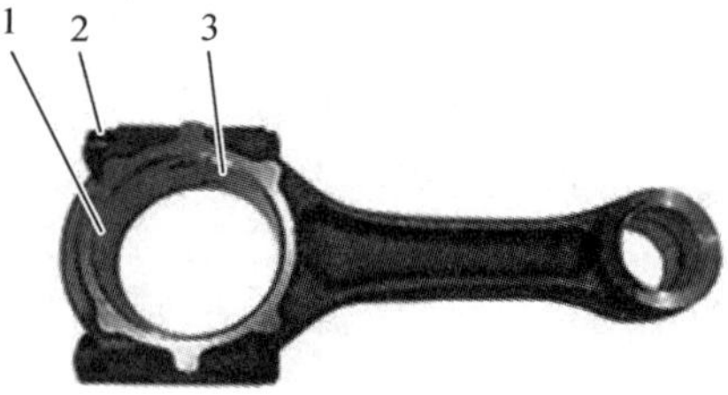

1—连杆盖；2—连接螺钉；3—连杆体。

图 2-22　拖拉机连杆

（3）先主后次。

先安排主要表面的加工、后加工次要表面。主要表面是指设计基准面、主要工作面；次要表面是指非工作表面，如键槽、光孔、阶梯孔和螺纹孔等表面。次要表面的加工工作量比较小，且次要表面的位置要求往往取决于主要表面。因此，一般要在主要表面达到一定的精度之后，再以主要表面定位加工次要表面。

对于轴类零件来说，外圆表面是主要的加工表面，而螺孔、销孔等为次要加工表面。应以主要表面作为基准加工次要表面，所以螺孔、销孔等为次要加工表面一般安排在半精加工之后进行；而键槽应放在精加工之后进行。若把轴类零件的键槽放在半精加工之后、精加工之前进行，则在零件精加工时会出现断续表面，加速刀具磨损及产生振动，同时也不能保证键槽的对称度（这是由于放在半精加工之后，键槽是与半精加工后的轴线保持对称度，在精加工之后，精加工后的轴线不可能与半精加工后的轴线完全同轴，因而键槽的对称度发生了改变，从而保证不了对称度的要求）。

（4）先面后孔。

对于箱体、支架、连杆和机体类零件，一般应先加工平面、后加工孔。这是因为先加工好平面后，再以该平面定位加工孔时，装夹工件比较方便，定位稳定且可靠，钻孔时钻头不易引偏，既能保证孔和平面的位置精度，也能提高孔的加工精度。

2. 热处理工序和表面处理工序的安排

60%～80%的机械零件需要通过热处理提高材料的物理、机械性能。热处理工序在工艺过程中的安排是否恰当，是影响零件加工质量和材料使用性能的重要因素。热处理的方法、次数和在工艺过程中的位置，应根据零件材料和热处理的目的而定。机械零件常采用的热处理方法有退火、正火、调质、时效、淬火、渗碳和氮化等。热处理大致可分为预备热处理和最终热处理两大类。

（1）预备热处理。

预备热处理包括退火、正火、调质和时效处理等，其目的是改善毛坯或工件的切削性能、消除内应力、改善金相组织，为最终热处理做好准备。

① 退火和正火热处理工序安排。

毛坯进行退火或正火后，能改善材料切削性能和消除残余内应力，还能细化晶粒，均匀内部组织。对于高碳钢采用退火，以降低材料的硬度；对于低碳钢采用正火，以提高材料的硬度，使切削时切屑不黏刀，加工表面较光滑。一般退火和正火常安排在毛坯制造之后。

② 调质热处理工序安排。

调质能获得均匀细致的索氏体组织，为以后的表面淬火和氮化做好组织准备。因此，调质热处理也可以作为预备热处理工序。但由于工件经调质处理后其机械性能较好，对于某些机械性能要求不高的零件，可以把调质作为最终热处理。

对于大截面零件，调质处理后只是在表层下一定深度内获得理想的细致索氏体组织，而心部组织变化不大。因此，一般将调质处理安排在粗加工之后、半精加工之前进行。

③ 时效处理工序安排。

时效处理的目的是消除毛坯制造和机械加工过程中产生的残余应力，有人工时效和自然时效两种方法。对于铸件、锻件和焊接件，一般在粗加工之后安排时效处理，将毛坯残余应力和加工残余应力一并消除。对于结构复杂的高精度铸件则应安排两次时效处理：铸造—粗加工—第一次时效处理—半精加工—第二次时效处理—精加工；而对于结构简单的低精度铸件（或焊接件）则不必进行时效处理。有些工厂将时效处理安排在毛坯制造之后、粗加工之前进行，如箱体类零件，时效处理工序安排在粗加工之前。像精密丝杠等高精度零件，在粗加工、半加工和精加工之后各安排一次时效处理。

（2）最终热处理。

最终热处理包括表面淬火、渗碳淬火和氮化处理等，其目的是提高零件材料的精度和耐磨性。

① 表面淬火工序安排。

表面淬火的零件常需要预先进行调质或正火处理。淬火后工件材料硬度提高、切削困难，因此表面淬火热处理工序一般安排在半精加工之后、磨削之前进行。零件经表面淬火的一般工艺路线为：毛坯制造—正火（或退火）—粗加工—调质—半精加工—表面淬火—精加工。

② 渗碳淬火工序安排。

渗碳淬火能使低碳钢和低合金钢零件表层获得较高的硬度与耐磨性，而心部仍保持一定的强度和较高的韧性，因此预先对工件进行调质或正火处理。由于渗碳淬火导致零件变形较大，渗碳深度一般仅为 0.5～2 mm，因此把渗碳淬火经常安排在半精加工和精加工之间进行。零件经渗碳淬火的一般工艺路线为：下料—锻造—正火—粗加工—半精加工—渗碳淬火—精加工。

③ 氮化处理工序安排。

氮化处理能提高零件表层硬度、耐磨性、疲劳强度和耐腐蚀性。由于氮化温度低、零件变形小、氮化层较薄，因此应尽量靠后安排氮化处理。为了减少氮化后的变形，氮化前应安排时效处理去除应力。由于氮化层深度为 0.45 ~ 0.60 mm，硬度在 65 HRC 以上，氮化后的磨削余量为 0.1 ~ 0.15 mm，因此，需要氮化的零件一定要经过调质处理，氮化安排在粗磨和精磨之间。零件氮化处理的工艺路线一般为：下料—锻造—退火—粗加工—调质—半精加工—时效处理—精磨—氮化—超精磨或研磨（精度要求很高时安排）。对于热处理变形更小的真空离子氮化，则可以安排在精磨之后作为最后一道工序进行。

对于高精度精密零件，如量块、量规、精密丝杠、精密轴承、精密齿轮、油泵油嘴偶件等，在淬火后安排冰冷处理（使零件在低温介质中继续冷却到 – 90 ~ – 80 °C）以消除残余奥氏体，稳定零件的尺寸。

为了提高零件表面耐磨性或耐腐蚀性而安排的热处理工序，以及以装饰为目的而安排的热处理工序和表面处理工序（如阳极氧化、镀铬、镀锌和发蓝处理等）一般都放在工艺过程的最后。

3. 辅助工序的安排

检查、检验工序，去毛刺、倒棱、清洗、防锈、去磁和平衡等工序也是工艺规程的重要组成部分。

检查、检验工序是保证产品质量合格的关键工序之一。工人在操作过程中和操作结束后都必须对工件自检。在工艺规程中，在下列情况下应安排检查工序：零件加工完毕之后，从一个车间转到另一个车间的前后，工时较长或重要的关键工序前后。

除了对零件一般性的检查（尺寸误差和几何误差的检查）以外，X 射线检查、超声波探伤检查等多用于工件（或毛坯）内部的质量检查，一般安排在工艺过程的开始。磁力探伤、荧光检验主要用于工件表面质量的检验，通常安排在精加工的前后进行。密封性检验、零件的平衡、零件的重量检验一般安排在工艺过程的最后阶段进行。

零件表层或内部的毛刺会影响装配操作、装配质量，以致影响整机性能，因此应在切削加工之后安排去毛刺处理。

研磨、珩磨等光整加工之后，砂粒易附着在工件表面上，要认真清洗，否则会加剧零件在使用中的磨损；零件的内孔和箱体内腔部位易残留切屑，在装配前一般都应安排清洗。

采用磁力夹紧工件的工序应安排去磁处理，并在去磁后清洗，如平面磨床上用电磁吸盘夹紧工件，工件会有剩磁，应安排去磁处理。

2.4.6 工序的集中与分散

在确定加工顺序后，应考虑把许多工步内容进行恰当组织，以形成以工序为单位的工艺过程。根据工序数目（或工序内容）的多少，工序划分有以下两种原则。

1. 工序集中原则

工序集中就是将工件的加工集中在少数几道工序内完成，每道工序的加工内容较多。工序集中有利于采用数控机床、高效专用设备及工装进行加工。采用数控机床加工，在一次装夹中可以加工较多表面，易于保证各表面间的相互位置精度；工件的装夹次数较少时，还可以减少工序间的运输量、机床数量、操作工人数和生产场地。但数控机床、专用设备及工装投资大，调整和维修复杂，因此对于精度要求不高的工件，还是应在普通机床上进行加工。

2. 工序分散原则

工序分散就是将工件的加工分散在较多的工序内进行，每道工序的加工内容很少。工序分散使用的设备及工艺装备比较简单，调整和维修方便，操作简单，可采用合理的切削用量，减少基本时间。工序分散的缺点是设备及操作工人多，占地面积大。

工序集中与工序分散各有特点，在生产上均有应用。传统的流水线、自动线生产多采用工序分散的组织形式。随着目前数控机床、加工中心机床及柔性制造系统等的发展，多采用工序集中，最大限度地将许多加工内容集中在少数几道工序中进行，工艺路线短，生产适应性强。

2.5 工序设计

零件的机械加工工艺路线拟定好后就要对每道工序进行具体设计，包括确定每道工序的加工余量、计算工序尺寸及公差、选择机床及工艺装备、确定切削用量，以及计算时间定额等工作内容。

2.5.1 加工余量

在机械加工过程中，为改变工件的尺寸和形状而切除的金属层的厚度称为加工余量。加工余量可分为工序余量和总加工余量。某一道工序完成后工件的尺寸称为工序尺寸。为完成某一道工序所需切除金属层的厚度称为工序余量，简称余量，其数值为上道工序基本尺寸与本道工序基本尺寸之差（相邻两道工序基本尺寸之差）。

1. 加工余量及其确定

根据工件表面形状的不同，加工余量又可分为单边余量和双边余量两种。零件非对称结构的非对称表面，其加工余量为单边余量。如图 2-23（a）所示。单边余量可用式（2-2）计算。

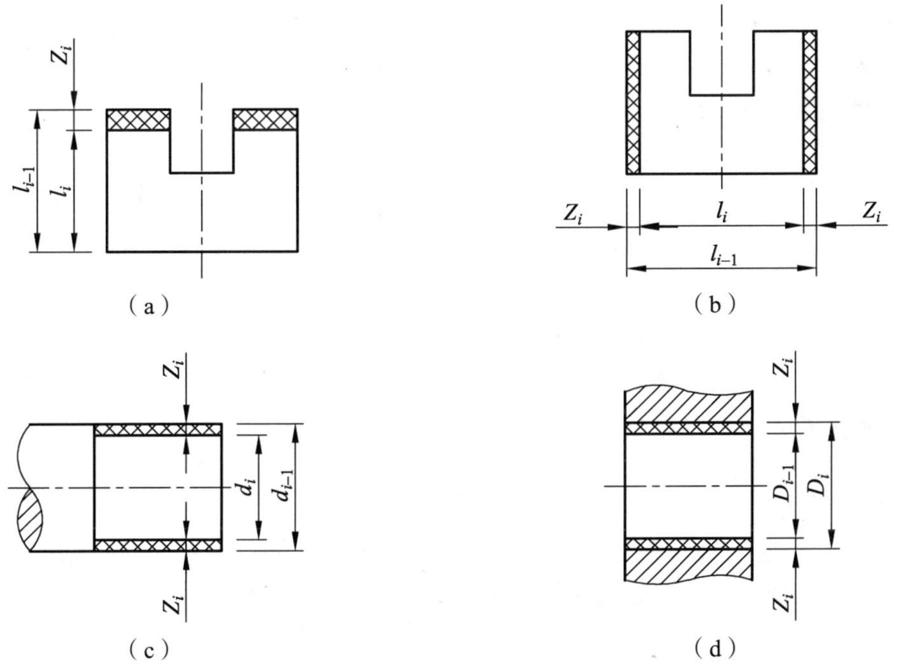

图 2-23 单边余量与双边余量

零件对称结构的对称表面，其加工余量为双边余量，如图 2-23（b）所示。双边余量可用式（2-3）计算。

$$Z_i = l_{i-1} - l_i \tag{2-2}$$

$$2Z_i = l_{i-1} - l_i \tag{2-3}$$

式中：Z_i 为单边余量；l_{i-1} 为上道工序的工序尺寸；l_i 为本道工序的工序尺寸。

外圆和内孔的加工余量为对称的双边余量，如图 2-23（c）、（d）所示。外圆和内孔的双边余量分别按式（2-4）和式（2-5）计算。

$$\text{外圆表面：} 2Z_i = d_{i-1} - d_i \tag{2-4}$$

$$\text{内孔表面：} 2Z_i = D_i - D_{i-1} \tag{2-5}$$

式中　$2Z_i$——双边余量；

D_{i-1}、d_{i-1}——上道工序的工序尺寸；

D_i、d_i——本道工序的工序尺寸。

总加工余量是指由毛坯变为成品的过程中，在某加工表面上所切除的金属层总厚度，即零件上同一表面处的毛坯尺寸与零件设计尺寸之差。总加工余量 Z_Σ 等于各工序余量之和。总加工余量 Z_Σ 可用式（2-6）计算。

$$Z_\Sigma = Z_1 + Z_2 + \cdots + Z_n = \sum_{i=1}^{n} Z_i \tag{2-6}$$

由于存在加工误差，各工序加工后尺寸也有一定的公差，称为工序尺寸公差。工序尺寸公差等于本道工序的工序尺寸公差与上道工序的工序尺寸公差之和，用式（2-7）表示。如图 2-24 所示为工序余量 Z_b、工序最大余量 Z_{max}、工序最小余量 Z_{min} 和工序尺寸公差的关系。从图 2-24 中可以看出，被包容件（轴）的工序余量 Z_b 包含上道工序的工序尺寸公差。包容件（孔）的情况与此类似，这里就不再赘述。

$$T_z = Z_{max} - Z_{min} = T_a + T_b \tag{2-7}$$

式中　T_z——工序尺寸公差；

Z_{max}——工序最大余量；

Z_{min}——工序最小余量；

T_a——加工面在上道工序的工序尺寸公差；

T_b——加工面在本道工序的工序尺寸公差。

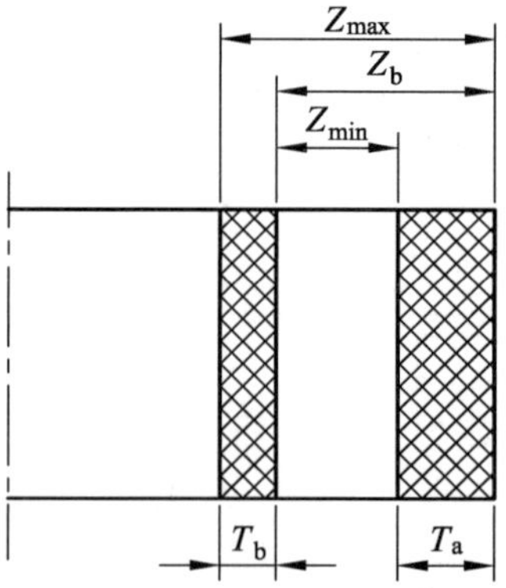

图 2-24　被包容件的工序余量及工序尺寸公差

2. 确定加工余量的方法

在保证加工质量的前提下，加工余量越小越好。确定加工余量有以下三种方法：

（1）查表修正法。

根据各工厂的生产实践和试验研究积累的数据，先制成各种表格，再汇集成手册。确定加工余量时，查阅这些手册，再结合工厂的实际情况进行适当修正。

查表修正法是先拟出工艺路线，将每道工序的余量查出后，由最后一道工序向前推算出各道工序的工序尺寸。粗加工工序余量不能用查表修正法得到，而由总加工余量减去其他各工序余量得到。

该方法方便、迅速、可靠，目前，我国各工厂都广泛采用查表修正法。具体数据可在《机械加工工艺师手册》《机械加工余量手册》等相应工艺资料中查找。考虑到表中所列数据未计入零件热处理变形、机床及夹具在使用中的磨损等，使用时应适当加大余量值。

（2）经验估计法。

经验估计法是根据实际经验确定加工余量。一般情况下，为防止因余量过小而产生废品，经验估计的加工余量数值总是偏大。经验估计法常用于单件小批量生产中。

单件小批量生产中，加工中、小型零件时，其单边加工余量参考数据如表 2-11 所示。

表 2-11　加工中、小型零件的单边加工余量　　单位：mm

加工余量		加工余量	
毛坯类型	总加工余量	加工方法	工序余量（单边余量）
铸件（手工造型）	3.5 ~ 7.0	粗车	1.0 ~ 1.5
		半精车	0.8 ~ 1.0
自由锻件	2.5 ~ 7.0	高速精车	0.4 ~ 0.5
		低速精车	0.10 ~ 0.15
模锻件	1.5 ~ 3.0	磨削	0.15 ~ 0.25
		研磨	0.002 ~ 0.005
圆钢料	1.5 ~ 2.5	粗铰	0.15 ~ 0.35
		精铰	0.05 ~ 0.15
		珩磨	0.02 ~ 0.15

（3）分析计算法。

分析计算法是根据上述加工余量计算公式和一定的试验资料，对影响加工余量的各项因素进行分析，并计算、确定加工余量。这种方法比较合理，但必须有比较全面和可靠的试验资料，目前只在材料十分贵重以及军工生产或少数大量生产的工厂中采用。

2.5.2　工序尺寸及公差的计算及其确定

每道工序完成后应保证的尺寸称为该工序的工序尺寸。工件上的设计尺寸及其公差是经过各加工工序后得到的。每道工序的工序尺寸都不相同，它们逐步向设计尺寸接近。为了最终保证工件的设计要求，各中间工序的工序尺寸及其公差需要计算确定。

工序余量确定后，就可以计算工序尺寸。工序尺寸及其公差的确定要根据工序基准或定位基准与设计基准是否重合，采用不同的计算方法。

1. 基准重合时工序尺寸及其公差的计算——倒推法

当工序基准或定位基准与设计基准重合时，加工表面在各工序中均采用设计基准作为工艺基准，其工序尺寸及其公差的确定显得比较简单。例如，对外圆和内孔的多工序加工均属于这种情况。工序尺寸及其公差的计算顺序是：先确定各工序的工序基本尺寸，再由后往前逐个工序推算（倒推法），即由工件的设计尺寸开始，由最后一道工序向前工序推算，直到毛坯尺寸；工序尺寸公差则都按各工序的经济精度确定，并按“入体原则”确定上、下偏差。

【例 2-2】某一主轴箱上孔的设计尺寸为 ϕ100JS6，表面粗糙度 Ra 为 0.8 μm，加工工艺路线为：毛坯铸孔—半精镗—精镗—浮动镗。试确定工序尺寸和公差。

解：先根据有关手册及工厂实际经验确定各工序的基本余量，其中粗镗余量由计算得的，具体数值见表 2-12 中的第二列；再根据各种加工方法的经济精度确定各工序尺寸的公差等级及偏差，具体数值见表 2-12 中的第三列；最后由后工序（浮动镗）向前工序逐个计算工序基本尺寸，具体数值见表 2-12 中的第四列，并得出表面粗糙度 *Ra* 和各工序尺寸及其公差，见表 2-12 中的第五列和第六列。

表 2-12　主轴箱孔的工序尺寸及其公差

工序名称	工序基本余量/mm	经济精度/mm	工序基本尺寸/mm	经济表面粗糙度 Ra/μm	工序尺寸及其公差/mm
浮动镗	0.1	JS6(±0.011)	$\phi100$	0.8	$\phi100\pm0.011$
精镗	0.5	$H7(^{+0.035}_{0})$	$\phi100-0.1=\phi99.9$	1.6	$\phi99.9^{+0.035}_{0}$
半精镗	2.4	$H10(^{+0.140}_{0})$	$\phi99.9-0.5=\phi99.4$	3.2	$\phi99.4^{+0.140}_{0}$
粗镗	5	$H13(^{+0.540}_{0})$	$\phi99.4-2.4=\phi97.0$	6.3	$\phi97.0^{+0.540}_{0}$
毛坯铸孔	8	(±1.5)	$\phi97.0-5=\phi92.0$	—	$\phi92\pm1.5$

【例 2-3】加工某一外圆柱面，设计尺寸为 $\phi45^{+0.050}_{+0.034}$ mm，表面粗糙度 *Ra* 为 0.4 μm。加工工艺路线为：粗车—半精车—磨外圆。用查表法确定毛坯尺寸、各工序基本尺寸及其公差，将结果填入表 2-13 中。

解：分析过程同例 2-2，此处略。

表 2-13　外圆柱面的工序尺寸及其公差

工序名称	工序基本余量/mm	工序基本尺寸/mm	经济精度/mm	经济表面粗糙度 Ra/μm	工序尺寸及其公差/mm
磨外圆	0.6	$\phi45$	$r6(^{+0.050}_{+0.034})$	0.4	$\phi45^{+0.050}_{+0.034}$
半精车	1.4	$\phi45+0.6=\phi45.6$	$h9(^{0}_{-0.062})$	3.2	$\phi45.6^{0}_{-0.062}$
粗车	3.0	$\phi45.6+1.4=\phi47$	$h12(^{0}_{-0.250})$	12.5	$\phi47^{0}_{-0.250}$
毛坯	5.0	$\phi50$	4±2	—	$\phi50\pm2$

2. 基准不重合时工序尺寸及其公差的计算——工艺尺寸链法

对于复杂零件的工艺过程，零件在加工过程中需要多次转换工艺基准，或工序基准、定位基准与设计基准不重合时，工序尺寸及其公差计算比较复杂，需要用工艺尺寸链来分析与计算。

（1）工艺尺寸链的概念。

在机器装配或零件加工过程中，互相联系且按一定顺序排列的封闭尺寸组合，称为尺寸链。其中，由单个零件在加工过程中的各有关工艺尺寸所组成的尺寸链，称为工艺尺寸链。

工艺尺寸链具备关联性和封闭性。工艺尺寸链的每一个尺寸称为环。

在工艺尺寸链中，间接得到、最后保证的尺寸，称为封闭环，封闭环常用 A_0 表示。一个工艺尺寸链中只能有一个封闭环。

工艺尺寸链中除封闭环以外的其他环，称为组成环。组成环又可分为增环和减环。增环是当其他组成环不变，该环增大（或减小）使封闭环随之增大（或减小）的组成环，增环常用 A_i 表示。减环是当其他组成环不变，该环增大（或减小），使封闭环随之减小（或增大）的组成环，减环常用 A_j 表示。

（2）工艺尺寸链的计算公式。

工艺尺寸链的计算方法有极值法和概率法。极值法适用于组成环较少的工艺尺寸链计算，而概率法适用于组成环较多的工艺尺寸链计算。目前生产中常用极值法，下面介绍用极值法求解工艺尺寸链的计算公式。

① 封闭环的基本尺寸。

封闭环的基本尺寸等于所有增环的基本尺寸 A_i 之和减去所有减环的基本尺寸 A_j 之和。其计算公式为

$$A_0 = \sum_{i=1}^{m} A_i - \sum_{j=m+1}^{n-1} A_j \qquad (2\text{-}8)$$

式中 A_0——封闭环的基本尺寸；

A_i——增环的基本尺寸；

A_j——减环的基本尺寸；

m——增环总数；

n——包括封闭环在内的总环数。

② 封闭环的最大极限尺寸。

封闭环的最大极限尺寸等于所有增环的最大极限尺寸 $A_{i\max}$ 之和减去所有减环的最小极限尺寸 $A_{j\min}$ 之和。其计算公式为

$$A_{0\max} = \sum_{i=1}^{m} A_{i\max} - \sum_{j=m+1}^{n-1} A_{j\min} \qquad (2\text{-}9)$$

式中 $A_{0\max}$——封闭环的最大极限尺寸；

$A_{i\max}$——增环的最大极限尺寸；

$A_{j\min}$——减环的最小极限尺寸。

③ 封闭环的最小极限尺寸。

封闭环的最小极限尺寸等于所有增环的最小极限尺寸 $A_{i\min}$ 之和减去所有减环的最大极限尺寸 $A_{j\max}$ 之和。其计算公式为

$$A_{0\min} = \sum_{i=1}^{m} A_{i\min} - \sum_{j=m+1}^{n-1} A_{j\max} \qquad (2\text{-}10)$$

式中 $A_{0\min}$——封闭环的最小极限尺寸；

$A_{i\min}$——增环的最小极限尺寸；

$A_{j\max}$——减环的最大极限尺寸。

④ 封闭环的上偏差。

封闭环的上偏差 ESA_0 等于所有增环的上偏差 ESA_i 之和减去所有减环的下偏差 EIA_j 之和。其计算公式为

$$ESA_0 = \sum_{i=1}^{m} ESA_i - \sum_{j=m+1}^{n-1} EIA_j \qquad (2\text{-}11)$$

⑤ 封闭环的下偏差。

封闭环的下偏差 EIA_0 等于所有增环的下偏差 EIA_i 之和减去所有减环的上偏差 ESA_j 之和。其计算公式为

$$EIA_0 = \sum_{i=1}^{m} EIA_i - \sum_{j=m+1}^{n-1} ESA_j \qquad (2\text{-}12)$$

（3）工艺尺寸链的解题思路。

① 确定封闭环。

求解工艺尺寸链问题时能否正确找出封闭环是求解的关键。封闭环是在加工过程中最后间接形成的尺寸，即在获得若干直接得到的尺寸后自然形成的尺寸。

② 查明全部组成环，画出工艺尺寸链图。

确定封闭环后，由该封闭环围绕一个方向按照尺寸的相互联系依次找出全部组成环，并把它们与封闭环一起，按照尺寸联系的相互顺序首尾相接画出工艺尺寸链图。

③ 判断增环与减环。

在工艺尺寸链图上先给封闭环任定一个方向并画出单向箭头，然后沿此单向箭头方向环绕尺寸链回路，依次给每一组成环画出单向箭头，凡组成环的箭头方向和封闭环的箭头方向相反的则为增环，相同的则为减环，如图 2-25 所示。

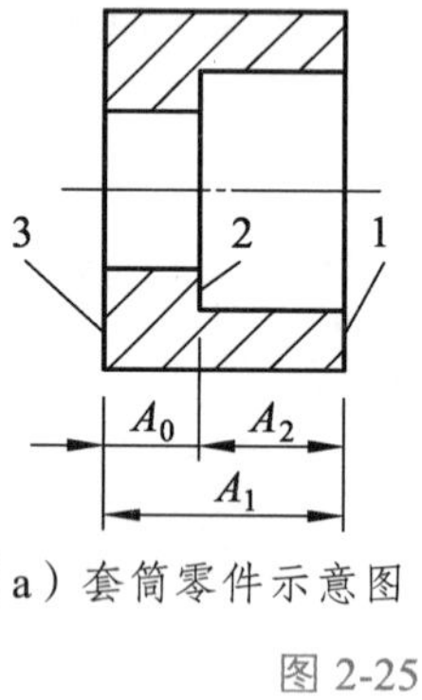

（a）套筒零件示意图

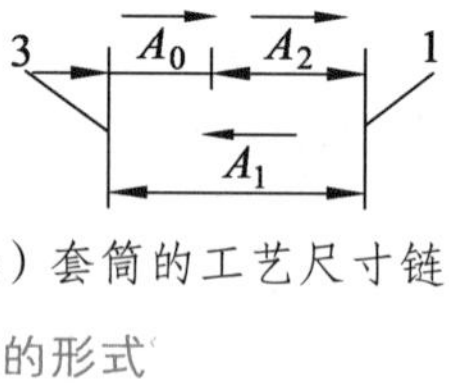

（b）套筒的工艺尺寸链图

图 2-25　工艺尺寸链的形式

④ 利用工艺尺寸链的计算公式求解。

当出现已知的若干组成环公差之和等于或大于封闭环公差的情况时，则需要适当缩小某些组成环的公差。

（4）求解工艺尺寸链时的注意事项。

① 工艺尺寸链的构成取决于工艺方案和具体的加工方法；

② 确定封闭环是解工艺尺寸链的关键，若封闭环确定错了，必然全盘计算错误；

③ 一个工艺尺寸链只能解一个封闭环。

（5）工艺尺寸链的分析与计算案例。

① 定位基准与设计基准不重合时工序尺寸及其公差的计算。

【例 2-4】如图 2-26（a）所示的零件上，以底面 N 为定位基准镗 O 孔，确定 O 孔位置的设计基准是 M 面，设计尺寸为（100 ± 0.15）mm。用镗床夹具镗孔时，镗孔相对于定位基准 N 的位置（L_1 尺寸）预先由夹具确定。这时设计尺寸 L_0 是在 L_1、L_2 尺寸确定后间接得到的。问如何确定 L_1 尺寸及公差，才能使间接得到的 L_0 尺寸在规定的公差范围内？

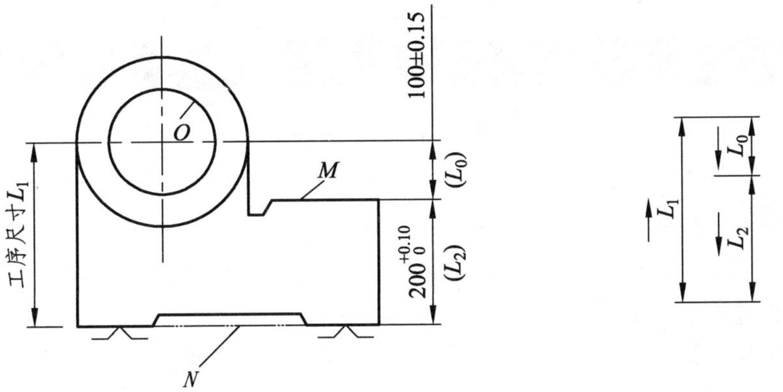

（a）工序简图　　（b）工艺尺寸链

图 2-26　轴承座镗孔工序尺寸的换算

解：a. 判断封闭环并画出工艺尺寸链图。

根据加工情况，设计尺寸 L_0 是加工过程中间接获得的尺寸，因此 L_0（100 mm ± 0.15 mm）是封闭环。从封闭环任意一端出发，按顺序将 L_0 与 L_1、L_2 连接为一封闭尺寸组，即为求解的工艺尺寸链，画出工艺尺寸链图，如图 2-26（b）所示。

b. 判断增、减环。

由增、减环的定义或画箭头的方法可判定出 L_1 为增环，L_2 为减环。

c. 按工艺尺寸链的计算公式计算工序尺寸 L_1 的工序基本尺寸和上、下偏差。

$$L_0 = L_1 - L_2$$

$$100 = L_1 - 200$$

故　$$L_1 = 300\ \text{mm}$$

$$\text{ES}L_0 = \text{ES}L_1 - \text{EI}L_2$$

$$0.15 = \text{ES}L_1 - 0$$

故　$$\text{ES}L_1 = +0.15\ \text{mm}$$

$$\text{EI}L_0 = \text{EI}L_1 - \text{ES}L_2$$

$$-0.15 = \text{EI}L_1 - 0.10$$

故　$$\text{EI}L_1 = -0.05\ \text{mm}$$

由于 L_1 作为中心高应按双向对称标注，因此工序尺寸 L_1 及其上、下偏差为

$$L_1 = 300.05\ \text{mm} \pm 0.10\ \text{mm}$$

也可将式（2-8）、式（2-11）和式（2-12）改写成表 2-14 所示的工艺尺寸链的“竖式”计算。在表 2-14 中，在“增环”一行中填入待算的工序基本尺寸 L_1 及其上、下偏差；在“减环”一行中把尺寸 L_2 的上、下偏差的位置对调，并改变其正、负号（原来的正号改负号，原来的负号改正号），同时给减环的基本尺寸冠以负号，再将封闭环 L_0 的基本尺寸和上、下偏差在对应行中一一填写，然后把三列的数值分别求代数和（每一列中增环与减环的代数和等于封闭环），即得到增环的基本尺寸、上偏差及下偏差（在表中，计算结果用括号括起）。

表 2-14　工艺尺寸链的竖式计算

组成环	基本尺寸/mm	上偏差 ES/mm	下偏差 EI/mm
增环 L_1	（300）	（+0.15）	（−0.05）
减环 L_2	−200	0	−0.10
封闭环 L_0	100	0.15	−0.15

在“竖式”计算中对增、减环的处理可归纳为口诀：封闭环/增环——上、下偏差照抄，减环——上、下偏差对调、变号。

② 测量基准与设计基准不重合时测量尺寸及其公差的计算。

加工中有时会遇到某些加工表面的设计尺寸不便测量，甚至无法测量的情况，为此需要在工件上另选一个容易测量的测量基准，要求通过对该测量尺寸的控制能够间接保证设计尺寸的精度。这就是测量基准与设计基准不重合时测量尺寸及其公差的计算问题。

【例 2–5】图 2-27 所示的零件外圆及两端面已车好，现预加工台阶状内孔。因设计尺寸 $10_{-0.4}^{\ 0}$ mm 难以测量，现预通过控制 L_1 尺寸间接保证 $10_{-0.4}^{\ 0}$ mm 尺寸。求 L_1 的基本尺寸及上、下偏差。

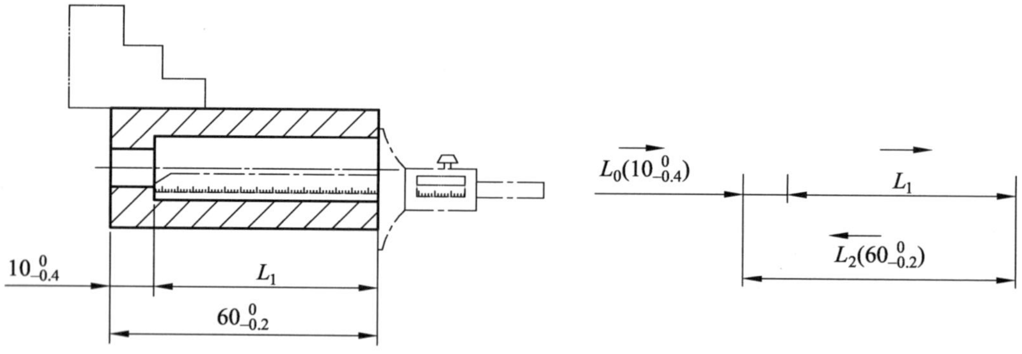

（a）套筒　　　（b）套筒的工艺尺寸链

图 2-27　测量基准与设计基准不重合时测量尺寸及其公差的计算

解：根据题意，确定 $10_{-0.4}^{\ 0}$ mm 尺寸为封闭环 L_0，画出如图 2-27（b）所示的工艺尺寸链图，并确定增、减环，L_2 为增环，L_1 为减环。

由工艺尺寸链的计算公式计算 L_1 的基本尺寸及上、下偏差：

$$L_0 = L_2 - L_1$$

$$10 = 60 - L_1$$

故 L_1 的基本尺寸为

$$L_1 = 50\ \text{mm}$$

$$ESL_0 = ESL_2 - EIL_1$$

$$0 = 0 - EIL_1$$

故 L_1 的下偏差为

$$EIL_1 = 0$$

$$EIL_0 = EIL_2 - ESL_1$$

$$-0.4 = -0.2 - ESL_1$$

故 L_1 的上偏差为

$$ESL_1 = +0.2 \text{ mm}$$

因此测量尺寸 L_1 为 $50^{+0.2}_{0}$ mm。

③ 中间工序的工序尺寸及其公差的计算。

在工件加工过程中，有时一个表面的加工会同时影响两个设计尺寸的数值。这时需要直接保证其中公差要求较严的一个设计尺寸，而另一个设计尺寸需由该工序前面的某一中间工序的合理工序尺寸间接保证。为此，需要对中间工序尺寸进行计算。

【例 2-6】 图 2-28 所示的齿轮内孔孔径设计尺寸为 $\phi40^{+0.05}_{0}$ mm，键槽设计深度为 $\phi43.6^{+0.34}_{0}$ mm，内孔需淬硬。内孔及键槽加工顺序为：a. 镗内孔至 $\phi39.6^{+0.1}_{0}$ mm；b. 插键槽至尺寸 L_1；c. 淬火；d. 磨内孔至设计尺寸 $\phi40^{+0.05}_{0}$ mm，同时保证键槽深度为 $43.6^{+0.34}_{0}$ mm。试问如何规定镗后的插键槽深度 L_1，才能最终保证得到合格产品？

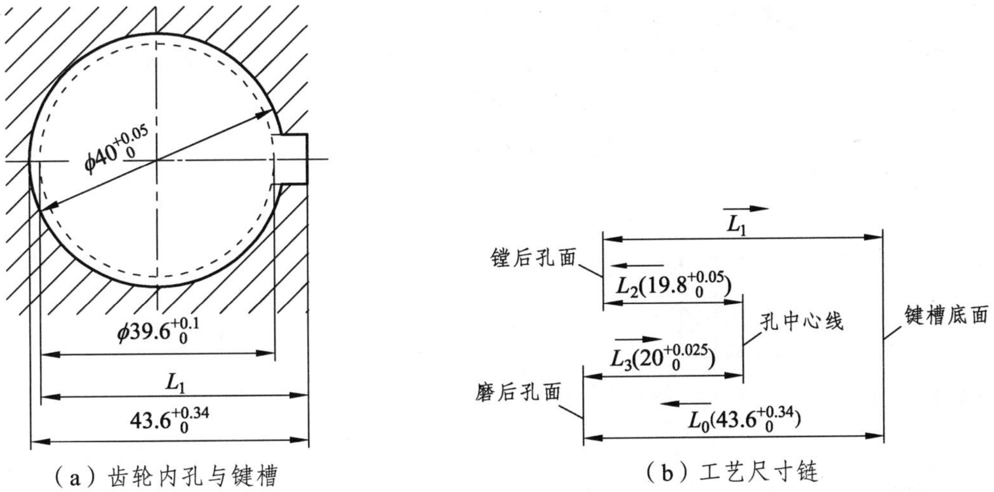

（a）齿轮内孔与键槽　　（b）工艺尺寸链

图 2-28　齿轮内孔和键槽加工中的工序尺寸计算

解： 加工过程中，尺寸 $43.6^{+0.34}_{0}$ mm 的一个尺寸界线——键槽底面是在插键槽工序时按尺寸 L_1 确定的，另一个尺寸界线——孔表面是在磨孔工序时由尺寸 $\phi40^{+0.05}_{0}$ 确定的，故尺寸 $43.6^{+0.34}_{0}$ mm 是一间接获得的尺寸，为封闭环。在不将磨孔余量作为一环列入工艺尺寸链时，可得到图 2-28（b）所示的工艺尺寸链图，并确定增环与减环。

由工艺尺寸链的计算公式计算 L_1 的基本尺寸及上、下偏差：

$$L_0 =（L_1 + L_3）- L_2$$

$$43.6 =（L_1 + 20）- 19.8$$

故 L_1 的基本尺寸为

$$L_1 = 43.4\ \text{mm}$$

$$ESL_0 =（ESL_1 + ESL_3）- EIL_2$$

$$0.34 =（ESL_1 + 0.025）- 0$$

故 L_1 的上偏差为

$$ESL_1 = +0.315\ \text{mm}$$

$$EIL_0 =（EIL_1 + EIL_3）- ESL_2$$

$$0 =（EIL_1 + 0）- 0.05$$

故 L_1 的下偏差为

$$EIL_1 = +0.050\ \text{mm}$$

因此，L_1 的尺寸为 $L_1 = 43.4^{+0.315}_{+0.050}$ mm。

按“入体”原则标注为 $L_1 = 43.45^{+0.265}_{0}$ mm。

④ 保证渗碳或渗氮层深度时工序尺寸及其公差的计算。

零件渗碳或渗氮后，表面一般要经过磨削来保证尺寸精度，同时要求磨后保留有规定的渗层深度。这就要求进行渗碳或渗氮热处理时按一定渗层深度及公差进行（用控制热处理时间保证），并对这一合理渗层深度及公差进行计算。

【例 2-7】图 2-29（a）所示的衬套内孔要求渗氮（衬套材料为 38CrMoAl），加工工艺过程为：a. 先磨内孔至 $\phi 144.76^{+0.04}_{0}$ mm，渗氮处理深度为 L_1；b. 终磨内孔至 $\phi 145^{+0.04}_{0}$ mm，并保证留有渗层深度为（0.4 ± 0.1）mm。求氮化处理深度 L_1 及公差应为多大？

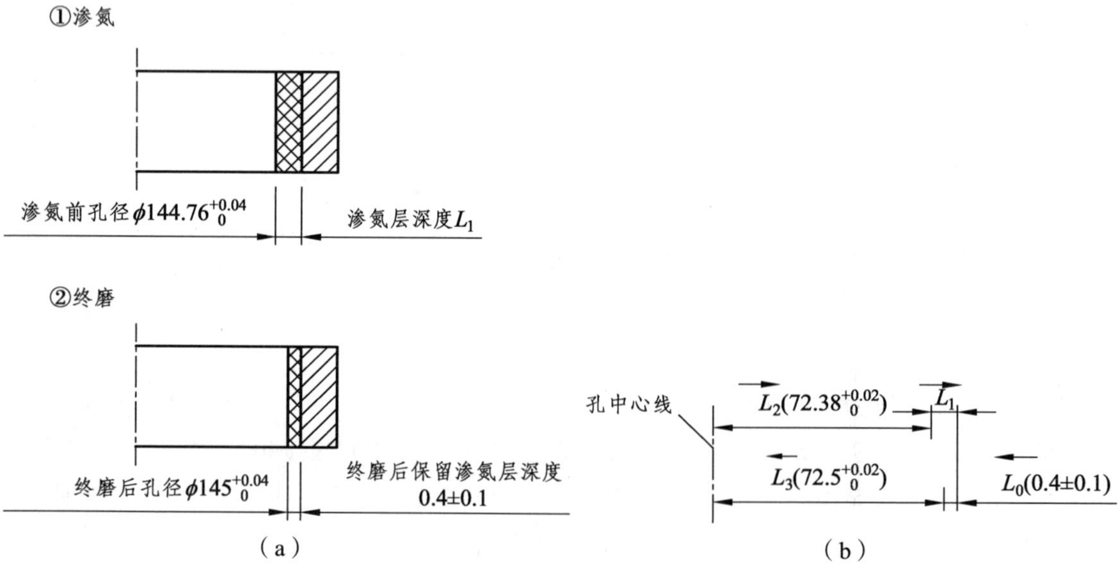

图 2-29　渗氮层深度的工序尺寸计算

解： 由题意知，磨孔后保留的深氮层深度（0.4 ± 0.1）mm 是间接获得的尺寸，属于封闭环。由此可画出如图 2-29（b）所示的工艺尺寸链图，并确定增环、减环（其中 L_2 和 L_3 为半径尺寸），L_1 和 L_2 为增环，L_3 为减环。

由工艺尺寸链的计算公式计算 L_1 的基本尺寸及上、下偏差：

$$L_0 = (L_1 + L_2) - L_3$$

$$0.4 = (L_1 + 72.38) - 72.5$$

故氮化处理深度 L_1 基本尺寸为

$$L_1 = 0.52\ \text{mm}$$

$$\text{ES}L_0 = (\text{ES}L_1 + \text{ES}L_2) - \text{EI}L_3$$

$$0.1 = (\text{ES}L_1 + 0.02) - 0$$

故 L_1 的上偏差为

$$\text{ES}L_1 = +0.08\ \text{mm}$$

$$\text{EI}L_0 = (\text{EI}L_1 + \text{EI}L_2) - \text{ES}L_3$$

$$-0.1 = (\text{EI}L_1 + 0) - 0.02$$

故 L_1 的下偏差为

$$\text{EI}L_1 = -0.08\ \text{mm}$$

因此，渗氮深度尺寸为 $L_1 = 0.52\ \text{mm} \pm 0.08\ \text{mm}$。

即渗氮处理时，渗氮深度控制在 0.44 ~ 0.60 mm。

2.5.3 工序简图的绘制

当加工工序设计完成后，要以表格或卡片的形式确定下来（填写机械加工工序卡片），以便指导工人操作和用于生产、工艺管理。工序卡片填写时字迹应该端正，表达要清楚，数据要准确。机械加工工序卡片中的工序简图可参照图 2-30 按如下要求制作：

（1）工序简图应按比例缩小，用尽量少的视图表达简图，也可以只画出与加工部位有关的局部视图，除加工面、定位面、夹紧面及主要轮廓面外，其余线条均可省略，以必需、明了为主；

（2）被加工表面用粗实线表示，其余均用细实线表示；

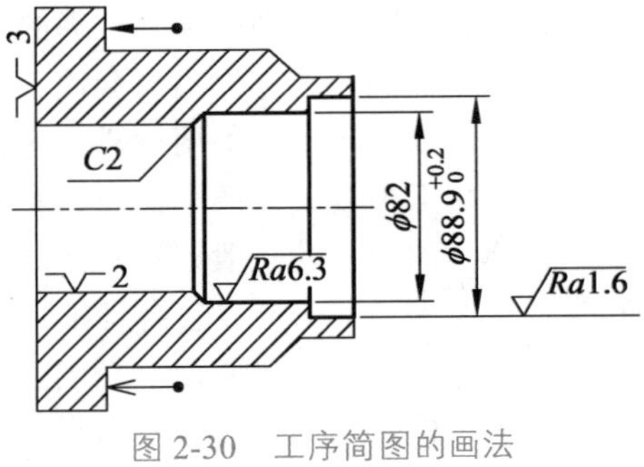

图 2-30　工序简图的画法

（3）应标明本工序的工序尺寸、公差及表面粗糙度要求；

（4）定位、夹紧表面应以 JB/T 5601—1991 规定的符号标明。

2.5.4 机床及工艺装备的选择

在工艺文件中需要规定每个工序使用的机床及工艺装备。工艺装备选择得合理与否，将直接影响工件的加工精度、生产效率和经济性。应根据生产类型、具体加工条件、工件结构特点和技术要求等选择工艺装备。

1. 机床的选择

机床的选择要遵循如下原则：机床的加工范围应与零件外廓尺寸相适应，机床精度应与工序要求的加工精度相适应，机床功率应与工序加工需要的功率相适应。

对那些有特殊要求的加工表面，如相对于本厂工艺条件来说尺寸特别大或特别小、技术要求高、加工有困难的表面，应考虑是否需要外协加工，或者增加投资，增添设备，开展必要的工艺攻关，以扩大工艺能力，满足加工要求。

2. 夹具的选择

机床夹具的选择要和生产类型相适应。单件小批量生产首先采用各种通用夹具和机床附件，如卡盘、机床用平口虎钳、分度头等，有组合夹具站的，可采用组合夹具。对于中、大批和大量生产，为提高劳动生产率而采用专用高效夹具。中、小批量生产应用成组技术时，可采用可调夹具和成组夹具。

3. 刀具的选择

刀具的选择主要取决于所采用的加工方法、工件材料、加工尺寸、精度要求和表面粗糙度、生产率要求及加工经济性等。在选择时应尽可能采用标准刀具。若加工工序集中，则应采用各种高效的专用刀具、复合刀具和多刃刀具等。刀具的类型、规格和精度等级应符合零件的加工要求。

4. 量具的选择

量具的选择主要根据零件生产类型和要求检验的尺寸大小及精度来选择。单件小批量生产应广泛采用通用量具，如游标卡尺、百分表和千分尺等。大批大量生产应采用极限量块和高效的专用检验夹具和量仪等。量具的精度必须与零件的加工精度相适应。

当需要设计制造专用机床、专用刀具、专用量具时，应由工艺人员根据工序的具体要求提出设计任务书。

2.5.5 切削用量的确定

确定各工序的切削用量。合理的切削用量是科学管理生产、获得较高技术经济指标的重要前提之一。切削用量选择不当会使工序加工时间增多，设备利用率下降，工具消耗增加，从而增加产品成本。确定切削用量时，应在机床、刀具和加工余量等确定之后，综合考虑工序的具体内容、加工精度、生产率及刀具寿命等因素。

选择切削用量的一般原则是保证零件的加工质量，在规定的刀具耐用度条件下，使机动时间少、生产率高。为此，应合理地选择刀具材料及刀具的几何参数。在选择切削用量时，通常首先确定背吃刀量（粗加工时尽可能等于工序余量）；然后根据表面粗糙度要求选择较大的进给量；最后，根据切削速度与刀具耐用度或机床功率之间的关系，用计算法或查表法求出相应的切削速度（精加工则主要依据表面质量的要求）。

下面介绍常用加工方法切削用量的一般选择方法。

1. 车削用量的选择

（1）背吃刀量。

粗加工时，应尽可能一次切去全部加工余量，即选择背吃刀量等于加工余量。当加工余量太大时，应考虑工艺系统的刚度和机床的有效功率，尽可能选取较大的背吃刀量和较小的工作行程数。半精加工时，如单边余量 $h>2$ mm，则应分两次进刀切除：第一次进刀 $a_p=(2/3\sim3/4)h$，第二次进刀 $a_p=(1/3\sim1/4)h$。若 $h\leqslant2$ mm，则可一次切除。精加工时，应在一次进刀中切除精加工工序余量。

（2）进给量。

背吃刀量选定后，进给量直接决定了切削面积，从而决定了切削力的大小。因此，允许选用的最大进给量受以下因素限制：机床的有效功率和转矩；机床进给机构传动链的强度；工件的刚度；刀具的强度与刚度；图样规定的加工表面粗糙度。

生产实际中大多依靠经验法，也可利用金属切削用量手册，采用查表法确定合理的进给量。

（3）切削速度。

在背吃刀量和进给量选定后，切削速度的选定是否合理，对切削效率和加工成本影响很大。一般方法是根据合理的刀具寿命计算或查表选定切削速度 v 值。精加工时，应选取尽可能高的切削速度，以保证加工精度和表面质量，同时满足生产率的要求。粗加工时，切削速度的选择，应考虑以下几点：硬质合金车刀切削热轧中碳钢的平均切削速度为 1.67 m/s，切削灰铸铁的平均切削速度为 1.17 m/s，两者平均刀具寿命为 3600 ~ 5400 s；切削合金钢比切削中碳钢切削速度要降低 20% ~ 30%；切削调质钢件比切削正火、退火钢切削速度要降低 20% ~ 30%；切削有色金属比切削中碳钢的切削速度可提高 100% ~ 300%。

2. 铣削用量的选择

（1）背吃刀量。

根据加工余量来确定铣削背吃刀量。粗铣时，为提高铣削效率，一般选铣削背吃刀量等于加工余量，在一次进刀中铣完。而半精铣及精铣时，加工要求较高，通常分两次铣削，半精铣时背吃刀量一般为 0.5 ~ 2.0 mm；精铣时，铣削背吃刀量一般为 0.1 ~ 1.0 mm 或更小。

（2）每齿进给量。

每齿进给量可由切削用量手册查出，其中推荐值均有一个范围。精铣或铣刀直径较小、铣削背吃刀量较小时，用其中较小的每齿进给量值；较大的每齿进给量值常用于粗铣。加工铸铁件时，用其中较大的每齿进给量值，加工钢件时用较小的每齿进给量值。

（3）铣削速度。

铣削背吃刀量和每齿进给量确定后，可适当选择较高的切削速度以提高生产率。选择时，按公式计算或查切削用量手册，对大平面铣削也可参照国内外的先进经验，采用密齿铣刀、大进给量、高速铣削，以提高效率和加工质量。

3. 刨削用量的选择

（1）背吃刀量。

刨削背吃刀量的确定方法和车削基本相同，可参考车削背吃刀量的确定方法进行选择。

（2）进给量。

刨削进给量可按有关手册中车削进给量推荐值选用。粗刨平面根据背吃刀量和刀杆截面尺寸按粗车外圆选其较大值；精刨平面时按半精车、精车外圆选取；刨槽和切断按车槽和切断进给量选择。

（3）刨削速度。

在实际刨削加工中，通常是根据实践经验选定切削速度。若选择不当，不仅影响生产效率，而且会造成资源浪费。刨削速度也可按车削速度公式计算，只不过除了如同车削时要考虑的诸项因素外，还应考虑冲击载荷。

4. 钻削用量的选择

钻削用量的选择包括确定钻头直径 D、进给量 f 和切削速度 v（或主轴转速 n）。应尽可能选择大直径钻头，选择较大的进给量，再根据钻头的寿命选取合适的钻削速度，以取得较高的钻削效率。

（1）钻头直径。

钻头直径由工艺尺寸要求确定，尽可能一次钻出所要求的孔。当机床性能不能胜任时，才采取先钻孔、再扩孔的工艺，这时钻头直径取零件加工尺寸的 0.5 ~ 0.7 倍。

（2）进给量。

进给量 f 主要受钻削背吃刀量与机床进给机构和动力的限制，也受工艺系统刚度的限制。标准麻花钻的进给量可查表选取。采用先进钻头能有效地减小轴向力，往往能使进给量成倍提高。因此，进给量必须根据实践经验和具体条件分析确定。

（3）钻削速度。

钻削速度通常根据钻头寿命按经验选取。

2.5.6 时间定额

1. 时间定额的定义

时间定额是指在一定生产规模和生产条件下，规定完成一件产品或完成一道工序所需要的时间。它是安排生产计划、进行成本核算、确定生产规模、考核工人任务完成情况的主要依据。合理的时间定额能促进工人生产技能的提高，从而不断提高生产率。对新建厂，它是计算设备数量、工人数量、车间布置和生产组织的依据。

2. 时间定额的组成

完成一个零件的一道工序所需要的时间称为单件时间 $T_{单件}$，它包括以下组成部分：

（1）基本时间 $T_{基}$。

基本时间是指直接改变工件的尺寸、形状、相对位置、表面状态或材料性质等工艺过程所消耗的时间。对于机械加工来说，基本时间是指从工件上切除金属层所耗费的机动时间。当切削参数确定后，机动时间可通过计算公式来确定，需要注意的是，该时间包括刀具的切入、切削加工和切出等时间。

各种不同加工情况下，机动时间的计算公式可参考有关手册，针对具体情况予以确定。

（2）辅助时间 $T_{辅}$。

辅助时间是指在一道工序中，为完成工艺过程所进行的各种辅助动作所消耗的时间。它包括装卸工件、开停机床、改变切削用量及测量工件等所消耗的时间。

基本时间和辅助时间的总和称为操作时间（作业时间），即直接用于制造产品零部件所消耗的时间。

（3）布置工作地时间 $T_{布}$。

布置工作地时间 $T_{布}$是指为使加工正常进行，工人照管工作地（包括刀具调整和更换、润滑机床、清除切屑、收拾工具等）所消耗的时间，也称工作地点服务时间。一般可按操作时间的 2% ~ 7%来计算。

（4）休息与生理需要时间 $T_{休}$。

休息与生理需要时间是指工人在工作时间内为恢复体力和满足生理需要（休息、喝水等）所消耗的时间。一般可按操作时间的 2%来计算。

因此单件时间为

$$T_{单件}=T_{基}+T_{辅}+T_{布}+T_{休} \tag{2-13}$$

（5）准备与终结时间 $T_{准终}$。

准备与终结时间是指工人为了生产一批产品和零部件，进行准备和结束工作所消耗的时间。如熟悉工艺文件、领取毛坯、安装刀具和夹具、调整机床以及归还工艺装备和送交成品等所消耗的时间。准备终结时间对一批零件只消耗一次。零件批量 n 越大，分摊到每个工件上的准备终结时间就越小。所以成批生产时的单件时间定额为

$$T_{定额}=T_{单件}+T_{准终}/n \tag{2-14}$$

在大批大量生产中，单件时间定额中可忽略 $T_{准终}/n$，即

$$T_{定额}\approx T_{单件} \tag{2-15}$$

计算得到的单件时间定额通常以“分钟”为单位填入工艺文件相应的栏目中。

2.5.7 提高劳动生产率的工艺途径

劳动生产率是指一个工人在单位时间内生产出合格产品的数量，也可以用完成单件产品或单个工序所耗费的劳动时间来衡量。劳动生产率是衡量生产效率的综合性指标，表示了一个工人在单位时间内为社会创造财富的多少。

提高劳动生产率的主要工艺途径是缩短单件工时定额、采用高效的自动化加工及成组加工。提高劳动生产率的主要工艺途径有以下几个方面。

1. 缩短基本时间

（1）提高切削用量。

提高切削用量是提高生产率的最有效办法。近年来，随着新型刀具材料和磨料的出现，切削速度越来越高，高速切削和磨削技术正在迅速推广应用，使得机械制造业发生了突破性的变化。目前广泛采用高速车削和高速磨削，采用硬质合金车刀切削速度可达 200 m/min，陶瓷刀具切削速度可达 500 m/min，人造金刚石车刀切削速度可达 900 m/min；高速磨削可达 60 m/s。此外，采用强力磨削的磨削深度一次可达 6 ~ 12 mm。

缩短基本时间还可以从刀具材料、刀具结构和刀具几何参数等方面进行深入研究。例如，涂层刀具和群钻在提高生产率方面起了相当显著的作用。

（2）减少切削行程长度。

如多把车刀同时加工工件的同一表面，宽砂轮做切入磨削等，均可使切削行程长度减小。

（3）合并工步。

用几把刀具或一把复合刀具对工件的几个不同表面或同一表面同时加工，由于工步的基本

时间全部或部分重合，可减少工序的基本时间，图 2-31 和图 2-32 所示即为复合刀具和多刀加工的实例。

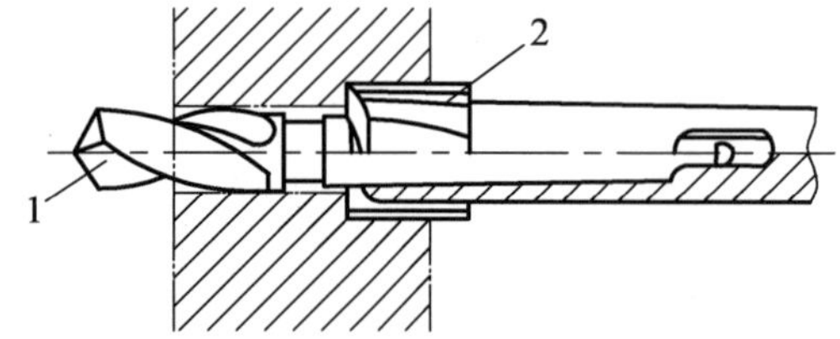

1—钻；2—扩。

图 2-31 复合刀具加工

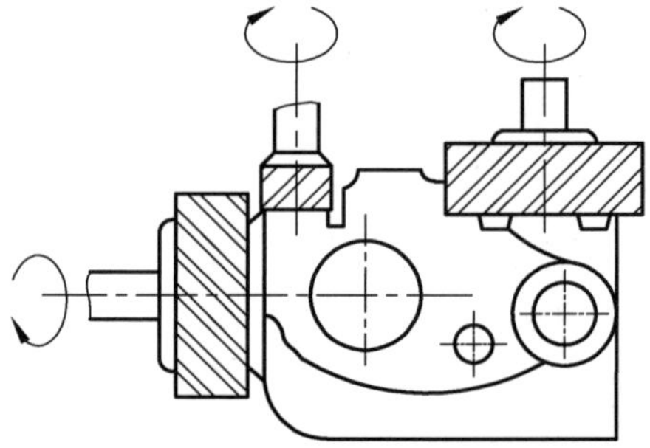

图 2-32 多刀铣削箱体

（4）采用多件加工。

机床在一次装夹中同时加工几个工件，使分摊到每个工件上的基本时间和辅助时间大为减少。工件可采用顺序多件、平行多件和平行顺序多件加工三种方式，如图 2-33 所示。

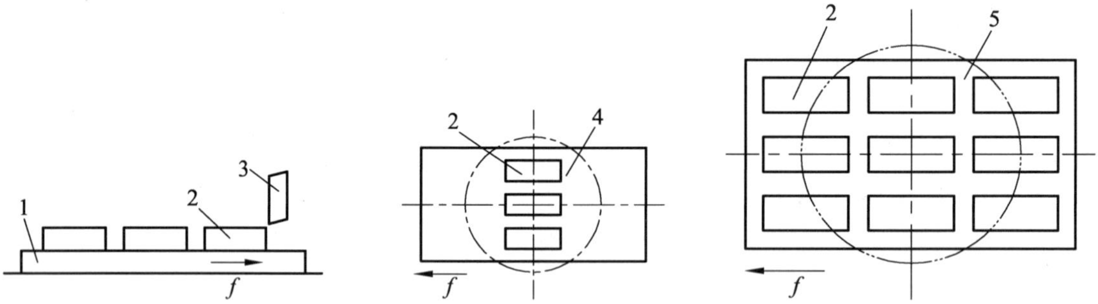

（a）顺序多件　（b）平行多件　（c）平行顺序多件

1—工作台；2—工件；3—刨刀；4—铣刀；5—砂轮。

图 2-33 多件加工

（5）采用先进的毛坯制造工艺。

采用精密铸造、压力铸造、精密锻造等先进工艺提高毛坯制造精度，减少机械加工余量，以缩短基本时间，有时甚至无须再进行机械加工，可以大幅度提高生产效率。

2. 缩短辅助时间

缩短辅助时间有两种方法：使辅助动作机械化和自动化、使辅助时间与基本时间重合。

采用先进夹具或多位夹具，机床可不停机地连续加工，使装卸工件时间和基本时间重合，如图 2-34 所示；采用转位夹具或转位工作台、直线往复式工作台，如图 2-35 所示；采用主动检测或数显自动测量装置，节省停机检测的辅助时间。

3. 缩短布置工作地时间

缩短布置工作地时间的方法主要有以下几种：

（1）缩短每批零件加工前或刀具磨损后的刀具调整或更换时间，提高刀具及砂轮耐用度，以便在一次刃磨或修整后加工更多的零件。

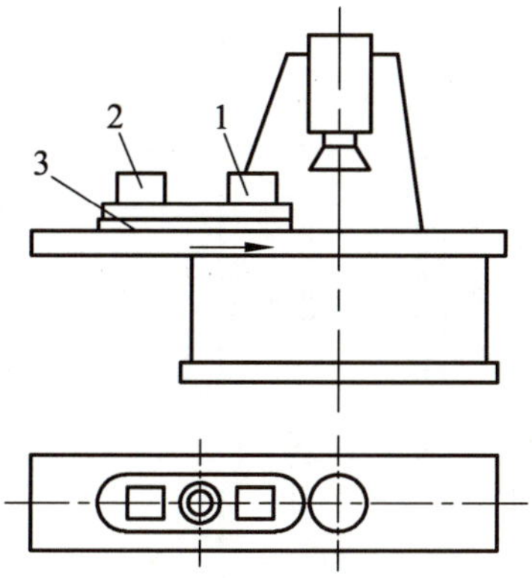

1，2—工件；3—双工位夹具。

图 2-34　采用双工位夹具

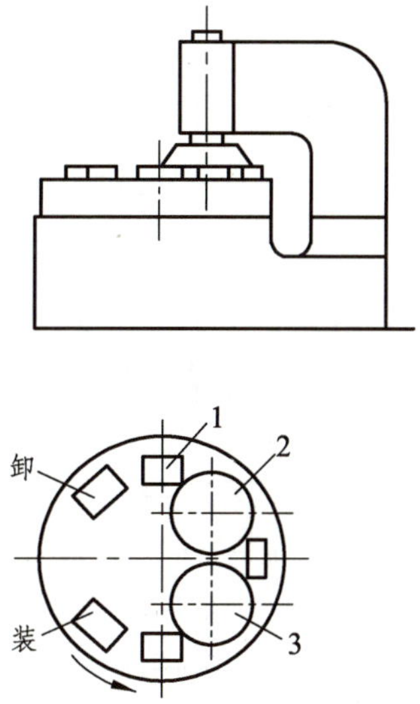

1—工件；2—精铣刀；3—粗铣刀。

图 2-35　采用转位工作台

（2）采用各种刀具微调机构、专用对刀样板或对刀块及机械夹固的可转位硬质合金刀片等，以减少刀具的调整、装卸、连接或夹紧等工作所需时间。

（3）采用专职人员在刀具预调仪上事先精确调整好刀具和刀杆。

4. 缩短准备与终结时间

主要方法是扩大零件的生产批量和减少工装的调整时间。可采用易调整的液压仿形机床、插销板式程序控制机床和数控机床等。

5. 采用新工艺和新方法

采用先进的毛坯制造方法，如精铸、精锻等；采用少、无切屑新工艺，如冷挤、滚压等；采用特种加工，如用电火花加工锻模等；改进加工方法，如以拉代铣、以铣代刨、以精磨代刮研等。

6. 高效自动化加工及成组加工

在成批大量生产中，采用组合机床及其自动线加工；在单件小批生产中，采用数控机床、加工中心机床、各种自动机床及成组加工等，都可有效地提高生产率。

模块 2　技能训练

任务 1　传动轴的机械加工工艺过程设计

1. 任务内容

图 2-36 所示为某企业实际生产的传动轴，材料为 45 钢，年产量为 350 件，请拟定该零件的机械加工路线。

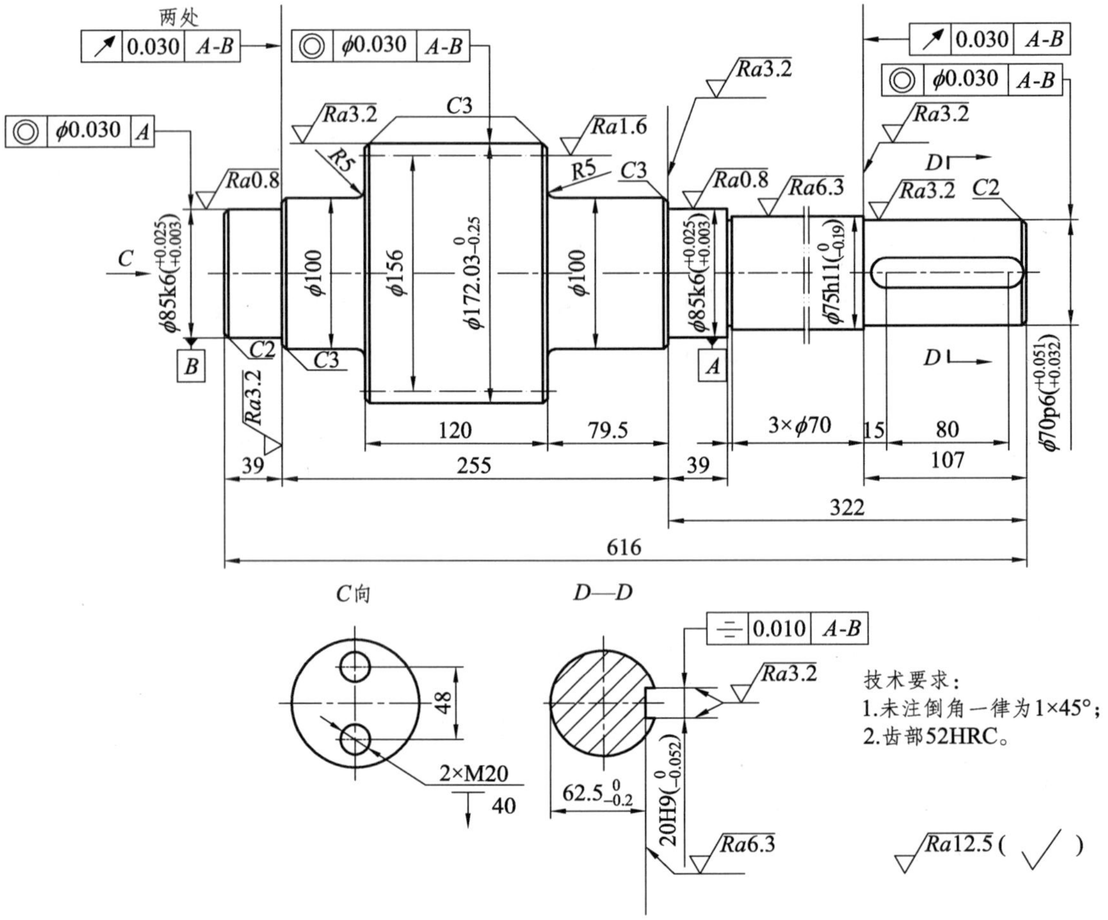

图 2-36 传动轴

2. 任务准备

审查零件图、分析零件结构和技术要求；分析各表面的尺寸公差等级、表面粗糙度、几何公差要求。查阅有关技术手册和相关资料。

3. 实训目的

熟悉零件的机械加工工艺规程设计的具体内容；掌握拟定零件机械加工工艺路线的一般方法。

4. 实训步骤

（1）根据给定的零件材料，确定毛坯类型、结构及尺寸大小；

（2）分析应采用的热处理方式；

（3）分析各个表面的加工方法；

（4）选择加工设备、工艺装备；

（5）确定零件精度检验手段及相关检测工具；

（6）拟定零件的机械加工工艺路线。

思考与练习

一、分析题

分析表 2-15 中零件结构的工艺性，对不合理的结构进行改进，并说明改进后结构工艺性的优点。

表 2-15　零件结构工艺性分析

主要要求	结构工艺性		改进后结构工艺性的优点
	不好	改进后	
1. 加工面积应尽量小	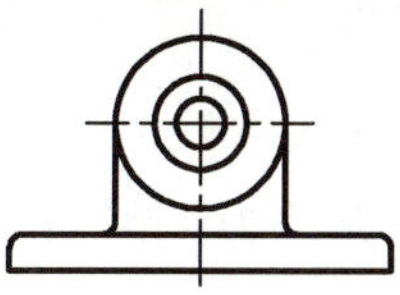		
2. 钻孔的入端和出端应避免倾斜	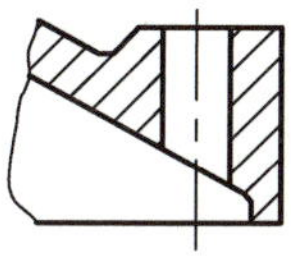		
3. 避免斜孔	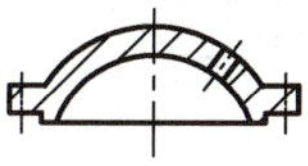		
4. 孔的位置不能距离壁太近	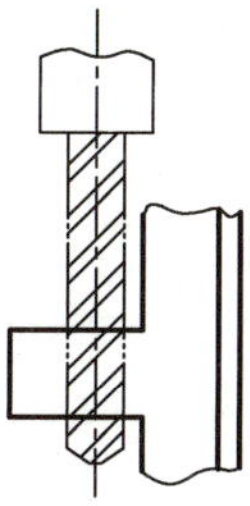		

二、简答题

1. 什么叫工序？什么叫工步？
2. 简述基准、设计基准、工艺基准的概念。
3. 什么是定位基准？粗定位基准与精定位基准的选择各有何原则？
4. 简述机械加工工艺规程的制定步骤。
5. 如图 2-37 所示的零件，在加工过程中将 *A* 面放在机床工作台上，加工 *B*、*C*、*D*、*E*、*F* 表面，在装配时将 *A* 面与其他零件连接。试说明：

（1）*A* 面是哪些表面的尺寸和相互位置的设计基准？

（2）哪个表面是装配基准和定位基准？

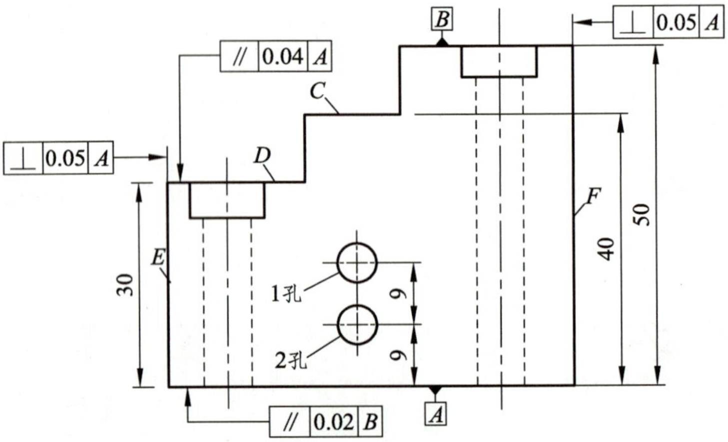

图 2-37　简答题 5

三、计算题

1. 如图 2-38 所示的法兰盘上加工孔 $\phi28$ 的工艺路线为：钻—扩—粗铰—精铰。用查表法确定各工序尺寸及其公差，并完成表 2-16。

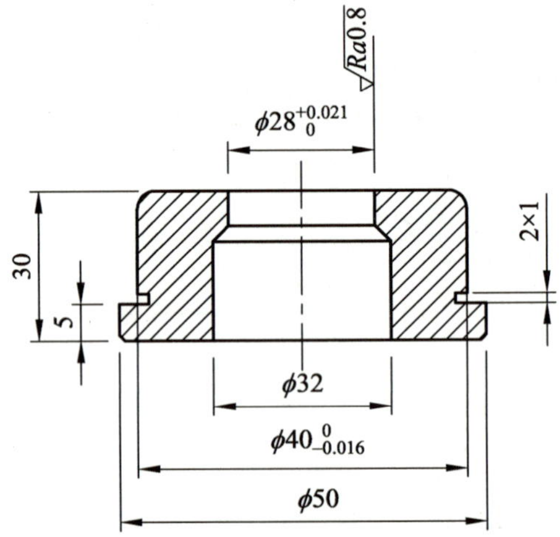

图 2-38　计算题 1

表 2-16　基准重合时工序尺寸的计算

工序名称	（双边）工序余量/mm	工序基本尺寸/mm	经济精度等级	经济表面粗糙度 *Ra*/μm	工序尺寸及偏差
精铰	0.10		0.021（IT7）		
粗铰	0.30		0.033（IT8）		
扩	0.6		0.084（IT10）		
钻			0.130（IT11）		

2. 如图 2-39 所示的零件，各平面、槽均已加工，求以侧面 K 定位钻 $\phi10$ mm 孔的工序尺寸及其偏差。

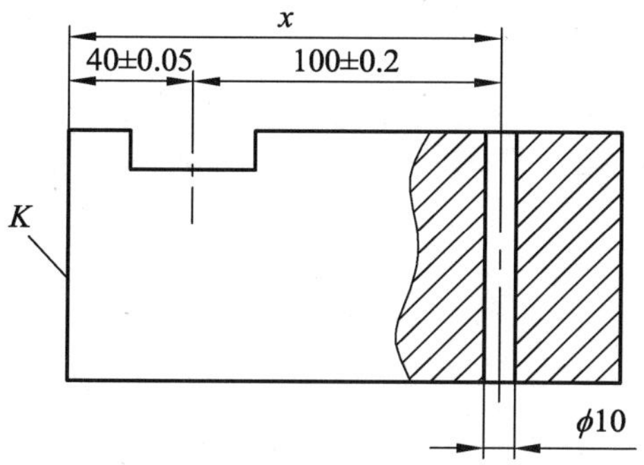

图 2-39　计算题 2

项目 2 答案

项目 3 轴类零件的加工工艺设计

教学导读

轴类零件的加工工艺因其用途、结构形状、技术要求和产量大小的不同而不同。轴的工艺规程编制是生产中最常遇到的工艺工作。

知识要点

学会合理选择外圆表面的加工方案，掌握轴类零件的基本加工工艺过程；根据实际需要合理选择典型轴类零件的加工方法、工序安排、加工设备等工艺任务。

重点和难点

轴类零件的结构工艺性分析；定位基准的确定；表面加工方案确定；工艺文件编制。

素养目标

（1）培养学生刻苦钻研的学习态度、善于思考的学习方法、脚踏实地的工作作风；
（2）培养学生具备良好职业道德和职业素养以及在专业方面可持续发展的能力；
（3）培养学生具备查阅相关手册和文献资料的能力，以及精益求精、追求卓越的工匠精神；
（4）培养学生具备良好的社会适应性和自主学习能力。

模块 1　理论基础知识

3.1　概　述

轴类零件是一种常用的典型零件，主要用于支承齿轮、带轮等传动零件，并用于传递运动和动力。轴类零件按其结构形状的特点，可分为光轴、阶梯轴、空心轴和异形轴（包括曲轴、凸轮轴和偏心轴等）四类，如图 3-1 所示。若按轴的长度和直径的比例来分，轴又可分为刚性轴（$L/d<12$）和挠性轴（$L/d>12$）两类。

（a）光轴

（b）空心轴

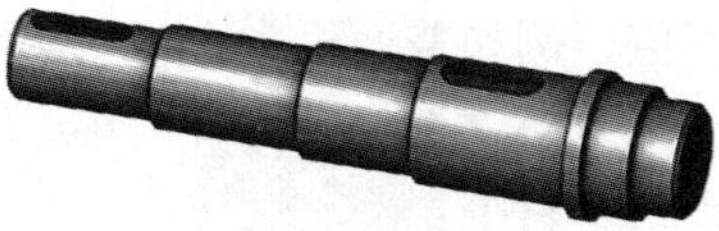

（c）阶梯轴

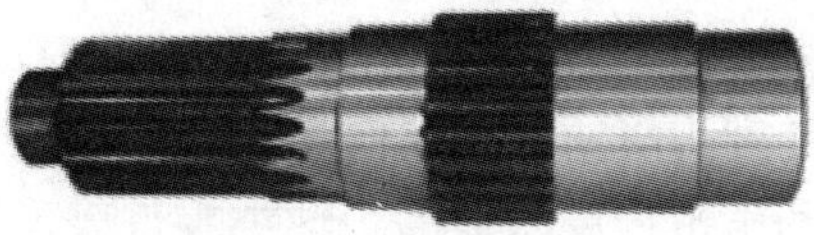

（d）花键轴

（e）十字轴

（f）曲轴

（g）凸轮轴

（h）偏心轴

轴的种类视频

图 3-1　轴的种类

轴类零件大部分为回转体，其结构中具有许多外圆柱面、圆锥表面、轴肩、螺纹、退刀槽、越程槽、键槽和螺纹等外表面。外圆配合面用于安装轴承、齿轮和皮带轮等；轴肩用于轴上传动零件的轴向定位；螺纹用于安装各种锁紧螺母；退刀槽用于加工螺纹时退刀用；越程槽则是为了能完整地磨削出外圆和端面；键槽用来安装键，传递扭矩。

3.1.1 轴类零件的主要技术要求

轴通常是由其轴颈支承在机器的机架或箱体上，实现运动和动力的传递。根据其功用和工作条件，轴类零件的技术要求通常包括以下几个方面：

1. 尺寸精度

轴颈是轴类零件的主要表面，它影响轴的回转精度及工作状态。轴颈的尺寸精度根据其使用要求通常为 IT6 ~ IT9，精密轴颈的尺寸精度可达 IT5。

2. 形状精度

轴颈的形状精度（圆度、圆柱度），一般应限制在直径公差范围内。对形状精度要求较高时，可在零件图上另行规定其允许的公差。

3. 位置精度

主要是指装配传动件的配合轴颈相对于装配轴承的支承轴颈的同轴度，通常是用配合轴颈对支承轴颈的径向圆跳动来表示的；根据使用要求，规定高精度轴的同轴度为 0.001 ~ 0.005 mm，而一般精度轴的同轴度为 0.01 ~ 0.03 mm。

此外，还有内、外圆柱面的同轴度和轴向定位端面与轴心线的垂直度要求等。

4. 表面粗糙度

根据零件表面工作部位的不同，有不同的表面粗糙度值，例如普通机床主轴支承轴颈的表面粗糙度为 Ra0.08 ~ 0.16 μm，配合轴颈的表面粗糙度为 Ra0.08 ~ 2.5 μm，随着机器运转速度的增高和精密程度的提高，轴类零件表面粗糙度值要求也将越来越小。

3.1.2 轴类零件的毛坯类型和热处理形式

1. 轴的毛坯类型

轴类零件可根据使用要求、生产类型、设备条件及结构，选用棒料、锻件等毛坯形式。

对于外圆直径相差不大的轴，一般以棒料为主；而对于外圆直径相差大的阶梯轴或重要的轴，常选用锻件，这样既节约材料又减少机械加工的工作量，还可改善机械性能，如图 3-2 所示。

（a）棒料

（b）锻件

轴的毛坯形式视频

图 3-2　轴的毛坯形式

根据轴的生产规模不同，毛坯的锻造方式有自由锻和模锻两种，中小批生产多采用自由锻，大批大量生产时采用模锻。

2. 轴的材料及热处理形式

轴类零件应根据不同的工作条件和使用要求选用不同的材料并采用不同的热处理方式（如

调质、正火、淬火等），以获得一定的强度、韧性和耐磨性。

一般轴类零件采用 45 钢，根据不同工作条件，采用不同热处理规范（如正火、调质、淬火等），以获得一定的强度、韧性和耐磨性。它价格便宜，经过调质（或正火）后，可得到较好的切削性能，而且能获得较高的强度和韧性等综合机械性能，淬火后表面硬度可达 45 ~ 53 HRC。

对于中等精度而转速较高的轴类零件，可选用 40Cr 等合金钢。这类钢经调质和表面淬火处理后，具有较高的综合力学性能。

精度较高的轴，用轴承钢 GCr15 和弹簧钢 65Mn 等材料，通过调质和表面淬火处理后，表面硬度可达 58 ~ 63 HRC，并具有较高的耐疲劳性能和较好的耐磨性能。

对于高转速、重载荷等条件下工作的轴，可选用 20CrMnTi、20MnZB、20Cr 等低碳合金钢或 38CrM0ALA 氮化钢。低碳合金钢经渗碳淬火处理后，具有很高的表面硬度、抗冲击韧性和心部强度，热处理变形却很小。

精密机床的主轴（例如磨床砂轮轴、坐标镗床主轴），可选用 38CrMoAlA 氮化钢，这种钢经调质和表面氮化后，不仅能获得很高的表面硬度，而且能保证韧性较好的心部，因此耐冲击韧性好。与渗碳淬火钢比较，它有热处理变形很小，硬度更高的特性。

3.2 轴类零件的加工方法

轴类零件的常见加工表面有：内外圆柱面、圆锥面、螺纹面、花键槽及沟槽等。

在选择加工方案时，应根据其零件的精度、表面粗糙度、毛坯种类、材料性质、热处理要求以及生产类型，并结合具体生产条件来确定。

外圆表面是轴类零件的主要表面，因此要能合理地制定轴类零件的机械加工工艺规程，首先应了解外圆表面的各种加工方法和加工方案。

3.2.1 外圆表面的车削加工

外圆车削一般可分为荒车、粗车、半精车、精车和精细车。

1. 荒　车

自由锻或大型铸件的被加工轴，有很大的加工余量。荒车切除绝大部分余量，减少尺寸误差和形状误差。

2. 粗　车

粗车的目的是切去毛坯硬皮和荒车后的大部分余量。中小型锻件和铸件轴，可直接粗车。加工后的工件尺寸精度达 IT11 ~ IT13，表面粗糙度达 Ra50.0 ~ 12.5 μm。

3. 半精车

半精车的尺寸精度可达 IT10 ~ IT8，表面粗糙度达 Ra6.3 ~ 3.2 μm。半精车可作为中等精度表面的终加工，也可作为磨削或精加工的预加工。

4. 精　车

精车后的尺寸精度可达 IT8 ~ IT7，表面粗糙度达 Ra1.6 ~ 0.8 μm。

5. 精细车

精细车后的尺寸精度可达 IT7 ~ IT6，表面粗糙度达 Ra0.400 ~ 0.025 μm。精细车尤其适合于有色金属加工，有色金属一般不宜采用磨削，所以常用精细车代替磨削。

3.2.2 外圆表面的磨削加工

磨削是外圆表面精加工的主要方法之一。它适用于零件的精加工和硬表面的加工。磨削的工艺范围很广，可以划分为粗磨、精磨、细磨和镜面磨等。磨削加工的精度可达 IT8 ~ IT6，表面粗糙度达 *Ra*0.8 ~ 0.1 μm。磨削加工为精加工，在生产中得到广泛应用。

3.2.3 外圆的精密加工

对于精密零件的工作表面，应采取特殊的加工方法来提高尺寸精度和表面质量。

1. 研　磨

研磨是指用研磨工具和研磨剂，从工件上研去一层极薄表面层的精加工方法。研磨有手工研磨和机械研磨两种方法。研磨在精车和粗磨后进行，尺寸精度达 0.000 1 ~ 0.000 3 mm，表面粗糙度为 *Ra*0.1 ~ 0.006 μm。

研磨工具材料应满足的技术要求：材料的组织要细致均匀，要有很高的稳定性和耐磨性，研具工作面的硬度应比工件表面硬度稍软，具有较好的嵌存磨料的性能。常用的研磨工具的材料有：灰铸铁、球墨铸铁、软钢和铜。

2. 超精加工

超精加工是用极细磨料的油石，以恒定压力和复杂相对运动对工件进行微量切削，以降低表面粗糙度为主要目的精密加工方法。

3. 抛　光

抛光是利用机械、化学或电化学的作用，平整工件表面的加工方法，抛光材料高峰，使表面获得光洁镜面。一般抛光去不掉工件余量，不能提高工件的尺寸精度。

3.3 轴类零件的加工工艺分析和定位基准选择

3.3.1 轴类零件的加工工艺分析

对于精度要求较高的轴，其粗、精加工应分开，以保证零件的质量。轴类零件加工一般可分为三个阶段：粗车（粗车外圆、钻中心孔等），半精车（半精车各外圆、台阶和修研中心孔及加工次要表面等），粗、精磨（粗、精磨外圆）。各阶段划分大致以热处理工序为界。

轴类零件一般采用中心孔作为定位基准，以实现基准统一原则。在单件小批量生产中，钻中心孔工序常在普通车床上进行。在大批、大量生产中，铣端面、钻中心孔常在专用机床上进行。中心孔是轴零件加工全过程中使用的定位基准，其加工质量对整个零件的加工精度有着重大影响，所以在热处理时必须安排修研中心孔工序。修研中心孔一般在车床上用金刚石或硬质合金顶尖加工进行。对于空心轴（如车床主轴），为了能使用顶尖孔定位，一般采用带顶尖孔的锥套心轴或锥堵。若外圆和锥孔需反复多次互为基准进行加工，则在重装锥堵或心轴时，必须按外圆找正修磨中心孔。

轴上的花键、键槽等次要表面的加工，一般安排在外圆精车之后进行。因为如果在精车之前就铣出键槽，在精车时由于断续切削而易产生振动，影响加工质量，又容易损坏刀具，难以控制键槽的尺寸。但也不安排在外圆精磨之后进行，以免破坏外圆的加工精度和表面质量。

3.3.2 轴类零件的定位基准选择

一般轴类零件的定位基准最常用的是两中心孔。因为轴类零件各外圆表面、螺纹表面和同轴度及端面对轴线的垂直度是几何公差的主要项目，而这些表面的设计基准一般都是轴的中心线，采用两中心孔定位就能符合基准重合原则；而且由于多数工序都采用中心孔作为定位基面，能最大限度地加工出多个外圆和端面，这也符合基准统一原则。但下列情况不能用两中心孔作为定位基准：

1. 为了提高工件刚度

粗加工外圆时，为了提高工件刚度，采用轴外圆表面为定位基准，或以外圆和中心孔同时作为定位基准，即一夹一顶。

2. 轴为通孔零件

当轴为通孔零件时，在加工过程中，作为定位基面的中心孔因钻出通孔而消失，为了在通孔加工后还能用中心孔作为定位基面，工艺上采用下列三种方法：

（1）当轴中心的通孔直径较小时，可直接在孔口倒出宽度不大于 2 mm 的 60°内锥面来代替中心孔。

（2）当轴有较大的圆柱孔时，可采用锥堵，锥度为 1∶500。

（3）若轴孔为带锥孔的通孔，当锥孔的锥度较大时，可采用带锥堵的心轴，简称锥堵心轴；锥孔锥度较小时，锥堵锥度与工件两端定位孔锥度相同。

使用锥堵或锥堵心轴时应注意，一般中途不得更换或拆卸，直到精加工完各处加工面，不再使用中心孔定位时才能拆卸。

3.4 转轴的机械加工工艺设计实例

图 3-3 所示为减速器中的转轴，中批量生产。该转轴属于阶梯轴，由圆柱面、轴肩、螺纹、螺尾退刀槽、砂轮越程槽和键槽等组成。轴肩一般用来确定安装在轴上零件的轴向位置，各环槽的作用是使零件装配时有一个正确的位置，并使加工中磨削外圆或车螺纹时退刀方便；键槽用于安装键，以传递转矩；螺纹用于安装各种锁紧螺母和调整螺母。

3.4.1 结构工艺性分析

根据转轴的工作性能，两端轴颈 $M(\phi35\pm0.008)$、$N(\phi35\pm0.008)$ 及外圆 $O(\phi30\pm0.008)$、$P(\phi46\pm0.008)$ 以及轴肩 G、H 有较高的尺寸精度、位置精度和较小的表面粗糙度值，并有热处理要求。这些技术要求必须在加工中给予保证。因此，该转轴的主要加工面是轴颈 M、N 和外圆 O、P 的加工。

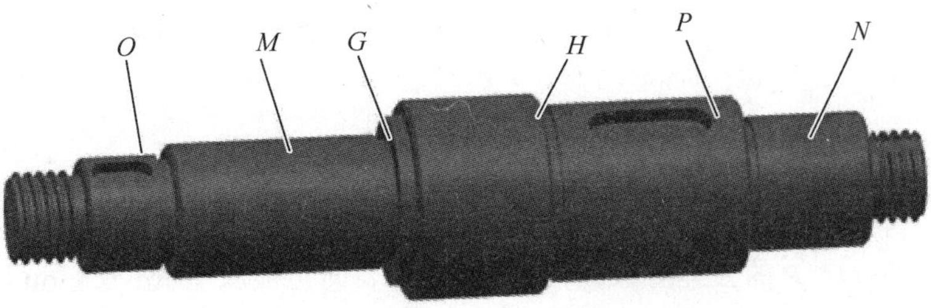

转轴视频

（a）转轴三维图

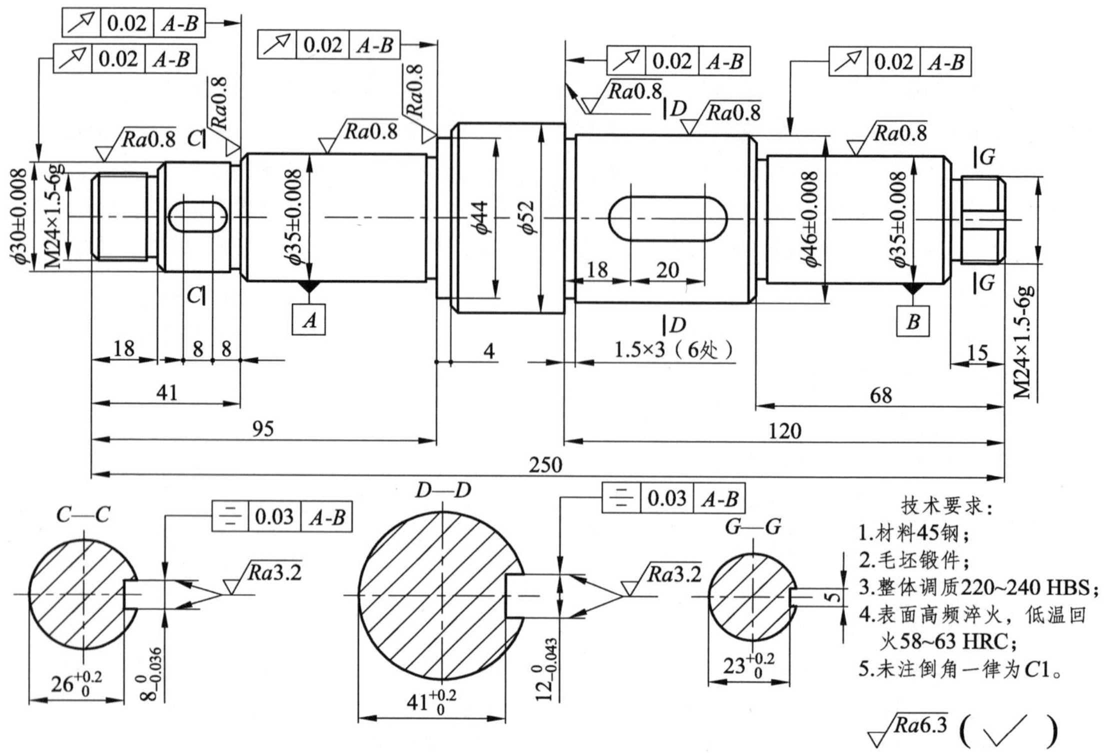

（b）转轴零件图

图 3-3　转轴

3.4.2　毛坯类型及其结构形式

该转轴属于一般工作要求的中、小转轴，生产批量为中批量，各外圆直径尺寸相差较大，故选择 45 热轧圆钢锻造其毛坯（毛坯为锻件），如图 3-4 所示。

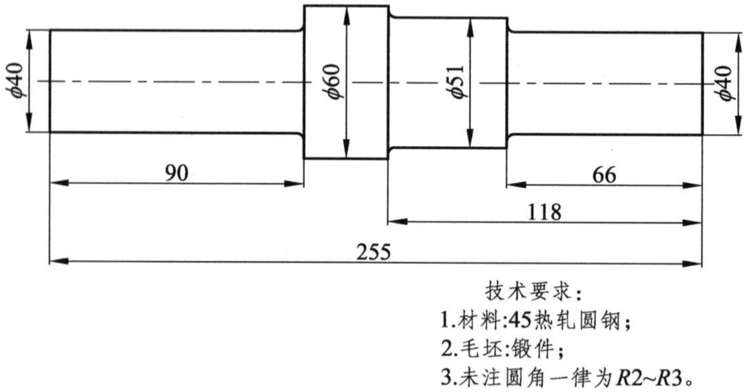

图 3-4　转轴毛坯

3.4.3　主要表面的加工方法

转轴大都是回转表面，主要采用车削与外圆磨削成型。由于该转轴的主要表面两轴颈表面 *M*、*N* 和两轴头表面 *O*、*P* 的公差等级（IT6）较高，表面粗糙度值 *Ra* 0.8 μm 较小，故车削后还需磨削，加工方案可确定为：粗车—半精车—磨削。

3.4.4 定位基准的选择

合理地选择定位基准，对保证零件的尺寸精度和位置精度有着决定性的作用。由于该转轴的几个主要配合表面（*M*、*N*、*O*、*P*）及轴肩面（*H*、*G*）对基准轴线 *A-B* 均有径向圆跳动和端面圆跳动的要求，该轴又是实心轴，所以应选择两端中心孔为定位基准，采用双顶尖装夹方法，以保证零件的技术要求。

采用三爪自定心卡盘装夹毛坯外圆，以毛坯外圆为粗基准，加工中心孔、车端面。但必须注意，一般不能用毛坯外圆装夹两次钻两端中心孔，而应该以毛坯外圆作粗基准，先加工一端端面，钻中心孔，车出一端外圆；然后以已车过的外圆作基准，用三爪自定心卡盘装夹，车另一端面，钻中心孔。如此加工中心孔，才能保证两中心孔同轴。

3.4.5 加工阶段的划分

对精度要求较高的零件，其粗、精加工应分开，以保证零件的质量。该转轴的加工划分为三个阶段：粗车（粗车外圆、钻中心孔等），半精车（半精车各处外圆、台阶和修研中心孔及次要表面等），粗、精磨（粗、精磨各处外圆）。各阶段划分大致以热处理为界。

3.4.6 热处理工序安排

轴的热处理要根据其材料和使用要求确定。对于转轴，正火、调质和表面淬火用得较多。该轴要求调质处理，并安排在粗车各外圆之后，半精车各外圆之前。

3.4.7 加工余量和切削用量

转轴磨削余量可取 0.5 mm，半精车余量可选用 1.5 mm。

车削用量的选择，单件、小批量生产时，可根据加工情况由工人确定。一般可由《机械加工工艺手册》或《切削用量手册》中选取。

3.4.8 设计工艺过程

定位精基准面中心孔应在粗加工之前加工，在调质之后和磨削之前各需安排一次修研中心孔的工序。调质之后修研中心孔是为消除中心孔的热处理变形和氧化皮，磨削之前修研中心孔是为提高定位精基准面的精度和减小锥面的表面粗糙度值。拟定转轴的工艺过程时，在考虑主要表面加工的同时，还要考虑次要表面的加工。在半精加工 ϕ52 mm 外圆及 M24 mm 外圆时，应车到图样规定的尺寸，同时加工出各退刀槽、倒角和螺纹；三个键槽应在半精车后以及磨削之前铣削加工出来，这样可保证铣键槽时有较精确的定位基准，又可避免在精磨后铣键槽时破坏已精加工的外圆表面。

另外，在设计工艺过程时，应考虑检验工序的安排以及检查项目和检验方法的确定。

3.4.9 工艺路线拟定

综合上述分析，该转轴的工艺路线如下：

锻造—车两端面、钻中心孔—粗车各外圆—调质—修研中心孔—半精车各外圆、车槽、倒角—车螺纹—划键槽加工线—铣键槽—修研中心孔—磨削—检验。

3.5 转轴的工艺文件编制

综上所述，所确定的该转轴加工工艺过程卡见表 3-1。根据表 3-1，结合所选的切削用量等参数，可以进一步完成工序卡等工艺文件，如表 3-2 ~ 表 3-7 所示。

表 3-1 转轴的机械加工工艺过程卡

机械加工工艺过程卡片		产品型号		零件图号		共 页 第 页					
		产品名称		零件名称	转轴						
材料牌号	45	毛坯种类	锻件	毛坯外形尺寸/mm	φ60×255	每毛坯可制件数	1	每台件数	1	备注	

	工序号	工序名称	工序内容	车间	工段	设备	工艺装备	工时	
	10	锻造	φ60×255	锻		空气锤	胎膜	准终	单件
	20	车	车端面、打中心孔；粗车各外圆φ46、φ35和M24，留余量；掉头，车另一端面，保证总长250 mm，打中孔，粗车外圆φ52、φ35、φ30、M24，留余量	机加工	1	CA6140			
	30	热	调质 220~240 HBS				游标卡尺、千分尺		
	40	钳	修研两中心孔	热处理					
	50	车	双顶尖装夹，半精车φ46、φ35 mm 留磨削余量，M24 留余量，切槽，倒角；掉头，半精车φ52、φ35、φ30 留磨量，M24 留余量；切槽，倒角；检验			数车			
	60	车	车两处螺纹面			数车			
	70	钳	划两键槽及止动垫圈槽加工线						
	80	铣	铣两键槽及止动垫圈槽			铣床			
	90	热	表面高频淬火，低温回火，58~63 HRC						
	100	钳	修研两端中心孔						
	110	磨	磨φ35（两处）φ46、φ30及轴肩至尺寸			磨床			
	120	检	按图检验						
描图									
审核									
底图号									
装订号									

						设计日期	审核日期	标准化日期	会签日期
	标记	处数	更改文件号	签字	日期				

表 3-2　转轴的机械加工 10 工序卡

机械加工工序卡片	产品型号		零件图号		共　页
	产品名称	减速器	零件名称	转轴	第　页

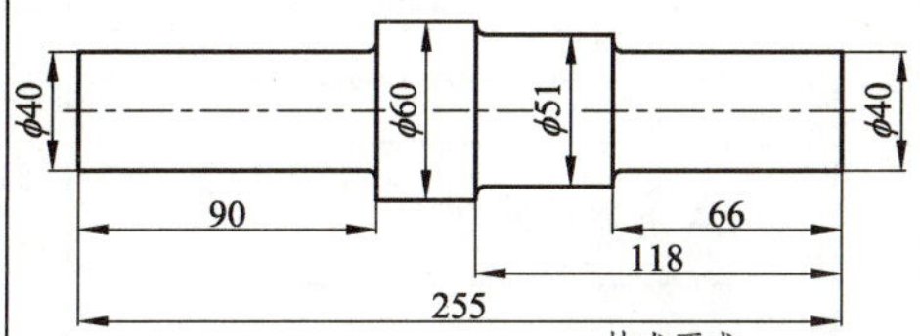

技术要求：
1.材料:45热轧圆钢；
2.毛坯:锻件；
3.未注圆角一律为$R2$~$R3$。

车间	工序号	工序名称	材料牌号
	10	锻	45
毛坯种类	毛坯外形尺寸/mm	每件毛坯可制件数	每台件数
锻件	ϕ60×255	1	1
设备名称	设备型号	设备编号	同时加工件数
			1

夹具编号	夹具名称	切削液

工位器具编号	工位器具名称	工序工时	
		准终	单件

	工步号	工步内容	工艺装备	主轴转速/（r/min）	切削速度/（m/min）	进给量/（m/min）	背吃刀量/mm	进给次数	工步工时	
									机动	辅助
描图	1	锻造毛坯 ϕ60×255	转轴胎模							
描校										
底图号										
装订号										

					编制日期	审核日期	标准化日期	会签日期
标记	处数	更改文件号	签字	日期				

表 3-3　转轴的机械加工 20 工序卡

机械加工工序卡片	产品型号		零件图号		共　页
	产品名称	减速器	零件名称	转轴	第　页

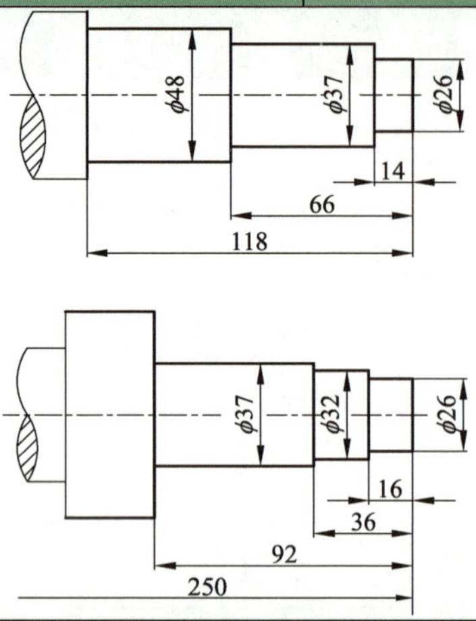

车间	工序号	工序名称	材料牌号
	20	粗车	45
毛坯种类	毛坯外形尺寸/mm	每件毛坯可制件数	每台件数
锻件	$\phi60\times255$	1	1
设备名称	设备型号	设备编号	同时加工件数
卧式车床	CA6140		1
夹具编号		夹具名称	切削液
工位器具编号		工位器具名称	工序工时：准终 / 单件

	工步号	工步内容	工艺装备	主轴转速/(r/min)	切削速度/(m/min)	进给量/(·m/min)	背吃刀量/mm	进给次数	工步工时 机动	工步工时 辅助
描图		三爪自定心卡盘夹持工件外圆	三爪自定心卡盘							
	1	车端面见平		400		0.10	2.5	1		
描校	2	钻中心孔	中心钻	1000				1		
		用尾座顶尖顶住中心孔								
底图号	3	粗车$\phi46$外圆至$\phi48$，长 118 mm	三爪自定心卡盘、顶尖	400	64	0.40	1			
	4	粗车$\phi35$外圆至$\phi37$，长 66 mm	三爪自定心卡盘、顶尖	450	57	0.40	1			
装订号	5	粗车 M24 外圆至$\phi26$，长 14 mm	三爪自定心卡盘、顶尖	600	60	0.40	1			
		调头，三爪自定心卡盘夹持$\phi48$处								
	6	车另一端面，保证总长 250 mm	三爪自定心卡盘	400		0.10	2.5	1		
	7	钻中心孔	三爪自定心卡盘、中心钻	1000						
	8	粗车$\phi52$外圆至$\phi54$	三爪自定心卡盘、顶尖	400	75	0.40	1			
	9	粗车$\phi35$外圆至$\phi37$，长 92 mm	三爪自定心卡盘、顶尖	450	57	0.40	1			
	10	粗车$\phi30$外圆至$\phi32$，长 36 mm	三爪自定心卡盘、顶尖	450	52	0.40	1			
	11	粗车 M24 外圆至$\phi26$，长 16 mm	三爪自定心卡盘、顶尖	600	60	0.30	1			
				编制日期	审核日期	标准化日期		会签日期		
标记	处数	更改文件号	签字　日期							

表 3-4 转轴的机械加工 50 工序卡

机械加工工序卡片	产品型号		零件图号		共 页
	产品名称	减速器	零件名称	转轴	第 页

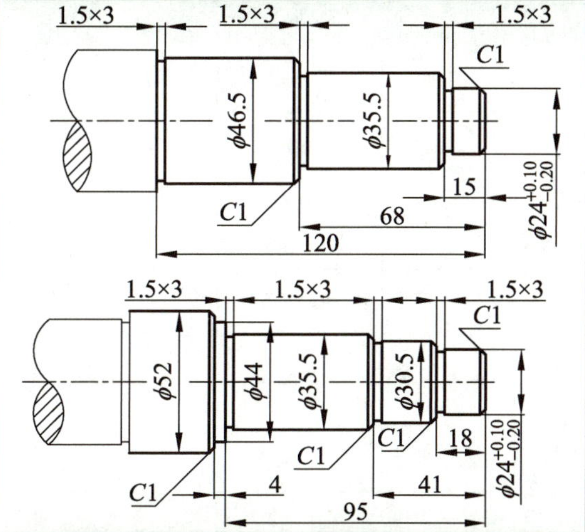

车间	工序号	工序名称	材料牌号
	50	半精车	45
毛坯种类	毛坯外形尺寸/mm	每件毛坯可制件数	每台件数
锻件	ϕ60×255	1	1
设备名称	设备型号	设备编号	同时加工件数
数控车床	CKD6140		
夹具编号		夹具名称	切削液
工位器具编号		工位器具名称	工序工时
			准终 | 单件

	工步号	工步内容	工艺装备	主轴转速/（r/min）	切削速度/（m/min）	进给量/（m/min）	背吃刀量/mm	进给次数	工步工时 机动	工步工时 辅助
描图		双顶尖装夹	顶尖							
	1	半精车ϕ46 外圆至ϕ46.5，长 120 mm	顶尖	600	88	0.2	0.75	1		
描校	2	半精车ϕ35 外圆至ϕ35.5，长 68 mm	顶尖	600	57	0.2	0.75	1		
	3	半精车 M24 外圆至$\phi24^{+0.10}_{-0.20}$，长 15 mm	顶尖	700	53	0.2	0.75	1		
底图号	4	车 3×1.5 mm 的环槽	顶尖	450	48	0.1	0.5	1		
	5	倒角 *C*2	顶尖	450	48	0.1	0.75	1		
		调头，双顶尖装夹	顶尖							
	6	半精车ϕ35 外圆至ϕ35.5，长 95 mm	顶尖	600	67	0.2	0.75	1		
	7	半精车ϕ30 外圆至ϕ35.5，长 41 mm	顶尖	600	67	0.2	0.75	1		
装订号	8	半精车 M24 外圆至$\phi24^{+0.10}_{-0.20}$，长 18 mm	顶尖	700	53	0.2	0.75	1		
	9	半精车ϕ44 外圆至尺寸，长 4 mm	顶尖	600	83	0.2	0.75	1		
	10	半精车ϕ52 外圆至尺寸	顶尖	600	98	0.2	0.75	1		
	11	车 3×1.5 mm 的环槽	顶尖	450	30	0.1	0.5	1		
		倒角 *C*2	顶尖	450	30	0.1	0.75	1		

				编制日期	审核日期	标准化日期	会签日期	
标记	处数	更改文件号	签字	日期				

表 3-5　转轴的机械加工 60 工序卡

机械加工工序卡片	产品型号		零件图号		共　页
	产品名称	减速器	零件名称	转轴	第　页

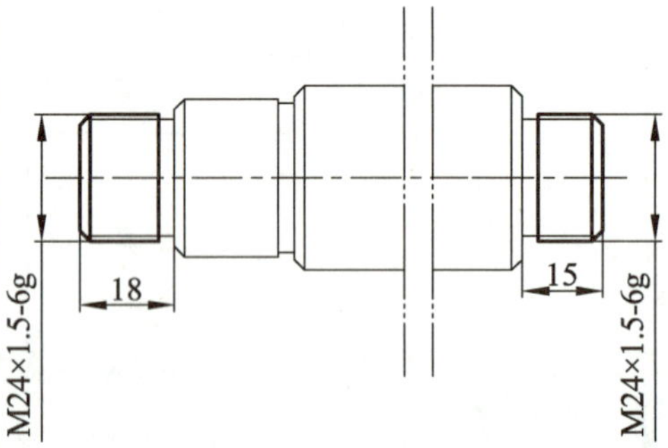

车间	工序号	工序名称	材料牌号	
	60	车螺纹	45	
毛坯种类	毛坯外形尺寸/mm	每件毛坯可制件数	每台件数	
锻件	ϕ60×255	1	1	
设备名称	设备型号	设备编号	同时加工件数	
数控车床	CKD6140			
夹具编号		夹具名称	切削液	
工位器具编号		工位器具名称	工序工时	
			准终	单件

	工步号	工步内容	工艺装备	主轴转速/（r/min）	切削速度/（m/min）	进给量/（m/min）	背吃刀量/mm	进给次数	工步工时	
									机动	辅助
描图		双顶尖装夹								
	1	车 M24×1.5-6g 至尺寸	顶尖	100	7.5	1.5	0.1～1	5		
描校	2	车 M24×1.5-6g 至尺寸	顶尖	100	7.5	1.5	0.1～1	5		
底图号										
装订号										

					编制日期	审核日期	标准化日期	会签日期
标记	处数	更改文件号	签字	日期				

表 3-6 转轴的机械加工 80 工序卡

	机械加工工序卡片		产品型号		零件图号		共 页
			产品名称	减速器	零件名称	转轴	第 页

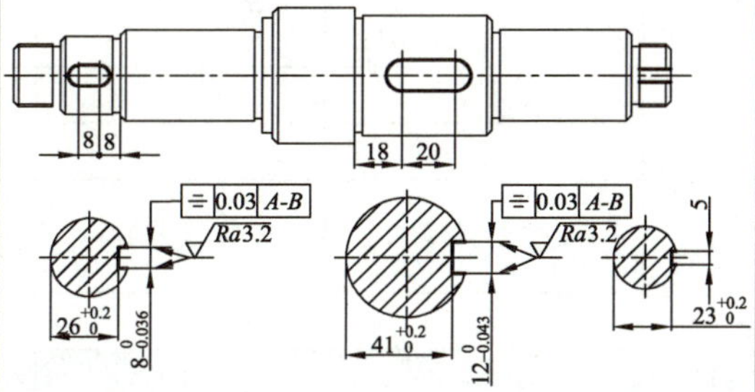

车间	工序号	工序名称	材料牌号	
	80	铣	45	
毛坯种类	毛坯外形尺寸/mm	每件毛坯可制件数	每台件数	
锻件	$\phi60\times255$	1	1	
设备名称	设备型号	设备编号	同时加工件数	
立式铣床	X5032			
夹具编号		夹具名称	切削液	
工位器具编号		工位器具名称	工序工时	
			准终	单件

	工步号	工步内容	工艺装备	主轴转速/(r/min)	切削速度/(m/min)	进给量/(m/min)	背吃刀量/mm	进给次数	工步工时	
									机动	辅助
描图		用 V 形虎钳装夹，按线找正	虎钳							
	1	铣键槽 $12\times\phi46$ mm，保证尺寸 $41_{0}^{+0.2}$ mm	虎钳	600	23	0.1	2.5			
描校	2	铣键槽 $8\times\phi30$ mm，保证尺寸 $26_{0}^{+0.2}$ mm	虎钳	800	20	0.1	1.8			
	3	铣止动垫圈槽 $5\times\phi24$ mm，保证尺寸 $20_{0}^{+0.2}$ mm	虎钳	800	13	0.1	1.2			
底图号										
装订号										

					编制日期	审核日期	标准化日期	会签日期
标记	处数	更改文件号	签字	日期				

表 3-7　转轴的机械加工 110 工序卡

机械加工工序卡片	产品型号		零件图号		共　页
	产品名称	减速器	零件名称	转轴	第　页

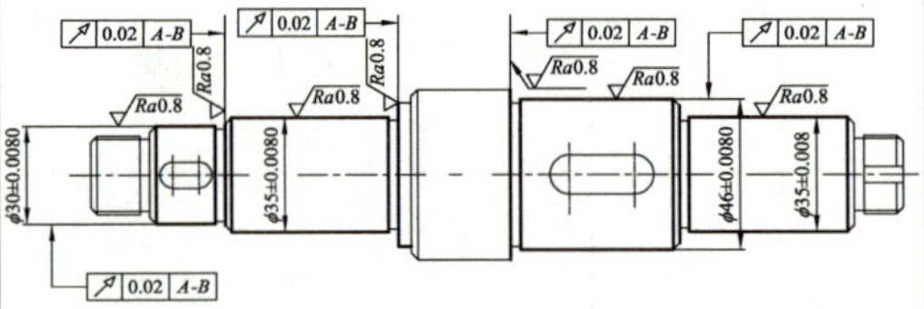

车间	工序号	工序名称	材料牌号	
	110	磨	45	
毛坯种类	毛坯外形尺寸/mm	每件毛坯可制件数	每台件数	
锻件	ϕ60×255	1	1	
设备名称	设备型号	设备编号	同时加工件数	
外圆磨床	M1412			
夹具编号		夹具名称	切削液	
工位器具编号		工位器具名称	工序工时	
			准终	单件

	工步号	工步内容	工艺装备	砂轮圆周速度/(m/s)	工件圆周速度/(m/min)	进给量/(m/min)	粗：背吃刀量/mm	精：背吃刀量/mm	工步工时 机动	工步工时 辅助
描图		双顶尖装夹	顶尖							
	1	磨右端外圆ϕ35±0.008 0至尺寸，磨轴肩面	顶尖	30～45	13～20	0.2～0.4	0.2～0.45	0.05～0.2		
描校	2	磨右端外圆ϕ40±0.008 0至尺寸，磨轴肩面	顶尖	30～45	13～20	0.2～0.4	0.2～0.45	0.05～0.2		
		调头，双顶尖装夹	顶尖							
底图号	3	磨左端外圆ϕ35±0.008 0至尺寸，磨轴肩面	顶尖	30～45	13～20	0.2～0.4	0.2～0.45	0.05～0.2		
	4	磨右端外圆ϕ30±0.008 0至尺寸，磨轴肩面	顶尖	30～45	13～20	0.2～0.4	0.2～0.45	0.05～0.2		
装订号										
				编制日期		审核日期	标准化日期		会签日期	
标记	处数	更改文件号	签字	日期						

模块 2　技能训练

任务 1　输出轴的机械加工工艺过程设计

1. 任务内容

图 3-5 是某减速器输出轴的零件图，生产纲领：400 件。要求了解输出轴的结构特点和技

术要求，对零件进行结构分析和工艺分析。绘制产品毛坯图，确定毛坯的种类及制造方法。拟定零件的机械加工工艺过程，选择各工序的加工设备和工艺装备，确定各工序的加工余量和工序尺寸及公差，并计算各工序的切削用量和工时定额。

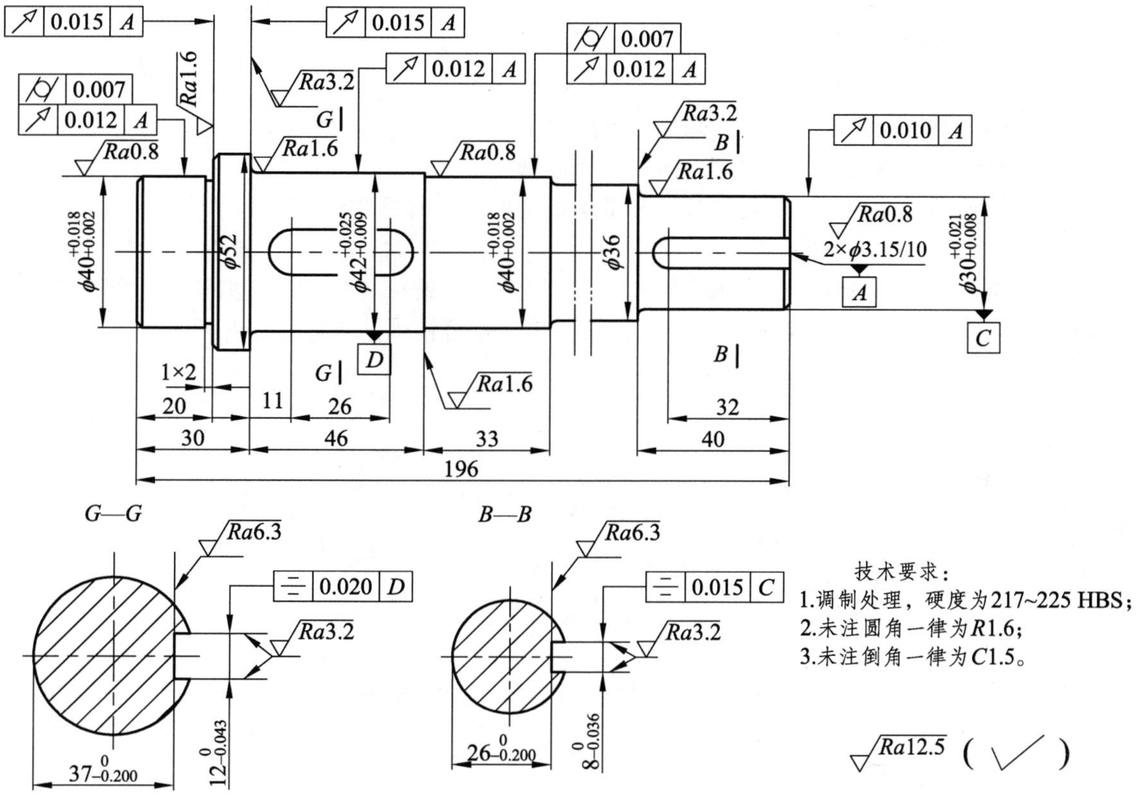

图 3-5　输出轴

2. 任务准备

读懂图 3-5 输出轴的零件图；分析该零件各表面的精度、表面粗糙度和其他技术要求。

3. 实训目的

熟悉绘图软件；掌握齿轮的各种机械加工方法；掌握工序尺寸及公差的计算方法；了解工序切削用量和工时定额的计算方法；掌握工序余量的查阅方法和各种手册的查阅方法。

4. 实训步骤

（1）分析图 3-5 输出轴的工艺结构；

（2）确定输出轴毛坯类型、结构及尺寸大小；

（3）进行输出轴的机械加工工艺过程设计；

（4）选择输出轴的机械加工设备及工艺装备；

（5）编制输出轴的机械加工工艺过程卡片。

思考与练习

一、简答题

1. 轴类零件的主要技术要求有哪些?

2. 轴类零件的常用材料有哪些?

3. 为什么要求较高的零件通常采用锻件?

4. 试举例说明轴类零件热处理方式的选择原则。

5. 设计轴类零件加工工艺规程时,要考虑的主要因素有哪些?

二、分析题

1. 定位销轴是常见的定位支承或导向零件,图 3-6 为铣床夹具的定位销轴,生产类型为小批量生产。结合轴的结构特点和技术要求,编制出该定位销轴的工艺过程卡。

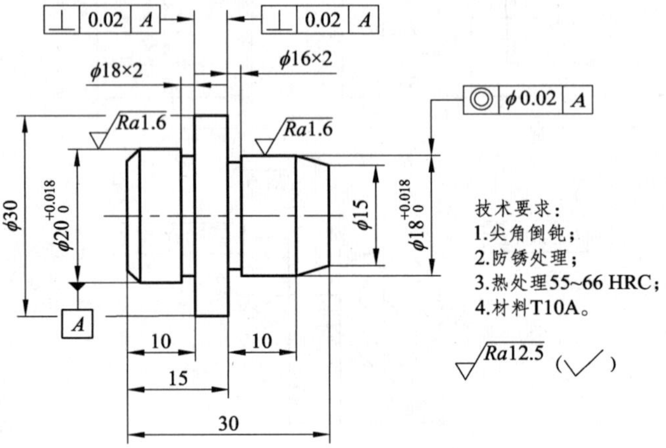

图 3-6 定位销轴

2. 图 3-7 为齿轮轴的零件图,生产类型为小批量生产。结合轴的结构特点和技术要求,设计出该轴的工艺路线。

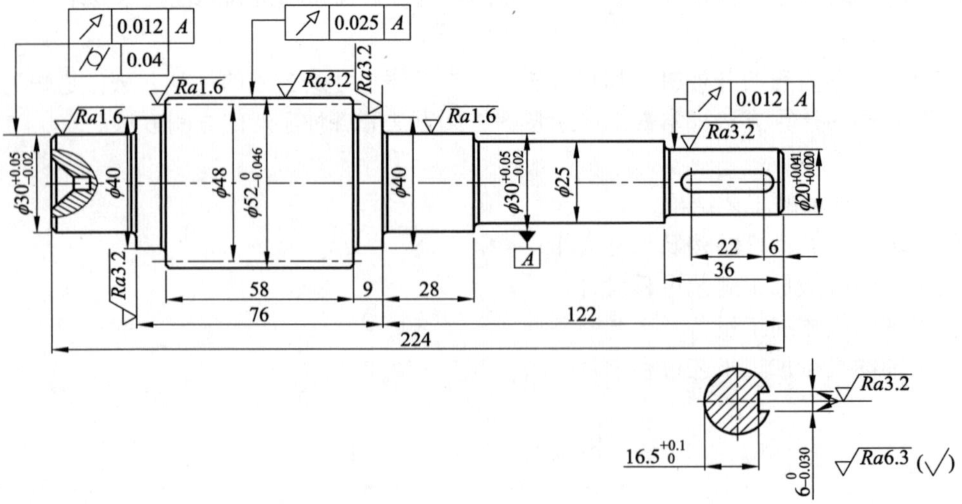

项目 3 答案

图 3-7 齿轮轴

项目 4 盘套类零件的加工工艺设计

教学导读

盘套类零件在机器中主要起支承、连接和导向作用。盘套类零件主要由端面、外圆柱面、内孔表面等组成，一般零件的径向尺寸大于零件的轴向尺寸。

知识要点

掌握工件定位的基本原理；掌握盘套类工件定位基准、定位元件和夹具的选用以及定位误差的分析；掌握典型盘套类零件的加工工艺设计方法。

重点和难点

毛坯的选择，工艺路线的拟定，加工方案的确定。

素养目标

（1）培养学生的策划能力、组织能力和创新能力；

（2）培养学生严谨、诚信、敬业、科学的工作态度和较强的安全、质量、效率及环保意识，具有良好的职业道德素养；

（3）培养学生诚信务实、认真负责、遵章守纪、严谨规范、精益求精、吃苦耐劳和团结协作的精神。

模块 1 理论基础知识

4.1 概 述

盘套类零件是机械中常见的一种零件，在机器中主要起支承、连接和导向作用。盘套类零件主要由端面、外圆柱面、内孔表面等组成，如带轮、法兰盘、端盖、套环、夹具体中的导向套、液压系统中的液压缸以及内燃机上的气缸套等。由于盘套类零件的功用不同，其结构和尺寸有很大的差异，但结构上也有共同点。套类零件主要由有较高同轴度要求的内、外圆柱面组成，零件的壁厚较小，易产生变形，轴向尺寸一般大于外圆直径，一般盘套类零件直径大于零件的轴向尺寸。

本项目针对典型盘类零件（如图 4-1 法兰端盖）和套类零件（如图 4-2 轴承套），分析其毛坯类型、材料、结构工艺性、表面加工方法，并制定其机械加工工艺文件。

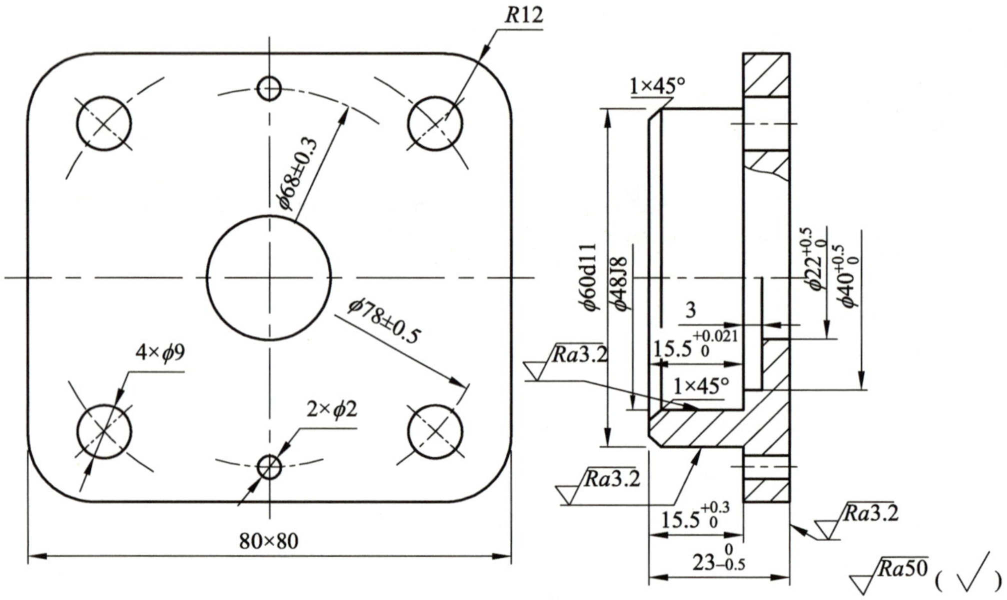

（a）零件图

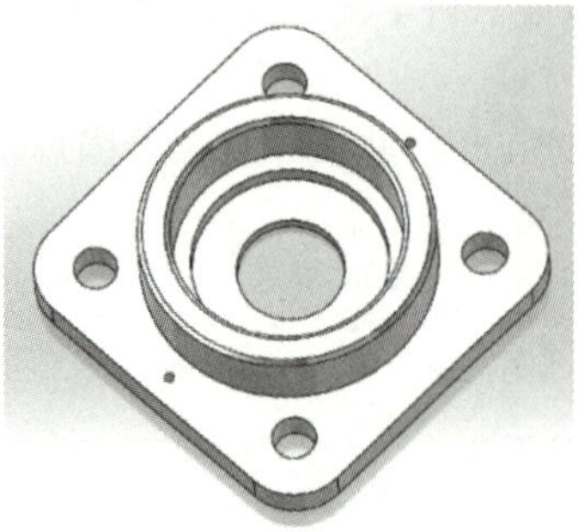

（b）三维图

图 4-1 法兰端盖

法兰端盖视频

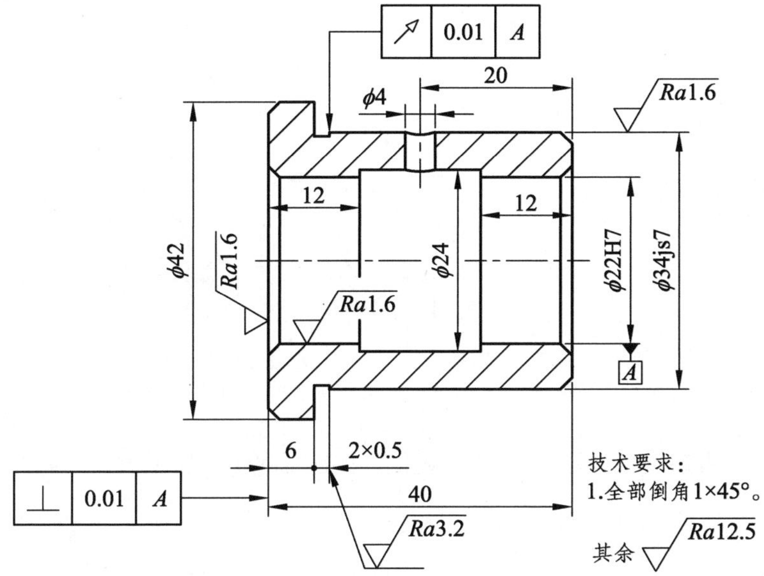

（a）零件图

轴承套视频

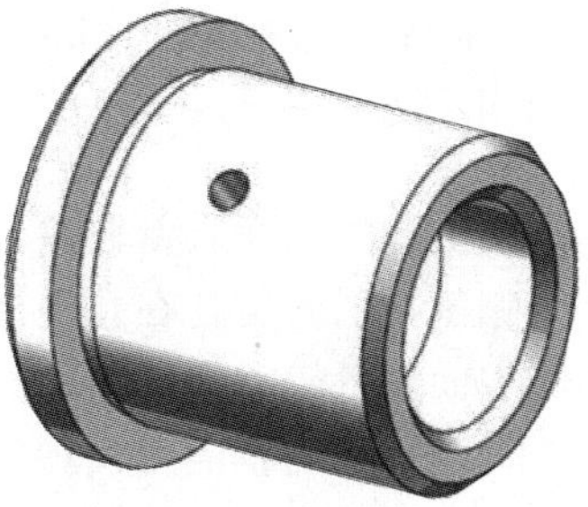
（b）三维图

图 4-2　轴承套

4.2　盘套类零件的加工方法

前面已经讲述了盘套类零件的主要加工表面是内、外圆柱表面及端面等，外圆柱表面的加工方法在前面轴类零件中已经做了较为详细的分析和讲解，本项目重点分析研究内圆柱表面的常见加工方法。

内孔表面加工方法较多，常见的有钻孔、扩孔、铰孔、镗孔、磨孔、拉孔、研磨孔、珩磨孔及滚压孔等。

4.2.1　钻　孔

用钻头在工件实体部位加工孔称为钻孔。钻孔属粗加工，可达到的尺寸公差等级为 IT11 ~ IT13，表面粗糙度值为 Ra12.5 ~ 50.0 μm。由于麻花钻长度较长，钻芯直径小而刚性差，又有横刃的影响，故钻孔的加工有其独特的工艺特点。

1. 钻削工艺特点

（1）钻头容易偏斜。

由于横刃的影响定心不准，切入时钻头容易引偏，且钻头的刚性和导向作用较差，切削时钻头容易弯曲。在钻床上钻孔时，如图 4-3（a）所示，容易引起孔的轴线偏移和不直，但孔径无显著变化；在车床上钻孔时，如图 4-3（b）所示，容易引起孔径的变化，但孔的轴线仍然是直的。因此，在钻孔前应先加工端面，并用钻头或中心钻预钻一个锥坑，如图 4-4 所示，以便钻头定心。钻小孔或深孔时，为了避免孔的轴线偏移和不直，应尽可能采用工件回转方式进行钻孔。

（2）孔径容易扩大。

钻削时钻头两切削刃径向力不等将引起孔径扩大；卧式车床钻孔时的切入引偏也是孔径扩大的重要原因；此外，钻头的径向跳动等也是造成孔径扩大的原因。

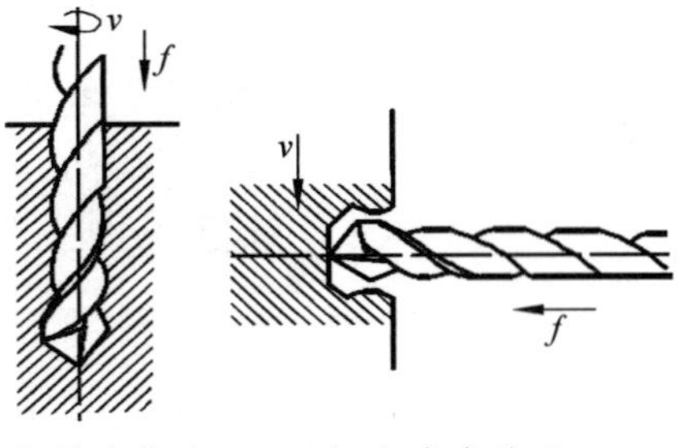

（a）钻床钻孔　　（b）车床钻孔

图 4-3　两种钻削方式引起的孔的误差

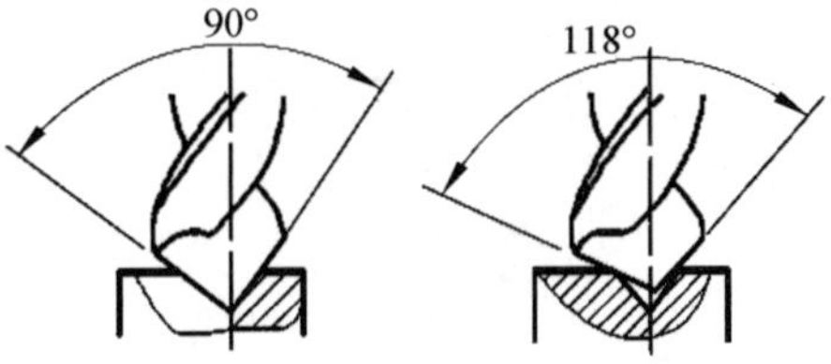

图 4-4　钻孔前预钻锥孔

（3）孔的表面质量较差。

钻削切屑较宽，在孔内被迫卷为螺旋状，流出时与孔壁发生摩擦而刮伤已加工表面。因此孔的表面质量较差。

（4）钻削时轴向力大。

这主要是由钻头的横刃引起的。试验表明，钻孔时 50%的轴向力和 15%的扭矩是由横刃产生的。因此，当钻孔直径 $d>30$ mm 时，一般分两次进行钻削。第一次钻出（0.5 ~ 0.7）d，第二次钻到所需的孔径。由于横刃第二次不参加切削，故可采用较大的进给量，使孔的表面质量和生产率均得到提高。

2. 钻削用量及其选择

（1）钻削用量。

钻削用量包括切削速度、进给量和背吃刀量三要素。

背吃刀量（a_p）是指已加工表面与待加工表面之间的垂直距离，也可以理解为是一次走刀所能切下的金属层厚度。$a_p = d/2$。

钻削时的进给量（f）是指主轴每转一转钻头对工件沿主轴轴线的相对移动量，单位符号是 mm/r。

钻削时的切削速度（v_c）是指钻孔时钻头直径上一点的线速度。可由下式计算：

$$v_c = \pi dn/1000$$

式中　d——钻头直径，mm；

n——钻床主轴转速，r/min；

v_c——切削速度，m/min。

（2）钻削用量的选择原则。

钻孔时，由于切削深度已由钻头直径所定，所以只需选择切削速度和进给量。对钻孔生产率的影响，切削速度 v_c 和进给量　是相同的；对钻头寿命的影响，切削速度 v_c 比进给量　大；对孔的粗糙度的影响，进给量　比切削速度 v_c 大。

综合以上影响因素，钻孔时选择切削用量的基本原则是：在允许范围内，尽量先选较大的进给量 f，当 f 受到表面粗糙度和钻头刚度的限制时，再考虑较大的切削速度 v_c。

（3）钻削用量的选择方法。

① 背吃刀量的选择。直径小于 ϕ30 mm 的孔一次钻出；直径为 ϕ30 ~ 80 mm 的孔可分两次钻削，先用（0.5 ~ 0.7）d（d 为要求的孔径）的钻头钻底孔，然后用直径为 d 的钻头将孔扩大。

这样可以减小切削深度及轴向力，保护机床，同时提高钻孔质量。

② 进给量的选择。高速钢标准麻花钻的进给量可参考有关手册选取。孔的精度要求较高和表面粗糙度值要求较小时，应取较小的进给量；钻孔较深、钻头较长、刚度和强度较差时，也应取较小的进给量。

③ 钻削速度的选择。当钻头的直径和进给量确定后，钻削速度应按钻头的寿命选取合理的数值，一般根据经验选取，也可查阅有关手册。孔深较大时，应取较小的切削速度。

4.2.2 扩　孔

扩孔是用扩孔钻对已钻出的孔做进一步加工，以扩大孔径并提高工件精度和降低表面粗糙度值。扩孔可达到的尺寸公差等级为 IT10 ~ IT11，表面粗糙度值为 *Ra* 6.3 ~ 12.5 μm，属于孔的半精加工方法，常作铰削前的预加工，也可作为精度不高的孔的终加工。

扩孔方法如图 4-5 所示，扩孔余量（$D-d$）可由表查阅。扩孔钻的形式随直径不同而不同。直径为ϕ10 ~ ϕ32 的锥柄扩孔钻如图 4-6（a）所示。直径为ϕ25 ~ ϕ80 的套式扩孔钻如图 4-6（b）所示。

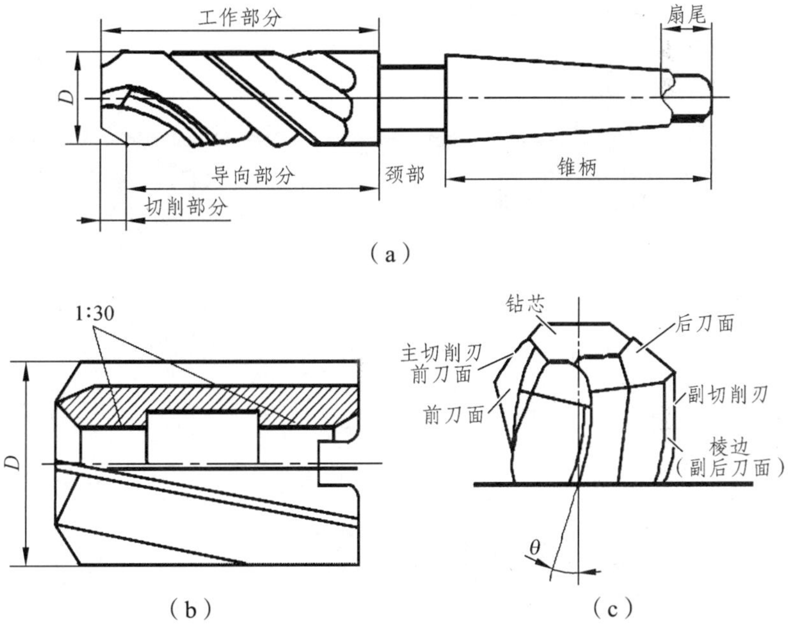

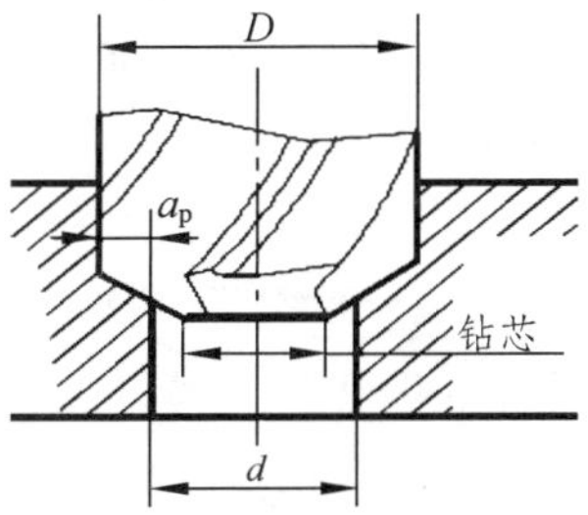

图 4-5　扩孔加工

图 4-6　扩孔钻结构

扩孔钻的结构与麻花钻相比有以下特点：

（1）刚性较好。

由于扩孔的背吃刀量小，切屑少，扩孔钻的容屑槽浅而窄，钻芯直径较大，增加了扩孔钻工作部分的刚性。

（2）导向性好。

扩孔钻有 3 ~ 4 个刀齿，刀具周边的棱边数增多，导向作用相对增强。

（3）切削条件较好。

扩孔钻无横刃参加切削，切削轻快，可采用较大的进给量，生产率较高；又因切屑少，排屑顺利，不易刮伤已加工表面。

因此扩孔与钻孔相比，加工精度高，表面粗糙度值较低，且可在一定程度上校正钻孔的轴线误差。此外，适用于扩孔的机床与钻孔相同。

4.2.3 铰 孔

铰孔是在半精加工（扩孔或半精镗）的基础上对孔进行的一种精加工方法。铰孔的尺寸公差等级可达 IT6 ~ IT9，表面粗糙度值可达 Ra 0.2 ~ 3.2 μm。

铰孔的方式有机铰和手铰两种。在机床上进行的铰削称为机铰，如图 4-7 所示；用手工进行的铰削称为手铰，如图 4-8 所示。

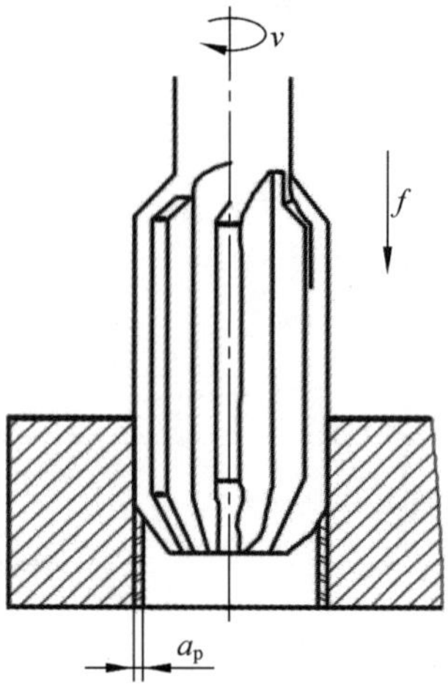

图 4-7 机铰

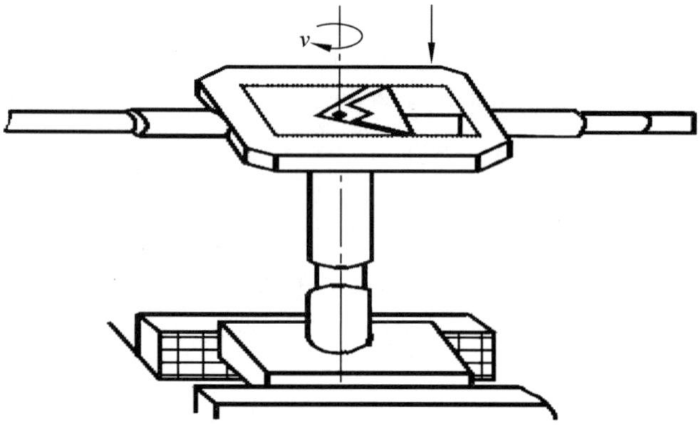

图 4-8 手铰

铰刀一般分为机用铰刀和手用铰刀两种形式，如图 4-9 所示。机用铰刀可分为带柄的[直径 ϕ1 ~ ϕ20 mm 为直柄，直径 ϕ10 ~ ϕ32 mm 为锥柄，如图 4-9（a）、（b）、（c）所示]和套式的[直径 ϕ25 ~ ϕ80 mm，如图 4-9（f）所示]。手用铰刀可分为整体式[见图 4-9（d）]和可调式[见图 4-9（e）]两种。铰削不仅可以用来加工圆柱形孔，也可用锥度铰刀加工圆锥形孔，如图 4-9（g）、（h）所示。

（a）直柄机用铰刀

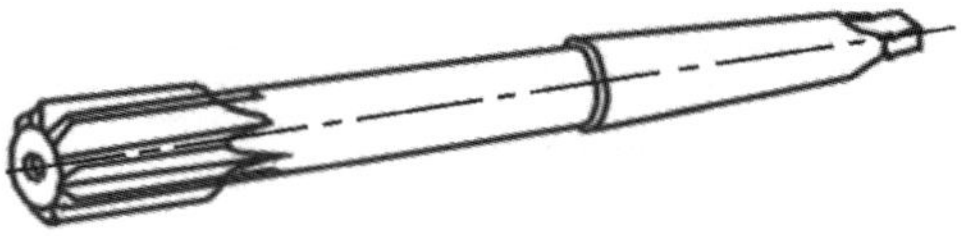

（b）锥柄机用铰刀

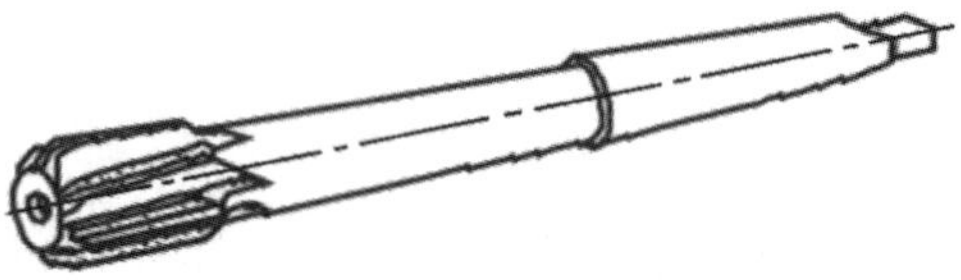

（c）硬质合金锥柄机用铰刀

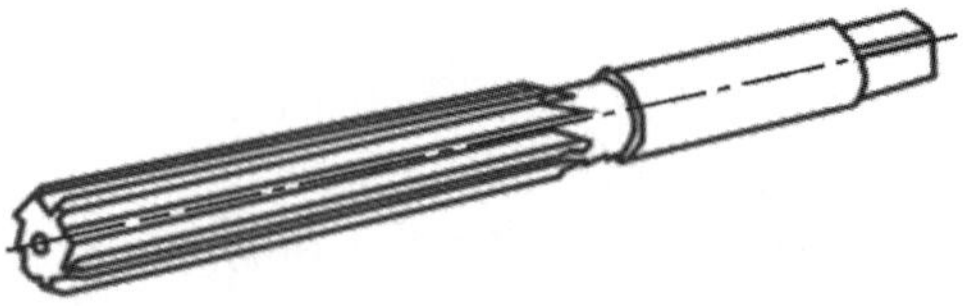

（d）整体式手用铰刀

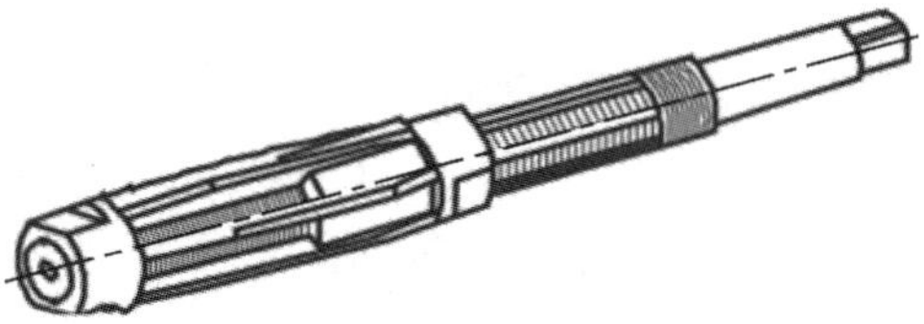

（e）可调式手用铰刀

（f）套式机用铰刀

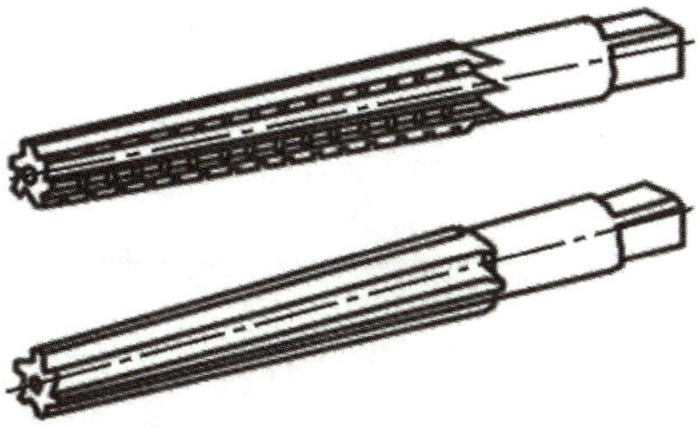

（g）直柄莫氏圆锥铰刀

（h）手用 1∶50 锥度销子铰刀

图 4-9　铰刀的类型

1. 铰削方式

铰削的余量要适当，若余量过大，则切削温度高，会使铰刀直径膨胀导致孔径扩大，使切屑增多而擦伤孔的表面；若余量过小，则会留下原孔的刀痕而影响表面粗糙度。一般粗铰余量为 0.15 ~ 0.25 mm，精铰余量为 0.05 ~ 0.15 mm。铰削应采用低切削速度，以免产生积屑瘤和引起振动，一般粗铰的切削速度为 4 ~ 10 m/min，精铰的切削速度为 1.5 ~ 5 m/min。机铰的进给量可比钻孔时高 3 ~ 4 倍，一般为 0.5 ~ 1.5 mm/r，以便散热以及冲排屑末、减小摩擦、抑制振动和降低表面粗糙度值。铰削的切屑细碎极易黏附在刀刃上，甚至挤在孔壁与铰刀之间，而刮伤表面，扩大孔径。铰削时必须用适当的切削液冲掉切屑，减少摩擦，并降低工件和铰刀温度，防止产生刀瘤。切削液选用时参考表 4-1。

表 4-1　铰孔时的切削液

加工材料	切削液
钢	（1）10% ~ 20%乳化液； （2）铰孔要求高时，采用 30%煤油加 70%肥皂水； （3）铰孔要求高时，可采用苯油、柴油等
铸铁	（1）煤油（但会引起孔径缩小，最大收缩量为 0.02 ~ 0.04 mm）； （2）低浓度乳化液； （3）也可不用
铝	煤油
铜	乳化液

如图 4-10（a）所示，在车床上铰孔，若装在尾架套筒中的铰刀轴线与工件回转轴线发生偏移，则会引起孔径扩大。如图 4-10（b）所示，在钻床上铰孔，若铰刀轴线与原孔的轴线发生偏移，也会引起孔的形状误差。

机用铰刀与机床常用浮动连接，以防止铰削时孔径扩大或产生孔的形状误差。铰刀与机床主轴浮动连接所用的浮动夹头如图 4-11 所示。浮动夹头的锥柄 1 安装在机床的锥孔中，铰刀锥柄安装在锥套 2 中，挡钉 3 用于承受轴向力，销钉 4 可传递扭矩。由于锥套 2 的尾部与大孔以及销钉 4 与小孔间均有较大间隙，所以铰刀处于浮动状态。

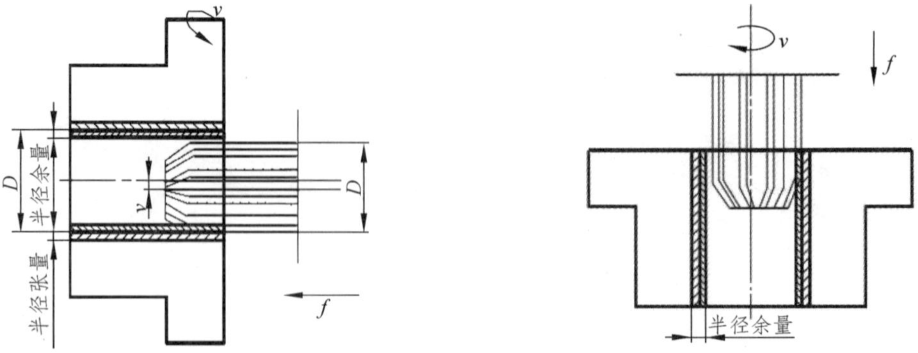

图 4-10　铰孔

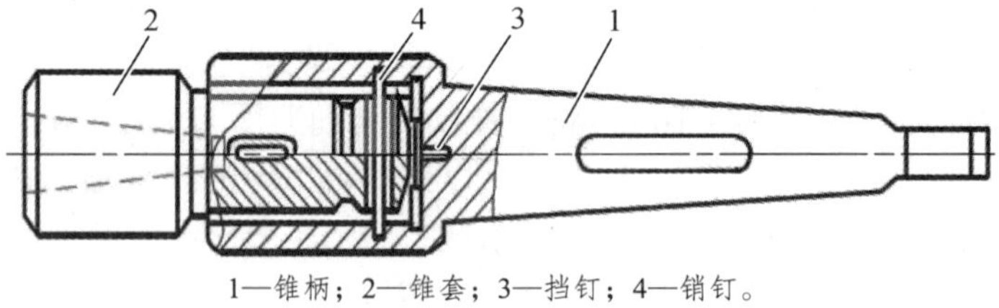

1—锥柄；2—锥套；3—挡钉；4—销钉。

图 4-11　铰刀的浮动夹头

2. 铰削的工艺特点

（1）铰孔的精度和表面粗糙度不是主要取决于机床的精度，而取决于铰刀的精度、铰刀的安装方式、加工余量、切削用量和切削液等条件。例如在相同的条件下，在钻床上铰孔和在车床上铰孔所获得的精度和表面粗糙度基本一致。

（2）铰刀为定径的精加工刀具，铰孔比精镗孔容易保证尺寸精度和形状精度，生产率也较高，对于小孔和细长孔更是如此。但由于铰削余量小，铰刀常为浮动连接，故不能校正原孔的轴线偏斜，孔与其他表面的位置精度则需由前工序或后工序来保证。

（3）铰孔的适应性较差。一定直径的铰刀只能加工一种直径和尺寸公差等级的孔，如需提高孔径的公差等级，则需对铰刀进行研磨。铰削的孔径一般小于 ϕ80 mm，常用的在 ϕ40 mm 以下。对于阶梯孔和盲孔则铰削的工艺性较差。

3. 铰孔时的工作要点

（1）装夹要可靠。将工件夹正、夹紧。对薄壁零件，要防止夹紧力过大而将孔夹扁。

（2）手铰时，两手用力要平衡、均匀、稳定，以免在孔的进口处出现喇叭孔或孔径扩大；进给时，不要猛力推压铰刀，而应一边旋转，一边轻轻加压，否则孔表面会很粗糙。

（3）铰刀只能顺转，否则切屑扎在孔壁和刀齿后刀面之间，既会将孔壁拉毛，又易使铰刀磨损，甚至崩刃。

（4）当手铰刀被卡住时，不要猛力扳转铰手，而应及时取出铰刀，清除切屑，检查铰刀后再继续缓慢进给。

（5）机铰退刀时，应先退出刀后再停车。铰通孔时铰刀的标准部分不要全出头，以防孔的下端被刮坏。

（6）机铰时要注意机床主轴、铰刀及待铰孔三者间的同轴度是否符合要求，对高精度孔，必要时应采用浮动铰刀夹头装夹铰刀。

4. 铰削用量的选择

铰削用量包括铰削余量（$2a_p$）、切削速度（v_c）和进给量（f）。

（1）铰削余量（$2a_p$）。铰削余量是指上道工序（钻孔或扩孔）完成后留下的直径方向的加工余量。铰削余量不宜过大，因为铰削余量过大，会使刀齿切削负荷增大，变形增大，切削热增加，被加工表面呈撕裂状态，致使尺寸精度降低，表面粗糙度值增大，同时加剧铰刀磨损。

铰削余量也不宜太小，否则，上道工序的残留变形难以纠正，原有刀痕不能去除，铰削质量达不到要求。

选择铰削余量时，应考虑到孔径大小、材料软硬、尺寸精度、表面粗糙度要求及铰刀类型等诸因素的综合影响。用普通标准高速钢铰刀铰孔时，可参考表 4-2 选取。

表 4-2　铰削余量　　单位：mm

铰孔直径	<5	5 ~ 20	21 ~ 32	33 ~ 50	51 ~ 70
铰削余量	0.1 ~ 0.2	0.2 ~ 0.3	0.3	0.5	0.8

此外，铰削余量的确定，与上道工序的加工质量有直接关系。对铰削前预加工孔出现的弯曲、锥度、椭圆和不光洁等缺陷，应有一定限制。铰削精度较高的孔，必须经过扩孔或粗铰，才能保证最后的铰孔质量。所以确定铰削余量时，还要考虑铰孔的工艺过程。如用标准铰刀铰削 $D<\phi40$ mm、IT8 级精度、表面粗糙度 $Ra1.25$ μm 的孔，其工艺过程是：钻孔—扩孔—粗铰—精铰。

精铰时的铰削余量一般为 0.1 ~ 0.2 mm。

用标准铰刀铰削 IT9 级精度（H9）、表面粗糙度值 Ra 2.5 μm 的孔，工艺过程是：钻孔—扩孔—铰孔。

（2）机铰切削速度（v_c）。为了得到较小的表面粗糙度值，必须避免产生刀瘤，减少切削热及变形，因而应采取较小的切削速度。用高速钢铰刀铰钢件时，$v_c = 4 \sim 8$ m/min；铰铸铁件时，$v_c = 6 \sim 8$ m/min；铰铜件时，$v_c = 8 \sim 12$ m/min。

（3）机铰进给量（f）。进给量要适当，过大铰刀易磨损，也影响加工质量；过小则很难切下金属材料，形成对材料挤压，使其产生塑性变形和表面硬化，最后形成刀刃撕去大片切屑，使表面粗糙度增大，并加快铰刀磨损。

机铰钢件及铸铁件时，$f = 0.5 \sim 1$ mm/r；机铰铜和铝件时，$f = 1 \sim 1.2$ mm/r。

4.2.4　镗孔、车孔

镗孔是用镗刀对已钻出、铸出或锻出的孔做进一步的加工。可在车床、镗床或铣床上进行。镗孔是常用的孔加工方法之一，可分为粗镗、半精镗和精镗。粗镗的尺寸公差等级为 IT12 ~ IT13，表面粗糙度值为 $Ra6.3 \sim 12.5$ μm；半精镗的尺寸公差等级为 IT9 ~ IT10，表面粗糙度值为 $Ra3.2 \sim 6.3$ μm；精镗的尺寸公差等级为 IT7 ~ IT8，表面粗糙度值为 $Ra0.8 \sim 1.6$ μm。

1. 车床车孔

车床车孔如图 4-12 所示。车不通孔或具有直角台阶的孔[见图 4-12（b）]，车刀可先做纵向进给运动，切至孔的末端时车刀改做横向进给运动，再加工内端面。这样可使内端面与孔壁良好衔接。车削内孔凹槽[见图 4-12（d）]，将车刀伸入孔内，先做横向进刀，切至所需的深度后再做纵向进给运动。

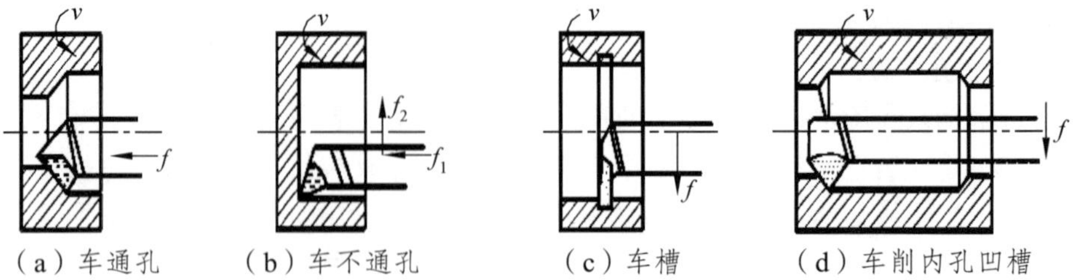

图 4-12　车内孔

2. 镗床镗孔

镗床镗孔主要有以下三种方式：

（1）镗床主轴带动刀杆和镗刀旋转，工作台带动工件做纵向进给运动，如图 4-13 所示。这种方式镗削的孔径一般小于ϕ120 mm。图 4-13（a）所示为悬伸式刀杆，不宜伸出过长，以免弯曲变形过大，一般用以镗削深度较小的孔。图 4-13（b）所示的刀杆较长，用以镗削箱体两壁相距较远的同轴孔系。为了增加刀杆刚性，其刀杆另一端支承在镗床后立柱的导套座里。

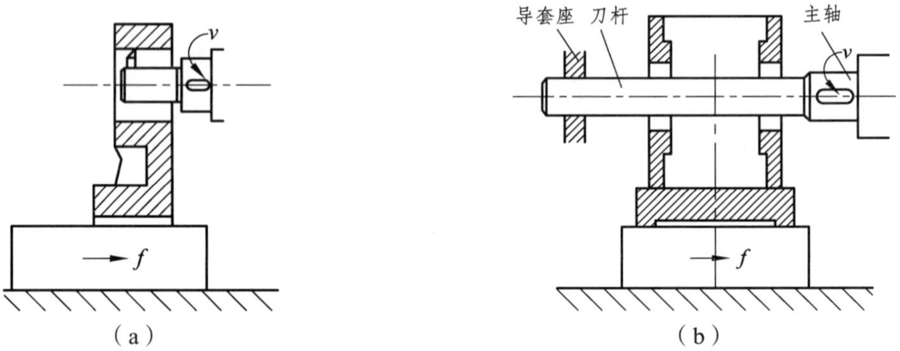

图 4-13　镗床镗孔加工方法之一

（2）镗床主轴带动刀杆和镗刀旋转，并做纵向进给运动。这种方式主轴悬伸的长度不断增大，刚性随之减弱，一般只用来镗削长度较短的孔。

上述两种镗削方式，孔径的尺寸和公差要由调整刀头伸出的长度来保证，如图 4-14 所示。需要进行调整、试镗和测量，孔径合格后方能正式镗削，其操作技术要求较高。

（3）镗床平旋盘带动镗刀旋转，工作台带动工件做纵向进给运动。图 4-15 所示的镗床平旋盘可随主轴箱上下移动，自身又能做旋转运动。其中部的径向刀架可做径向进给运动，也可处于所需的任一位置上。

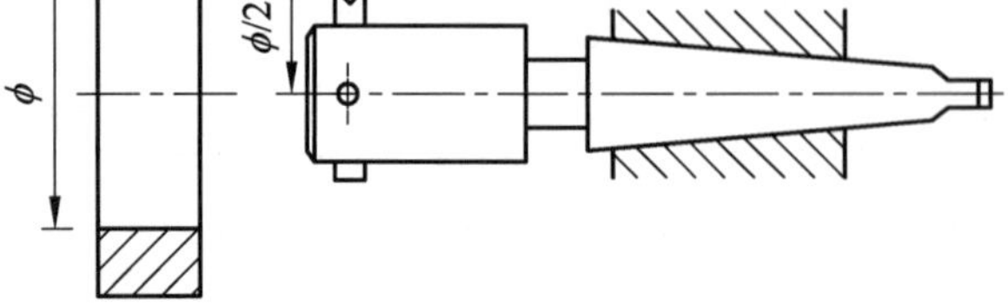

图 4-14　单刃镗刀头调整示意图

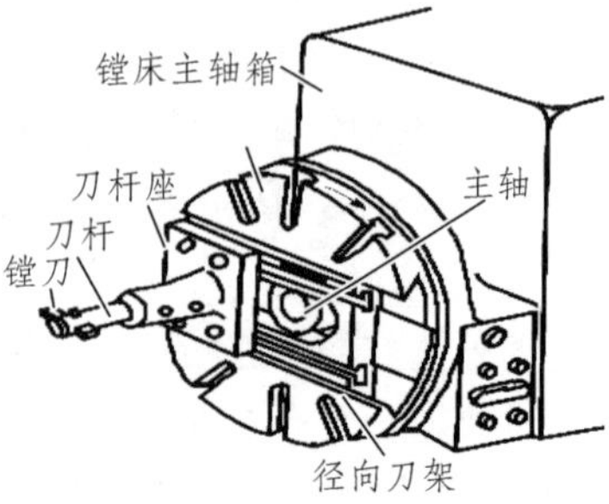

图 4-15　镗床平旋盘

如图 4-16（a）所示，利用径向刀架使镗刀处于偏心位置，即可镗削大孔。ϕ200 mm以上的孔多用这种镗削方式，但孔不宜过长。图 4-16（b）为镗削内槽，平旋盘带动镗刀旋转，径向刀架带动镗刀做连续的径向进给运动。若将刀尖伸出刀杆端部，也可镗削孔的端面。

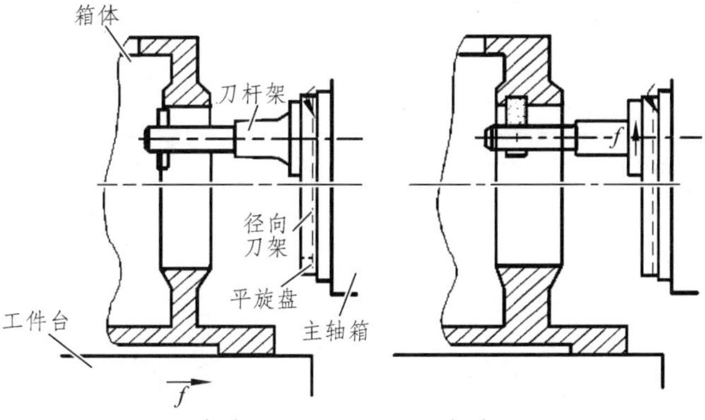

图 4-16　利用平旋盘镗削大孔和内槽

镗床主要用于镗削大中型支架或箱体的支承孔、内槽和孔的端面；镗床也可用来钻孔、扩孔、铰孔、铣槽和铣平面。

3. 铣床镗孔

在卧式铣床上镗孔与图 4-13（a）所示的方式相同，镗刀杆装在卧式铣床的主轴锥孔内做旋转运动，工件安装在工作台上做横向进给运动。

4. 浮动镗削

如上所述，车床、镗床和铣床镗孔多用单刃镗刀。在成批或大量生产时，对于孔径大（$D>\phi$80 mm）、孔深长、精度高的孔，均可用浮动镗刀进行精加工。

可调节的浮动镗刀块如图 4-17 和图 4-18 所示。调节时，松开两个紧固螺钉 2，拧动调节螺钉 3 以调节刀体 1 的径向位置，使之符合所镗孔的直径和公差。浮动镗刀在车床上车削工件如图 4-19 所示。工作时刀杆固定在四方刀架上，浮动镗刀块装在刀杆的长方孔中，依靠两刃径向切削力的平衡而自动定心，从而可以消除因刀块在刀杆上的安装误差所引起的孔径误差。

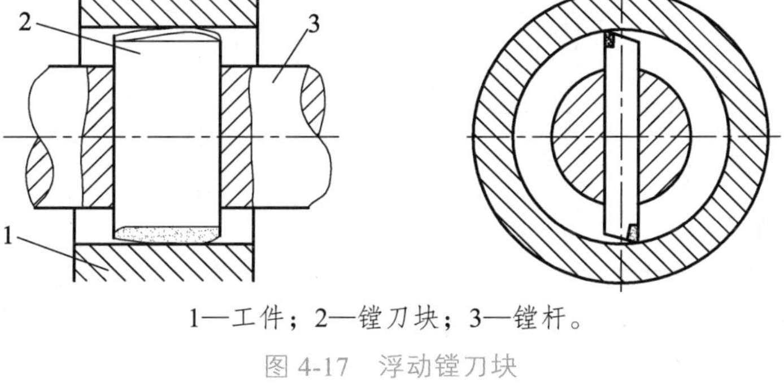

1—工件；2—镗刀块；3—镗杆。

图 4-17　浮动镗刀块

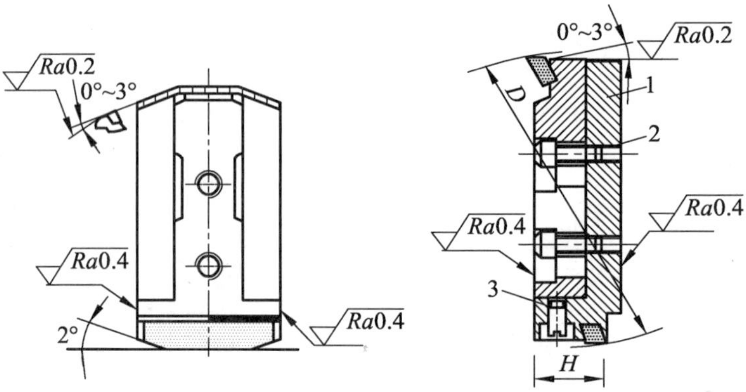

1—刀体；2—紧固螺钉；3—调节螺钉。

图 4-18　硬质合金浮动镗刀

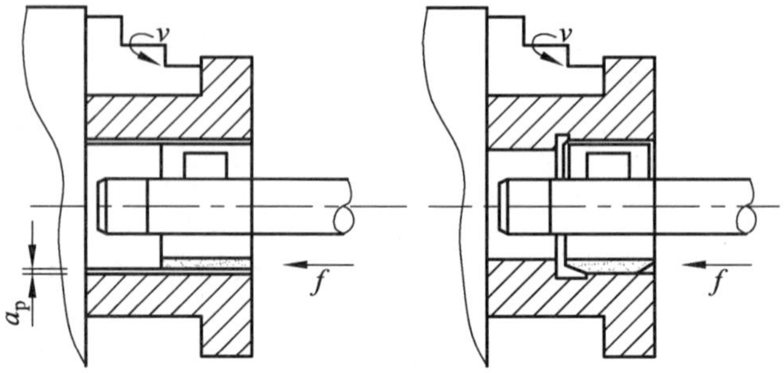

图 4-19　车床上用浮动镗刀车孔

浮动镗削实质上相当于铰削，其加工余量以及可达到的尺寸精度和表面粗糙度值均与铰削类似。浮动镗削的优点是易于稳定地保证加工质量，操作简单，生产率高。但不能校正原孔的位置误差，因此孔的位置精度应在前面的工序中得到保证。

单刃镗刀镗削具有以下特点：

（1）镗削的适应性强。

镗削可在钻孔、铸出孔和锻出孔的基础上进行。可达的尺寸公差等级和表面粗糙度值的范围较广；除直径很小且较深的孔以外，各种直径和各种结构类型的孔几乎均可镗削，如表 4-3 所示。

表 4-3　可镗削的各种结构类型的孔

孔的结构	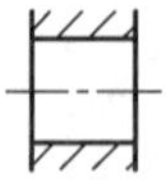		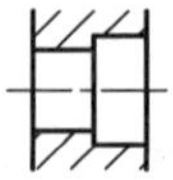	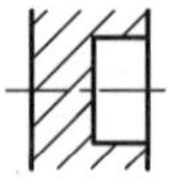		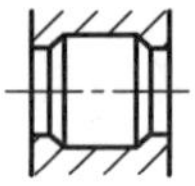
车床	可	可	可	可	可	可
镗床	可	可	可	—	可	可
铣床	可	可	可	—	—	—

（2）镗削可有效地校正原孔的位置误差。

但由于镗杆直径受孔径的限制，一般其刚性较差，易弯曲和振动，故镗削质量的控制（特别是细长孔）不如铰削方便。

（3）镗削的生产率低。

因为镗削需用较小的切深和进给量进行多次走刀以减小刀杆的弯曲变形，且在镗床和铣床上镗孔需调整镗刀在刀杆上的径向位置，故操作复杂而且费时。

（4）镗削广泛应用于单件、小批生产中各类零件的孔加工。

在大批量生产中，镗削支架和箱体的轴承孔，需用镗模。

4.2.5 拉 孔

拉孔是一种高效率的精加工方法。除拉削圆孔外，还可拉削各种截面形状的通孔及内键槽，如图 4-20 所示。拉削圆孔可达的尺寸公差等级为 IT7 ~ IT9，表面粗糙度为 Ra0.4 ~ 1.6 μm。

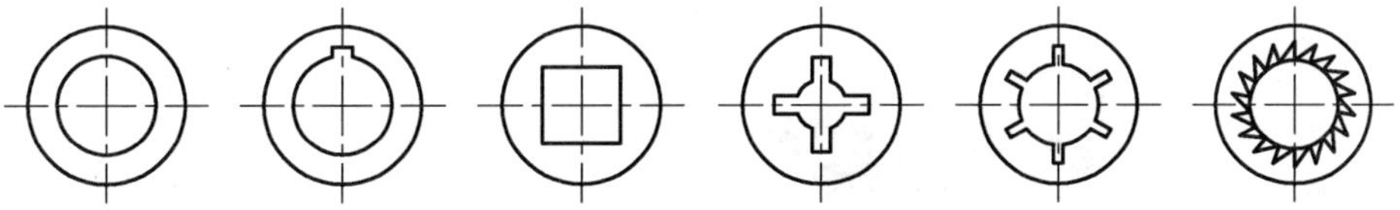

图 4-20　可拉削的各种孔的截面形状

1. 拉削及拉刀结构

拉削可看作是按高低顺序排列的多把刨刀进行的刨削，如图 4-21 所示。圆孔拉刀的结构如图 4-22 所示，其各部分的作用如下：

柄部是拉床刀夹夹住拉刀的部位；颈部直径最小，当拉削力过大时，一般在此断裂，便于焊接修复；过渡锥引导拉刀进入被加工的孔中，前导部分保证工件平稳过渡到切削部分，同时可检查拉前的孔径是否过小，以免第一个刀齿负载过大而被损坏；切削部分包括粗切齿和精切齿，承担主要的切削工作；校准部分为校准齿，其作用是校正孔径，修光孔壁。当切削齿刃磨后直径减小时，前几个校准齿则依次磨成切削齿；后导部分在拉刀刀齿切离工件时，防止工件下垂刮伤已加工表面和损坏刀齿。

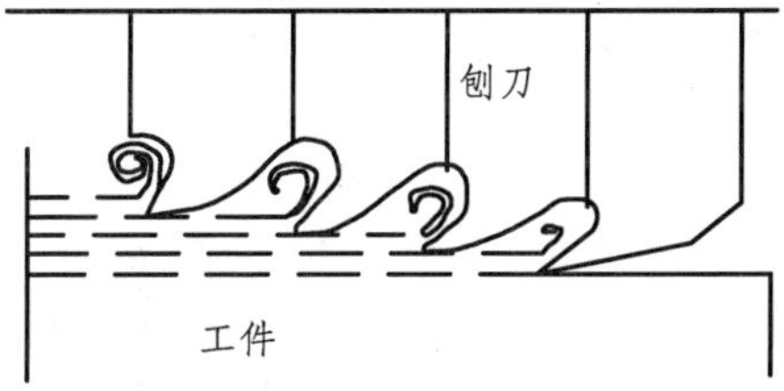

图 4-21　多刃刨刀刨削示意图

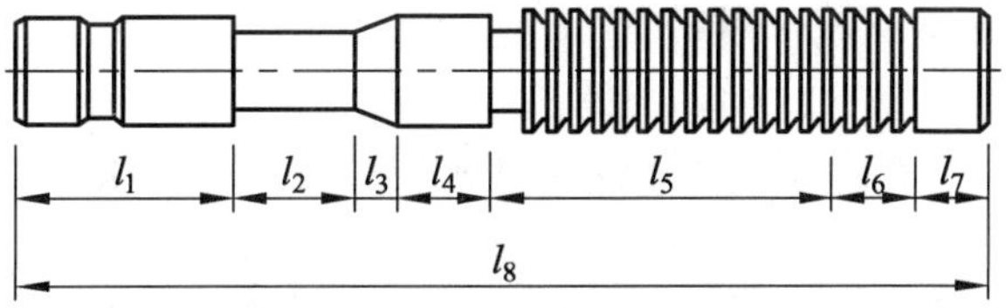

图 4-22　圆孔拉刀

卧式拉床如图 4-23 所示。床身内装有液压驱动油缸，活塞拉杆的右端装有随动支架和刀夹，用以支承和夹持拉刀。工作前，拉刀支持在滚轮和拉刀尾部支架上，工件由拉刀左端穿入。当刀架夹持拉刀向左做直线移动时，工件贴靠在“支承”上，拉刀即可完成切削加工。拉刀的直线移动为主运动，进给运动是靠拉刀的每齿升高量来完成的。

2. 拉削加工

（1）拉削圆孔。

如图 4-24 所示的拉削孔径一般为 ϕ8 ~ ϕ125 mm，孔的长径比一般不超过 5。拉前一般不需要精确预加工，钻削或粗镗后即可拉削。若工件端面与孔轴线不垂直，则将端面贴靠在拉床的球面垫圈上，在拉削力的作用下，工件连同球面垫圈一起略为转动，使孔的轴线自动调节到与拉刀轴线方向一致，可避免拉刀折断。

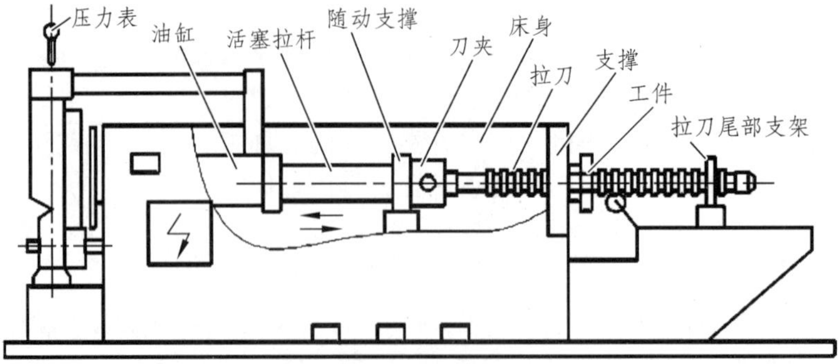

图 4-23　卧式拉床

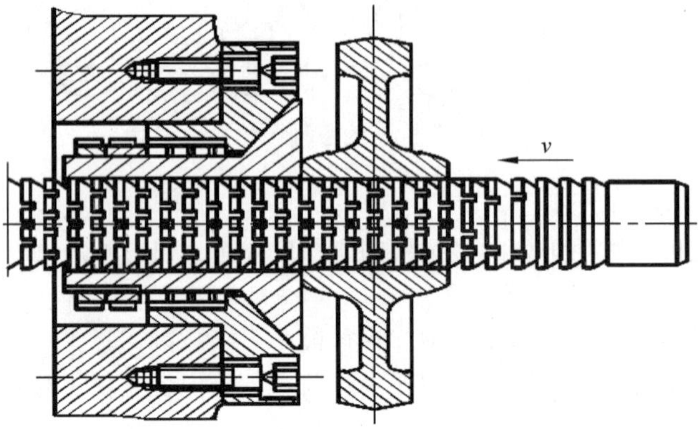

图 4-24　拉削圆孔的方法

（2）拉削内键槽。

如图 4-25（a）所示的键槽拉刀呈扁平状，上部为刀齿。工件与拉刀的正确位置由导向元件来保证。拉刀导向元件[见图 4-25（b）]的圆柱 1 插入拉床端部孔内，圆柱 2 用以安放工件，槽 3 安放拉刀。

3. 拉削的工艺特点

（1）拉削时拉刀多齿同时工作，在一次行程中完成粗、精加工，因此生产率高。

（2）拉刀为定尺寸刀具，且有校准齿进行校准和修光；拉床采用液压系统，传动平稳，拉削速度很低（2 ~ 8 m/min），切削厚度薄，不会产生积屑瘤，因此拉削可获得较高的加工质量。

（3）拉刀制造复杂，成本昂贵，一把拉刀只适用于一种规格尺寸的孔或键槽，因此拉削主要用于大批、大量生产或定型产品的成批生产。

（4）拉削不能加工台阶孔和盲孔。由于拉床的工作特点，某些复杂零件的孔也不宜进行拉削，如箱体上的孔。

4.2.6　磨　孔

磨孔是孔的精加工方法之一，可达到的尺寸公差等级为 IT6 ~ IT8，表面粗糙度为 *Ra* 0.4 ~ 0.8 μm。

磨孔可在内圆磨床或万能外圆磨床上进行，如图 4-26（a）所示。使用端部具有内凹锥面的砂轮可在一次装夹中磨削孔和孔内台肩面，如图 4-26（b）所示。

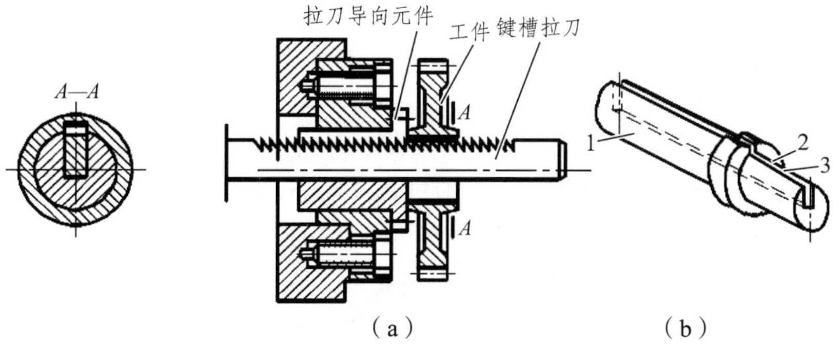

1，2—圆柱；3—槽。

图 4-25 拉削内键槽

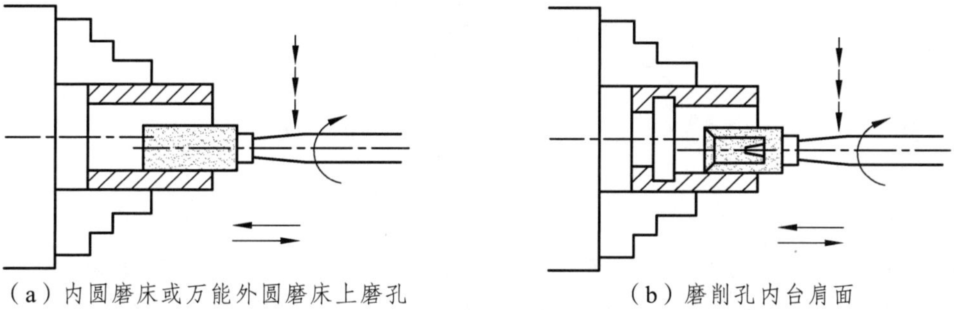

图 4-26 磨孔

磨孔和磨外圆相比有以下不利的方面：

（1）磨孔的表面粗糙度值一般比外圆磨削略大，因为常用的内圆磨头其转速一般不超过 20 000 r/min，而砂轮的直径小，其圆周速度很难达到外圆磨削的 35 ~ 50 m/s。

（2）磨削精度的控制不如外圆磨削方便。因为砂轮与工件的接触面积大，发热量大，冷却条件差，工件易烧伤；特别是砂轮轴细长、刚性差，容易产生弯曲变形而造成内圆锥形误差。因此，需要减小磨削深度，增加光磨行程次数。

（3）生产率较低。因为内圆磨头直径小，磨损快，且冷却液不容易冲走屑末，砂轮容易堵塞，需要经常修整或更换，使辅助时间增加。此外磨削深度的减少和光磨次数的增加，也必然影响生产率。因此磨孔主要用于不宜或无法进行镗削、铰削和拉削的高精度孔以及淬硬孔的精加工。

4.2.7 孔的精密加工

1. 精细镗孔

精细镗与镗孔方法基本相同，由于最初是使用金刚石作镗刀，所以又称金刚镗。这种方法常用于材料为有色金属合金和铸铁的套筒零件孔的终加工，或作为珩磨和滚压前的预加工。精细镗孔可获得精度高和表面质量好的孔，其加工的经济精度为 IT6 ~ IT7，表面粗糙度为 *Ra*0.05 ~ 0.4 μm。

目前普遍采用硬质合金 YT30、YT15、YG3X 或人工合成金刚石或立方氮化硼作为精细镗刀具的材料。为了达到高精度与较小的表面粗糙度值，减少切削变形对加工质量的影响，采用回转精度高、刚度大的金刚镗床，并选择较高的切削速度（切削钢时选切削速度 200 m/min；切削铸铁时选切削速度 100 m/min；切削合金时选切削速度 300 m/min）、较小的加工余量（0.2 ~

0.3 mm）和较小的进给量（0.03 ~ 0.08 mm/r），以保证其加工质量。精细镗孔的尺寸控制，采用微调镗刀头，图 4-27 所示是一种带游标刻度盘的微调镗刀，刀杆 4 上夹有可转位刀片 5，刀杆 4 上有精密的小螺距螺纹，刻度盘 3 的螺母与刀杆 4 组成精密的丝杠螺母副。微调时，半松开夹紧螺钉 7，转动刻度盘 3，因刀杆 4 用键 9 导向，因此刀杆只能做直线移动，从而实现微调，最后将夹紧螺钉锁紧。这种微调镗刀的刻度值可达 0.0025 mm。

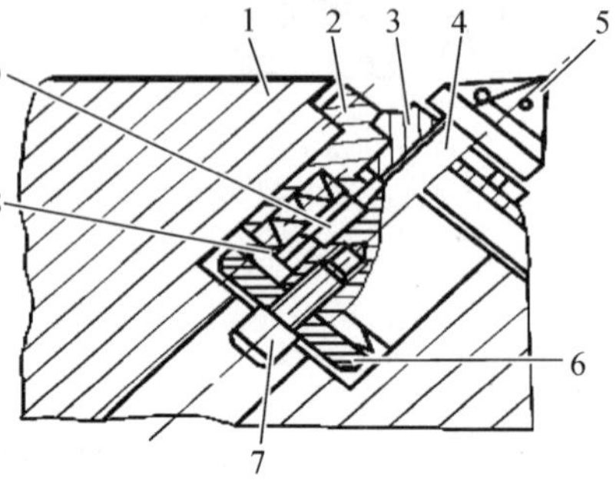

1—镗杆；2—套筒；3—刻度盘；4—微调刀杆；5—刀片；6—垫圈；7—夹紧螺钉；8—螺钉；9—键。

图 4-27　微调镗刀

2. 珩　磨

珩磨是用油石条进行孔加工的一种高效率的光整加工方法，需要在磨削或精镗的基础上进行。珩磨的加工精度高，珩磨后尺寸公差等级为 IT6 ~ IT7，表面粗糙度为 *Ra* 0.05 ~ 0.2 μm。

珩磨的应用范围很广，可加工铸铁件、淬硬和不淬硬的钢件以及青铜等，但不宜加工易堵塞油石的塑性金属。珩磨加工的孔径为 ϕ5 ~ ϕ500 mm，也可加工 L/d >10 的深孔，因此广泛应用于加工发动机的气缸、液压装置的油缸以及各种炮筒的孔。

珩磨是低速大面积接触的磨削加工，与磨削原理基本相同。珩磨所用的磨具是由几根粒度很细的油石条组成的珩磨头。珩磨时，珩磨头的油石有三种运动：旋转运动、往复直线运动和施加压力的径向运动，如图 4-28（a）所示。旋转和往复直线运动是珩磨的主要运动，这两种运动的组合，使油石上的磨粒在孔的内表面上的切削轨迹成交叉而不重复的网纹，如图 4-28（b）所示。径向加压运动是油石的进给运动，施加压力越大，进给量就越大。

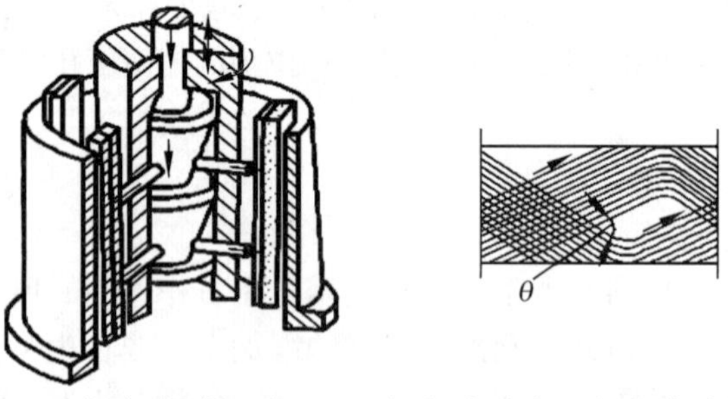

（a）成型运动　　（b）油石在双行程中的切削轨迹

图 4-28　珩磨运动及其切削轨迹

在珩磨时，油石与孔壁的接触面积较大，参加切削的磨粒很多，因而加在每颗磨粒上的切削力很小（磨粒的垂直载荷仅为磨削的 1/50 ~ 1/100），珩磨的切削速度较低（一般在 100 m/min 以下，仅为普通磨削的 1/30 ~ 1/100），在珩磨过程中又施加大量的冷却液，所以在珩磨过程中发热少，孔的表面不易烧伤，而且加工变形层极薄，从而被加工孔可获得很高的尺寸精度、形状精度和表面质量。

为使油石能与孔表面均匀地接触，能切去小而均匀的加工余量，珩磨头相对工件有少量的浮动，珩磨头与机床主轴是浮动连接，因此珩磨不能修正孔的位置精度和孔的直线度，孔的位置精度和孔的直线度应在珩磨前的工序给予保证。

（1）珩磨加工的特点。

① 加工精度高。

精度可达 IT6，圆度、圆柱度可达 0.003 ~ 0.005 mm，但不能纠正上道工序的位置公差。

② 表面质量好。

表面粗糙度可达 Ra 0.04 ~ 0.2 μm，甚至 Ra 0.02 μm，且不烧伤表面。

③ 效率高。

④ 应用范围广。可加工 ϕ5 ~ ϕ500 mm 的工件，长径比可达 10；可加工铸铁、钢（淬硬、未淬硬），但不适合加工断续表面及韧性高的金属材料。

（2）珩磨主要参数的选择：

① 油石材料的选择。

钢件选刚玉，铸铁选碳化硅。

② 粒度的选择。

根据表面粗糙度要求不同选取。表面粗糙度要求为 Ra0.4 ~ 0.2 μm 时，选粒度为 W120 ~ W40；表面粗糙度要求为 Ra2 ~ 0.04 μm 时，选粒度为 W40 ~ W20；表面粗糙度要求为 Ra 0.02 ~ 0.01 μm 时，选粒度为 W20 ~ W14。

③ 硬度的选择。

一般选 $R3 \sim ZY1$。

④ 油石长度的选择。

一般为 $L_x = L_k + 2a - L_s$。

式中：L_x 为油石行程；L_k 为孔长度；a 为油石在运动时超出孔的长度；$a =（1/5 \sim 1/3）L_s$；L_s 为油石长度；当 $D<L$ 时，$L_s \approx 1/2 L_k$；当 $D>L$ 时，$L_s \approx（2/3 \sim 3/4）L_k$。

⑤ 油石数量的确定。

在不影响珩磨头刚度及切削液的流入情况下尽量选多。

⑥ 切削液的选择。

一般选 60% ~ 90%的煤油加 40% ~ 10%的硫化油或动物油。加工青铜时，用水或干珩。

⑦ 切削用量的选择。

粗珩：$\theta = 40° \sim 60°$，精珩 $\theta = 20° \sim 40°$。

圆周速度：未淬硬 36 ~ 49 m/min，淬硬 23 ~ 36 m/min，铸铁 61 ~ 70 m/min。

油石压力：粗加工铸铁 0.5 ~ 1 N/mm^2，粗加工钢 0.8 ~ 2 N/mm^2，精加工铸铁 0.2 ~ 0.5 N/mm^2，精加工钢 0.4 ~ 0.8 N/mm^2，超精加工 0.05 ~ 0.1 N/mm^2。

⑧ 加工余量的选择。

一般选 0.1 mm 以下。

3. 研　磨

研磨也是孔常用的一种光整加工方法，需在精镗、精铰或精磨后进行。研磨后孔的尺寸公差等级可提高到 IT5 ~ IT6，表面粗糙度值为 Ra0.008 ~ 0.1 μm，孔的圆度和圆柱度也相应提高。

研磨孔所用的研具材料、研磨剂、研磨余量等均与研磨外圆类似。

研磨套筒零件的孔的方法如图 4-29 所示。图中的研具为可调式研磨棒，由锥度心棒和研套组成。拧动两端的螺母，即可在一定范围内调整直径的大小。研套上的槽和缺口，保证在调整时研套能均匀地张开或收缩，并可储存研磨剂。

研磨前，套上工件，将研磨棒安装在车床上，涂上研磨剂，调整研磨棒直径使其对工件有适当的压力，即可进行研磨。研磨时，研磨棒旋转，手握工件往复移动。

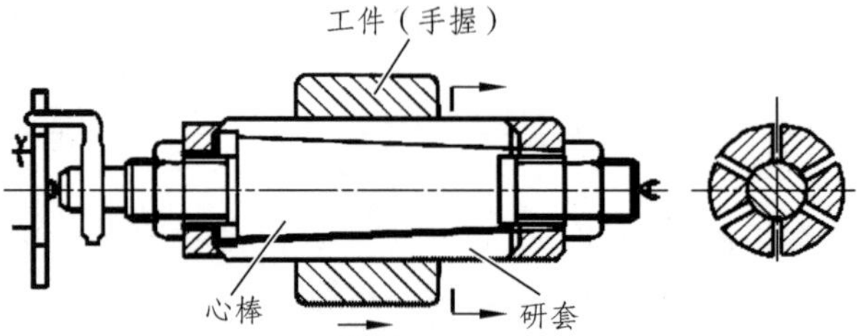

图 4-29　研磨套筒零件的孔

固定式研磨棒多用于单件生产。其中带槽研磨棒[见图 4-30（a）]便于储存研磨剂，用于粗研；光滑研磨棒[见图 4-30（b）]一般用于精研。

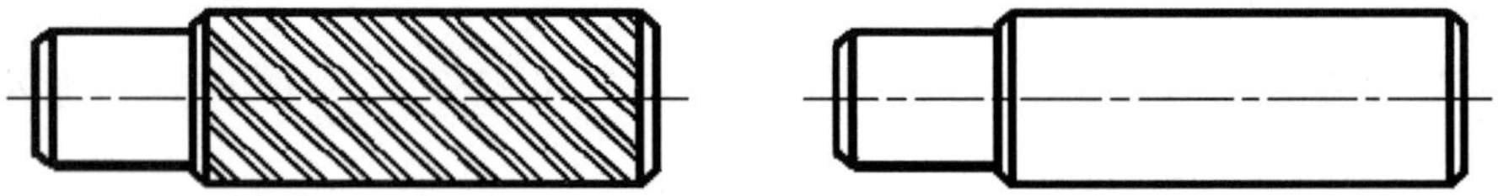

（a）带槽研磨棒　（b）光滑研磨棒

图 4-30　固定式研磨棒

壳体或缸筒类零件的大孔，需要研磨时可在钻床或改装的简易设备上进行，由研磨棒同时做旋转运动和轴向移动，但研磨棒与机床主轴需成浮动连接。否则当研磨棒轴线与孔轴线发生偏斜时，将产生孔的形状误差。

（1）研磨方法。

① 手工研磨。

研磨外圆时，工件夹持在车床卡盘上或用顶尖支承，做低速回转，研具套在工件上，在研具与工件之间加入研磨剂，然后用手推动研具做往复运动。往复运动速度常选用 20 ~ 70 m/min 为宜。

② 机器研磨。

机器研磨效率高，可以单面研磨，也可以双面研磨。

（2）嵌砂与无嵌砂研磨。

根据磨料是否嵌入研具，研磨又可分为嵌砂研磨和无嵌砂研磨两种。

① 嵌砂研磨。

研具材料比工件软，组织均匀，具有一定弹性，变形小，表面无斑点等。常用材料为铁、铜、铅、软钢等。在加工中，磨料直接加入工作区域内，磨粒受挤压而自动嵌入研具称自由嵌砂法。若是在加工前，事先将磨料直接挤压到研具表面中去的则称强迫嵌砂。此方法主要用于精密量具的研磨。

② 无嵌砂研磨。

研具材料较硬，而磨料较软（如氧化铬等）。在研磨过程中，磨粒处于自由状态，不嵌入研具表面。研具材料常选用淬硬过的钢、镜面玻璃等。

（3）研磨剂和研具。

① 研磨剂包含磨料、研磨液和辅助材料。

磨料应具有高硬度，高耐磨性；磨粒要有适当的锐利性，在加工中破碎后仍能保持一定的锋刃；磨粒的尺寸要大致相近，使加工中尽可能有均一的工作磨粒。常见的研磨磨料如表 4-4 所示。

表 4-4　研磨常用磨料

种类	主要成分	显微硬度/HV	适用材料
刚玉	Al_2O_3	2000 ~ 2300	各种碳钢、合金钢、不锈钢
碳化硅	SiC	2800 ~ 3400	铸铁、其他非铁金属及其合金（青铜、铝合金）、玻璃、陶瓷、石材
碳化硼	B_4C	4400 ~ 5400	高硬钢、镀铬表面、硬质合金
碳硅硼		5700 ~ 6200	硬质合金、半导体材料、宝石、陶瓷
金刚石	C	10 000	硬质合金、陶瓷、玻璃、水晶、半导体材料、宝石
氧化铬	Cr_2O_3		淬硬钢及一般金属的精细研磨和抛光

研磨液使磨粒在研具表面上均匀散布，承受一部分研磨压力，以减少磨粒破碎，并兼有冷却、润滑作用。常用的研磨液是煤油、汽油、机油、动物油脂等。

辅助材料能使工件表面氧化物薄膜破坏，增加研磨效率。

② 研磨工具简称研具，其作用是使研磨剂赖以暂时固着或获得一定的研磨运动，并将自身的几何形状按一定的方式传递到工件上。因此，制造研具的材料对磨料要有适当的嵌入性，研具自身几何形状应有长久的保持性。

（4）研磨特点。

研磨能获得其他机械加工较难达到的稳定的高精度表面，研磨过的表面其表面粗糙度细；耐磨性和耐蚀性良好；操作技术、使用设备以及工具简单；被加工材料适应范围广，无论钢、铸铁还是有色金属，均可用研磨方法精加工，尤其对脆性材料更显特色，适用于多品种小批量的产品零件加工，因为只要改变研具形状就能方便地加工出各种形状的表面。但必须注意的是，研磨质量很大程度取决于前道工序的加工质量。

4. 滚　压

滚压孔的加工原理与滚压外圆相同。由于滚压加工效率高，近年来多采用滚压工艺来代替珩磨工艺，效果较好。孔径滚压后尺寸精度在 0.01 mm 以内，表面粗糙度为 *Ra* 0.16 μm 或更小，表面硬化耐磨，生产效率比珩磨提高数倍。

滚压对铸件的质量有很大的敏感性，如铸件的硬度不均匀、表面疏松、含气孔和沙眼等缺陷，对滚压有很大影响。因此，对铸件油缸不可采用滚压工艺而是选用珩磨。对于淬硬套筒的孔精加工，也不宜采用滚压。

图 4-31 所示为一加工液压缸的滚压头，滚压头表面的圆锥形滚柱 3 支承在锥套 5 上，滚压

时圆锥形滚柱与工件呈 0.5° ~ 1°的斜角，使工件能逐渐弹性恢复，避免工件孔壁的表面变粗糙。

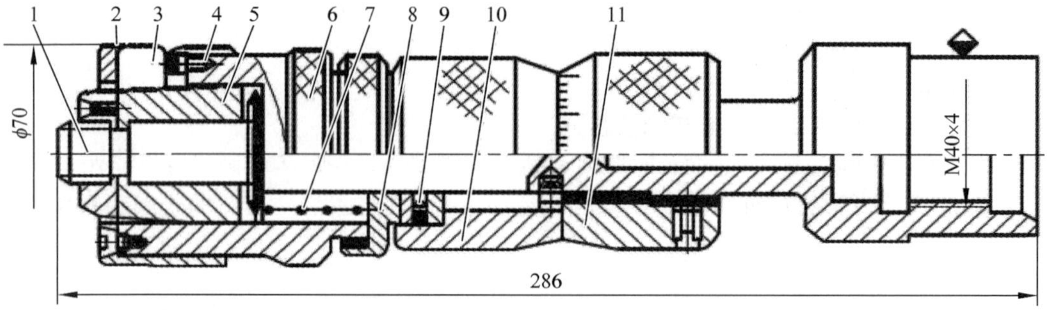

1—心轴；2—盖板；3—圆锥形滚柱；4—销子；5—锥套；6—套圈；7—压缩弹簧；8—衬套；9—推力轴承；10—过渡套；11—调节螺母。

图 4-31 油缸滚压头

孔滚压前，通过调节螺母 11 调整滚压头的径向尺寸，旋转调节螺母可使其相对心轴 1 沿轴向移动，向左移动时，推动过渡套 10、推力轴承 9、衬套 8 及套圈 6 经销子 4 使圆锥形滚柱 3 沿锥套的表面向左移，结果使滚压头的径向尺寸缩小。当调节螺母向右移动时，由压缩弹簧 7 压移衬套，经推力轴承使过渡套始终紧贴在调节螺母的左端面，当衬套右移时，带动套圈，经盖板 2 使圆锥形滚柱也沿轴向右移，使滚压头的径向尺寸增大。滚压头径向尺寸应根据孔滚压过盈量确定，通常钢材的滚压过盈量为 0.1 ~ 0.12 mm，滚压后孔径增大 0.02 ~ 0.03 mm。

径向尺寸调整好的滚压头，在滚压加工过程中圆锥形滚柱所受的轴向力经销子、套圈及衬套作用在推力轴承上，最终经过渡套、调节螺母及心轴传至与滚压头右端 M40 × 4 螺纹相连的刀杆上。滚压完毕后，滚压头从孔反向退出时，圆锥形滚柱受一向左的轴向力，此力传给盖板 2 经套圈和衬套将压缩弹簧压缩，实现向左移动，使滚压头直径缩小，保证滚压头从孔中退出时不碰坏已滚压好的孔壁。滚压头从孔中退出后，在弹簧力的作用下复位，使径向尺寸又恢复到原调数值。

滚压用量通常选用：滚压速度 $v_c = 60 \sim 80$ m/min；进给量 $f = 0.25 \sim 0.35$ mm/r；切削液采用 50%硫化油加 50%柴油或煤油。

4.2.8 深孔加工

深孔是指孔的深度与直径比 L/D 大于 5 的孔。一般深孔 $L/D = 5 \sim 10$ 时，可用深孔麻花钻加工，但 L/D 大于 20 的深孔则必须用深孔刀具才能加工，包括深孔钻、镗、铰、套料及滚压工具等。

深孔加工有许多不利的条件。如不能观测到切削情况，只能听声音、看切屑、测油压来判断排屑与刀具磨损的情况；切削热不易传散，需有效冷却；孔易钻偏斜；刀柄细长，刚性差、易振动，影响孔的加工精度，排屑不良，易损坏刀具等。因此深孔刀具的主要特点是需有较好的冷却和排屑措施以及合理的导向装置。下面介绍两种典型的深孔刀具。

1. 枪　钻

枪钻属于小直径深孔钻，如图 4-32 所示。它的切削部分用高速钢或硬质合金，工作部分由无缝钢管压制成型。工作时工件旋转，钻头进给，一定压力的切削液从钻杆尾端注入，经冷却切削区后沿钻杆凹槽将切屑冲出，也称外排屑。排出的切削液经过过滤、冷却后再流回液箱，可循环使用。

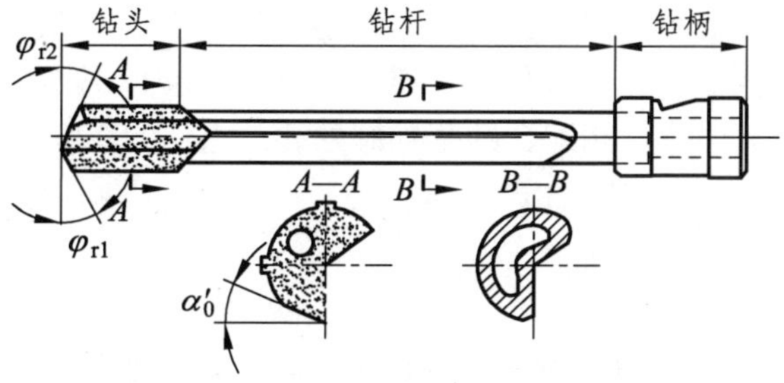

图 4-32　单刃外排屑小直径深孔枪钻

枪钻加工直径为 $\phi2 \sim \phi20$ mm、长径比达到 100 的中等精度的小深孔甚为有效。常选用 $v_c = 40$ m/min，$f = 0.01 \sim 0.02$ mm/r，浇注乳化切削液以压力为 6.3 MPa、流量为 20 L/min 为宜。

2. 喷吸钻

喷吸钻排屑的原理是将一定压力的切削液从刀体外压入切削区并用喷吸法进行内排屑，如图 4-33 所示。刀齿交错排列有利于分屑，切削液从进液口流入连接套，其中 1/3 从内管四周月牙形喷嘴喷入内管。由于牙槽缝隙很窄，切削液喷出时产生的喷射效应能使内管里形成负压区。另 2/3 切削液经内管与外管之间流入切削区，会同切屑被负压吸入内管中，迅速向后排出，增强了排屑效果。

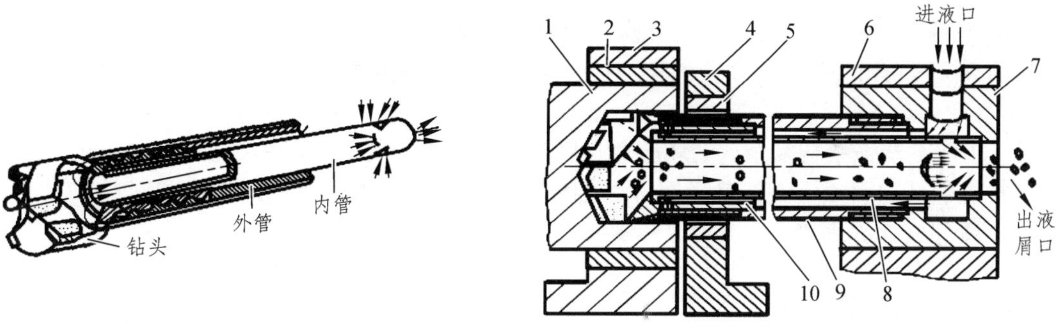

（a）喷吸钻体　　（b）喷吸钻装置

1—工件；2—夹爪；3—中心架；4—引导架；5—导向管；6—支持座；7—连接套；8—内管；9—外管；10—钻头。

图 4-33　喷吸钻

喷吸钻附加一套液压系统与连接套，可在车床、钻床及镗床上使用，适用于中等直径的深孔加工，钻孔的效率较高。

4.3　盘套类零件的工艺设计

盘套类零件的加工工艺根据其功用、结构形状、材料和热处理以及尺寸大小的不同而异，按照结构形状来划分，大体可以分为短套筒和长套筒两大类。它们在加工中，其装夹方法和加工方法都有很大的差别。

4.3.1 法兰端盖的工艺分析

如图 4-1 所示的法兰端盖属于盘套类零件，为单件小批量生产，本零件的底板为 80 mm×80 mm 的正方形，它的周边不需要加工，其精度直接由铸造保证，底板上有四个均匀分布的通孔ϕ9 mm，其作用是将法兰盘与其他零件相连接，外圆面ϕ60d11 是与其他零件相配合的基孔制的轴，内圆面ϕ48J8 是与其他零件相配合的基轴制的孔。它们的粗糙度均为 Ra3.2 μm，本零件的精度要求较低，可以采用一般加工工艺完成。

4.3.2 轴承套的工艺分析

如图 4-2 所示的轴承套，材料为锡青铜 ZQSn6-6-3，每批数量为 400 件。其主要技术要求为：ϕ34H7 外圆对ϕ22H7 孔的径向圆跳动公差为 0.01 mm；左端面对小ϕ22H7 孔轴线的垂直度公差为 0.01 mm。轴承套外圆为 IT7 级精度，采用精车可以满足要求；内孔精度也为 IT7 级，采用铰孔可以满足要求。内孔的加工顺序为钻孔—车孔—铰孔。

由于外圆对内孔的径向圆跳动要求在 0.01 mm 内，用软卡爪装夹无法保证。因此精车外圆时应以内孔为定位基准，使轴承套在小锥度心轴上定位，用两顶尖装夹。这样可使加工基准和测量基准一致，容易达到图纸要求。

车、铰内孔时，应与端面在一次装夹中加工出，以保证端面与内孔轴线的垂直度在 0.01 mm 以内。

4.3.3 盘套类零件的材料及毛坯

套类零件的材料一般选用钢、铸铁、青铜或黄铜；有的用双层金属制造，即钢制外套上浇注锡青铜、铅青铜或巴氏合金。图 4-1 零件采用 HT200 铸铁材料，图 4-2 零件采用锡青铜材料。

图 4-1 法兰端盖结构复杂，毛坯应通过铸造获得。当套类零件的内孔小于ϕ25 mm 时，一般采用冷拔、热轧棒料或实心铸件。图 4-2 轴承套的毛坯可以采用棒料；当孔径较大时，采用带孔的铸、锻件或无缝钢管。

4.3.4 套类零件加工中的主要工艺问题及解决措施

1. 主要工艺问题

（1）如何保证内孔精度及表面粗糙度；

（2）如何保证内外孔之间的同轴度；

（3）如何防止加工时变形。

2. 解决工艺问题的措施

（1）保证同轴度的方法。

① 在一次安装中加工出内外圆柱面。此法适用于零件尺寸较短的情况。如果零件太长，一方面在加工右端时，由于中间要加工，无法顶，如采用中心架，外圆又无法加工，在这种既没有顶，又没有中心架的情况下加工右端就会产生弯曲变形；另一方面如果零件太长，在加工内孔时，刀杆会很长，从而导致刀杆刚性下降，使加工出的孔同轴度下降。

② 内外圆柱面反复互为基准。所谓互为基准，就是加工外圆时，以内孔定位，而加工内孔时，以外圆定位。套类零件的主要加工部位就是外圆和内孔，采用这种方法后，可以有效地

保证同轴度要求。互为基准适用于零件尺寸较长且内孔尺寸较小的情况。如果零件尺寸较短、孔径尺寸较大，就可能会在心轴上定位不好。因为如果零件太大，心轴势必也会很大，顶尖可能会支承不起。

（2）防止变形的措施。

套类零件由于壁薄，在受力和受热情况下，容易产生变形。所以在加工套类零件时，要充分考虑到夹紧力的部位、作用点、大小和方向，以防止受力变形。同时，还要防止受热变形，因此在加工时，还得粗、精加工分开。

4.3.5 加工顺序安排

1. 外圆柱面终加工方案

一般情况下，加工套类零件时，首先应分析内外圆柱面加工精度的高低，对外圆柱面精度要求较高时，通常采用外圆柱面最终加工方案。

一般加工顺序为粗加工外圆柱面—粗、精加工内孔—精加工外圆柱面。

这种方案适用于内孔尺寸较小，长度较长的情况。由于最终工序的夹具一般采用心轴定位，夹具简单，所以此加工路线是常用的。

2. 内孔终加工方案

对内圆柱面精度要求较高时，通常采用内圆柱面最终加工方案。

一般顺序为粗加工内孔—粗、精加工外圆柱面—精加工内孔。

该方法适用于内孔尺寸较大、长度较短的零件。但该方法存在如下缺点：

① 如果用三爪卡盘装夹，同轴度较低；

② 如果用专用夹具装夹，夹具结构较为复杂。

4.3.6 加工方案的选择

1. 外圆柱面的加工方案

一般精度的外圆柱面采用车削，精度高的外圆柱面采用磨削。

2. 内孔表面的加工方案

加工内孔主要采用钻、扩、铰、拉、镗、磨、珩等方法，但各种加工方法适用的具体场合不同。

① 钻孔。

钻孔加工范围为ϕ0.1 ~ ϕ80 mm，主要用于ϕ30 mm 以下孔的粗加工，表面粗糙度一般为Ra50 ~ 12.5 μm，精度达 IT12。

② 扩孔。

扩孔主要用于ϕ30 ~ ϕ100 mm 范围的孔，表面粗糙度一般为 Ra6.3 μm，精度达 IT10 ~ IT11，孔的尺寸必须与钻头相符。

③ 铰孔。

铰孔加工范围为ϕ3 ~ ϕ150 mm，一般分为机铰和手铰。表面粗糙度一般为 Ra0.4 ~ 3.2 μm，精度一般达 IT7 ~ IT8，精度最高可达 IT6，主要用于ϕ30 mm 以下的孔，且孔径必须与铰刀相符，同时不适合加工短孔、深孔及断续孔。铰孔是ϕ20 mm 以下孔精加工的主要方法。

④ 拉削。

拉削主要适用于大批生产，精度可达 IT7 ~ IT8，表面粗糙度达 Ra0.4 ~ 1.6 μm，孔径必须与拉刀相符。

④ 镗削。

镗削主要用于ϕ30 mm 以上的孔，精度可达 IT7 ~ IT8，表面粗糙度达 Ra0.4 ~ 1.6 μm。

3. 一般孔的加工路线

① 未淬硬的ϕ50 mm 以下的孔：钻—扩—铰。

② 有色金属和未淬硬的孔：钻—粗镗—精镗。

③ 较大的淬硬及未淬硬的孔：钻—粗镗—粗磨—精磨。

④ 对于某些精度较高的孔，在精镗及精磨后，还可以根据需要进行研磨及珩磨。

4.3.7 工艺路线的拟定

1. 法兰端盖的工艺路线

图 4-1 法兰端盖的工艺过程见表 4-5。

表 4-5 单件小批量生产法兰端盖的工艺过程

工序号	工序名称	工序内容	设备
10	铸	铸造毛坯；清理铸件；时效处理	
20	车	（1）车 80 mm×80 mm 底平面至平； （2）车ϕ60 mm 端面保证总长尺寸 $23_{-0.5}^{\ 0}$ mm；车外圆，保证尺寸 $15.5_{\ 0}^{+0.3}$ mm； （3）钻ϕ20 mm 通孔，镗ϕ20 mm 孔，至 $\phi22_{\ 0}^{+0.5}$ mm； （4）镗 $\phi22_{\ 0}^{+0.5}$ mm 至 $\phi40_{\ 0}^{+0.5}$ mm，保证尺寸 3 mm； （5）镗 $\phi40_{\ 0}^{+0.5}$ mm 至ϕ48J8，保证尺寸 $15.5_{\ 0}^{+0.021}$ mm； （6）倒角 1×45°	车床
30	钳	按图纸要求划 4×ϕ9 mm 及 2×ϕ2 mm 孔的加工线	平台
40	钻	钻 4×ϕ9 mm 及 2×ϕ2 mm 孔	立式钻床
50	检	按图检测零件	

2. 轴承套的工艺路线

图 4-2 轴承套的工艺过程为下料—车—钻—检。

4.4 盘套类零件的工艺文件编制

综合以上对图 4-2 轴承套的工艺过程设计，下面编制中批量生产的轴承套零件的机械加工工艺过程卡与主要工序的工序卡，如表 4-6 和表 4-7 所示。由于篇幅有限，对图 4-1 法兰端盖的工艺文件编制在此不再赘述，读者可以参考表 4-5 单件小批量生产法兰端盖的工艺过程自行编制。

表 4-6　轴承套的机械加工工艺过程卡片

	机械加工工艺过程卡片		产品型号		零件图号		共 1 页		第 1 页			
			产品名称		零件名称	轴承套						
	材料牌号	ZQSn6-6-3	毛坯种类	棒料	毛坯外形尺寸/mm	ϕ45×245	每毛坯可制件数	5	每台件数	2	备注	
	工序号	工序名称	工序内容			车间	工段	设备	工艺装备		工时	
	10	下料	棒料，按 5 件合一加工下料			机加工					准终	单件
描图 审核 底图号	20	车	（1）车端面，钻中心孔； （2）掉头车另一端面，钻中心孔，保总长 245； （3）车外圆 ϕ42 mm； （4）钻通孔 ϕ22H7 至 ϕ21 mm，镗内孔 ϕ24×16 mm 至尺寸，镗内孔 ϕ22H7 尺寸，倒角 1.5×45°； （5）粗、精车外圆 ϕ34js7 至尺寸，倒角 1.5×45°； （6）车退刀槽 2×0.5 mm； （7）切断，取总长 40.5 mm； （8）重复前面工作内容； （9）车端面总长至尺寸；倒角 1.5×45°（软爪夹 ϕ34js7）			机加工		CA6140	自定心卡盘、端面车刀、中心钻、顶尖、外圆车刀、游标卡尺、钻头、内孔车刀、铰刀			
	30	钻	钻径向油孔 ϕ4 mm			机加工		钻床	专用夹具			
	40	终检	按图检测零件			质检处						
装订号												
						设计日期	审核日期		标准化日期		会签日期	
	标记	处数	更改文件号	签字	日期							

表 4-7　轴承套的机械加工工序卡

机械加工工序卡片	产品型号	CA6140	零件图号		共　页
	产品名称	卧式车床	零件名称	轴承套	第　页

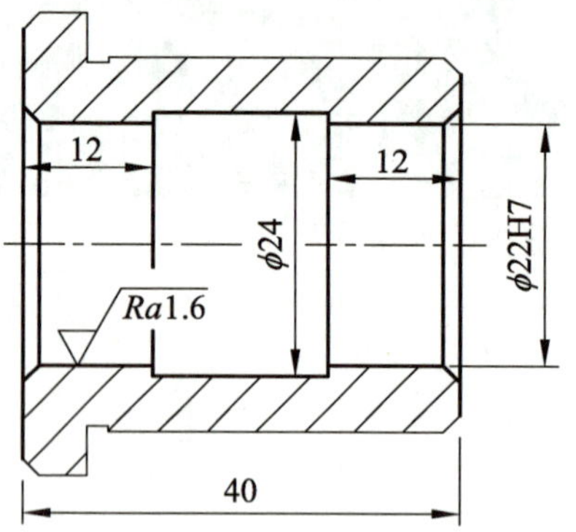

车间	工序号	工序名称	材料牌号
机加工	20	车	ZQSn6-6-3
毛坯种类	毛坯外形尺寸/mm	每件毛坯可制件数	每台件数
棒料	ϕ45×245	5	1
设备名称	设备型号	设备编号	同时加工件数
卧式车床	CA6140		1
夹具编号		夹具名称	切削液
		自定心卡盘	
工位器具编号		工位器具名称	工序工时
			准终 / 单件

	工步号	工步内容	工艺装备	主轴转速 /（r/min）	切削速度 /（m/min）	进给量 /（mm/rad）	背吃刀量/mm	进给次数	工步工时 机动	工步工时 辅助
描图 描校 底图号	1	车端面，打中心孔；调头，车端面，打中心孔，取总长 245 mm	自定心卡盘、端面车刀、游标卡尺	900	60	0.18	0.5	1	0.08	
	2	车外圆 ϕ42 mm 至尺寸	外圆车刀、自定心卡盘	900	60	0.18	0.5	1	0.08	
	3	钻通孔 ϕ22H7 为 $\phi 21.5_{-0.05}^{0}$ mm，镗孔至尺寸	自定心卡盘、钻头、镗刀	900	60	0.18	0.75	1	0.23	
装订号	4	车内槽 ϕ24×16 mm 至尺寸	自定心卡盘、内孔车刀	900	60	0.18	1.25	1	0.1	
	5	粗精车外圆 ϕ34js7 至尺寸；倒角 1.5×45°；车退刀槽 2×0.5 mm	自定心卡盘、外圆车刀、切槽刀	900	60	0.18	3	3	0.5	
	6	切断 40.5 mm；重复 3、4、5 工作内容	自定心卡盘、切断刀	900	60	0.18		1		
	7	车端面总长至尺寸；倒角 1.5×45°（软爪夹 ϕ34js7）	自定心卡盘、外圆车刀	900	60	0.5	2	2		
				编制日期	审核日期	标准化日期	会签日期			
标记	处数	更改文件号	签字	日期						

任务 1　液压缸的机械加工工艺过程设计

1. 任务内容

图 4-34 为液压缸，其长径比 $L/D = 1685/90 = 18.72$，$\delta = 10$ mm，为典型的薄壁深孔件，其内表面为工作表面。加工表面有内、外圆柱面和内圆锥面，材料为钢管。要求完成下列任务：

（1）了解该零件的结构特点和技术要求，对其进行结构分析和工艺分析；

（2）拟定零件的机械加工工艺过程；

（3）选择各工序的加工设备和工艺装备；

（4）确定各工序的加工余量和工序尺寸及公差；

（5）计算各工序的切削用量和工时定额；

（6）编制机械加工工艺过程卡片和工序卡片。

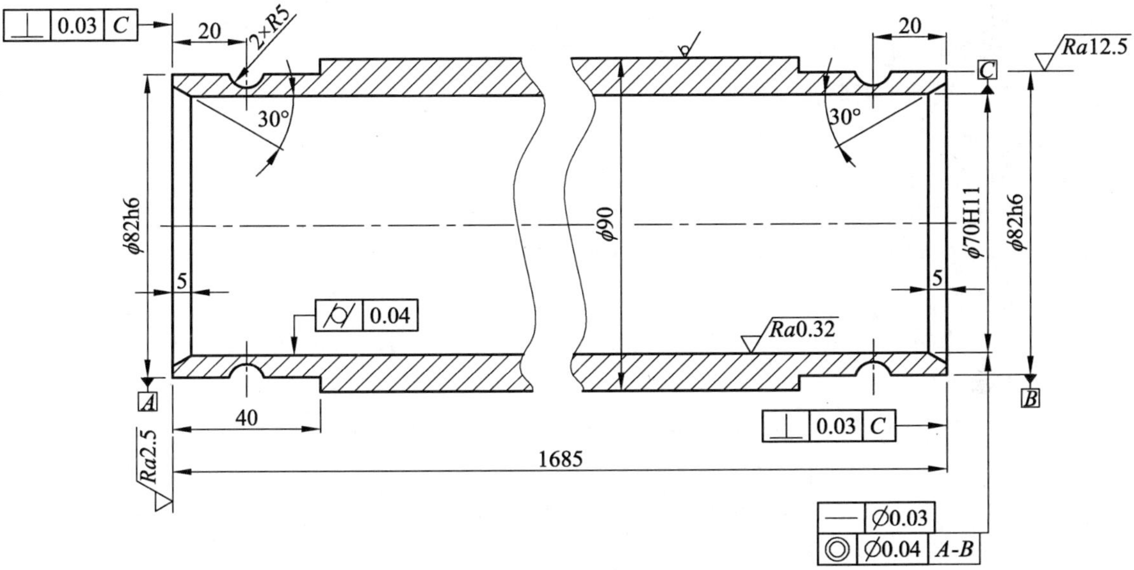

（a）零件图

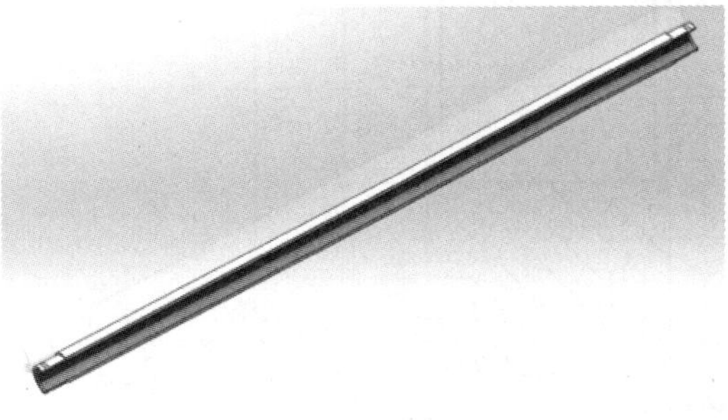

（b）三维图

液压缸视频

图 4-34　液压缸

2. 任务准备

读懂图 4-34，分析该零件各表面的加工精度、表面粗糙度和其他技术要求。

3. 实训目的

熟悉绘图软件；掌握套类零件的机械加工方法；掌握工序尺寸及公差的计算方法；了解工序切削用量和工时定额的计算方法；掌握工序余量的查阅方法。

4. 实训步骤

（1）分析图 4-34 所示液压缸的工艺结构；

（2）进行液压缸的机械加工工艺过程设计；

（3）选择液压缸的机械加工设备及工艺装备；

（4）编制液压缸的机械加工工艺过程卡片。

思考与练习

一、简答题

1. 套类零件的毛坯常选用哪些材料？毛坯种类有哪些？
2. 钻削加工的主要特点有哪些？
3. 铰削加工时如何正确选用切削液？
4. 拉削加工有什么特点？
5. 深孔加工有什么特点？
6. 盘类零件的主要技术要求有哪些？主要作用是什么？

二、分析题

如图 4-35 所示法兰套的生产类型为小批量，材料为 45 钢，毛坯为热轧圆钢。试编写该零件的加工工艺过程。

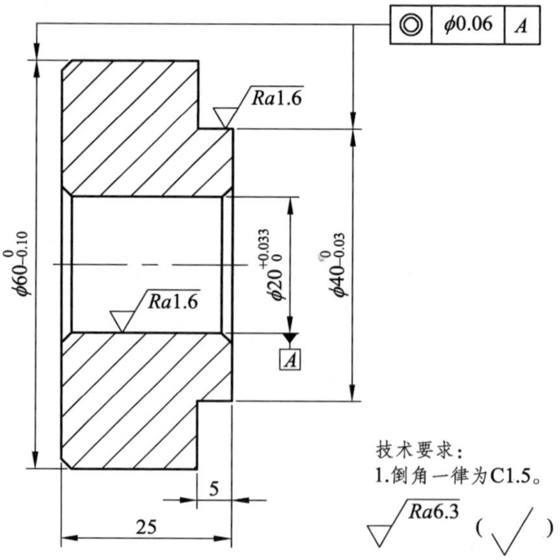

图 4-35　法兰套

项目 4 答案

项目 5 异形类零件的加工工艺设计

教学导读

一般异形件的形状较复杂、刚性差、易变性，给定位、夹紧和机械加工等方面带来较大的困难，在设计异形件的工艺规程时应予以重视。

知识要点

掌握异形件图样分析和毛坯确定的方法；能够合理选择异形件平面、孔等表面的加工方法；能够编制异形件的机械加工工艺过程卡和工序卡。

重点和难点

异形件的结构分析；异形件的表面加工方法；异形件的工艺文件编制。

素养目标

（1）培养学生科学严谨的工作作风、认真负责的工作态度；
（2）培养学生具有安全生产理念和职业道德素养；
（3）培养学生精益求精、追求卓越的工匠精神。

模块 1 理论基础知识

5.1 概 述

异形件是指结构、形状复杂，并且外形不规则的零件，其种类繁多，如叉架类、连杆类等。常见的异形件有机器上操纵机构的零件，如拨叉、摇臂、杠杆等，以及发动机的曲轴和连杆、机器上的轴承支座等都属于异形件，如图 5-1 所示。这些异形件的作用是通过它们的摆动、移动、支承来实现机构的各种不同功能，如离合器的开合、快慢挡的速度变换、气门的开关、轴承的支承等。

（a）摇臂

（b）拨叉

（c）杠杆

（d）曲轴

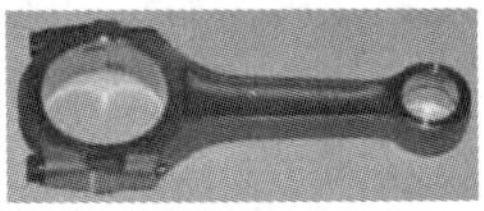

（e）连杆

（f）轴承座

图 5-1 异形件

一般异形件的工作表面杆身细长，刚性较差，易变形。大多数异形件的装配基准为孔，其加工精度要求较高。

本项目以 CL6140 车床拨叉零件（见图 5-2）为例分析异形件零件的机械加工工艺设计，其中生产纲领为 150 件/年。

下面对 CL6140 车床拨叉零件的结构工艺性分析、技术要求分析、毛坯的确定、定位基准的选择、表面加工方案的确定、加工工序的安排、加工工艺路线的拟定、机械加工设备及工艺装备的选择、机械加工工艺文件的编制等方面进行分析说明。

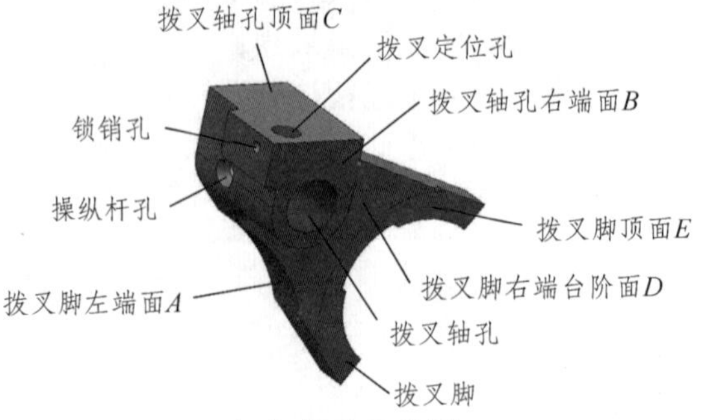

（a）拨叉三维图

拨叉三维图视频

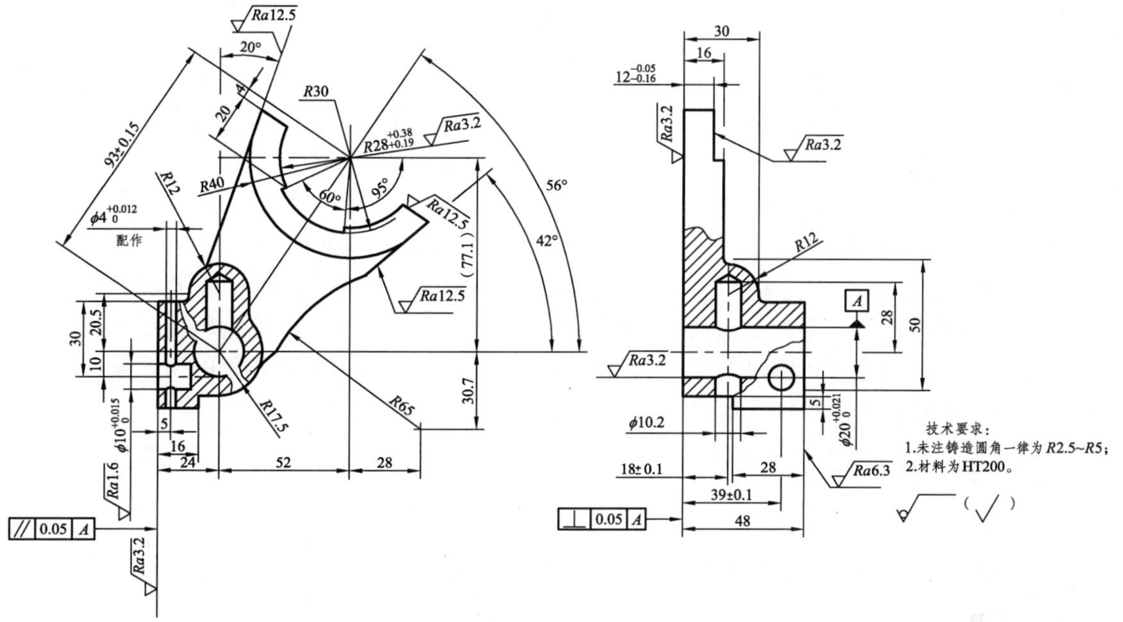

（b）拨叉零件图

图 5-2　CL6140 车床拨叉

5.2　异形件的结构工艺性分析及毛坯确定

该拨叉用于 CL6140 车床主轴变速机构中。由图 5-3 拨叉的装配简图可知，该零件是以 $\phi20H7(^{+0.021}_{0})$ 孔套在拨叉轴上，并用滚珠在弹簧作用下卡入拨叉轴定位孔上，使拨叉准确地轴向定位。拨叉脚卡在双联齿轮的槽中，变速操纵机构通过拨叉头部的 $\phi10H7(^{+0.015}_{0})$ 孔中安装的操纵手柄带动拨叉在拨叉轴上移动，拨叉脚拨动双联齿轮在花键轴上滑移，就可实现主轴的变速功能，从而实现车床主轴的变速。由于拨叉在改换挡位时要承受一定的弯曲应力和冲击载荷的作用，因此要求其具有一定的强度、刚度和韧性，以适应拨叉的工作条件要求。

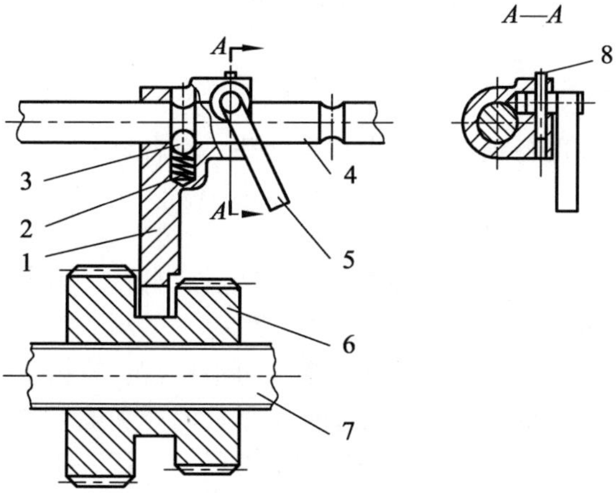

1—拨叉；2—弹簧；3—滚轴；4—拨叉轴；5—操纵杆；6—双联齿轮；7—花键轴；8—圆锥销。

图 5-3　拨叉的装配简图

5.2.1 结构工艺性分析

由图 5-2（b）拨叉零件图可知，该零件形状较复杂，结构一般，但刚性较差、易变形，给定位、夹紧、机械加工带来较大困难，在设计工艺规程时应予以重视。零件的主要工作表面为拨叉脚两端面、拨叉轴孔 ϕ20H7 、操纵杆孔 ϕ10H7 和锁销孔 ϕ4 。

拨叉轴孔两端面和叉脚两端面均要求切削加工，并在轴向方向上均高于或低于相邻表面，这样既减少了加工面积，又提高了换挡时叉脚端面的接触刚度。ϕ20H7 孔、ϕ10H7 孔、$\phi 4^{+0.012}_{0}$ 锁销孔、ϕ10.2 孔的端面均为平面，可以防止加工过程中钻头钻偏，以保证孔的加工精度。其余表面加工精度均较低，不需要高精度的机床加工，通过普通铣床、车床的粗精加工就可以达到图样加工要求；而主要工作表面虽然加工精度相对较高，但也可以在正常的生产条件下，采用较经济的方法保质保量地加工出来。由此可见，该零件的结构工艺性较好。

5.2.2 技术要求分析

1. 拨叉轴孔

为实现换挡、变速的功能，其拨叉轴孔 ϕ20H7 孔与拨叉轴有配合要求，因此加工精度要求较高，表面粗糙度为 Ra3.2 μm。

2. 拨叉定位孔

为保证拨叉在拨叉轴上有准确的位置，改换挡位准确，拨叉采用滚珠定位，拨叉定位孔的孔径为 ϕ10.2 ，孔深为 50 mm，表面粗糙度为 Ra12.5 μm，加工精度一般。

3. 拨叉脚端面

拨叉脚两端面与被拨动齿轮端面接触，与 ϕ20H7 孔轴线有垂直度要求。其厚度为 $12\text{d}11(^{-0.05}_{-0.16})$，两端面的表面粗糙度为 Ra3.2 μm。

4. 拨叉口

拨叉口为圆弧面，技术要求为直径 $\phi 56\text{B}11(^{+0.038}_{+0.019})$，表面粗糙度为 Ra3.2 μm，圆弧面轴线中心与拨叉轴孔轴线的距离为（93 ± 0.15）mm。

5. 操纵杆孔

操纵杆孔直径为 ϕ10H7，与拨叉轴孔轴线的距离为 10 mm，与拨叉轴孔端面的距离为（39 ± 0.1）mm，孔深 16 mm，表面粗糙度为 Ra6.3 μm。

6. 锁销孔

锁销孔 $\phi 4^{+0.012}_{0}$ 为配做。

综上所述，该拨叉零件的各项技术要求制定合理，符合该零件在车床主轴箱中的功用。

5.2.3 毛坯选择

在选择毛坯时，应根据零件的技术要求、结构特点、材料、生产纲领等方面的要求，合理地确定毛坯的类型和制造方法。

异形件常用的材料为 20 钢、30 钢、灰铸铁或可锻铸铁、有色金属等材料。近年来，采用球墨铸铁代替钢材作为异形件的材料，大大降低了材料消耗和毛坯制造成本。

选择异形件的毛坯类型时，要综合考虑零件的材料、功用、结构形状、尺寸大小、生产纲领和现场生产条件等方面因素。

在单件小批量生产时，采用焊接成型、自由锻造或木模铸造；在大批量生产时，采用模锻或金属模铸造。具有半圆孔的异形件，可将其毛坯两件连在一起铸造，也可单件铸造。

1. 毛坯类型的选择

因 CL6140 拨叉零件的材料为 HT200，所以其毛坯的类型应确定为铸件。由于零件为轻型零件且生产纲领为 150 件/年，故零件的生产类型为小批量生产，毛坯的铸造可选择砂型手工铸造方法或砂型机器铸造方法。

2. 毛坯精度的确定

CL6140 拨叉采用金属模砂型铸造，根据金属模砂型铸造的工艺特点、生产批量等，参考表 5-1 和表 5-2，确定铸件的尺寸公差等级为 CT11。

表 5-1　铸件毛坯的公差　　单位：mm

毛坯铸件基本尺寸		铸件公差等级 CT															
大于	至	1	2	3	4	5	6	7	8	9	10	11	12	13	14	15	16
	10	0.09	0.13	0.18	0.26	0.36	0.52	0.74	1	1.5	2	2.8	4.2	—	—	—	—
10	16	0.1	0.14	0.2	0.28	0.38	0.54	0.78	1.1	1.6	2.2	3	4.4	—	—	—	—
16	25	0.11	0.15	0.22	0.3	0.42	0.58	0.82	1.2	1.7	2.4	3.2	4.6	6	8	10	12
25	40	0.12	0.17	0.24	0.32	0.46	0.64	0.9	1.3	1.8	2.8	3.6	5	7	9	11	14
40	63	0.13	0.18	0.26	0.36	0.5	0.7	1	1.4	2	2.8	4	5.6	8	10	12	16
63	100	0.14	0.2	0.28	0.4	0.56	0.78	1.1	1.6	2.2	3.2	4.4	6	9	11	14	18
100	160	0.15	0.22	0.3	0.44	0.62	0.88	1.2	1.8	2.5	3.6	5	7	10	12	16	20
160	250	—	0.24	0.34	0.5	0.72	1	1.4	2	2.8	4	5.6	8	11	14	18	22
250	400	—	—	0.4	0.56	0.78	1.1	1.6	2.2	3.2	4.4	6.2	9	12	16	20	25
400	630	—	—	—	0.64	0.9	1.2	1.8	2.6	3.6	5	7	10	14	18	22	28
630	1000	—	—	—	0.72	1	1.4	2	2.8	4	6	8	11	16	20	25	32
1000	1600	—	—	—	0.8	1.1	1.6	2.2	3.2	4.6	7	9	13	18	23	29	37
1600	2500	—	—	—	—	—	—	2.6	3.8	5.4	8	10	15	21	26	33	42
2500	4000	—	—	—	—	—	—	—	4.4	6.2	9	12	17	24	30	38	49
4000	6300	—	—	—	—	—	—	—	—	7	10	14	20	28	35	44	56
6300	10 000	—	—	—	—	—	—	—	—	—	11	16	23	32	40	50	64

注：CT1～CT15 级中的壁厚公差应比其他尺寸的一般公差低一级，例如，若图样上标注的一般公差为 CT10，则壁厚公差为 CT11。

表 5-2　毛坯铸造方法与公差等级　　单位：mm

铸造方法		公差等级 CT								
		铸件材料								
		钢	灰铸铁	球磨铸铁	可锻铸铁	铜合金	锌合金	轻金属合金	镍基合金	钴基合金
砂型铸造手工造型		11～14	11～14	11～14	11～14	10～13	10～13	9～12	11～14	11～14
砂型铸造机器造型		8～12	8～12	8～12	8～12	8～10	8～10	7～9	8～12	8～12
金属型铸造		—	8～10	8～10	8～10	8～10	7～9	7～9	—	—
压力铸造		—	—	—	—	6～8	4～6	4～7	—	—
熔模铸造	水玻璃	7～9	7～9	7～9	—	5～8	—	5～8	7～9	7～9
	硅溶胶	4～6	4～6	4～6	—	4～6	—	4～6	4～6	4～6

3. 毛坯图

该拨叉毛坯如图 5-4 所示。

拨叉毛坯三维图视频

（a）拨叉毛坯三维图

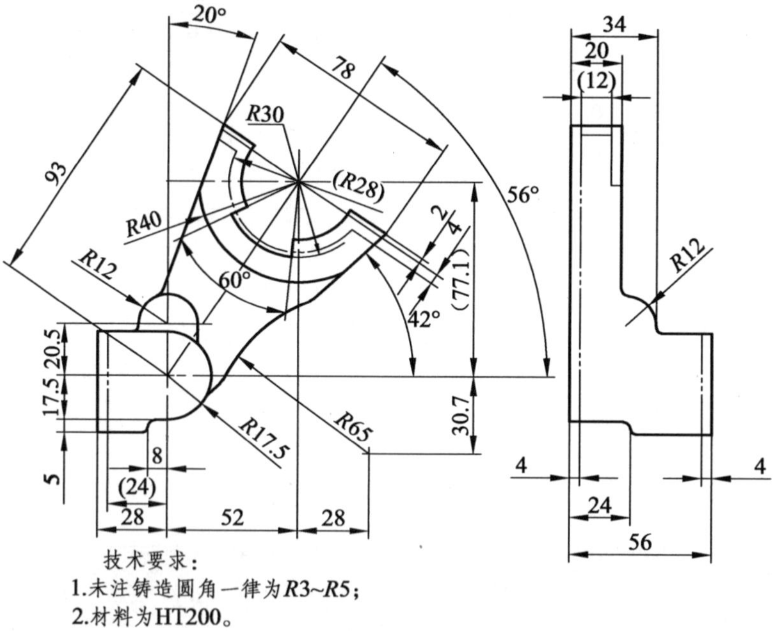

（b）拨叉毛坯二维图

图 5-4　CL6140 车床拨叉毛坯

5.3　异形件的机械加工工艺过程设计

设计零件机械加工工艺过程即为拟定工艺路线，是制定工艺规程的关键环节，其主要内容是：合理地选择定位基准；确定各加工表面的加工方案；合理地安排零件加工工序顺序，确定工序的集中与分散等。

5.3.1 定位基准选择

拟定工艺路线的第一步是选择定位基准。为使所选的定位基准能保证整个机械加工工艺过程顺利进行，通常应先考虑如何选择精基准来加工各个表面，然后考虑如何选择粗基准把作为精基准的表面先加工出来。

1. 精基准选择

精基准的选择首先应该遵循“基准重合”这一精基准选择原则。根据 CL6140 拨叉零件图的技术要求和装配要求分析，拨叉轴孔 ϕ20H7 是其余加工表面的设计基准，且在装配中为装配基准，其尺寸精度、表面粗糙度要求较高，为保证主要表面间的相互位置精度要求，应选择拨叉轴孔 ϕ20H7 为精基准，这样符合基准重合原则。

选用拨叉脚左端面 A 为精基准，因为该拨叉在轴向方向上的尺寸多以拨叉脚的左端面 A 作为设计基准，所以选其作为精基准同样是遵循了“基准重合”的原则。另外，由于拨叉件壁厚较薄，刚性较差，受力后容易产生弯曲变形。因此，为了避免拨叉在机械加工过程中产生夹紧变形，选用拨叉脚左端面 A 为精基准作主要定位基面，可使定位稳定可靠，操作简单方便。

2. 粗基准选择

作为粗基准的表面应平整，没有飞边、毛刺或其他表面缺陷。根据 CL6140 拨叉零件图，选择拨叉轴孔 ϕ20H7 的外圆面和拨叉轴孔右端面 B（拨叉头右端面）作为粗基准。采用 ϕ20H7 不加工的外圆面定位加工内孔，可保证孔的壁厚均匀；采用拨叉头右端面作为粗基准加工左端面，可为后续工序准备好精基准。

5.3.2 表面加工方案的确定

选择表面的加工方法应以零件图上的技术要求为依据，主要包括各加工表面的尺寸精度、形状精度和表面粗糙度，并综合考虑各个方面的工艺因素影响。

异形件的加工表面主要为平面和孔。本项目主要分析异形件的平面加工方法和平面加工方案的确定。

1. 确定平面加工方案时应考虑的因素

平面加工方法有车、铣、刨、磨、拉等。刨削和铣削常用作平面的粗加工和半精加工，而磨削则用作平面的精加工。此外，平面加工方法还有刮研、研磨、超精加工、抛光等光整加工方法。

在选择平面加工方法时，应根据零件的形状、尺寸、材料、技术要求、生产类型及工厂现有设备情况，同时还要充分考虑到机床的经济加工精度，以便最大限度地降低生产成本。

2. 确定异形件的平面加工方案

由于异形件外形不规则，在考虑其装夹方便性、加工效率、成本等问题时，其同一加工平面往往有多种加工方法可选。

下面对卧式车床 CL6140 拨叉零件的平面进行加工方案分析。

CL6140 拨叉零件的加工平面有：拨叉脚左端面 A、拨叉脚右端台阶面 D、拨叉轴孔右端面 B、拨叉轴孔顶面 C，拨叉脚顶面 E，如图 5-2（a）所示。

（1）拨叉脚左端面 A 的加工方案。

从加工效率考虑，对拨叉脚左端面 A 可以选择铣削加工，但考虑到受工件外形的影响，在铣床上工件装夹不方便，而且拨叉轴孔与端面 A 有垂直度要求，故选择车削加工。拨叉轴孔也在同一道车削工序中进行加工，加工时可采用单动卡盘夹紧拨叉头右端外轮廓。

（2）拨叉轴孔右端面 B 的加工方案。

加工拨叉轴孔右端面 B 的工序基准为拨叉脚左端面 A 和拨叉轴孔，故可以在加工拨叉脚左端面 A 的同一工序车削中进行加工，且以拨叉脚左端面 A 和拨叉轴孔定位，装夹很方便。

（3）拨叉脚顶面 E 的加工方案。

拨叉脚顶面因加工面积小且加工精度要求不高，并考虑企业现有设备，故选择刨削加工。

（4）拨叉脚右端台阶面 D 的加工方案。

采用专用夹具同时安装两件工件，加工拨叉脚右端台阶面 D。两工件台阶面组成环状圆平面，两工件拨叉脚内侧圆弧组成圆柱面，选用车削加工即可满足加工精度要求，还可大大提高生产效率。

（5）拨叉轴孔顶面 C 的加工方案。

拨叉轴孔顶面 C 选用铣削加工。

拨叉零件各表面加工方案见表 5-3。

表 5-3　拨叉零件各表面的加工方案

加工表面	经济精度	经济表面粗糙度 Ra/μm	加工方案	备注
拨叉脚左端面 A	IT13	3.2	粗车—半精加工	
拨叉脚右端台阶面 D	IT13	3.2	粗车—半精加工	
拨叉轴孔右端面 B	IT11	3.2	粗车—半精加工	
拨叉脚顶面 E		12.5	刨	
拨叉轴孔顶面 C		3.2	粗铣—半精铣	
ϕ20H7 孔	IT7	3.2	钻—扩—铰	
ϕ10H7 孔	IT7	6.3	钻—铰	
ϕ10.2 孔		12.5	钻	
拨叉脚内侧圆弧孔 R28B11	IT11	3.2	粗车—精车	
拨叉脚内侧圆弧孔 R40		3.2	粗车—精车	
ϕ4 锁销孔			钻—铰	配做

5.3.3　加工工序安排

1. 加工阶段划分

若异形件加工质量要求较高，可将加工阶段划分成粗加工、半精加工和精加工几个阶段。若加工精度要求不高，则可将加工阶段划分成粗加工、半精加工两个阶段。

对于拨叉零件，在粗加工阶段首先将精基准（拨叉脚左端面 A 和拨叉轴孔）准备好，使后续工序都可采用精基准定位加工，保证其他加工表面的精度要求；然后粗车拨叉轴孔右端面，粗车拨叉脚两端面。在半精加工阶段，完成拨叉脚两端面的精车加工和操纵杆孔 ϕ10H7 的钻、铰加工。

2. 工序的集中与分散

该拨叉的生产类型为小批量生产，可以采用通用型机床配以专用夹具，以提高生产效率；运用工序集中原则可使工件的装夹次数减少，不但可缩短辅助时间，而且在一次装夹中可加工较多表面，有利于保证各加工表面之间的相对位置精度要求。因此，本案例按工序集中原则安排拨叉的加工工序。

3. 工序顺序安排

（1）机械加工工序安排。

① 遵循“先基准后其他”原则。首先加工精基准拨叉脚左端面 A 和拨叉轴孔 $\phi20H7$。

② 遵循“先粗后精”原则。先安排粗加工工序，后安排精加工工序。

③ 遵循“先主后次”原则。先加工主要表面——拨叉脚左端面 A、拨叉轴孔 $\phi20H7$ 孔和拨叉脚右端台阶面 D，后加工次要表面——操纵孔端面、操纵孔等。

④ 遵循“先面后孔”原则。先加工拨叉脚左端面 A，再加工拨叉轴孔 $\phi20H7$ 孔；先铣拨叉轴孔顶面 C，再钻、铰拨叉定位孔 $\phi10^{+0.015}_{0}$。

（2）热处理工序安排。

该拨叉材料为 HT200，在毛坯铸造后需进行退火处理，以消除铸造内应力，改善材料的金相组织和机械加工性能。

（3）辅助工序安排。

大多数异形件形状不规则，刚性较差，在加工和运输过程中易发生变形，影响各表面之间的相互位置精度，甚至使某些工序加工中加工余量不够。因此，在毛坯铸造后及主要工序加工之前要安排校正整形工序。校正整形工序在专用辅具上进行。

本案例工件（CL6140 车床拨叉）刚性尚可，且各表面位置精度要求不高，故可不安排校正整形工序。

5.3.4 工艺路线的拟定

通过以上工艺过程分析，本案例工件的加工工艺路线拟定见表 5-4。

表 5-4 CL6140 车床拨叉的加工工艺路线

工序号	工序内容
10	铸造
20	人工时效
30	涂漆
40	划线：拨叉轴孔 $\phi20H7$ 中心线
50	车削拨叉脚左端面 A，钻、扩、铰拨叉轴孔 $\phi20H7$
60	车削拨叉轴孔右端面 B
70	刨削拨叉脚顶面 E
80	车削拨叉脚右端面 $R40$ mm 台阶面、拨叉脚圆弧面 $R28$ mm
90	铣拨叉轴孔顶面 C
100	钻操纵杆孔 $\phi10.2$
110	钻、铰拨叉定位孔 $\phi10H7$
120	检验
130	入库

5.4 异形件的加工设备及工艺装备的选择

异形件的加工表面主要为孔与平面，孔的加工设备及刀具在项目 6 箱体零件的加工工艺设计中介绍，本项目主要介绍异形件的平面加工设备的类型、组成、适用范围及平面加工用刀具、通用夹具。

5.4.1 正确选择加工设备的意义与原则

1. 正确选择加工设备的意义

在制定零件加工工艺规程的过程中，正确选择机床设备是一件很重要的工作，它不但直接影响工件的加工质量，而且还影响工件的加工效率和制造成本。

选择加工设备的任务就是选择设备的类型、规格、型号。

2. 选择加工设备的原则

在制定零件的加工工艺规程时，当工件表面的加工方法确定以后，就基本上可以确定机床的类型。但每一类机床的规格型号不同，它们的工艺范围、技术规格、加工精度、表面粗糙度、生产率和自动化程度、生产效率等都各不相同。因此在选择加工设备时应按照设备的选择原则来进行。

（1）所选机床的精度应和工件要求达到的精度相适应。这一点在大批量生产中尤为重要。机床的精度过低，满足不了加工零件的质量要求；精度过高，会增加零件的制造成本。当生产批量很小时，为充分利用现有机床，精度的选择可以放松些，特别是没有高精度设备来加工高精度的零件时，可以选用精度低一些的机床，而在工艺上要采取措施来满足加工精度的要求。

（2）所选机床的技术规格应与工件的尺寸相适应。小零件选用小机床加工，大零件选用大机床加工，做到设备合理使用。

（3）所选机床的生产率和自动化程度与零件的生产纲领相适应。通常对于单件、小批量生产，选择工艺范围较广的通用机床；而对于大批量生产，选择生产率和自动化程度较高的专门化或专用机床。由于数控技术的发展，近年来数控机床已在单件、小批生产中获得普遍应用。

（4）机床的选择应与现场生产条件相适应。

5.4.2 加工设备的选择

CL6140 拨叉零件的加工工艺路线已制定，如表 5-4 所示。以下分析各工序中零件表面的加工设备选择。

1. 工序 50 和工序 60 的加工设备

工序 50 和工序 60 这两道工序是加工拨叉轴孔端面及拨叉轴孔。采用的是车削方法，又因工件的加工精度中等，零件尺寸不大，故选用 CA6140 车床能满足加工要求。

2. 工序 70 的加工设备

拨叉脚顶面 E 的面积较小，可采用刨削加工，选用 B650 牛头刨床加工。

3. 工序 80 的加工设备

采用专用夹具将工件装夹在 CA6140 车床上进行车削加工拨叉脚右端台阶面 D。

4. 工序 90 的加工设备

考虑工件装夹的方便性，可选用立式铣床 B1-400K 铣削加工拨叉轴孔顶面 C。

5. 工序 100 和工序 110 的加工设备

由于操纵杆孔 ϕ10.2 和定位孔 ϕ10H7 的直径较小，故可采用专用夹具在台式钻床 Z515 上加工。

5.4.3 工艺装备的选择

工艺装备的选择包括夹具、刀具、量具的选择。工艺装备选择得是否合理，直接影响到工序的加工精度、生产效率和经济性，应结合生产类型、具体加工条件、工件的结构特点和技术要求等进行选择。

1. 工艺装备的选择原则

（1）夹具的选择原则。

对于单件小批量生产，应尽量选择通用夹具。如果条件具备，为了提高生产率和加工精度，可选用组合夹具。对于大批大量生产，应选择生产率和自动化程度高的专用夹具。多品种的中、小批量生产可选用可调夹具或成组夹具。

（2）刀具的选择原则。

一般应选用标准刀具，必要时可选择各种高生产率的复合刀具及其他一些专用刀具。刀具的类型、规格及精度应与工件的加工要求相适应。

（3）量具的选择原则。

单件、小批生产应选择通用量具，如游标卡尺、千分尺和千分表等。所选量具的量程和精度要与工件的尺寸和精度相适应。大批量生产应尽量选择效率较高的专用量具，如各种极限量规、专用检验夹具和测量仪器等。

2. 选择工艺装备

（1）夹具的选择。

由于拨叉外形不规则，在车床上不能采用自定心卡盘装夹。在生产批量较大时，若采用单动卡盘装夹拨叉，由于装夹过程需要调整定心位置而影响生产效率，所以也不能选用单动卡盘装夹工件。

因此，生产批量大时应选用专用夹具装夹拨叉。本案例在车削加工、铣削加工、钻削加工时都需用专用夹具。

（2）刀具的选择。

① 工序 50 和工序 60。

这两道工序是在车床上车削拨叉两端面 A 面和 B 面及钻、铰拨叉轴孔 ϕ20H7 。车端面选用硬质合金标准车刀即可，钻 ϕ20H7 孔选用锥柄麻花钻，铰孔采用硬质合金机用铰刀。

② 工序 70。

刨削拨叉脚顶面，选用标准平面刨刀。

③ 工序 80。

在车床上车削拨叉脚圆弧面及右端台阶面 D，选择硬质合金 45°直角内孔车刀。

④ 工序 90。

根据图 5-2 可知，拨叉轴孔顶面 C 的面积为 40 mm × 48 mm。由于生产类型为小批量生产，工件铣削面尺寸较小，材料为铸铁，因此刀具类型可选择硬质合金面铣刀（铣刀直径 d = 80 mm，

齿数 $z = 10$），在立式铣床上铣削加工拨叉轴孔顶面 C。

⑤ 工序 100 和工序 110。

由于操纵杆孔 $\phi10.2$ 和定位孔 $\phi10H7$ 直径较小，故选用相应尺寸、精度的锥柄麻花钻和硬质合金机用铰刀，并采用专用夹具在台式钻床上加工。

（3）量具的选择。

该拨叉为小批量生产，应选择通用量具，如游标卡尺、千分尺和千分表等。所选量具的量程和精度要与工件的尺寸和精度相适应。

5.5 异形件的工艺文件编制

根据以上对图 5-2 所示的 CL6140 车床拨叉工艺过程的设计，下面以工序 90 铣拨叉轴孔顶面 C 为例，讲述工艺文件的编制过程（以编制工序卡为例）。

5.5.1 定位基准和装夹方法的确定

根据图 5-2 可知，拨叉轴孔顶面 C 为平面，表面粗糙度为 $Ra3.2\ \mu m$，距离 $\phi20H7$ 孔中心距离有 24 mm 的要求，并应与 $\phi20H7$ 孔中心轴线平行。

本道工序前，工件除操纵杆孔 $\phi10.2$ 和定位孔 $\phi10H7$ 未加工外，其余表面都已加工。所以本道工序的定位基准选择为精基准。根据“基准重合”原则，定位基准选择如图 5-5 所示。由于本道工序中的加工面积小，且工件体积较小，故可采用专用夹具进行多件合铣，以提高生产效率。

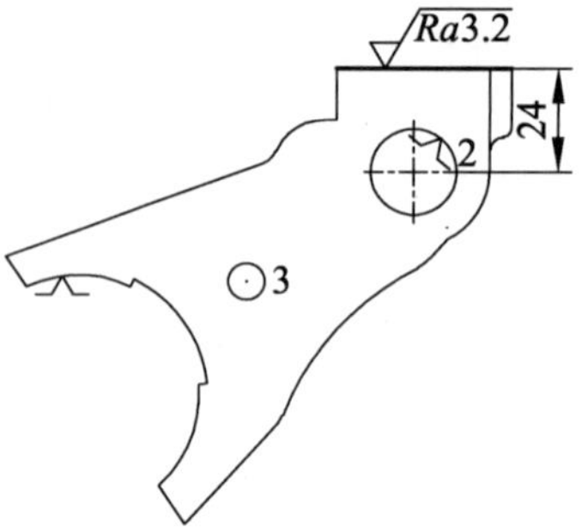

图 5-5　加工拨叉轴孔顶面 C 工序图

5.5.2 机械加工余量、工序尺寸及公差的确定

根据前面所述，工序 90 铣拨叉轴孔顶面 C，选用立式铣床 B1-400K，刀具选用硬质合金面铣刀（铣刀直径 $d = 80$ mm）。

1. 确定加工余量

因加工表面精度要求，拨叉轴孔顶面 C 需要粗铣—半精铣两个工步加工完成，查阅相关资料（《机械制造工艺设计简明手册》）确定机械加工余量：

半精铣加工余量 $Z_2 = 1$ mm，根据毛坯余量 4 mm，则粗铣余量 $Z_1 = 3$ mm。

2. 计算工序尺寸

因加工精度要求不高，加工余量小，故粗铣、半精铣在一道工序内进行，工序尺寸即为加工到零件图样尺寸，见图 5-2（b）。

5.5.3 切削用量的选择

选择铣削用量的原则是保证铣削加工质量和工艺系统刚度允许的前提下，首先应选择较大的背吃刀量，再选取较大的每齿进给量，然后确定铣削速度。

1. 确定背吃刀量 a_p

本道工序为铣削，当铣床功率和系统刚度允许且加工精度不高时，可以一次铣去全部加工余量。当加工精度要求较高或加工表面粗糙度小于 Ra6.3 μm 时，应分粗铣和半精铣两个工步。

因工序 90 铣拨叉轴孔顶面 C 的表面粗糙度为 Ra3.2 μm，故加工分粗铣、半精铣两个工步。

确定粗铣（工步 1）的背吃刀量 a_{p1} 为 Z_1，即 $a_{p1} = 3$ mm，而半精铣（工步 2）的背吃刀量 a_{p2} 为 Z_2，故 $a_{p2} = 1$ mm。

2. 确定进给量 f

粗铣（工步 1）拨叉轴孔顶面 C 时，进给量的提高主要受刀具强度及机床、夹具等工艺系统刚度的限制；半精铣（工步 2）时，限制进给量的主要因素是表面的加工精度和表面粗糙度。半精铣拨叉轴孔顶面 C 时，在考虑每齿进给量的同时，还要考虑每转进给量。

由于这两个工步是在一台机床上分别经一次走刀加工完成的，加工精度要求不高，背吃刀量相差不大，因此这两个工步所选用的切削速度 v 和进给量 f 可以对应相等。

查阅相关资料(《机械制造工艺设计简明手册》)，按机床功率为 5 ~ 10 kW，工件-夹具系统刚度属于中等条件选取，该工序的进给量 $f = 0.2$ mm/z。

3. 确定铣削速度 v

影响铣削速度的因素有刀具材料的性质、刀具寿命、工件材料的性质、加工条件及冷却条件等。粗铣时还会受到机床功率及工艺系统刚度的限制；半精铣时主要受刀具寿命的限制。

按面铣刀 $d/z = 80/10$ 的条件选取，铣削速度 v 可取为 $v = 40$ m/min（当加工精度要求较高时，进给速度应选小一些，常在 20 ~ 50 mm/min 内选取），则铣刀转速可按式（5-1）计算，即

$$n = 1000v/(\pi d) \tag{5-1}$$

$$n = \left[1000 \times 40/(\pi \times 80)\right] \text{r/min} = 159.24\ \text{r/min}$$

查 B1-400K 型立式铣床的主轴转速，取转速 $n = 160$ r/min，将此转速带入式（5-1），可求出工序 90 铣拨叉轴孔顶面 C 的实际铣削速度：

$$\begin{aligned} v &= n\pi d/1000 \\ &= (160 \times \pi \times 80/1000)\ \text{m/min} \\ &= 40.2\ \text{m/min} \end{aligned}$$

5.5.4 工艺文件的编制

综合上面对 CL6140 拨叉的工艺过程设计，编制该零件的机械加工工艺过程卡和主要加工表面的工序卡，如表 5-5 ~ 表 5-12 所示。

表 5-5　CL6140 拨叉的机械加工工艺过程卡

机械加工工艺过程卡片		产品型号		CL6140	零件图号		共　页　第　页			
		产品名称		卧式车床	零件名称	拨叉				
材料牌号	HT200	毛坯种类	铸件	毛坯外形尺寸		每毛坯可制件数	1	每台件数	1	备注

工序号	工序名称	工序内容	车间	工段	设备	工艺装备	工时	
							准终	单件
10	铸	造型、浇铸、清砂	铸					
20	热处理	人工时效	热					
30	漆	非加工表面涂红丹底漆	铸					
40	划	按图划出拨叉轴孔 ϕ20H7 的十字中心线，并打上样冲眼	机加工			划针；样冲头；小锤子		
50	车	用单动卡盘夹右端面尺寸 35 mm 处，校正左端面，车左端面，保证尺寸 16.5 mm；钻孔 ϕ20H7 尺寸至 ϕ19 mm；装夹不变，精车左端面，保证尺寸 16 mm；车孔 ϕ20 mm 留余量 0.05 ~ 0.08 mm，孔口倒角 C1；铰孔尺寸至 ϕ20H7	机加工		CA6140	45°端面车刀；单动卡盘；ϕ19 mm 钻头；精度 0.02 mm，0 ~ 150 mm 游标卡尺；莫氏 3 号、莫氏 4 号变径套；ϕ20H7 铰刀；ϕ20H7 塞规		
60	车	车右端面，保证尺寸 48 mm，ϕ20H7 孔口倒角 C1	机加工		CA6140	自制专用夹具；45°车刀		
70	刨	刨削拨叉脚顶面至尺寸要求	机加工		B650	平口钳；45°平面刨刀；精度 0.02 mm，0 ~ 150 mm 游标卡尺		
80	车	校正夹具端面的跳动不大于 0.03 mm；同时装夹两工件，找正中心，车拨叉脚右端面 R40 的台阶面、拨叉脚圆弧面 R28B11 至尺寸	机加工		CA6140	直角内孔车刀；精度 0.02 mm，0 ~ 150 mm 游标卡尺；ϕ56 mn 塞规		
90	铣	将夹具装上工作台，校正夹紧，同时装上 6 件工件，铣拨叉轴孔顶面 C 至表面精度要求，保证尺寸 24 mm	机加工		B1-400K	硬质合金面铣刀（铣刀直径 d = 80 mm，齿数 z = 10）；精度 0.02 mm，0 ~ 150 mm 游标卡尺		

机械加工工艺过程卡片	产品型号	CL6140	零件图号		共　页　第　页
	产品名称	卧式车床	零件名称	拨叉	

材料牌号	HT200	毛坯种类	铸件	毛坯外形尺寸		每毛坯可制件数	1	每台件数	1	备注	

工序号	工序名称	工序内容	车间	工段	设备	工艺装备	工时	
100	钻	模钻操纵杆孔 ϕ10.2 mm，至零件图尺寸	机加工		Z515	ϕ10.2 mm 钻头；精度 0.02 mm，0～150 mm 游标卡尺；ϕ1～ϕ13 钻头夹		
110	钻	模钻定位孔 ϕ10H7 至 ϕ9.9 mm，铰孔 ϕ10H7 至图样要求尺寸	机加工		Z515	ϕ9.9 mm 钻头；ϕ10H7 铰刀；ϕ1～ϕ13 mm 钻头夹；精度 0.02 mm，0～150 mm 游标卡尺；ϕ10H7 塞规	准终	单件
120	检	综合检查，ϕ4 mm 孔装配时配做						
130	入库	清洗干净，在无油漆面涂上防锈油，入库						

描图									
审核									
底图号									
制订号									

						设计日期	审核日期	标准化日期	会签日期
	标记	处数	更改文件号	签字	日期				

表 5-6　CL6140 拨叉的机械加工 50 工序卡

机械加工工序卡片	产品型号	CL6140	零件图号		共　页
	产品名称	卧式车床	零件名称	拨叉	第　页

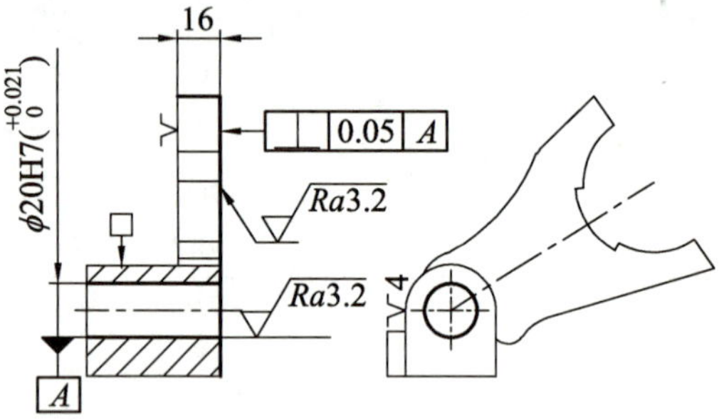

车间	工序号	工序名称	材料牌号	
机加工	50	车	HT200	
毛坯种类	毛坯外形尺寸	每件毛坯可制件数	每台件数	
铸件		1	1	
设备名称	设备型号	设备编号	同时加工件数	
卧式车床	CA6140		1	
夹具编号		夹具名称	切削液	
工位器具编号		工位器具名称	工序工时	
			准终	单件

工步号	工步内容	工艺装备	主轴转速/(r/min)	切削速度/(m/min)	进给量/(mm/rad)	背吃刀量/mm	进给次数	工步工时 机动	工步工时 辅助
1	用单动卡盘装夹右端面尺寸 35 mm 处，校正左端面，车左端面至 16.5 mm	45°端面车刀	400	40	3	3.5	1		
2	钻孔至 ϕ19 mm	ϕ19 麻花钻头	400	8					
3	精车左端面，保证尺寸 16 mm	45°端面车刀	560	40	1	0.5	1		
4	车孔 ϕ20H7 留余量 0.05～0.08 mm，孔口倒角 $C1$	内孔车刀	560	22	0.15	0.45			
5	铰孔 ϕ20H7 尺寸至尺寸要求	ϕ20H7 铰刀；ϕ20H7 塞规	32			0.04			

描图

描校

底图号

装订号

					编制日期	审核日期	标准化日期	会签日期
标记	处数	更改文件号	签字	日期				

表 5-7　CL6140 拨叉的机械加工 60 工序卡

机械加工工序卡片	产品型号	CL6140	零件图号		共　页
	产品名称	卧式车床	零件名称	拨叉	第　页

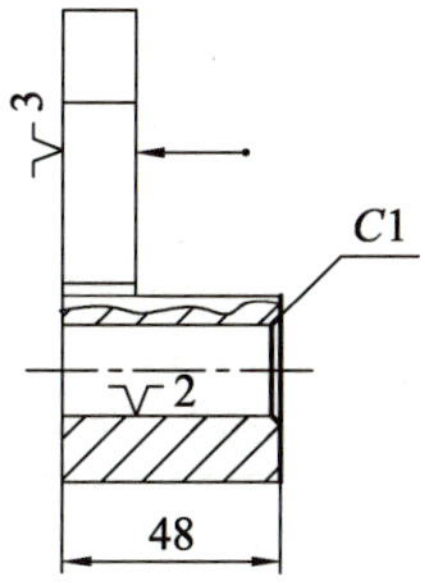

车间	工序号	工序名称	材料牌号
机加工	60	车	HT200
毛坯种类	毛坯外形尺寸	每件毛坯可制件数	每台件数
铸件		1	1
设备名称	设备型号	设备编号	同时加工件数
卧式车床	CA6140		1
夹具编号		夹具名称	切削液
工位器具编号		工位器具名称	工序工时
			准终　单件

	工步号	工步内容	工艺装备	主轴转速/(r/min)	切削速度/(m/min)	进给量/(mm/rad)	背吃刀量/mm	进给次数	工步工时 机动	工步工时 辅助
描图 描校	1	车拨叉轴孔右端面 *B*，保证尺寸 48 mm；车 ϕ20H7 孔口倒角 *C*1	专用夹具；45°端面车刀	560	29	2	2	2		
底图号										
装订号										

					编制日期	审核日期	标准化日期	会签日期
标记	处数	更改文件号	签字	日期				

表 5-8　CL6140 拨叉的机械加工 70 工序卡

机械加工工序卡片	产品型号	CL6140	零件图号		共　页
	产品名称	卧式车床	零件名称	拨叉	第　页

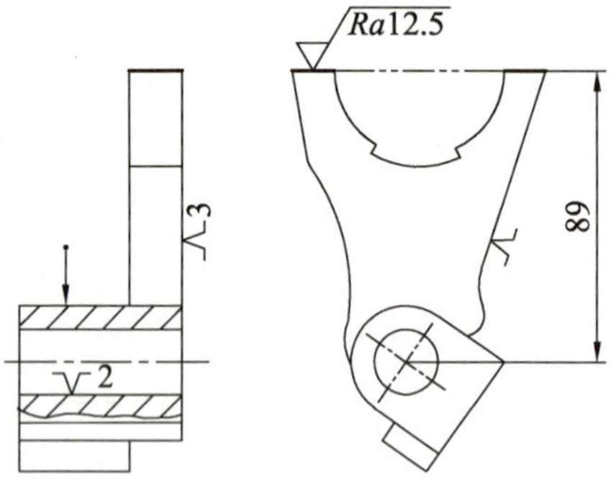

车间	工序号	工序名称	材料牌号	
机加工	70	刨	HT200	
毛坯种类	毛坯外形尺寸	每件毛坯可制件数	每台件数	
铸件		1	1	
设备名称	设备型号	设备编号	同时加工件数	
牛头刨床	B650		1	
夹具编号		夹具名称	切削液	
工位器具编号		工位器具名称	工序工时	
			准终	单件

	工步号	工步内容	工艺装备	主轴转速/（r/min）	切削速度/（m/min）	进给量/(mm/rad)	背吃刀量/mm	进给次数	工步工时 机动	工步工时 辅助
描图	1	刨削拨叉脚顶面 *E* 至图样要求的尺寸	平口钳；45°平面刨刀；精度 0.02 mm，0～150 mm 的游标卡尺				3	2		
描校										
底图号										
装订号										

					编制日期	审核日期	标准化日期	会签日期
标记	处数	更改文件号	签字	日期				

表 5-9　CL6140 拨叉的机械加工 80 工序卡

机械加工工序卡片	产品型号	CL6140	零件图号		共　页
	产品名称	卧式车床	零件名称	拨叉	第　页

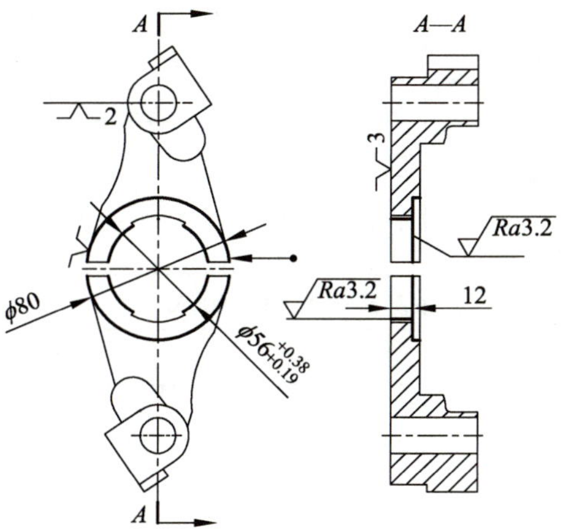

车间	工序号	工序名称	材料牌号
机加工	80	车	HT200
毛坯种类	毛坯外形尺寸	每件毛坯可制件数	每台件数
铸件		1	1
设备名称	设备型号	设备编号	同时加工件数
卧式车床	CA6140		1
夹具编号		夹具名称	切削液
工位器具编号		工位器具名称	工序工时 准终 / 单件

	工步号	工步内容	工艺装备	主轴转速/(r/min)	切削速度/(m/min)	进给量/(mm/rad)	背吃刀量/mm	进给次数	工步工时 机动	工步工时 辅助
描图 描校	1	校正夹具端面的圆跳动不大于0.03 mm；同时装夹两工件，找正中心								
	2	车拨叉脚右端台阶面 *D*，保证 ϕ80 mm 和厚度 12 mm 尺寸	90°直角内孔车刀；精度 0.02 mm，0～150 mm 游标卡尺	400	65	0.3	2.5	2		
底图号	3	车孔 ϕ56 mm 至图样尺寸要求	90°直角内孔车刀；精度 0.02 mm，0～150 mm 游标卡尺；ϕ56 mm 塞规	400	65	0.3	2.5	2		
装订号										
				编制日期	审核日期	标准化日期	会签日期			
标记	处数	更改文件号	签字	日期						

表 5-10　CL6140 拨叉的机械加工 90 工序卡

机械加工工序卡片	产品型号	CL6140	零件图号		共　页
	产品名称	卧式车床	零件名称	拨叉	第　页

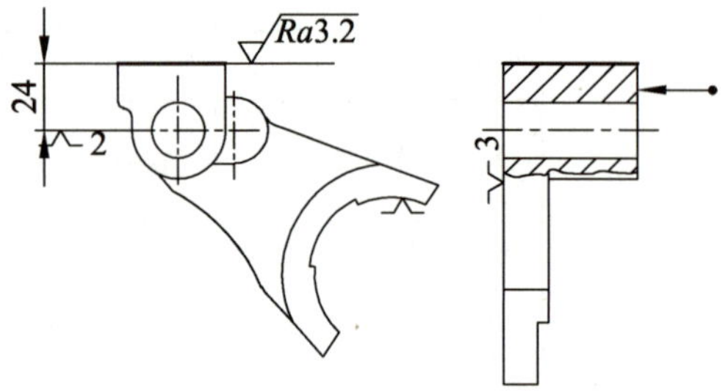

车间	工序号	工序名称	材料牌号
机加工	90	铣	HT200
毛坯种类	毛坯外形尺寸	每件毛坯可制件数	每台件数
铸件		1	1
设备名称	设备型号	设备编号	同时加工件数
立式铣床	B1-400*K*		1
夹具编号		夹具名称	切削液
工位器具编号		工位器具名称	工序工时：准终 / 单件

	工步号	工步内容	工艺装备	主轴转速/（r/min）	切削速度/（m/min）	进给量/（mm/rad）	背吃刀量/mm	进给次数	工步工时 机动	工步工时 辅助
描图 描校	1	同时装 6 件工件，粗铣拨叉轴孔顶面 *C*，铣至尺寸 25 mm，留半精铣余量 1 mm	硬质合金面铣刀，铣刀直径 $d=80$ mm，齿数 $z=10$；精度 0.02 mm，0～150 mm 游标卡尺	160	40.2	1	3	1		
	2	半精铣拨叉轴孔顶面 *C* 至图样精度要求，保证尺寸 24 mm	硬质合金面铣刀，铣刀直径 $d=80$ mm，齿数 $z=10$；精度 0.02 mm，0～150 mm 游标卡尺	235	59	0.5	1	1		
底图号										
装订号										
				编制日期	审核日期	标准化日期	会签日期			
标记	处数	更改文件号	签字	日期						

表 5-11　CL6140 拨叉的机械加工 100 工序卡

机械加工工序卡片	产品型号	CL6140	零件图号		共　页
	产品名称	卧式车床	零件名称	拨叉	第　页

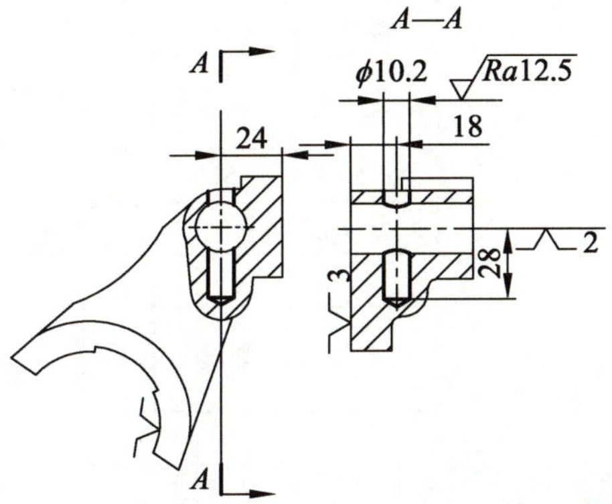

车间	工序号	工序名称	材料牌号	
机加工	100	钻	HT200	
毛坯种类	毛坯外形尺寸	每件毛坯可制件数	每台件数	
铸件		1	1	
设备名称	设备型号	设备编号	同时加工件数	
台式钻床	Z515		1	
夹具编号		夹具名称	切削液	
工位器具编号		工位器具名称	工序工时	
			准终	单件

	工步号	工步内容	工艺装备	主轴转速/(r/min)	切削速度/(m/min)	进给量/(mm/rad)	背吃刀量/mm	进给次数	工步工时 机动	工步工时 辅助
描图 描校	1	模钻孔 ϕ10H7 至 ϕ9.9 mm	ϕ9.9 mm 钻头；ϕ1～ϕ13 mm 钻头夹；精度 0.02 mm，0～150 mm 游标卡尺	480	16			1		
底图号										
装订号										
				编制日期	审核日期		标准化日期		会签日期	
标记	处数	更改文件号	签字	日期						

表 5-12　CL6140 拨叉的机械加工 110 工序卡

机械加工工序卡片	产品型号	CL6140	零件图号		共　页
	产品名称	卧式车床	零件名称	拨叉	第　页

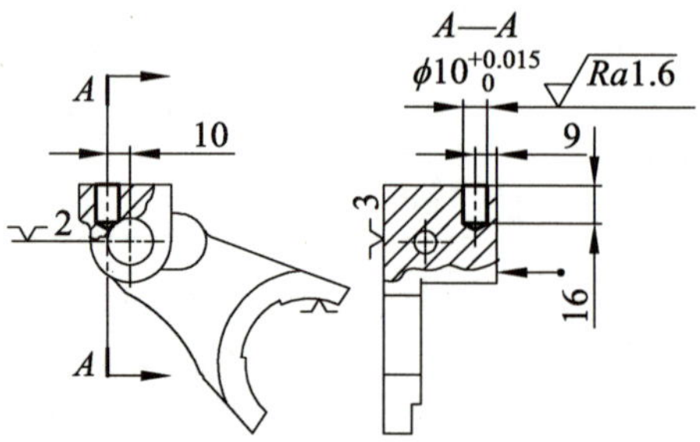

车间	工序号	工序名称	材料牌号
机加工	110	钻	HT200
毛坯种类	毛坯外形尺寸	每件毛坯可制件数	每台件数
铸件		1	1
设备名称	设备型号	设备编号	同时加工件数
台式钻床	Z515		1
夹具编号		夹具名称	切削液
工位器具编号		工位器具名称	工序工时 准终 / 单件

	工步号	工步内容	工艺装备	主轴转速/(r/min)	切削速度/(m/min)	进给量/(mm/rad)	背吃刀量/mm	进给次数	工步工时 机动	工步工时 辅助
描图 描校	1	模钻孔 ϕ10H7 至 ϕ9.9 mm	ϕ9.9 mm 钻头；ϕ1 ~ ϕ13 mm 钻头夹；精度 0.02 mm，0 ~ 150 mm 游标卡尺	480	15			1		
	2	铰孔 ϕ10H7 至图样要求尺寸	ϕ10H7 铰刀；ϕ10H7 塞规	200	6.3			1		
底图号										
装订号										
				编制日期	审核日期		标准化日期		会签日期	
标记	处数	更改文件号	签字	日期						

模块 2　技能训练

任务 1　CA6140 卧式车床拨叉的机械加工工艺过程设计

1. 任务内容

图 5-6 为 CA6140 卧式车床拨叉，生产纲领：400 件。要求完成下列任务：

（1）了解该零件的结构特点和技术要求，对其进行结构分析和工艺分析；

（2）绘制产品毛坯图，确定毛坯的种类及制造方法；
（3）拟定零件的机械加工工艺过程；
（4）选择各工序的加工设备和工艺装备；
（5）确定各工序的加工余量和工序尺寸及公差；
（6）计算各工序的切削用量和工时定额；
（7）编制机械加工工艺过程卡片和工序卡片。

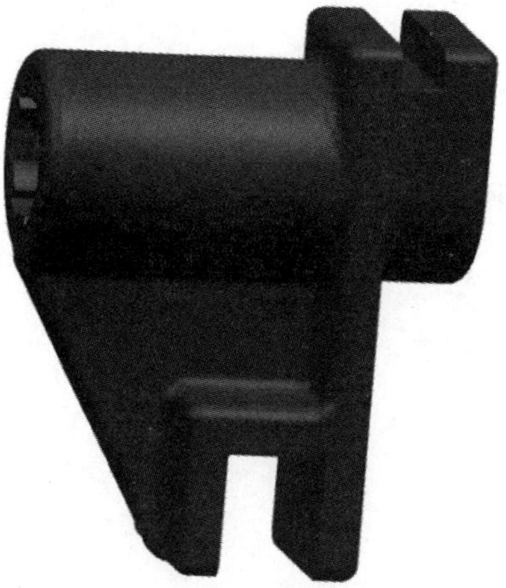

CA6140 卧式车床拨叉视频

（a）拨叉三维图

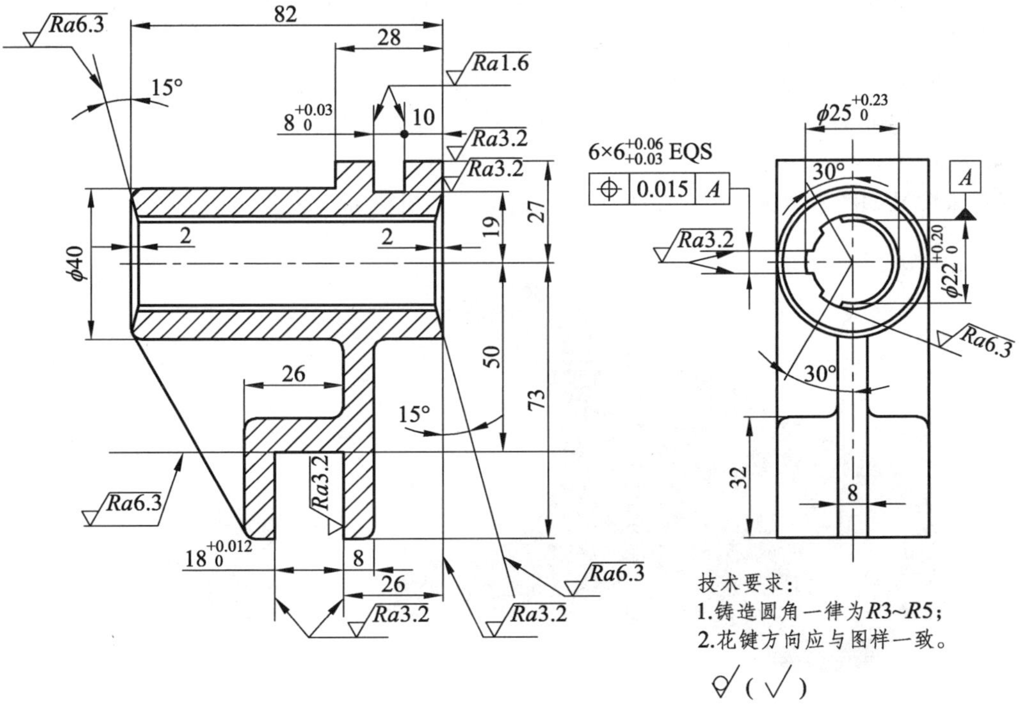

（b）拨叉零件图

图 5-6　CA6140 卧式车床拨叉

2. 任务准备

读懂图 5-6，分析该零件各表面的加工精度、表面粗糙度和其他技术要求。

3. 实训目的

熟悉绘图软件；掌握异形件的机械加工方法；掌握工序尺寸及公差的计算方法；了解工序切削用量和工时定额的计算方法；掌握工序余量的查阅方法。

4. 实训步骤

（1）分析图 5-6 所示拨叉的工艺结构；

（2）确定拨叉毛坯类型、结构及尺寸大小；

（3）进行拨叉的机械加工工艺过程设计；

（4）选择拨叉的机械加工设备及工艺装备；

（5）编制拨叉的机械加工工艺过程卡片和工序卡片。

思考与练习

一、简答题

1. 异形件的功用与结构特点是什么？

2. 简述异形件的材料种类和毛坯类型。

3. 对图 5-2 所示的拨叉零件，在选择定位粗基准时为什么选择拨叉轴孔 ϕ20H7 的外圆面和拨叉头右端面作为粗基准？

4. 在制定零件加工工艺规程的过程中，为什么要正确选择加工设备？

5. 为什么异形件的同一加工平面一般有多种加工方法可选？

二、分析题

某车床拨叉如图 5-7 所示，中批量生产，请拟定其机械加工工艺路线。

车床拨叉视频

（a）三维图

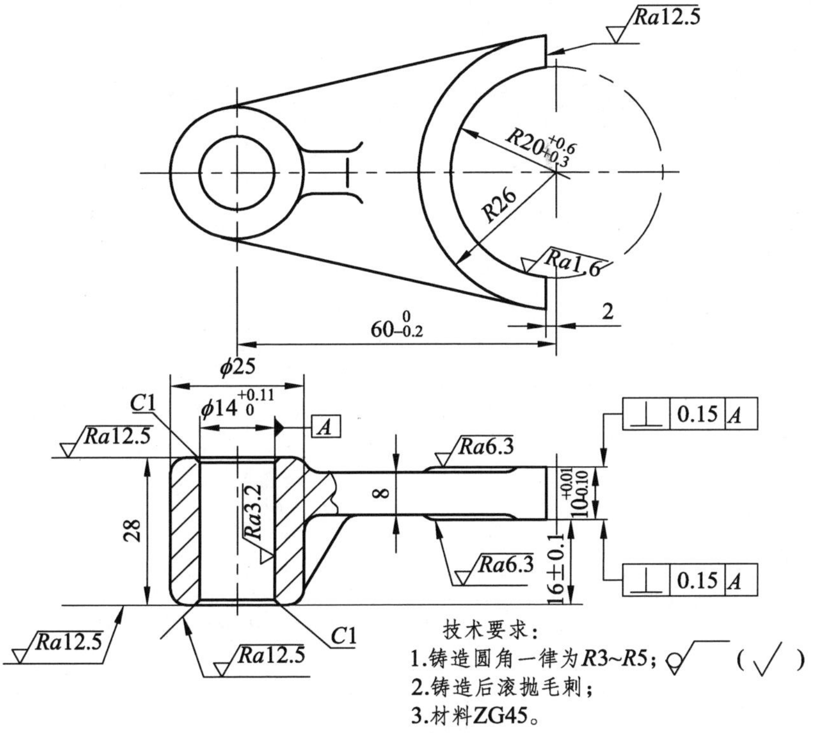

（b）零件图

图 5-7　车床拨叉

项目 5 答案

项目 6 箱体类零件的加工工艺设计

教学导读

通过本项目的学习，熟悉箱体类零件铣削、镗削加工的基本方法，初步掌握典型箱体类零件的加工工艺。

知识要点

掌握箱体类零件的图样分析和毛坯确定方法；能够合理选择箱体类零件的铣削、镗削等加工方法；能够合理拟定箱体类零件的工艺路线；能够编制箱体类零件的机械加工工艺过程卡和工序卡。

重点和难点

箱体类零件的结构分析；箱体类零件的表面加工方法；箱体类零件的工艺文件编制。

素养目标

（1）培养学生具备查阅相关手册和文献资料的能力，培养学生科学严谨的工作作风；

（2）培养学生较强的质量意识、安全意识、效率意识及环保意识，具有良好的职业道德素养；

（3）培养学生积极主动、团结协作的精神，具有较强的社会责任感、荣誉感和进取精神。

6.1 概　述

箱体类零件是机器或部件的基础零件，常见的箱体类零件有：机床主轴箱、机床进给箱、变速箱体、发动机缸体和机座等，如图 6-1 和图 6-2 所示。根据箱体零件的结构形式不同，箱体可分为整体式箱体和分离式箱体。整体式箱体是整体铸造、整体加工，加工较困难，但装配精度高；分离式箱体可分别制造，便于加工和装配，但增加了装配工作量。

（a）减速器箱体上盖　　（b）减速器箱体底座

分离式箱体零件视频

图 6-1　分离式箱体零件

图 6-2　整体式箱体及其组件

6.1.1　箱体类零件的功用及结构特点

箱体类是机器或部件的基础零件，它将机器或部件中的轴、套、齿轮等有关零件组装成一个整体，使它们之间保持正确的相互位置，并按照一定的传动关系协调地传递运动或动力。因此，箱体的加工质量将直接影响机器或部件的精度、性能和寿命。

箱体的结构形式虽然多种多样，但仍有共同的主要特点：形状复杂、壁薄且不均匀，内部呈腔形，加工部位多，加工难度大，既有精度要求较高的孔系和平面，也有许多精度要求较低的紧固孔。因此，一般中型机床制造厂用于箱体类零件的机械加工劳动量占整个产品加工量的 15%～20%。

6.1.2 箱体类零件的技术要求

箱体类零件中以机床主轴箱的精度要求最高。箱体零件的主要技术要求如下：

1. 主要平面的形位公差和表面粗糙度

箱体的主要平面是装配基准，并且往往是加工时的定位基准。因此，应有较高的平面度和较小的表面粗糙度值；否则，直接影响箱体加工时的定位精度，影响箱体与机座总装时的接触刚度和相互位置精度。一般箱体主要平面的平面度公差为 0.03 ~ 0.1 mm，表面粗糙度为 Ra0.63 ~ 2.5 μm，各主要平面对装配基准面垂直度公差为 0.1 mm/300 mm。

2. 孔的尺寸公差、形位公差和表面粗糙度

箱体上轴承支承孔的尺寸公差、形状公差和表面质量都要求较高，否则将影响轴承与支承孔的配合精度，使轴的回转精度下降，也易使传动件（如齿轮）产生振动和噪声。一般机床主轴箱的主轴支承孔尺寸公差等级为 IT6，圆度、圆柱度公差不超过孔径公差的一半，表面粗糙度为 Ra0.32 ~ 0.63 μm。其余支承孔尺寸公差等级为 IT6 ~ IT7，表面粗糙度为 Ra0.63 ~ 2.5 μm。

3. 主要孔和平面的尺寸公差、位置公差

同一轴线的孔应有一定的同轴度要求，各支承孔之间也应有一定的孔距尺寸精度及平行度要求；否则，不仅装配有困难，而且使轴的运转情况恶化，温度升高，轴承磨损加剧，齿轮啮合精度下降，引起振动和噪声，影响齿轮寿命。支承孔之间的孔距公差为 0.05 ~ 0.12 mm，平行度公差应小于孔距公差，一般在全长选取 0.04 ~ 0.1 mm。同一轴线上孔的同轴度公差一般为 0.01 ~ 0.04 mm。支承孔与主要平面的平行度公差为 0.05 ~ 0.1 mm。主要平面间及主要平面对支承孔之间垂直度公差为 0.04 ~ 0.1 mm。

6.2 箱体类零件的材料及热处理

6.2.1 箱体类零件的材料

箱体材料一般选用牌号为 HT150 ~ HT300 的灰铸铁，最常用的是 HT200。灰铸铁不仅成本低，而且具有较好的耐磨性、铸造性、可加工性、减振性和阻尼特性。在生产单件或某些简易机床的箱体时，为了缩短生产周期和降低成本，可采用钢材焊接结构。此外，精度要求较高的坐标镗床主轴箱则选用耐磨铸铁；负载大的主轴箱也可采用铸钢件。

毛坯铸造时，应防止砂眼和气孔的产生。为了减少毛坯制造时产生残余应力，应使箱体壁厚尽量均匀，箱体浇注后应安排人工时效或退火工序。

6.2.2 箱体类零件的热处理

普通精度的箱体零件，一般在铸造之后安排一次人工时效处理。对一些高精度或形状特别复杂的箱体零件，在粗加工之后还要安排一次人工时效处理，以消除粗加工所造成的残余应力。

6.3 箱体类零件的定位基准选择

6.3.1 粗基准的选择

箱体类零件一般都选择重要孔（如主轴孔）为粗基准，但由于生产类型的不同，以主轴孔为粗基准的工件装夹方式有所不同。

1. 中、小批生产时的粗基准选择

中小批生产时，由于毛坯精度较低，一般采用划线找正、装夹，其方法如下：

首先将箱体用千斤顶安放在平台上，如图 6-3 所示。调整千斤顶，使主轴孔Ⅰ和 *A* 面与台面基本平行，*D* 面与台面基本垂直，根据毛坯的主轴孔划出主轴孔的水平线Ⅰ—Ⅰ，在前后左右 4 个面上均要划出，作为第 1 矫正线，如图 6-3（a）所示。划此线时，应根据图样要求，检查所有加工部位在水平方向是否均有加工余量，若有的加工部位无加工余量，则需要重新调整Ⅰ—Ⅰ线的位置，做必要的矫正，直到所有的加工部位均有加工余量，才将Ⅰ—Ⅰ线最终确定下来。Ⅰ—Ⅰ线确定之后，即划出 *A* 面和 C 面的加工线。然后将箱体翻转 90°，*D* 面置于 3 个千斤顶上，调整千斤顶，使Ⅰ—Ⅰ线与台面垂直（用直角尺在两个方向上矫正），根据毛坯的主轴孔并考虑各加工部位在垂直方向的加工余量，按照上述同样的方法划出主轴孔的垂直轴线Ⅱ—Ⅱ作为第 2 矫正线，也分别在 4 个面上均划出，如图 6-3（b）所示。依据Ⅱ—Ⅱ线划出 *D* 面加工线。再将箱体翻转 90°，将 *E* 面置于 3 个千斤顶上，使Ⅰ—Ⅰ线和Ⅱ—Ⅱ线与台面垂直。根据凸台高度尺寸，先划出 *F* 面，然后再划出 *E* 面加工线。加工箱体平面时，按线找正，装夹工件，就体现了以主轴孔为粗基准。

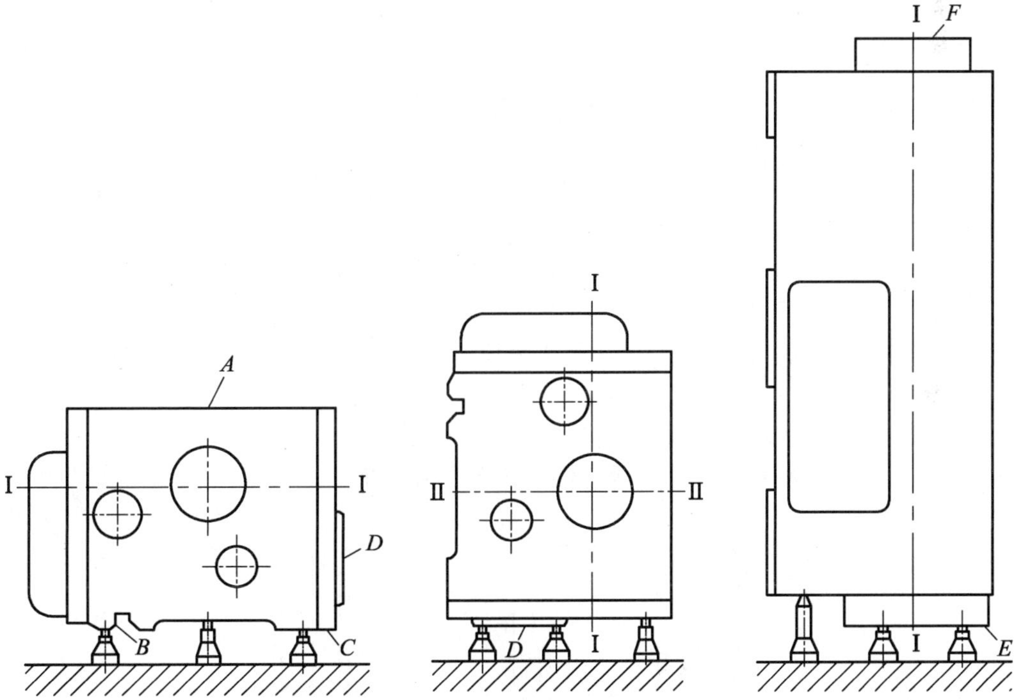

（a）划 *A* 面和 C 面的加工线　（b）划主轴孔的垂直轴线　（c）划 *D* 面加工线

图 6-3　主轴箱的划线

2. 大批量生产时的粗基准选择

大批量生产时，对于精度较高的毛坯，可直接以主轴孔在夹具上定位，采用图 6-4 所示的夹具装夹。

先将工件放在支承 1、3、5 上，并使箱体侧面紧靠挡块 4，端面紧靠挡销 6，进行工件预定位；然后操纵手柄 9，将液压控制的两个短轴 7 伸入主轴孔中。每个短轴上有 3 个活动支承 8，

分别顶住主轴孔的毛面，将工件抬起，离开支承 1、3、5 的各支承面。这时，主轴孔轴心线与两短轴轴心线重合，实现了以主轴孔为粗基准定位。为了限制工件绕两短轴的回转自由度，在工件抬起后，调节两可调支承 12，辅以简单找正，使顶面基本成水平，再调整辅助支承 2，使其与箱体底面接触。最后操纵手柄 10，将液压控制的两个夹紧块 11 压紧箱体两端面，即可加工。

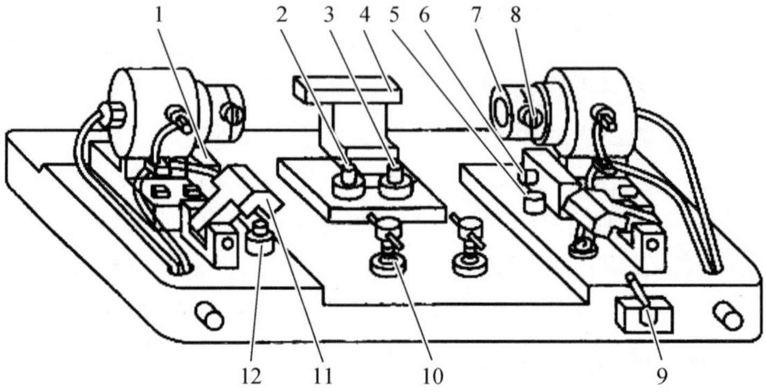

1，3，5—支承；2—辅助支承；4—挡块；6—挡销；7—短轴；8—活动支承；9，10—手柄；11—夹紧块；12—可调支承。

图 6-4　以主轴孔为粗基准铣顶面的夹具

6.3.2　精基准的选择

箱体加工精基准的选择与生产批量大小有关。

1. 单件小批量生产用装配基面作为精定位基准

当图 6-3 所示的车床主轴箱单件小批加工孔系时，选择箱体底面导轨 *B*、*C* 面作为定位基准，*B*、*C* 面既是主轴箱的装配基准，又是主轴孔的设计基准，并与箱体的两端面、侧面及各主要纵向轴承孔在相互位置上有直接联系，故选择 *B*、*C* 面作为定位基准，不仅消除了主轴孔加工时的基准不重合误差，而且用导轨面 *B*、*C* 定位稳定可靠，装夹误差较小。加工各孔时，由于箱口朝上，所以更换导向套、安装调整刀具、测量孔径尺寸、观察加工情况等都很方便。

2. 大批量生产时，采用一面两孔作为精定位基准

如图 6-5 所示，主轴箱以顶面和两定位销孔作为精基准。

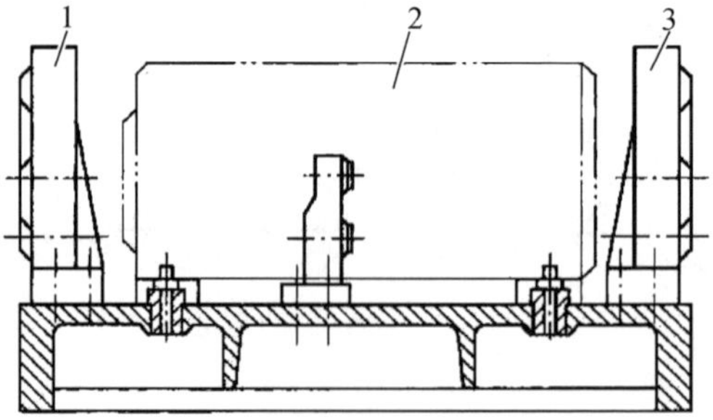

1，3—镗模夹具；2—箱体。

图 6-5　箱体以一面两孔定位

采用这种定位方式加工时箱体口朝下，中间导向支架可固定在夹具上，由于简化了夹具结构，提高了夹具的刚度，同时工件的装卸也比较方便，因而提高了孔系的加工质量和生产效率。

这种定位方式的不足之处在于定位基准与设计基准不重合，产生了基准不重合误差。为了保证箱体的加工精度，必须提高作为定位基准的箱体顶面和两定位销孔的加工精度。另外，由于箱口朝下，加工时不便于观察各表面的加工情况，所以不能及时发现毛坯是否有砂眼、气孔等缺陷，而且加工中不便于测量和调刀。因此，用箱体顶面和两定位销孔作为精基准加工时，必须采用定尺寸刀具（扩孔钻和铰刀等）。

上述两种方案的对比分析，仅仅是针对类似主轴箱而言，许多其他形式的箱体，采用一面两孔的定位方式，上面所提及的问题也不一定存在。实际生产中，一面两孔的定位方式在各种箱体加工中应用十分广泛。因为这种定位方式很简便地限制了工件 6 个自由度，定位稳定可靠；在一次安装下，可以加工除定位以外的所有 5 个面上的孔或平面，也可以作为从粗加工到精加工的大部分工序的定位基准，实现基准统一；此外，这种定位方式夹紧方便，工件的夹紧变形小；易于实现自动定位和自动夹紧。因此，在组合机床与自动线上加工箱体时，多采用这种定位方式。

由以上分析可知，箱体精基准的选择有两种方案：一种是以 3 个平面为精基准（主要定位基面为装配基面）；另一种是以一面两孔为精基准。这两种定位方式各有优缺点，实际生产中的选用与生产类型有很大的关系。中小批量生产时，通常考虑基准统一，尽可能使定位基准与设计基准重合，即一般选择设计基准作为统一的定位基准；大批量生产时，优先考虑的是如何稳定加工质量和提高生产率，不过分地强调基准重合问题，一般多用典型的一面两孔作为统一的定位基准，由此而引起的基准不重合误差，可采用适当的工艺措施去解决。

6.4 箱体类零件的加工方法

箱体零件主要是平面和孔的加工。平面加工方法和工艺路线：粗刨—精刨、粗刨—半精刨—磨削、粗铣—精铣或粗铣—磨削（可分粗磨和精磨）等方案。其中刨削生产率低，多用于中小批生产。铣削生产率比刨削高，多用于中批量以上生产。当生产批量较大时，可采用组合铣和组合磨的方法来对箱体零件各平面进行多刃、多面同时铣削或磨削。箱体零件上轴孔加工可用粗镗（扩）—精镗（铰）或粗镗（钻、扩）—半精镗（粗铰）—精镗（精铰）方案。对于精度在 IT6，表面粗糙度 *Ra* 值小于 1.25 μm 的高精度轴孔（如主轴孔），则还需进行精细镗或珩磨、研磨等光整加工。对于箱体零件上的孔系加工，当生产批量较大时，可在组合机床上采用多轴、多面、多工位和复合刀具等方法来提高生产率。

6.4.1 平面加工

平面是箱体、盘形件和板形件的主要表面之一。根据平面所起的作用不同，可以将其分为非结合面、结合面、导向平面、测量工具的工作平面等。平面加工的方法通常有刨、铣、拉、车、磨及光整加工等。其中，铣、刨为主要的加工方法。

6.4.2 孔系加工

有相互位置精度要求的一系列孔称为孔系。孔系可分为平行孔系、同轴孔系、交叉孔系。平行孔系的主要技术是各平行孔轴心线之间以及轴心线与基面之间的尺寸精度和位置精度。下面介绍加工中保证孔距精度的三种方法：

（1）找正法。

找正法主要分为划线找正法和用心轴、块规找正。

（2）镗模法。

镗模法加工孔系是用镗模板上的孔系保证工件上孔系位置精度的方法。工件装在带有镗模板的夹具内，并通过定位与夹紧装置使工件上待加工孔与镗模板上的孔同轴。镗杆支承在镗模板的支架导向套里，这样，镗刀便通过模板上的孔将工件上相应的孔加工出来。当用两个或两个以上的支架来引导镗杆时，镗杆与机床主轴浮动连接。这时机床精度对加工精度影响很小，因而可以在精度较低的机床上加工出精度较高的孔系。孔距精度主要取决于镗模，一般可达 ± 0.05 mm。

（3）坐标法。

坐标法镗孔是在普通卧式镗床、坐标镗床或数控镗铣床等设备上，借助测量装置，调整机床主轴与工件在水平和垂直方向的相对位置，来保证孔距精度的一种镗孔方法。坐标法镗孔的孔距精度主要取决于坐标的移动精度。

箱体平面和孔系的常用加工机床及其加工的经济精度见表 6-1 ~ 表 6-4。

表 6-1　平面磨床加工的经济精度

机床类型			平行度（加工面对基面）/（mm/mm 长度）	垂直度（加工面间）/（mm/mm 长度）
平面磨床	卧轴矩台		0.005/300 ~ 0.03/300	—
	精密卧轴矩台		0.01/1000	0.005
	立轴矩台		0.015/1000	—
	卧轴圆台 立轴圆台	工作台直径/mm		—
		≤500	0.005	
		500 ~ 1000	0.010	
		1000 ~ 1600	0.015	

表 6-2　镗床加工的经济精度

机床类型	镗杆直径/mm	圆度/mm	圆柱度/（mm/mm 直径）	平面度（凹）/（mm/mm 长度）	平行度（孔系间）/（mm/mm 长度）	垂直度（孔与端面）/（mm/mm 长度）
卧式铣镗床	≤100	外圆 0.025 内孔 0.02	0.03/200	0.04/300	—	—
	>100 ~ 160	外圆 0.025 内孔 0.025	0.03/300	0.05/500	0.05/300	0.05/300
	>160	外圆 0.03 内孔 0.025	0.035/400	—	—	—
立式金刚镗床		0.03	0.04/300	—	—	0.03/300

续表

加工方法		镗垂直孔轴心线垂直度/（mm/mm）	镗垂直孔轴心线位置度/mm	镗平行孔轴心线距离误差或自孔轴心线到平面的距离误差/mm
卧式镗床上镗孔	按划线	0.5 ~ 1.0/100	0.5 ~ 2	0.4 ~ 0.6
	用镗模	0.04 ~ 0.2/100	0.02 ~ 0.06	0.05 ~ 0.08
	回转工作台	0.06 ~ 0.3/100	0.03 ~ 0.08	—
	带有百分表的回转工作台	0.05 ~ 0.15/100	0.05 ~ 0.10	—
	用游标卡尺			0.2 ~ 0.4
	用内径规或塞尺			0.05 ~ 0.25
	按定位器的指示读数			0.04 ~ 0.06
	用程序控制的坐标装置			0.04 ~ 0.05
	按定位样板			0.08 ~ 0.20
	用块规			0.05 ~ 0.10
坐标镗床上镗孔				0.004 ~ 0.015
金刚镗床上镗孔				0.008 ~ 0.02

表 6-3　铣床加工的经济精度

机床类型	加工范围		平面度/（mm/mm）	平行度		垂直度加工面相互间/（mm/mm）
				加工面对基面/（mm/mm 长度）	两侧加工面之间/（mm/mm 长度）	
升降台铣床	立式		0.02	0.03	—	0.02/100
	卧式					
工作台不升降铣床	立式		0.02	0.03	—	0.02/100
	卧式					
龙门铣床	加工长度/m	≤2	—	0.03	0.02	0.02/300
		>2 ~ 5		0.04	0.03	
		>5 ~ 10		0.05	0.05	
		>10		0.08	0.08	

表 6-4　刨床加工的经济精度

机床类型	加工长度/mm	平面度/（mm/mm）	平行度加工面对基面/mm	垂直度	
				加工面对基面	加工面相互间
			（mm/mm 长度）		
牛头刨床	200 ~ 500	0.02	0.02	0.01	0.04
	500 ~ 800	0.025	0.03	0.02	0.05
	800 ~ 1 000	0.03	0.04	0.03	0.06
龙门刨床		加工面直线度 0.02/2000	0.03/2000	—	0.02/300

6.5 车床主轴箱的机械加工工艺设计实例

车床主轴箱箱体属于典型的箱体类零件，箱体类零件是机器或部件的基础件，通过它把机器上的零部件连接成为一个整体，起到支撑、密封等作用，其加工质量在很大程度上决定着部件或机器的装配精度与性能。本项目以某车床主轴箱零件（见图 6-6）为例分析箱体零件的机械加工工艺设计，其中生产纲领为 500 件/年。

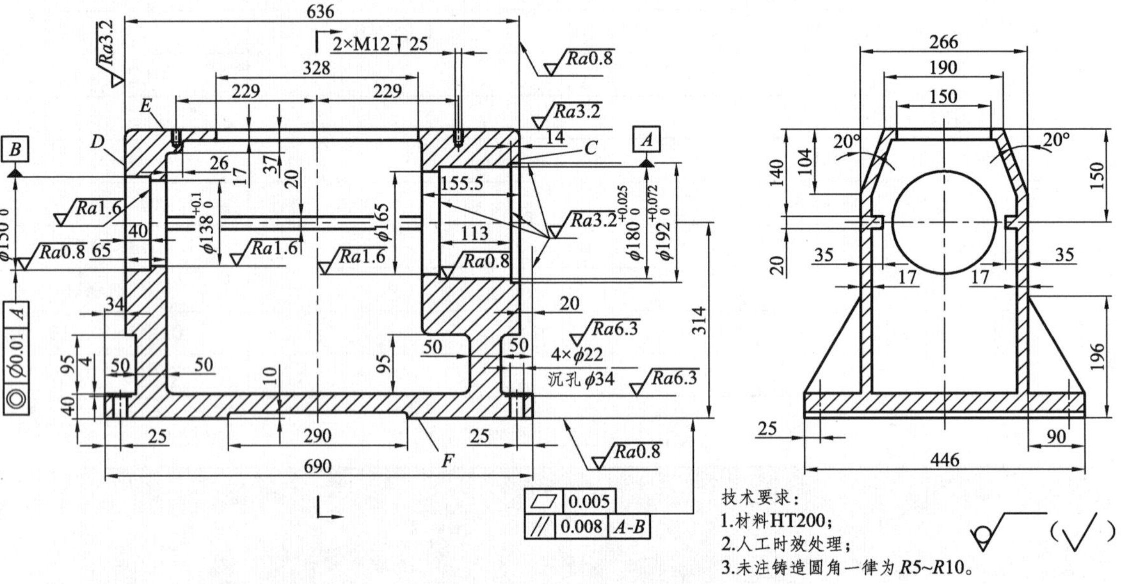

（a）车床主轴箱体零件图

（b）车床主轴箱体三维图

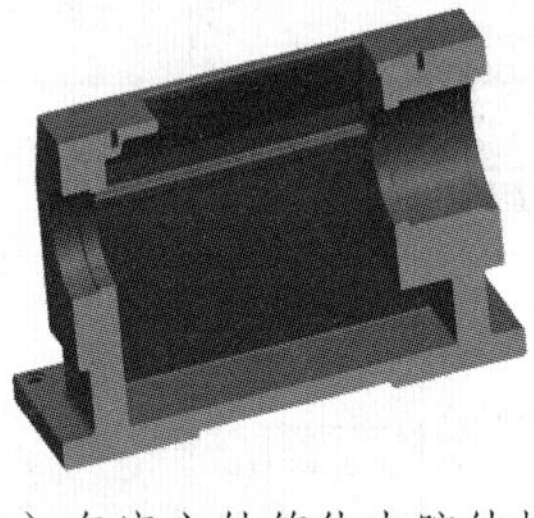

（c）车床主轴箱体内腔结构

车床主轴箱体视频

图 6-6　车床主轴箱体

6.5.1 技术要求分析

（1）图 6-3 中 $\phi150^{+0.025}_{0}$ mm 内孔对 $\phi180^{+0.025}_{0}$ mm 内孔的同轴度公差为 ϕ0.01 mm；

（2）F 面对 $\phi150^{+0.025}_{0}$ mm 内孔、$\phi180^{+0.025}_{0}$ mm 内孔轴线平行度公差为 0.008 mm；

（3）零件材料为 HT200；

（3）采用人工时效处理。

6.5.2 工艺分析

（1）加工时，首先应先加工 F 面，然后以 F 面为基准，加工 $\phi150^{+0.025}_{0}$ mm 内孔、$\phi180^{+0.025}_{0}$ mm

内孔。精镗此两孔时，要一次装夹完成加工，以保证两内孔轴线同轴度要求。

（2）$\phi150_{0}^{+0.025}$ mm 内孔、$\phi180_{0}^{+0.025}$ mm 内孔精度要求较高，应进行精樘加工。

6.5.3 毛坯选择

在选择箱体类毛坯时，应根据零件的技术要求、结构特点、材料、生产纲领等方面的要求，合理地确定毛坯的类型和制造方法。同时，要综合考虑零件的材料、功用、结构形状和尺寸大小、生产纲领和现场生产条件等方面因素。

1. 毛坯类型的选择

车床主轴箱箱体的材料为 HT200，所以其毛坯的类型应确定为铸件。该材料抗拉强度和塑性低，但铸造性能和减振性能好，主要用来铸造汽车发动机气缸、气缸套、车床床身等承受压力及振动部件。由于零件为中型零件且生产纲领为 500 件/年，故零件的生产类型为中批量生产，毛坯的铸造可选择金属型铸造方法。

2. 毛坯精度的确定

车床主轴箱体采用金属型铸造，根据金属型铸造的工艺特点、生产批量等，参考表 6-5 和表 6-6，确定铸件的尺寸公差等级为 CT10。

表 6-5 铸件毛坯的公差 单位：mm

毛坯铸件基本尺寸/mm		铸件公差等级 CT															
大于	至	1	2	3	4	5	6	7	8	9	10	11	12	13	14	15	16
	10	0.09	0.13	0.18	0.26	0.36	0.52	0.74	1	1.5	2	2.8	4.2	—	—	—	—
10	16	0.1	0.14	0.2	0.28	0.38	0.54	0.78	1.1	1.6	2.2	3	4.4	—	—	—	—
16	25	0.11	0.15	0.22	0.3	0.42	0.58	0.82	1.2	1.7	2.4	3.2	4.6	6	8	10	12
25	40	0.12	0.17	0.24	0.32	0.46	0.64	0.9	1.3	1.8	2.8	3.6	5	7	9	11	14
40	63	0.13	0.18	0.26	0.36	0.5	0.7	1	1.4	2	2.8	4	5.6	8	10	12	16
63	100	0.14	0.2	0.28	0.4	0.56	0.78	1.1	1.6	2.2	3.2	4.4	6	9	11	14	18
100	160	0.15	0.22	0.3	0.44	0.62	0.88	1.2	1.8	2.5	3.6	5	7	10	12	16	20
160	250	—	0.24	0.34	0.5	0.72	1	1.4	2	2.8	4	5.6	8	11	14	18	22
250	400	—	—	0.4	0.56	0.78	1.1	1.6	2.2	3.2	4.4	6.2	9	12	16	20	25
400	630	—	—	—	0.64	0.9	1.2	1.8	2.6	3.6	5	7	10	14	18	22	28
630	1000	—	—	—	0.72	1	1.4	2	2.8	4	6	8	11	16	20	25	32
1000	1600	—	—	—	0.8	1.1	1.6	2.2	3.2	4.6	7	9	13	18	23	29	37
1600	2500	—	—	—	—	—	—	2.6	3.8	5.4	8	10	15	21	26	33	42
2500	4000	—	—	—	—	—	—	—	4.4	6.2	9	12	17	24	30	38	49
4000	6300	—	—	—	—	—	—	—	—	7	10	14	20	28	35	44	56
6300	10 000	—	—	—	—	—	—	—	—	—	11	16	23	32	40	50	64

注：CT1～CT15 级中的壁厚公差应比其他尺寸的一般公差低一级，例如，若图样上标注的一般公差为 CT10，则壁厚公差为 CT11。

表 6-6　毛坯铸造方法与公差等级　　单位：mm

铸造方法		公差等级 CT								
		铸件材料								
		钢	灰铸铁	球磨铸铁	可锻铸铁	铜合金	锌合金	轻金属合金	镍基合金	钴基合金
砂型铸造手工造型		11 ~ 14	11 ~ 14	11 ~ 14	11 ~ 14	10 ~ 13	10 ~ 13	9 ~ 12	11 ~ 14	11 ~ 14
砂型铸造机器造型		8 ~ 12	8 ~ 12	8 ~ 12	8 ~ 12	8 ~ 10	8 ~ 10	7 ~ 9	8 ~ 12	8 ~ 12
金属型铸造		—	8 ~ 10	8 ~ 10	8 ~ 10	8 ~ 10	7 ~ 9	7 ~ 9	—	—
压力铸造		—	—	—	—	6 ~ 8	4 ~ 6	4 ~ 7	—	—
熔模铸造	水玻璃	7 ~ 9	7 ~ 9	7 ~ 9	—	5 ~ 8	—	5 ~ 8	7 ~ 9	7 ~ 9
	硅溶胶	4 ~ 6	4 ~ 6	4 ~ 6	—	4 ~ 6	—	4 ~ 6	4 ~ 6	4 ~ 6

3. 毛坯图

本项目车床主轴箱体毛坯如图 6-7 所示。

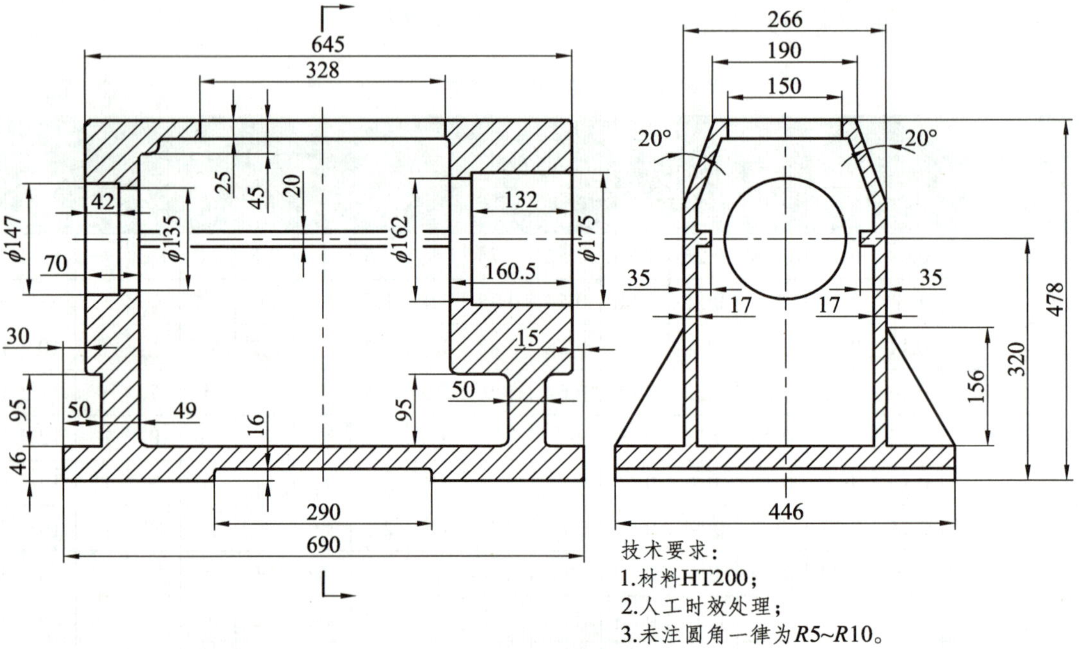

（a）毛坯图

（b）毛坯三维图

车床主轴箱体毛坯视频

图 6-7　车床主轴箱体毛坯

6.5.4 定位基准选择

拟定工艺路线的第一步是选择定位基准。为使所选的定位基准能保证整个机械加工工艺过程顺利进行，通常应先考虑如何选择精基准来加工各个表面，然后考虑如何选择粗基准把作为精基准的表面先加工出来。

1. 精基准选择

精基准的选择首先应该遵循“基准重合”这一精基准选择原则。根据车床主轴箱体零件图的技术要求和装配要求分析，选择底面 F 面为精基准作主要定位基面，可使定位稳定可靠，操作简单方便。同时，为保证主要表面间的相互位置精度要求，应选择 F 面为精基准，这样符合基准重合原则。采用底面 F 面定位加工内孔，可保证孔 $\phi150_{0}^{+0.025}$ 和 $\phi180_{0}^{+0.025}$ 的相互位置要求。

2. 粗基准选择

作为粗基准的表面应平整，没有飞边、毛刺或其他表面缺陷。根据车床主轴箱体零件图，选择顶面 E 面作为粗基准，加工底面 F，为后续工序准备好精基准。

6.5.5 加工方案的确定

选择表面的加工方法应以零件图上的技术要求为依据，主要包括各加工表面的尺寸精度、形状精度和表面粗糙度，并综合考虑各个方面的工艺因素影响。

车床主轴箱体的加工表面主要为平面和孔。本项目主要分析平面和孔的加工方法及加工方案的确定，车床主轴箱体各部分加工方案见表 6-7。

表 6-7　车床主轴箱体各部分的加工方案

加工表面	经济精度	经济表面粗糙度 Ra/μm	加工方案
底面 F	IT7	0.8	粗铣—精铣
右端面 C	IT8	3.2	粗铣—精铣
左端面 D	IT8	3.2	粗铣—精铣
顶面 E	IT8	3.2	粗刨—精刨
钻 $4\times\phi22$	IT9	6.3	钻—扩
锪 $\phi34$ 孔	IT9	3.2	锪
镗 $\phi165$	IT8	1.6	粗镗—半精镗—精镗
镗 $\phi180$	IT6	0.8	粗镗—半精镗—精镗—浮动镗刀精镗
镗 $\phi192$	IT8	3.2	粗镗—半精镗—精镗
镗 $\phi138$	IT8	1.6	粗镗—半精镗—精镗
镗 $\phi150$	IT6	0.8	粗镗—半精镗—精镗—浮动镗刀精镗

6.5.6　加工工序安排

1. 加工阶段划分

车床主轴箱体加工质量要求较高，可将加工阶段划分成粗加工、半精加工和精加工几个阶段。若加工精度要求不高，则可将加工阶段划分成粗加工、半精加工两个阶段。

对于车床主轴箱体零件，在粗加工阶段首先将精基准底面 F 面准备好，使后续工序都可采用精基准定位加工，保证其他加工表面的精度要求；然后粗铣右端面，粗铣左端面。在精加工阶段，精铣右端面，精铣左端面。

2. 工序的集中与分散

车床主轴箱体的生产类型为小批量生产，可以采用通用机床配以专用夹具，以提高生产效率；运用工序集中原则可使工件的装夹次数减少，不但可缩短辅助时间，而且在一次装夹中可加工较多表面，有利于保证各加工表面之间的相对位置精度要求。因此，本案例按工序集中原则安排车床主轴箱的加工工序。

3. 工序顺序安排

（1）机械加工工序安排。

① 遵循“先基准后其他”原则。首先加工精基准底面 F 面。

② 遵循“先粗后精”原则。先安排粗加工工序，后安排精加工工序。

③ 遵循“先主后次”原则。先加工主要表面——底面 F 面，再加工左端面 D、右端面 C、顶面 E。

④ 遵循“先面后孔”原则。先加工底面 F 面、左端面 D、右端面 C、顶面 E，再钻 $4\times\phi22$ 和锪 $\phi34$ 孔，最后镗孔 $\phi138$、$\phi150$、$\phi165$、$\phi180$ 和 $\phi192$ 各孔。

（2）热处理工序安排。

车床主轴箱体材料为 HT200，在毛坯铸造后需进行退火处理，以消除铸造内应力，改善材料的金相组织和机械加工性能。

6.5.7　工艺路线的拟定

通过以上工艺过程分析，本案例工件的加工工艺路线拟定见表 6-8。

表 6-8　车床主轴箱体的加工工艺路线

工序号	工步	工序内容	设备
10		铸造	
20		人工时效	
30		涂底漆	
40		划线：$\phi150^{+0.025}_{0}$ 内孔、$\phi180^{+0.025}_{0}$ 内孔的加工余量应尽量均匀	划线台
50		粗铣	立式铣床
	1	按线找正，粗铣 F 面，留精铣余量 1 mm	
	2	粗铣 C 面，留精铣余量 1 mm	
	3	粗铣 D 面，留精铣余量 1 mm	
	4	粗铣 E 面，留精铣余量 1 mm	

续表

工序号	工步	工序内容	设备
60		精铣、钻	立式加工中心
	1	精铣 *F* 面，留磨削余量 0.30 mm	
	2	钻、扩 4×ϕ22 孔，表面粗糙度为 *Ra*6.3 μm	
	3	锪 4×ϕ34 孔，表面粗糙度为 *Ra*6.3 μm	
70		磨 *F* 面至要求，表面粗糙度为 *Ra*0.8 μm	平面磨床
80		精铣	立式加工中心
	1	精铣 *E* 面至要求，表面粗糙度为 *Ra*3.2 μm	
	2	钻 2×M12 螺纹底孔至ϕ10.20 mm	
	3	攻 2×M12、深 25 mm 螺纹孔	
90		铣、镗	卧式加工中心
	1	精铣 *C* 面，表面粗糙度为 *Ra*0.8 μm	
	2	镗ϕ165 内孔，表面粗糙度为 *Ra*3.2 μm	
	3	粗镗 $\phi180_{0}^{+0.025}$ 内孔至ϕ178	
	4	精镗 $\phi180_{0}^{+0.025}$ 内孔至要求，表面粗糙度为 *Ra*0.8 μm	
	5	镗 $\phi192_{0}^{+0.072}$ 内孔至要求，表面粗糙度为 *Ra*3.2 μm	
	6	不松压板，水平旋转 180°，精铣 *D* 面，表面粗糙度为 *Ra*3.2 μm	
	7	镗 $\phi138_{0}^{+0.1}$ 内孔至要求，表面粗糙度为 *Ra*1.6 μm	
	8	粗镗 $\phi150_{0}^{+0.025}$ 内孔至ϕ148	
	9	精镗 $\phi150_{0}^{+0.025}$ 内孔至要求，保证尺寸 40 mm，表面粗糙度为 *Ra*0.8 μm	
100		检验	检验台
	1	检验各部尺寸、表面粗糙度	
	2	检验 $\phi150_{0}^{+0.025}$ 内孔与 $\phi180_{0}^{+0.025}$ 内孔的同轴度，检验底面 *F* 的平面度和 *F* 面与基准轴 *A-B* 的平行度	
	3	填写检验报告	
110		入库	

6.5.8 加工设备及工艺装备的选择

车床主轴箱体零件的加工工艺路线已制定，以下分析各工序中零件表面的加工设备选择。

1. 加工设备的选择

（1）工序 50 的加工设备。

工序 50 是底面 F 面、右端面 C 面、左端面 D 面、顶面 E 面的粗铣加工。采用的是铣削加工，又因工件的加工精度一般，零件尺寸不大，故选用立式铣床能满足加工要求。

（2）工序 60 的加工设备。

工序 60 是精铣 F 面、钻 $4\times\phi22$ 和锪$\phi34$ 孔，采用立式加工中心加工，零件一次装夹，来实现车床主轴箱顶面的铣削和钻削、锪孔。

（3）工序 70 的加工设备。

工序 70 是加工 F 面，精度较高，可采用磨削加工，根据车床主轴箱的形状和大小，选用平面磨床进行加工。

（4）工序 80 的加工设备。

工序 80 是精铣 E 面，钻、攻螺纹 2 × M12，采用立式加工中心加工，零件一次装夹，来实现车床主轴箱底面部位铣削和钻、攻螺纹。

（5）工序 90 的加工设备。

工序 90 是精铣 C 面、镗孔加工。加工的表面主要在车床主轴箱体的右端面和各孔，考虑工件装夹的方便性，采用卧式加工中心加工。

2. 工艺装备的选择

工艺装备的选择包括夹具、刀具、量具的选择。工艺装备选择得是否合理，直接影响到工序的加工精度、生产效率和经济性，应结合生产类型、具体加工条件、工件的结构特点和技术要求等进行选择。

（1）夹具的选择。

由于车床主轴箱的定位表面比较规范，在生产批量大时应选用通用夹具装夹加工。本案例在镗削加工、铣削加工、钻削加工时都需用专用夹具。

（2）刀具的选择。

① 铣削加工。

在工序 50、工序 80、工序 90 中，主要采用盘铣刀，实现平面 C、D、E、F 的粗铣和精铣加工。

② 镗削加工。

在工序 90 中，采用粗镗刀和精镗刀，实现孔$\phi165$、$\phi180$、$\phi192$、$\phi138$ 的粗加工和精加工。

③ 钻削加工。

在工序 60 和工序 80 中，采用麻花钻、锪钻和丝锥，加工 $4\times\phi22$、$\phi34$、4 × M12 螺纹。

（3）量具的选择。

该车床主轴箱为小批量生产，应选择通用量具，如游标卡尺、千分尺和千分表等。所选量具的量程和精度要与工件的尺寸和精度相适应。

6.6 车床主轴箱体的工艺文件编制

综合上面对某车床主轴箱体的工艺过程设计，下面编制该零件的主要加工表面的主要工序卡，如表 6-9 ~ 表 6-13 所示。由于表 6-8 车床主轴箱的加工工艺路线已经较详细地分析了该零件的加工阶段、加工过程、工序主要内容及所选设备等内容，因此，该零件的机械加工工艺过程卡在此略去，读者可以自行分析编制。

表 6-9 主轴箱体的机械加工 50 工序卡

机械加工工序卡片	产品型号		零件图号		共 页
	产品名称	卧式车床	零件名称	主轴箱体	第 页

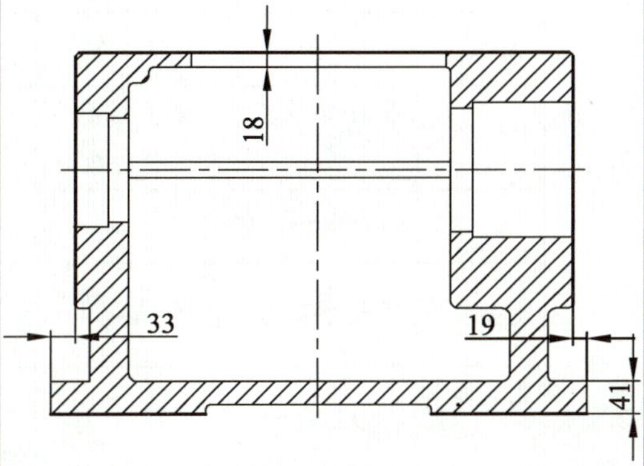

车间	工序号	工序名称	材料牌号	
机加工	50	粗铣	HT200	
毛坯种类	毛坯外形尺寸/mm	每件毛坯可制件数	每台件数	
铸件	690×446×478	1	1	
设备名称	设备型号	设备编号	同时加工件数	
立式铣床	X52K		1	
夹具编号		夹具名称	切削液	
		活动支承		
工位器具编号		工位器具名称	工序工时	
			准终	单件

	工步号	工步内容	工艺装备	主轴转速/(r/min)	切削速度/(m/min)	进给量/(mm/rad)	背吃刀量/mm	进给次数	工步工时 机动	辅助
描图	1	按线找正，粗铣 *F* 面，留精铣余量 1 mm	盘铣刀	300～500	1.33	0.12	2～3	3	0.5	0.25
	2	粗铣 *C* 面，留精铣余量 1 mm	盘铣刀	300～500	0.32	0.32	3～3.5	2～3	0.3	0.25
描校	3	粗铣 *D* 面，留精铣余量 1 mm	盘铣刀	300～500	1.33	0.12	2～3	3	0.5	0.25
	4	粗铣 *E* 面，留精铣余量 1 mm	盘铣刀	300～500	1.33	0.12	2～3	3	0.5	0.25
底图号										
装订号										

					编制日期	审核日期	标准化日期	会签日期
标记	处数	更改文件号	签字	日期				

表 6-10　主轴箱体的机械加工 60 工序卡

机械加工工序卡片	产品型号		零件图号		共　页
	产品名称	卧式车床	零件名称	主轴箱体	第　页

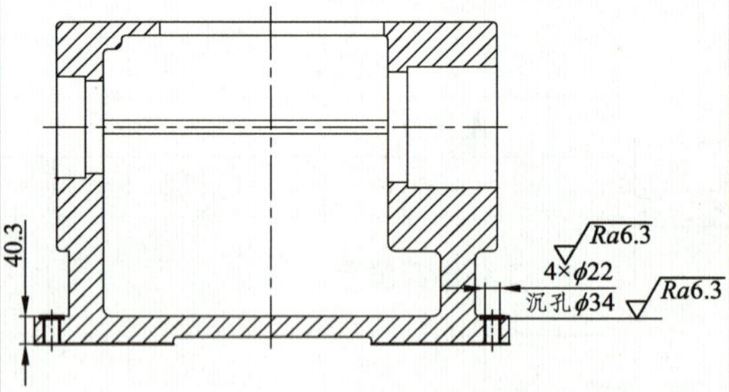

车间	工序号	工序名称	材料牌号
机加工	60	铣、钻	HT200
毛坯种类	毛坯外形尺寸/mm	每件毛坯可制件数	每台件数
铸件	690×446×478	1	1
设备名称	设备型号	设备编号	同时加工件数
立式加工中心	XCV855		1

夹具编号	夹具名称	切削液	
	活动支承		
工位器具编号	工位器具名称	工序工时	
		准终	单件

	工步号	工步内容	工艺装备	主轴转速/（r/min）	切削速度/（m/min）	进给量/（mm/rad）	背吃刀量/mm	进给次数	工步工时 机动	工步工时 辅助
描图	1	精铣 *F* 面，留磨削余量 0.30 mm	盘铣刀	800～1000	1.6	0.12	0.2	2	0.4	0.25
	2	钻、扩 4×ϕ22 孔，表面粗糙度为 *Ra*6.3 μm	ϕ22 麻花钻	200～300	0.02	0.32	0.5	2	0.2	0.1
描校	3	锪 4×ϕ34 孔，表面粗糙度为 *Ra*6.3 μm	ϕ34 锪钻	200～300	0.02	0.32	0.5	2	0.2	0.1
底图号										
装订号										

					编制日期	审核日期	标准化日期	会签日期
标记	处数	更改文件号	签字	日期				

表 6-11　主轴箱体的机械加工 70 工序卡

机械加工工序卡片	产品型号		零件图号		共　页
	产品名称	卧式车床	零件名称	主轴箱体	第　页

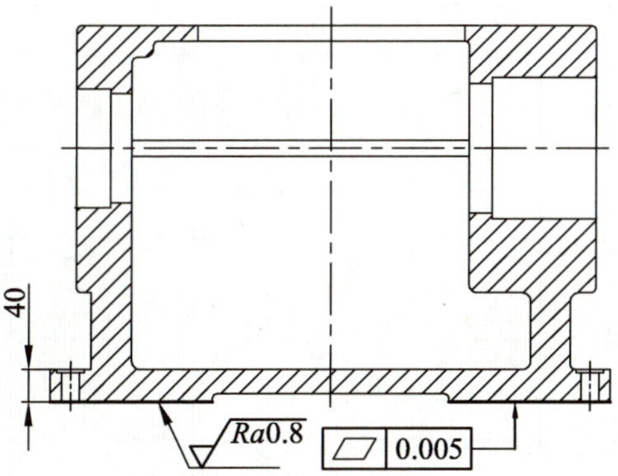

车间	工序号	工序名称	材料牌号	
机加工	70	磨	HT200	
毛坯种类	毛坯外形尺寸/mm	每件毛坯可制件数	每台件数	
铸件	690×446×478	1	1	
设备名称	设备型号	设备编号	同时加工件数	
平面磨床	MY7132		1	
夹具编号		夹具名称	切削液	
		电磁吸盘		
工位器具编号		工位器具名称	工序工时	
			准终	单件

	工步号	工步内容	工艺装备	主轴转速/（r/min）	切削速度/（m/min）	进给量/（mm/rad）	背吃刀量/mm	进给次数	工步工时 机动	工步工时 辅助
描图	1	磨 *F* 面至要求，表面粗糙度为 *Ra*0.8 μm	砂轮	2000～3500	1.8	0.02	0.02	3	1	0.5
描校										
底图号										
装订号										

					编制日期	审核日期	标准化日期	会签日期
标记	处数	更改文件号	签字	日期				

表 6-12　主轴箱体的机械加工 80 工序卡

机械加工工序卡片	产品型号		零件图号		共　页
	产品名称	卧式车床	零件名称	主轴箱体	第　页

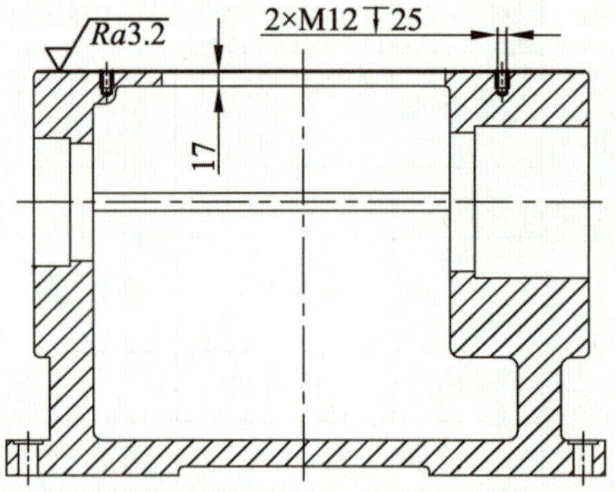

车间	工序号	工序名称	材料牌号
机加工	80	铣	HT200
毛坯种类	毛坯外形尺寸 / mm	每件毛坯可制件数	每台件数
铸件	690×446×478	1	1
设备名称	设备型号	设备编号	同时加工件数
立式加工中心	XCV855		1
夹具编号		夹具名称	切削液
		活动支承	
工位器具编号		工位器具名称	工序工时 准终　单件

	工步号	工步内容	工艺装备	主轴转速 /（r/min）	切削速度 /（m/min）	进给量 /（mm/rad）	背吃刀量/mm	进给次数	工步工时 机动	辅助
描图	1	精铣 *E* 面至要求，表面粗糙度为 *Ra*3.2 μm	盘铣刀	1 200～1 500	1.2	0.08	0.15	2～3	0.7	0.25
	2	钻 2×M12 螺纹底孔至 ϕ10.20 mm	ϕ10.2 麻花钻	200～300	0.02	0.32	0.5	1～2	0.2	0.1
描校	3	攻 2×M12、深 25 mm 螺纹孔至尺寸要求	M12 攻锥	200～300	0.02	0.32	0.1	1～2	0.2	0.1
底图号										
装订号										

					编制日期	审核日期	标准化日期	会签日期
标记	处数	更改文件号	签字	日期				

表 6-13 主轴箱体的机械加工 90 工序卡

机械加工工序卡片	产品型号		零件图号		共 页
	产品名称	卧式车床	零件名称	主轴箱体	第 页

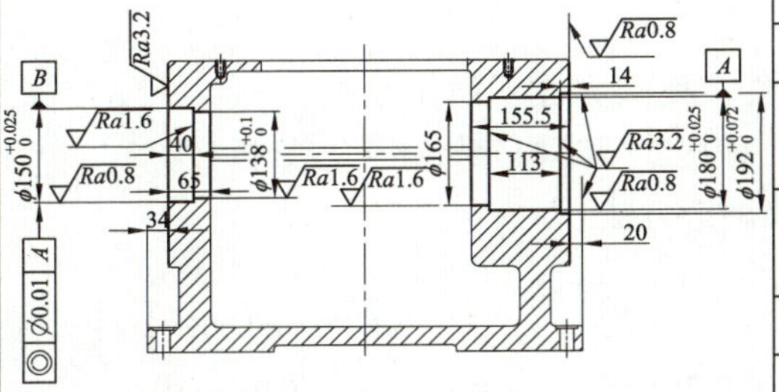

车间	工序号	工序名称	材料牌号
机加工	90	铣、镗	HT200
毛坯种类	毛坯外形尺寸/mm	每件毛坯可制件数	每台件数
铸件	690×446×478	1	1
设备名称	设备型号	设备编号	同时加工件数
卧式加工中心	HC500A		1
夹具编号		夹具名称	切削液
		活动支承	
工位器具编号		工位器具名称	工序工时（准终 / 单件）

	工步号	工步内容	工艺装备	主轴转速/（r/min）	切削速度/（m/min）	进给量/（mm/rad）	背吃刀量/mm	进给次数	工步工时 机动	工步工时 辅助
描图	1	精铣 *C* 面，表面粗糙度为 *Ra* 0.8 μm	盘铣刀	1500～1800	0.5	0.08	0.1	2	2	0.25
	2	镗 $\phi165$ 内孔，表面粗糙度为 *Ra* 3.2 μm	粗镗刀	600～800	1.15	0.2	1～1.2	3	0.5	0.25
描校	3	粗镗 $\phi180^{+0.025}_{0}$ 内孔至 $\phi178$	粗镗刀	600～800	1.15	0.2	1～1.2	3	0.5	0.25
	4	精镗 $\phi180^{+0.025}_{0}$ 内孔至要求，表面粗糙度为 *Ra* 0.8 μm	精镗刀	1000～1200	1.5	0.15	0.25～0.5	2	0.5	0.25
底图号	5	镗 $\phi192^{+0.072}_{0}$ 内孔至要求，表面粗糙度为 *Ra* 3.2 μm	精镗刀	1000～1200	1.0	0.15	1～1.2	2	0.5	0.25
	6	不松压板，水平旋转 180°，精铣 *D* 面，表面粗糙度为 *Ra* 3.2 μm	盘铣刀	1000～1200	1.2	0.2	0.25	3	0.5	0.25
装订号	7	镗 $\phi138^{+0.1}_{0}$ 内孔至要求，表面粗糙度为 *Ra*1.6 μmm	精镗刀	1000～1200	1.0	0.15	0.25～0.5	2	0.5	0.25
	8	粗镗 $\phi150^{+0.025}_{0}$ 内孔至 $\phi148$	粗镗刀	600～800	1.0	0.2	1～1.2	3	0.5	0.25
	9	精镗 $\phi150^{+0.025}_{0}$ 内孔至要求，保证尺寸 40 mm，表面粗糙度为 *Ra*0.8 μm	精镗刀	1000～1200	1.0	0.15	0.25～0.35	2	0.5	0.25
				编制日期		审核日期	标准化日期		会签日期	
标记	处数	更改文件号	签字	日期						

模块 2 技能训练

任务 1 小型箱体零件的机械加工工艺过程设计

1. 任务内容

图 6-8 为小型箱体零件，生产纲领：400 件。要求完成下列任务：

（1）了解该零件的结构特点和技术要求，对其进行结构分析和工艺分析；

（2）绘制产品毛坯图，确定毛坯的种类及制造方法；

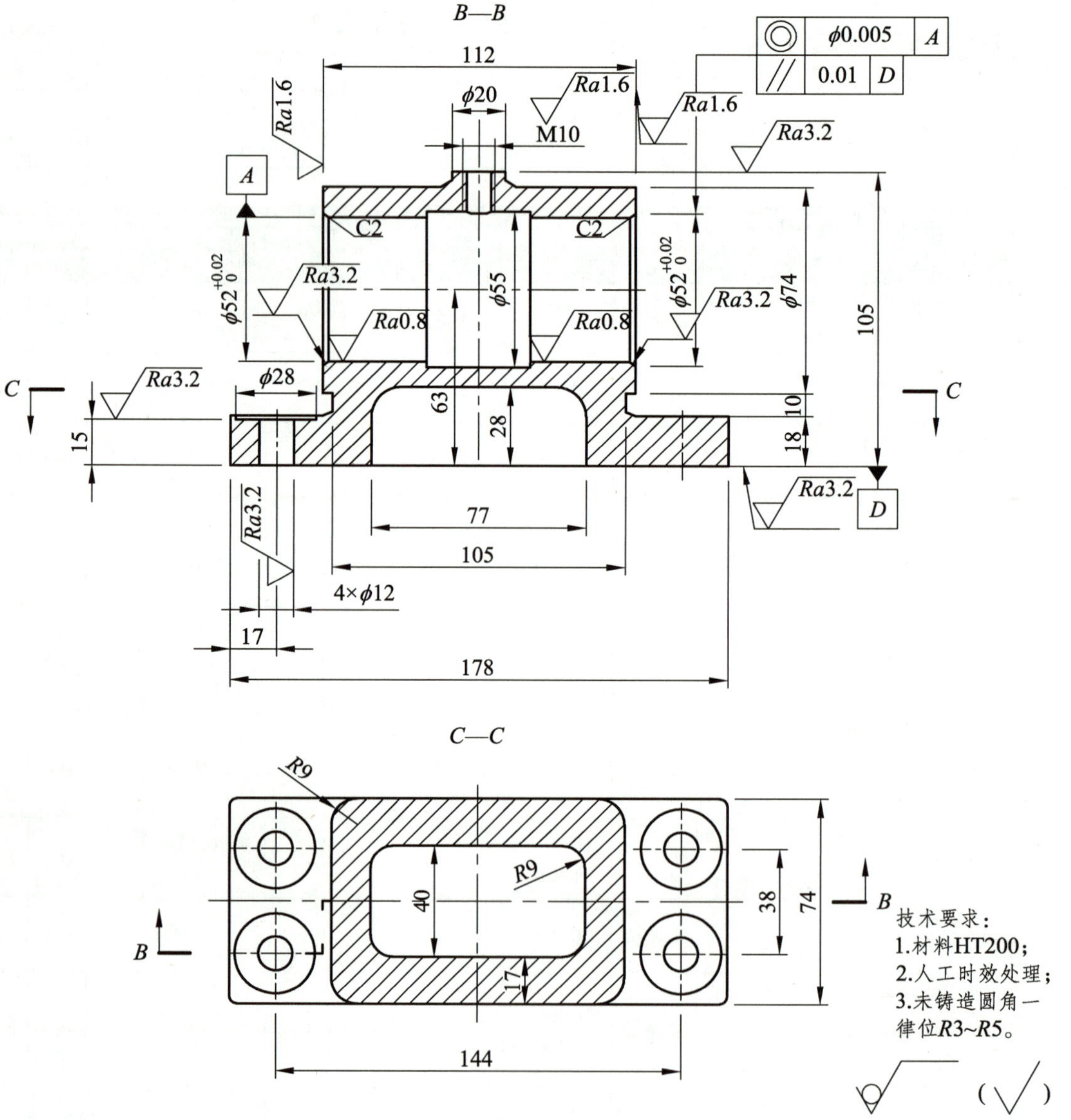

图 6-8 小型箱体零件

（3）拟定零件的机械加工工艺过程；
（4）选择各工序的加工设备和工艺装备；
（5）确定各工序的加工余量和工序尺寸及公差；
（6）计算各工序的切削用量和工时定额；
（7）编制机械加工工艺过程卡片和工序卡片。

2. 任务准备

读懂图 6-8，分析该零件各表面的加工精度、表面粗糙度和其他技术要求。

3. 实训目的

熟悉绘图软件；掌握箱体类零件的机械加工方法；掌握工序尺寸及公差的计算方法；了解工序切削用量和工时定额的计算方法；掌握工序余量的查阅方法。

4. 实训步骤

（1）分析图 6-8 所示小型箱体零件的工艺结构；
（2）确定小型箱体毛坯类型、结构及尺寸大小；
（3）进行小型箱体的机械加工工艺过程设计；
（4）选择小型箱体的机械加工设备及工艺装备；
（5）编制小型箱体的机械加工工艺过程卡片和工序卡片。

思考与练习

一、简答题

1. 说明箱体零件的功用和主要工作表面？
2. 简述箱体的材料种类和热处理。
3. 箱体零件的加工顺序应怎样安排？
4. 铣削加工可完成箱体类零件的哪些工作？
5. 工艺装备的选择原则是什么？

二、分析题

某小型蜗杆减速器箱体如图 6-9 所示，中批量生产，请拟定机械加工工艺路线。

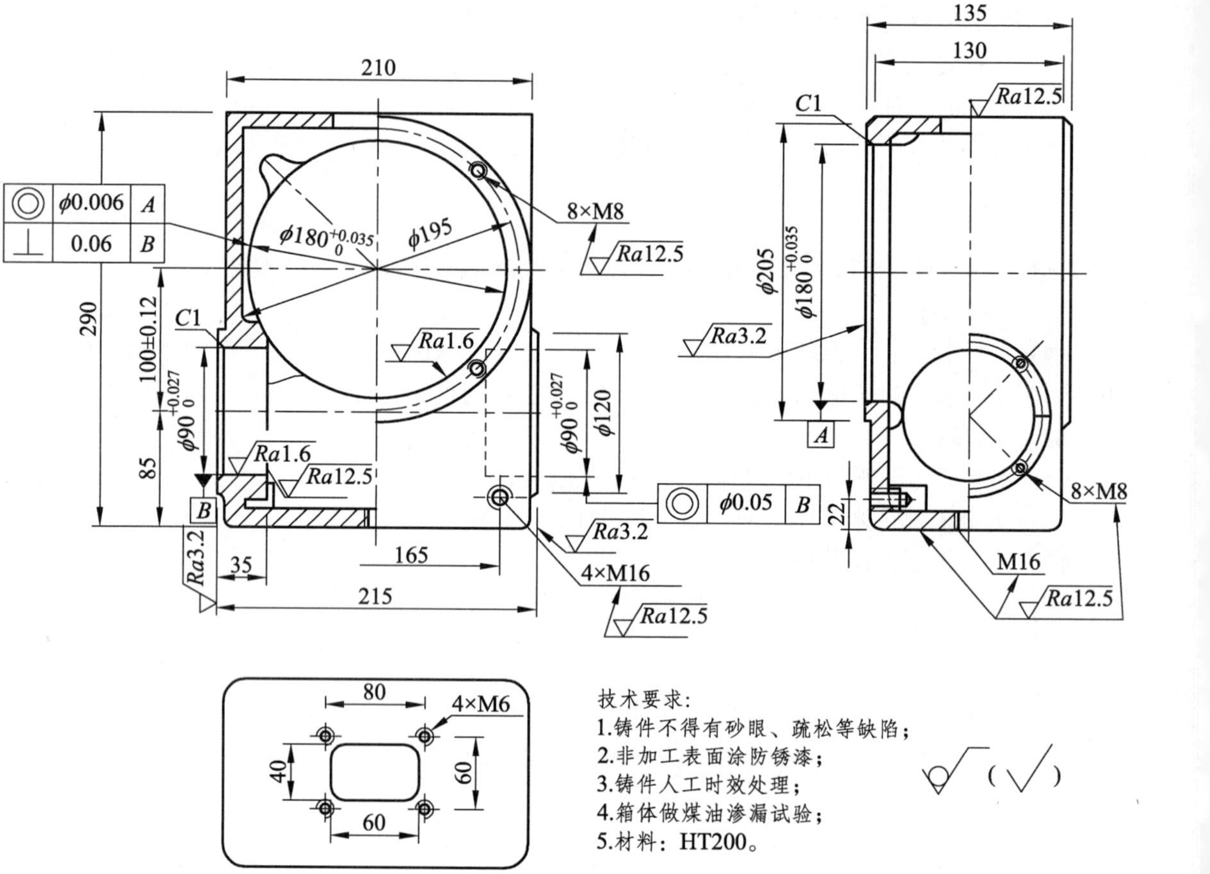

图 6-9　小型蜗杆减速器箱体

项目 6 答案

项目 7 螺纹类零件的加工工艺设计

教学导读

通过本项目的学习，需要熟悉螺纹的分类、螺纹加工方法和丝杠的加工工艺。

知识要点

了解螺纹的分类及应用；掌握螺纹的车削、螺纹的铣削、螺纹的挤压和螺纹的磨削加工工艺；掌握丝杠的加工工艺设计。

重点和难点

丝杠的定位基准选择、丝杠的工艺文件编制。

素养目标

（1）培养学生具备开拓进取、敢于创业的精神；
（2）培养学生具备良好的社会适应性以及自主学习能力；
（3）培养学生具备团队协作意识和严谨务实的工作作风。

模块 1 理论基础知识

7.1 概 述

在机电产品上，螺纹类零件非常广泛，如机床丝杠、各种螺纹连接件等，如图 7-1 所示。螺纹类零件是用成型刀具或磨具，采用车削、铣削、磨削等工艺对工件进行加工。车削、铣削和磨削螺纹时，工件每转一转，机床的传动链保证车刀、铣刀或砂轮沿工件轴向准确而均匀地移动一个导程。在攻丝或套丝时，刀具（丝锥或板牙）与工件做相对旋转运动，并由先形成的螺纹沟槽引导着刀具（或工件）做轴向移动。

（a）双头螺栓

（b）数控机床滚珠丝杠

（c）蜗杆

图 7-1　螺纹类零件

7.1.1　螺纹的分类

螺纹按其截面形状（牙型）分为三角形螺纹、梯形螺纹、锯齿形螺纹、矩形螺纹及其他特殊形状螺纹，如图 7-2 所示。其中三角形螺纹的断面为三角形；梯形螺纹的断面为梯形；锯齿形螺纹的断面为锯齿形等。矩形螺纹用于力的传递，是一种非标准螺纹。

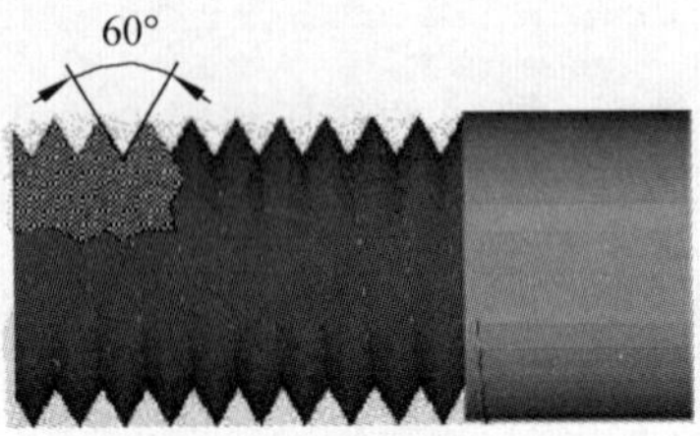

（a）普通螺纹

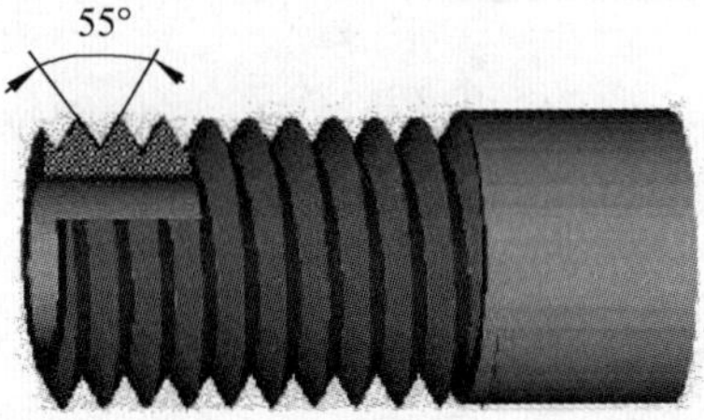

（b）管螺纹

（c）梯形螺纹

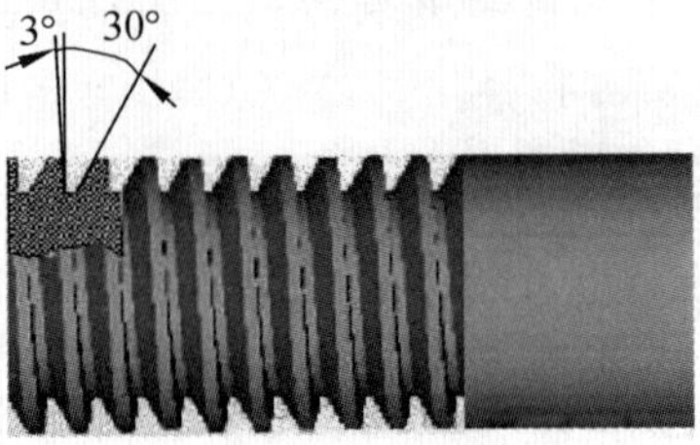

（d）锯齿形螺纹

图 7-2　螺纹的牙型

螺纹按旋向可分为左旋和右旋两种；按螺纹牙（槽）是否分布在同一条螺旋线上又可分为单线螺纹和多线螺纹。内、外螺纹通过相互旋合及牙侧面的接触作用，实现零件间的连接、紧固及相对位移等功能。

螺纹按用途一般可分为普通螺纹、传动螺纹和密封螺纹三大类，如图 7-3 所示。

（a）普通螺纹

（b）传动螺纹

（c）密封螺纹

图 7-3　螺纹的类型

（1）普通螺纹：用于紧固或连接零件，如公制普通螺纹等。这是使用最广泛的一种螺纹结合，主要是要求可旋合性和连接的可靠性。

（2）传动螺纹：用于传递动力或精确的位移，如丝杆和千分尺等。对这种螺纹结合的主要要求是传递动力的可靠性，或传动比的稳定性（保持恒定）。这种螺纹结合要求有一定的保证间隙，以便传动及储存润滑油。

（3）密封螺纹：用于密封的螺纹结合。对这种螺纹结合的主要要求是结合紧密，不漏水、漏气和漏油，如管螺纹。

7.1.2 螺纹的技术要求

根据螺纹件的工作条件和用途不同，对螺纹表面的技术要求也有所不同。对紧固螺纹件的主要要求是保证螺距、中径及牙型角误差在一定的范围内，加工时一般只对中径进行综合检验。对传动螺纹件的要求，除有可旋入性能和连接的可靠性能之外，还要求螺纹件具有保证传递动力的可靠性。因而对传动螺纹件的螺距及牙型精度要求很高，除对小径进行检验外，还要对螺距及牙型角进行单项检验。为了长期保持传动精度，对螺纹件的材料、耐磨性及表面粗糙度等方面的要求也较高。

本项目以某普通机床用的滑动丝杠为例（见图 7-4，年产量：1000 件），进行螺纹类零件的结构工艺性分析、毛坯材料选择、定位基准选择、螺纹表面的加工方法选择、工艺过程设计等。

7.2 螺纹的加工方法

内螺纹一般用丝锥攻丝，具体可以根据零件的技术要求，选择标准丝锥加工；外螺纹一般可以选择不同规格的板牙加工。本项目介绍螺纹的其他加工方法：螺纹的车削、螺纹的铣削、螺纹的挤压和螺纹的磨削等加工方法。

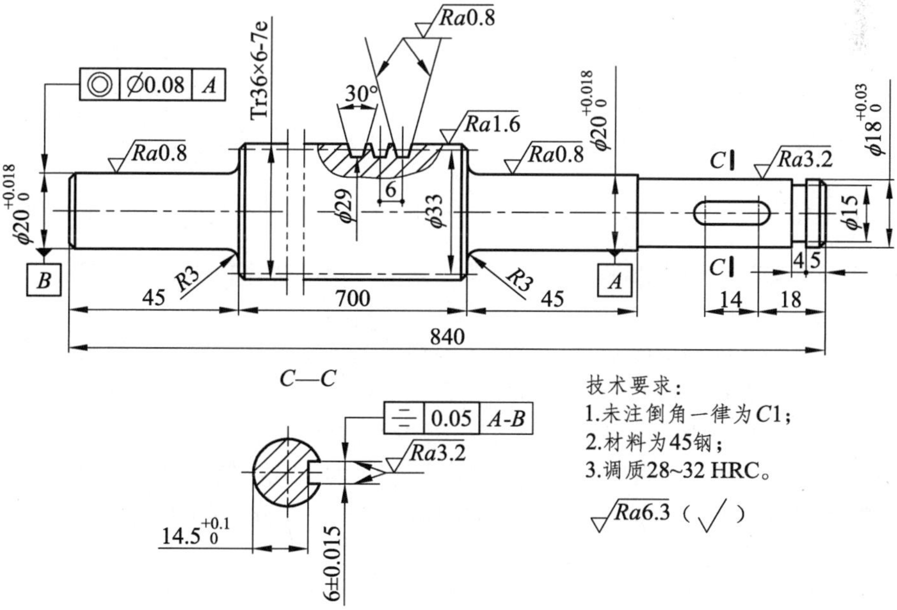

（a）零件图

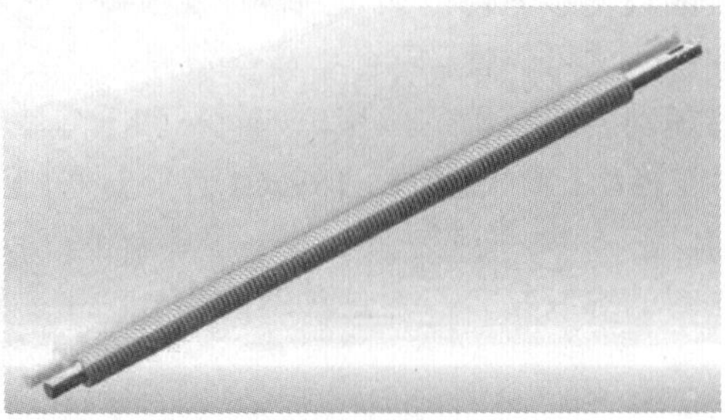

（b）三维图

丝杠视频

图 7-4　丝杠

7.2.1　螺纹的车削加工

在车床上采用成型车刀或螺纹梳刀可车削加工内、外螺纹，如图 7-5 所示。由于用成型车刀车削螺纹，其刀具结构简单，是单件、小批生产螺纹工件的常用方法；而用螺纹梳刀车削螺纹的方法，虽然生产率高，但刀具结构复杂，故只适于中、大批量生产中车削细牙的短螺纹工件。非标准的螺纹、大螺距的螺纹及锁紧螺纹等，都可以在车床上加工。车削螺纹类工件时，注意机床精度、刀具轮廓形状及刀具的安装精度和工人的技术水平等，这些因素都会影响加工螺纹类工件的精度。

（a）车削外螺纹

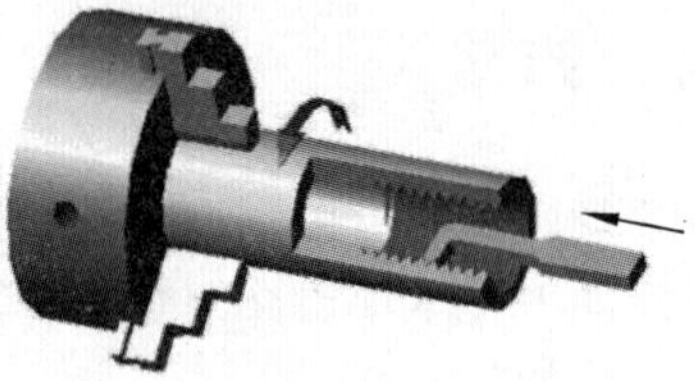

（b）车削内螺纹

车削螺纹视频

图 7-5　车削螺纹

普通车床车削梯形螺纹的螺距精度一般只能达到 8 ~ 9 级，而在专用螺纹机床上加工螺纹，生产率或加工精度可显著提高。

7.2.2　螺纹的铣削加工

在成批及大量生产中，广泛采用铣削法加工螺纹。铣削螺纹比车削螺纹的生产成本高，精度一般为 2 ~ 3 级。铣削时因断续切削，粗糙度比车削较高。

根据所用铣刀的不同，铣削螺纹分为以下三种：盘形铣刀加工螺纹、梳形铣刀加工螺纹及旋风铣削螺纹，如图 7-6 所示。盘形铣刀加工螺纹主要用于铣削丝杠、蜗杆等工件上的梯形外螺纹。梳形铣刀加工螺纹用于铣削内、外普通螺纹和锥螺纹。梳形铣刀是多刃铣刀，其工作部分的长度大于被加工螺纹的长度，故工件只需要旋转 1.25 ~ 1.5 转就可加工完成，生产率很高。铣削螺纹的螺距精度一般能达 8 ~ 9 级，表面粗糙度值可达 Ra0.8 μm 左右，这种方法适用于成批生产一般精度的螺纹工件或磨削前的粗加工。

用盘形铣刀加工大尺寸的梯形螺纹及方牙螺纹时，精度不高，在铣削螺纹时会产生螺牙形状的改变。因此一般是先用盘形铣刀预铣，然后再用螺纹车刀进行精加工。

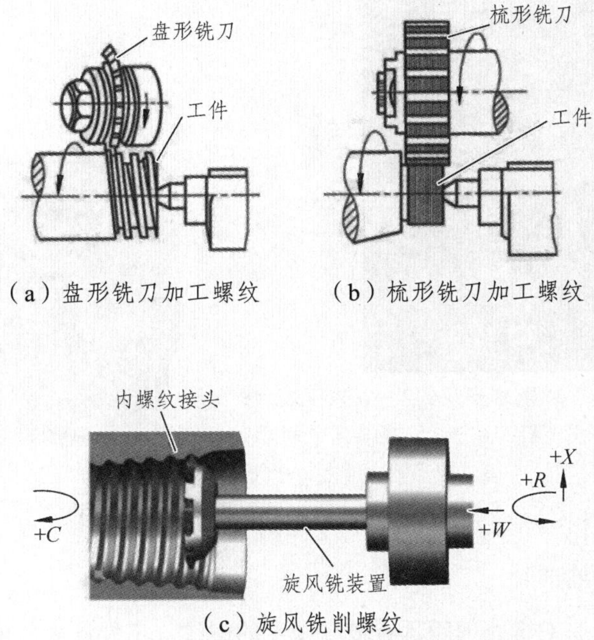

图 7-6　铣削螺纹

加工大直径的细牙螺纹时，常用组合铣刀（植刀），可以用于内、外螺纹的加工，能够加工紧邻轴肩的螺纹，不需要退刀槽，加工精度则比盘形铣刀低。

旋风铣削加工螺纹是在普通卧式车床上安装高速切削动力装置，该装置带动外旋刀盘或内旋刀杆上的硬质合金刀具高速旋转，对各种材料进行高速、高效的螺纹铣削加工。因其铣削速度快、加工效率高，并采用喷雾冷却装置进行排屑冷却，加工过程中切屑飞溅如旋风而得名。旋风铣削加工螺纹过程中，刀盘做高速旋转运动（1000 ~ 3000 r/min），工件安装在卡盘中或顶尖上做缓慢的转动（3 ~ 30 r/min），如图 7-6（c）所示。旋风铣削包括四个基本的运动：主轴转动 C、刀盘转动 R，刀盘径向移动 X 与刀盘轴向移动 W。主轴转动速度较慢，刀盘转速较高，两者运动同向，称为顺铣；反之，两者运动逆向，称为逆铣。高速旋转的刀盘与带动它的电动机固定在车床的刀架溜板上，随刀架溜板平行于工件轴心线做纵向进给，工件每转一转，攻进一个螺距。旋风铣削常用于加工丝杠、螺杆等螺纹零件。

7.2.3　螺纹的挤压加工

挤压螺纹是一种无屑加工螺纹的方法。挤压螺纹时金属内部纤维不被切断破坏，螺纹能承受的拉伸强度高，疲劳强度比切削螺纹大 50 倍左右，保障了螺纹件的强度，在成批及大量生产中得到了广泛的应用。挤压螺纹的尺寸范围较宽（0.2 ~ 120 mm）。

挤压螺纹可分为两大类：用搓板挤压和用滚轮滚压。用搓板挤压螺纹加工精度较低，但用滚轮滚压螺纹则可得到较高的精度和较好的表面质量。

用滚轮滚压螺纹的方法有单滚轮和双滚轮滚压等方式，两个滚轮中，一个是定滚轮，另一个是动滚轮。动滚轮可做径向进给运动，两个滚子均主动旋转而工件被带动做自由旋转，如图 7-7 和图 7-8 所示。

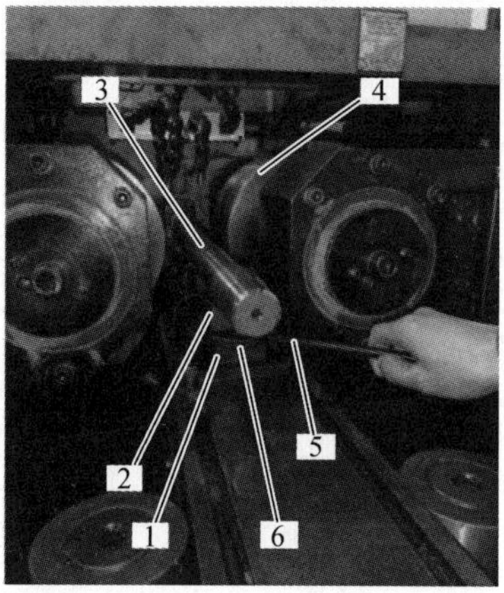

1—液压夹具底座；2—液压夹具 V 形块；3—被滚压零件；4—滚丝轮；5—液压夹具调节杆；6—液压夹具调节螺母。

图 7-7　滚压螺纹

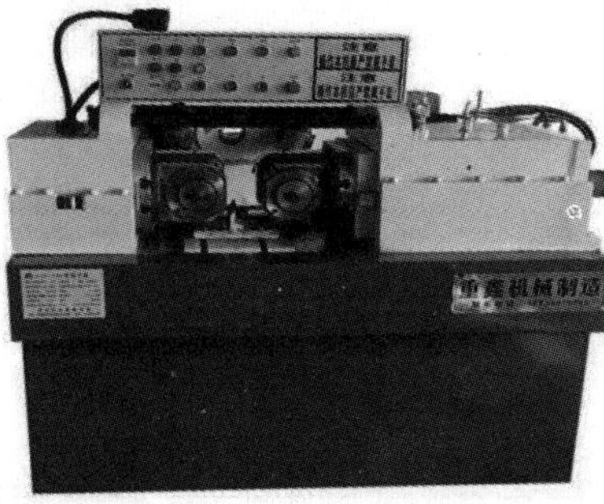

图 7-8　双滚轮滚丝机

7.2.4　螺纹的磨削加工

磨削螺纹主要用于加工热处理后具有较高硬度的螺纹。工件淬火后的硬度较高，虽然还可以切削，但会使切削螺纹的刀具耐用度大大降低。另外，螺纹在热处理后将引起螺纹轮廓的变形，因此，精密螺纹必须经过磨削加工，以保证精度和表面质量。

螺纹磨削按砂轮截面形状不同分单线砂轮磨削和多线砂轮磨削两种，如图 7-9 所示。

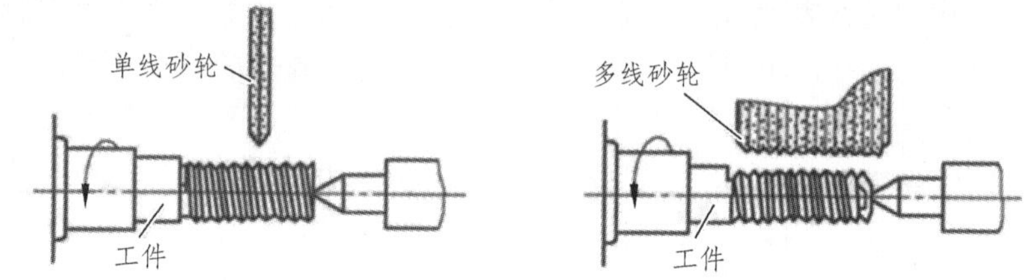

（a）单线螺纹磨螺纹　（b）多线螺纹磨螺纹

图 7-9　磨削螺纹

单线砂轮磨削能达到的螺距精度为 5 ~ 6 级，表面粗糙度值为 $Ra0.08 \sim 1.25$ μm，对砂轮的修整较方便。这种方法适于磨削精密丝杠、螺纹量规、蜗杆、小批量的螺纹工件和铲磨精密滚刀。多线砂轮磨削又分纵磨法和切入磨法两种。纵磨法的砂轮宽度小于被磨螺纹长度，砂轮纵向移动一次或数次行程即可将螺纹磨到最后尺寸。切入磨法的砂轮宽度大于被磨螺纹长度，砂轮径向切入工件表面，工件约转 1.25 转就可磨好，生产率较高，但精度稍低，砂轮修整比较复杂。切入磨法适于铲磨批量较大的丝锥和磨削某些紧固用的螺纹。

7.3　丝杠的机械加工工艺过程设计

丝杠属于细长的柔性轴，它的长径比往往很大，一般为 20 ~ 50，刚度较差。丝杠结构形状比较复杂，既有精度要求较高的螺纹表面，又有复杂的阶梯及沟槽等结构。因此，在丝杠的加工过程中，很容易产生变形。

机床丝杠按其摩擦性质分为三类：滑动丝杠、滚动丝杠及静压丝杠。由于滑动丝杠结构简单，制造方便，所以在机床上应用比较广泛。滑动丝杠的牙型多为梯形，这种牙型与三角形牙型相比，具有传动性能好、精度高、加工方便等优点。滚动丝杠又分为滚珠丝杠和滚柱丝杠两大类。滚珠丝杠与滚柱丝杠相比，摩擦力小，传动效率高，精度也高，因而比较常用，但滚珠丝杠的制造工艺比较复杂。静压丝杠常被用于精密机床和数控机床的进给机构中，其牙型与标准梯形螺纹牙型相同。静压丝杠的牙型比同规格标准梯形螺纹高 1.5 ~ 2 倍，以便获得较好的油封效果及承载能力。

7.3.1 结构工艺性分析

本案例丝杠为普通机床用的滑动丝杠，如图 7-4 所示。该丝杠最大外圆直径 $\phi 36$ mm，最小外圆直径 $\phi 18$ mm，总长 840 mm，长径比 $\frac{l}{d} \gg 20$，该丝杠属于细长杆件，刚度不好；丝杠上面有阶梯、沟槽、键槽等结构，整体结构不复杂；该丝杠螺纹属于梯形螺纹，螺纹尺寸精度为 7 级，螺纹总长达 700 mm；左端 $\phi 20^{+0.018}_{0}$ 外圆轴线相对右端基准轴线 A 有同轴度要求；该丝杠的表面粗糙度最小值为 $Ra1.6$ μm，表面质量要求较好。

根据丝杠的用途不同，丝杠的传动精度分为 5 个等级，如表 7-1 所示。

表 7-1　丝杠的精度等级与用途

丝杠的精度等级	应用场合
0 级	用于测量仪器，如高精度的坐标机床
1 级	用于刻线机和高精度的螺纹加工机床
2 级	用于较高精度的普通螺纹加工机床或分度机构
3 级	用于普通车床及铣床
4 级	用于移动部件或手动机构

由于图 7-4 所示丝杠属于中等精度等级的长丝杠，尺寸精度、几何精度和表面粗糙度值均要求不太高，因此该丝杠各部分尺寸及梯形螺纹均可在普通设备上加工完成，当批量较小时，可用精车代替磨削工序，但应保证两支承轴颈 $\phi 20^{+0.018}_{0}$ 轴线之间的同轴度要求。

7.3.2 毛坯材料选择

丝杠的毛坯材料选择是保证丝杠质量的关键，丝杠的材料应具有良好的加工性、耐磨性及稳定性（稳定的金相组织）。丝杠的材料选择一般遵循以下原则：

（1）低精度、轻载荷丝杠常用碳素结构钢制造，如 45 钢、50 钢，经正火、调质处理，或用冷轧易切削钢 Y F45 M n V 直接机械切削加工而成。

（2）低精度、有耐磨性要求的丝杠，可用低碳合金钢（如 20Cr）制造，经碳氮共渗处理直接使用。

（3）高精度、轻载荷丝杠常用碳素工具钢或合金工具钢制造，经调质或球化退火处理。

（4）高精度、工作频繁的丝杠，常用合金工具钢制造，经整体淬火；也可采用高级渗氮钢制造，经渗氮处理。渗氮丝杠可在较高温度下工作。

（5）高精度、要求耐磨的小规格丝杠，可用低合金钢制造，进行渗碳淬火。

（6）用于测量和受力不大的丝杠，可选用 40Cr，经感应加热表面淬火后使用。

丝杠常用的材料有：不淬硬丝杠常选用 T10A、T12A 及 45 钢等；淬硬丝杠可用铬锰钢 CrWMn 及铝钨锰钢 9Mn2V。其中 9Mn2V 有较好的工艺性和稳定性，但淬透性差，常用于直径在 50 mm 左右的精密丝杠；精密机床的丝杠可用 T10A、T12A 制造，其他精度的丝杠常用含硫量较高的冷拉易切钢 Y40Mn、Y40 或含铅 0.15% ~ 0.5%的 45 钢。

45 钢是丝杠类零件的常用材料，价格便宜，经过调质处理后，硬度为 20 ~ 30 HRC，可得到较好的切削性能，而且能获得较高的强度和韧性等综合力学性能，淬火后表面硬度可达 48 ~ 53 HRC。经综合考虑，本案例丝杠材料选用碳素结构钢 45 钢。

7.3.3 定位基准选择

丝杠的主要基准面为轴颈和顶尖孔，但经常用顶尖孔为基准面，对于长度较小的丝杠（小于 3 ~ 4 m）用顶尖孔定位最为合适。不管是长丝杠还是短丝杠，在加工过程中都要用到顶尖孔定位，因此顶尖孔应进行淬火和磨削，使其几何形状正确，表面光洁。

1. 长丝杠的定位方式

加工长丝杠（4 m 以上）时，以丝杠的轴颈和顶尖孔为定位基准。通常将丝杠一端固定在机床卡盘内，而另一端装在特殊支座的精密导套中，如图 7-10 所示。

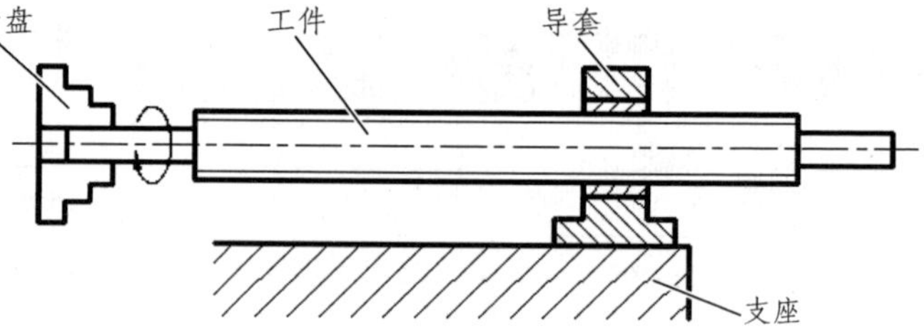

图 7-10　使用导套装置加工丝杠

在加工过程中，由于室温、切削热以及摩擦热等作用的结果，工件相对机床导轨产生伸长或缩短，由于丝杠长度的变化不受导套的限制，可以自由伸缩，减少了工件的弯曲变形。作为基准面的外圆表面应精磨，其锥度及圆度误差在导套的支承长度内应不超过 0.004 mm，粗糙度值不大于 Ra0.4 μm，与导套的配合间隙不超过 0.008 ~ 0.012 mm。

2. 较短丝杠的定位方式

加工 4 m 以下的丝杠都采用顶尖孔作基准面。

由于用铸铁顶尖研磨中心孔的办法，不易获得准确的几何形状，与顶尖的接触情况不良，工作过程中常发生“咬死”现象；特别是对未淬硬的顶尖孔，若用铸铁的顶尖掺和金刚砂研磨，会发生金刚砂嵌入顶尖孔表面的不良后果。而采用硬质合金顶尖挤压顶尖孔表面的方法代替顶尖孔的研磨，可以预防以上不良情况发生。

7.3.4 加工方案的确定

1. 校直及热处理工序的安排

丝杠的加工工艺，除了在毛坯工序中安排校直和热处理外，在粗加工及半精加工阶段，也安排了校直及热处理工序。校直的目的是减少工件的弯曲变形，使机械加工余量均匀。时效热处理是以消除工件的残余应力，保证工件加工精度的稳定性。一般情况下，丝杠的加工工艺中需安排两次校直及热处理工序。第一次校直和热处理工序，安排在毛坯成型以后；第二次校直及低温时效，安排在外圆的精加工之前。

2. 定位基准面的加工方案

丝杠两端的中心孔是定位基准面，在安排工艺路线时，应首先将它加工出来，中心孔的精度对加工质量有很大影响，丝杠多选用带有 120°保护锥的中心孔。此外，在热处理后，最后精车螺纹以前，还应适当修整中心孔以保持其精度。丝杠加工的定位基准面除中心孔外，还要用丝杠外圆表面作为辅助基准面，以便在加工中采用跟刀架，增加刚度。

3. 螺纹面的粗、精加工方案

（1）对不淬硬丝杠，在精车外圆之后，多次粗车和精车螺纹面。

（2）对于淬硬丝杠，则采用“先车后磨”或“全磨”（从淬硬后的光杠上直接用单线砂轮或多线砂轮粗磨出螺纹，然后用单线砂轮精磨螺纹）两种不同的工艺加工丝杠螺纹面。

（3）对于要求淬硬的精密丝杠，由于淬火后不可避免变形，故难以掌握磨削工序中余量的大小，为此可以在淬火后用磨削的方法将螺纹磨出（而不预先车出），以达到要求。但此法很不经济，在小批及试制情况下可以考虑采用。若丝杠长度较大，热处理设备和加工设备都难以满足要求，此时，通常是将毛坯分成若干段，分别加工，在最后精加工之前再装配成一个整体，然后进入最后的精加工工序，或者在分别加工完毕以后，再进行装配。

4. 重钻中心孔

工件热处理后，会产生变形。其外圆面加工余量增加，为减少其加工余量，而采用重钻中心孔的方法。在重钻中心孔之前，先找出工件上径向圆跳动为最大值的一半的两点，以这两点作为定位基准面，用切端面的方法切去原来的中心孔，重新钻中心孔。当使用新的中心孔定位时，工件必须切去的额外的加工余量将减少到原有值。

丝杠加工中，中心孔是定位基准，但由于丝杠是柔性件，刚度很差，极易产生变形，出现较大的直线度误差、圆柱度误差等加工误差，因此，加工时还需增加辅助支承。将外圆表面与跟刀架相接触，防止因切削力造成的工件弯曲变形。同时，为了确保定位基准的精度，在工艺过程中先后安排了三次加工中心孔工序。

为了减少加工余量，节约材料和加工工时，往往采用移动中心的方法，使工序间变形的影响减到最低限度。对于长度较大的丝杠（大于 4 m），每当高温和低温时效以后，必须检查丝杠的径向圆跳动，找出跳动最大之处，以该处作为基准面，用中心架支撑工件，如图 7-11 所示。然后切去上一道工序所留下的顶尖孔，按沿全长各处跳动接近最大跳动量的一半为原则，重新打顶尖孔。

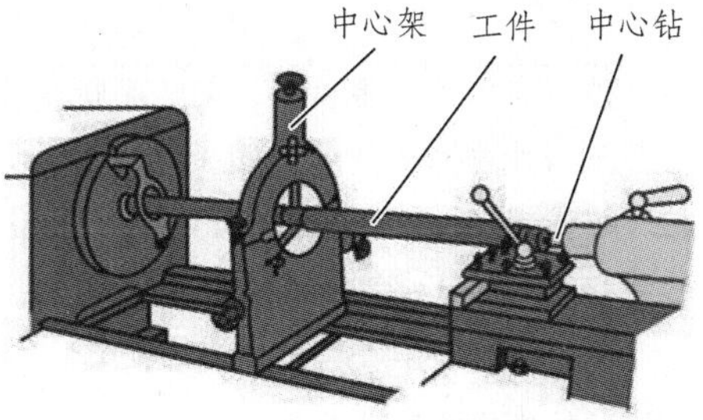

图 7-11　以最大径向圆跳动处作为基准面重新打顶尖孔

7.3.5 工艺路线的拟定

（1）对于单件、小批量生产、高精度的丝杠加工，其工艺过程严格按照工序划分阶段的原则，将整个工艺过程分为五个阶段：毛坯准备和预先热处理阶段、粗加工阶段、半精加工阶段、精加工阶段和最终加工阶段。

（2）在成批生产中，加工普通精度丝杠的工艺过程如下：

下料—车瑞面、打中心孔—粗、精车外圆及轴颈—粗铣或粗车螺纹—半精车螺纹、精车螺纹—修正基准面及中心孔—磨外圆、轴颈—检验。

普通精度的丝杠在粗加工时可用精度较差但生产率高的机床加工，如在螺纹铣床上用圆盘铣刀铣出螺纹。在工序间允许进行多次校直。当产量大时，多在立式炉内进行时效处理，产量小时就用人工敲打和自然时效并用的方法消除内应力，减少弯曲变形。

本案例丝杠为中批量生产，普通精度等级，其工艺路线拟定为：锻造—热处理（退火）—粗车端面、钻中心孔—粗车外圆—热处理（调质）—修研中心孔—半精车外圆—铣键槽—磨外圆、轴颈—螺纹精加工。

7.4 丝杠的工艺文件编制

综合以上对螺纹加工方法和丝杠工艺过程的设计分析，下面编制本案例丝杠的机械加工工艺过程卡和主要工序的工序卡，如表 7-2 ~ 表 7-7 所示。

表 7-2 丝杠的机械加工工艺过程卡

工序号	工序名称	工序内容	工艺装备
10	锻造	ϕ45 mm×850 mm	
20	热处理	退火	
30	粗车	（1）用自定心卡盘装夹工件一端，车另一端面见平即可，钻中心孔 B2.5； （2）调头，夹持工件另一端，粗车端面，保证总长 840 mm，钻中心孔 B2.5； （3）夹持工件左端，顶尖顶右端，车外圆至尺寸（ϕ40±0.5）mm，车右端至尺寸（ϕ30±0.5）mm ×95 mm； （4）调头，夹持工件右端，顶尖顶左端中心孔，车左端外圆至尺寸（ϕ30±0.5）mm×45 mm	CA6140
40	热处理	调质	
50	修研中心孔	（1）夹持工件左端，修研右端中心孔； （2）调头，夹持工件右端，修研左端中心孔	CA6140
60	半精车	（1）一夹一顶装夹工件，辅以跟刀架，半精车外圆至尺寸ϕ36.8 mm； （2）半精车右端外圆至图样尺寸 $\phi 18_{0}^{+0.03}$ mm，长 50 mm； （3）半精车外圆面 $\phi 20_{0}^{+0.018}$ mm 至尺寸ϕ20.8 mm，长 45 mm； （4）车距右端面 5 mm 处的 4 mm×ϕ15 mm 槽； （5）调头，一夹一顶装夹工件，辅以跟刀架，车左端外圆面 $\phi 20_{0}^{+0.018}$ mm 至尺ϕ20.8 mm，长 45 mm； （6）倒角	CA6140

续表

工序号	工序名称	工序内容	工艺装备
70	铣	以两 ϕ20.8 mm（工艺尺寸）外圆定位装夹工件，铣（6±0.015）mm 键槽	X5032 组合夹具
80	精车	以两端中心孔定位装夹工件，辅以跟刀架，粗、精车 Tr36×6-7e 梯形螺纹至图样尺寸	CA6140
90	磨	（1）以两端中心孔定位装夹工件，磨外圆至图样尺寸（ϕ36±0.05）mm； （2）磨两端外圆面 $\phi 20^{+0.018}_{0}$ mm 至图样尺寸	M1432A
100	检验	按图样要求检查工件各部尺寸及精度	
110	入库	涂防锈油，入库	

表 7-3 丝杠的机械加工 10 工序卡

机械加工工序卡片	产品型号		零件图号		共 页
	产品名称	卧式车床	零件名称	丝杠	第 页

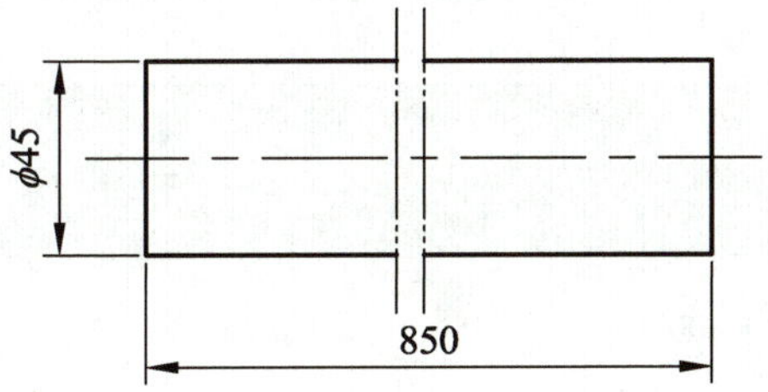

车间	工序号	工序名称	材料牌号	
机加工	10	锻造	45	
毛坯种类	毛坯外形尺寸/mm	每件毛坯可制件数	每台件数	
棒料	ϕ45×850	1	1	
设备名称	设备型号	设备编号	同时加工件数	
锯床				
夹具编号		夹具名称	切削液	
工位器具编号		工位器具名称	工序工时	
			准终	单件

	工步号	工步内容	工艺装备	主轴转速/（r/min）	切削速度/（m/min）	进给量/（m/min）	背吃刀量/mm	进给次数	工步工时 机动	工步工时 辅助
描图	1	锻造 ϕ45 mm×850 mm								
描校										
底图号										
装订号										
				编制日期		审核日期		标准化日期	会签日期	
标记	处数	更改文件号	签字	日期						

表 7-4　丝杠的机械加工 30 工序卡

机械加工工序卡片	产品型号		零件图号		共　页
	产品名称	卧式车床	零件名称	丝杠	第　页

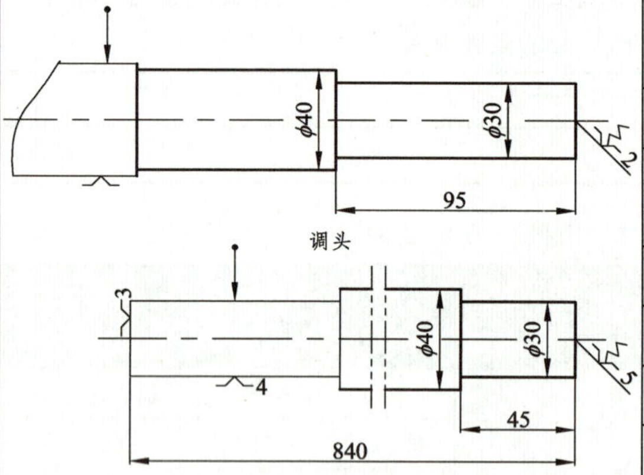

车间	工序号	工序名称	材料牌号	
机加工	30	粗车	45	
毛坯种类	毛坯外形尺寸/mm	每件毛坯可制件数	每台件数	
棒料	ϕ45×850	1	1	
设备名称	设备型号	设备编号	同时加工件数	
卧式车床	CA6140			
夹具编号		夹具名称	切削液	
工位器具编号		工位器具名称	工序工时	
			准终	单件

	工步号	工步内容	工艺装备	主轴转速/(r/min)	切削速度/(m/min)	进给量/(m/min)	背吃刀量/mm	进给次数	工步工时	
									机动	辅助
描图	1	车一端面见平，钻中心孔		400	95	0.75	1	1		
	2	调头，车另一端面，保证总长 840 mm，钻中心孔 B2.5	90°外圆硬质合金车刀、顶尖	400	95	0.75	1			
描校	3	车外圆至尺寸 ϕ40　mm	90°外圆硬质合金车刀、顶尖	400	95	0.75	1			
	4	车右端至尺寸 ϕ30　mm×95 mm	90°外圆硬质合金车刀、顶尖	400	95	0.75	1			
底图号	5	调头，夹持工件右端，顶尖顶左端，车左端外圆至尺寸 ϕ30　mm×45 mm	90°外圆硬质合金车刀、顶尖	400	95	0.75	1			
装订号										

					编制日期	审核日期	标准化日期	会签日期
标记	处数	更改文件号	签字	日期				

表 7-5　丝杠的机械加工 60 工序卡

机械加工工序卡片	产品型号		零件图号		共　页
	产品名称	卧式车床	零件名称	丝杠	第　页

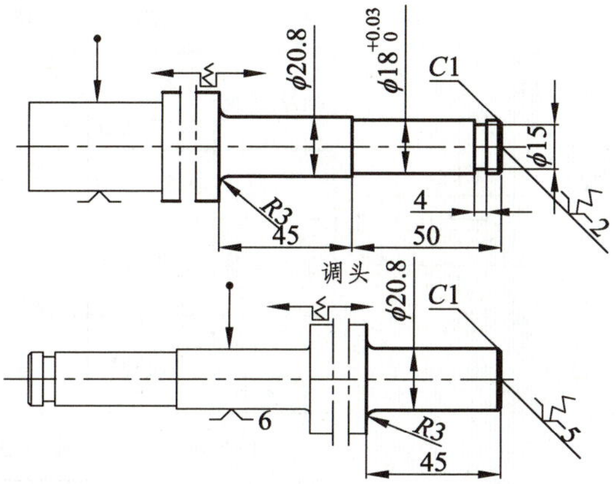

车间	工序号	工序名称	材料牌号
机加工	60	半精车	45
毛坯种类	毛坯外形尺寸/mm	每件毛坯可制件数	每台件数
棒料	φ45×850	1	1
设备名称	设备型号	设备编号	同时加工件数
卧式车床	CA6140		
夹具编号		夹具名称	切削液
工位器具编号		工位器具名称	工序工时（准终 / 单件）

	工步号	工步内容	工艺装备	主轴转速/（r/min）	切削速度/（m/min）	进给量/（m/min）	背吃刀量/mm	进给次数	工步工时 机动	工步工时 辅助
描图	1	半精车外圆至尺寸 φ36.8 mm	90°外圆硬质合金车刀、顶尖、跟刀架	800	150	0.18	0.5	1		
	2	半精车右端外圆至图样尺寸 φ18$^{+0.03}_{0}$ mm，长 50 mm	90°外圆硬质合金车刀、顶尖、跟刀架	800	150	0.18	0.5			
描校	3	半精车外圆面 φ20$^{+0.018}_{0}$ mm 至尺寸 φ20.8 mm，长 45 mm	90°外圆硬质合金车刀、顶尖、跟刀架	800	150	0.18	0.5			
	4	车距右端面 5 mm 处的 4 mm×φ15 mm 槽	90°外圆硬质合金车刀、顶尖、跟刀架	800	150	0.18	0.5			
底图号	5	调头，车左端外圆面 φ20$^{+0.018}_{0}$ mm 至尺 φ20.8 mm，长 45 mm	90°外圆硬质合金车刀、顶尖、跟刀架	800	150	0.18	0.5			
装订号										
				编制日期	审核日期	标准化日期	会签日期			
标记	处数	更改文件号	签字	日期						

表 7-6　丝杠的机械加工 70 工序卡

机械加工工序卡片	产品型号		零件图号		共　页
	产品名称	卧式车床	零件名称	丝杠	第　页

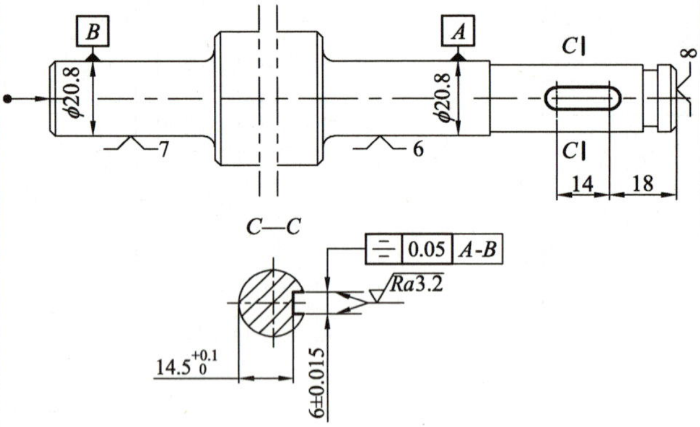

车间	工序号	工序名称	材料牌号
机加工	70	铣	45
毛坯种类	毛坯外形尺寸/mm	每件毛坯可制件数	每台件数
棒料	φ45×850	1	1
设备名称	设备型号	设备编号	同时加工件数
立式升降台铣床	X5040		
夹具编号		夹具名称	切削液
工位器具编号		工位器具名称	工序工时（准终 / 单件）

	工步号	工步内容	工艺装备	主轴转速/（r/min）	切削速度/（m/min）	进给量/（m/min）	背吃刀量/mm	进给次数	工步工时 机动	工步工时 辅助
描图	1	以两φ20.8 mm（工艺尺寸）外圆定位装夹工件，铣（6±0.015）mm 键槽	V 形架	800		26.5		2		
描校										
底图号										
装订号										
				编制日期	审核日期	标准化日期		会签日期		
标记	处数	更改文件号	签字	日期						

表 7-7　丝杠的机械加工 80 工序卡

机械加工工序卡片	产品型号		零件图号		共　页
	产品名称	卧式车床	零件名称	丝杠	第　页

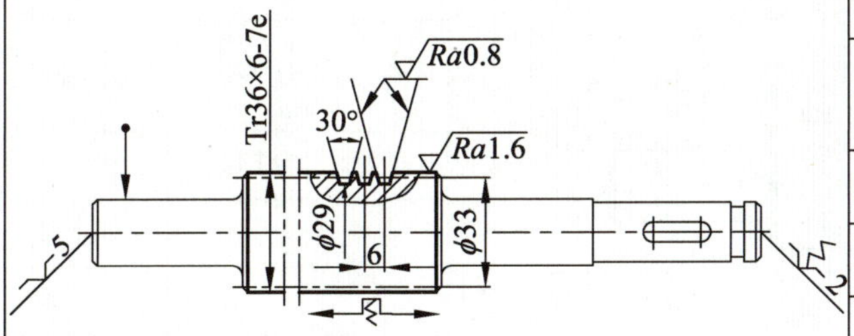

车间	工序号	工序名称	材料牌号	
机加工	80	精车	45	
毛坯种类	毛坯外形尺寸/mm	每件毛坯可制件数	每台件数	
棒料	ϕ45×850	1	1	
设备名称	设备型号	设备编号	同时加工工件数	
卧式车床	CA6140			
夹具编号		夹具名称	切削液	
工位器具编号		工位器具名称	工序工时	
			准终	单件

	工步号	工步内容	工艺装备	主轴转速/(r/min)	切削速度/(m/min)	进给量/(m/min)	背吃刀量/mm	进给次数	工步工时 机动	工步工时 辅助
描图	1	粗、精车Tr36×6-7e梯形螺纹至图样尺寸	螺纹车刀	70	6	6	0.02~0.2	18~20		
描校										
底图号										
装订号										
				编制日期	审核日期		标准化日期		会签日期	
标记	处数	更改文件号	签字	日期						

表 7-8　丝杠的机械加工 90 工序卡

机械加工工序卡片	产品型号		零件图号		共　页
	产品名称	卧式车床	零件名称	丝杠	第　页

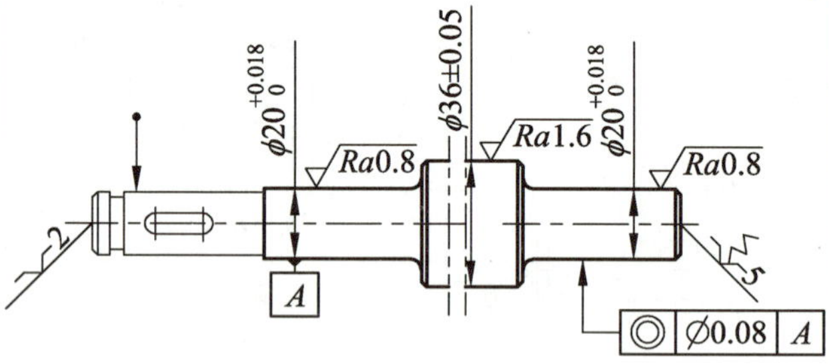

车间	工序号	工序名称	材料牌号
机加工	90	磨	45
毛坯种类	毛坯外形尺寸/mm	每件毛坯可制件数	每台件数
棒料	ϕ45×850	1	1
设备名称	设备型号	设备编号	同时加工件数
外圆磨床	M1432A		
夹具编号		夹具名称	切削液
工位器具编号		工位器具名称	工序工时（准终／单件）

	工步号	工步内容	工艺装备	主轴转速/(r/min)	切削速度/(m/min)	进给量/(m/min)	背吃刀量/mm	进给次数	工步工时 机动	工步工时 辅助
描图	1	磨最大外圆至图样尺寸 ϕ(36±0.05) mm	顶尖	1670		2	0.4	2		
	2	磨右端外圆面 $\phi20^{+0.018}_{0}$ mm 至图样尺寸	顶尖	1670		2	0.4	2		
描校	3	磨左端外圆面 $\phi20^{+0.018}_{0}$ mm 至图样尺寸	顶尖	1670		2	0.4	2		
底图号										
装订号										
				编制日期	审核日期	标准化日期	会签日期			
标记	处数	更改文件号	签字	日期						

模块 2 技能训练

1. 任务内容

图 7-12 所示的螺杆轴，材料为 45 钢，生产纲领：3 件。要求完成下列任务：

（1）了解该零件的结构特点和技术要求，对其进行结构分析和工艺分析；

（2）确定毛坯的种类及制造方法；

（3）拟定零件的机械加工工艺过程；

（4）选择各工序的加工设备和工艺装备；

（5）确定各工序的加工余量和工序尺寸及公差；

（6）计算各工序的切削用量和工时定额；

（7）编制机械加工工艺过程卡片和工序卡片。

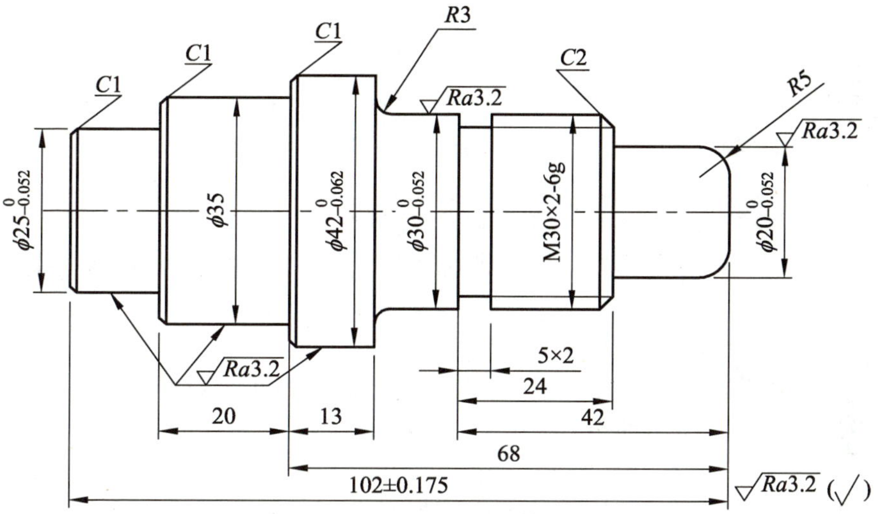

（a）零件图

（b）三维图

螺杆轴三维图视频

图 7-12 螺杆轴

2. 任务准备

（1）读懂图 7-12，分析零件的加工要求及工艺性。

（2）分析零件的加工方法、定位基准和装夹方法。

（3）了解金属切削加工基本过程。

3. 实训目的

（1）熟悉绘图软件；

（2）掌握零件的机械加工方法；

（3）掌握工序尺寸及公差的计算方法；

（4）了解工序切削用量和工时定额的计算方法；

（5）掌握工序余量的查阅方法。

4. 实训步骤

（1）分析图 7-12 所示零件的工艺结构；

（2）确定零件毛坯类型、结构及尺寸大小；

（3）进行零件的机械加工工艺过程设计；

（4）选择机械加工设备及工艺装备；

（5）编制双头零件的机械加工工艺过程卡片和工序卡片。

思考与练习

一、判断题

1. 螺纹按其用途分为普通螺纹、传动螺纹、紧密螺纹。（　　）
2. 螺纹有三个共同的性能要求：内、外螺纹的顺利旋合，足够的连接强度和良好的互换性能。（　　）
3. 在车床上车削螺纹可采用成型车刀或螺纹梳刀。（　　）
4. 旋风铣削包括三个基本的运动：主轴转动、刀盘转动和刀盘径向移动。（　　）
5. 机床丝杠按其摩擦特性可分为三类：滑动丝杠、滚动丝杠及静压丝杠。（　　）

二、简答题

1. 丝杠加工过程中为什么要安排多次时效处理？
2. 滚珠丝杠和普通的梯形螺纹传动丝杠最大的区别是什么？
3. 常用的丝杠种类有哪些？各用于哪些场合？
4. 常用的传动丝杠一般采用哪种材料？
5. 简述丝杠加工的工艺特点。

项目 7 答案

项目 8 圆柱齿轮的加工工艺设计

教学导读

齿轮是机械传动中应用极为广泛的传动零件之一，广泛应用于机床、汽车、飞机、船舶及精密仪器等行业中。齿轮在传动过程中要传递力矩而承受弯曲、冲击等载荷。在机械制造中，齿轮生产占有极其重要的位置。

知识要点

初步掌握齿轮齿面加工的相关理论知识；了解齿轮类零件的使用性能、技术要求和基本特点；掌握齿轮齿面加工的相关理论知识；掌握典型齿轮零件工艺设计的相关知识，具备齿轮类零件工艺设计的能力。

重点和难点

齿坯加工方案、齿形加工方案、齿形的切削加工方法、圆柱齿轮的机械加工工艺过程设计。

素养目标

（1）培养学生具备良好的职业道德，遵纪守法；

（2）培养学生具备诚实守信、爱岗敬业的品质，具有社会责任心；

（3）培养学生具备质量意识、安全意识、环保意识和信息素养。

模块 1　理论基础知识

8.1　概　述

齿轮是机器的基础件，其质量、性能、寿命直接影响整机的技术经济指标。齿轮制造技术是获得优质齿轮的关键。齿轮加工的工艺，因齿轮结构形状、精度等级、生产条件等不同，可采用不同的方案。齿轮加工划分为齿坯加工、齿形加工、热处理和热处理后精加工四个阶段。齿坯加工必须保证齿轮的基准面精度；热处理直接决定轮齿的内部质量；齿形加工和热处理后的精加工是齿轮加工的关键。

本项目以圆柱齿轮零件（见图 8-1）为例，分析齿轮的机械加工工艺设计，其中生产纲领为 200 件/年。圆柱齿轮的工艺设计内容主要包括齿轮的结构工艺性分析、技术要求分析、毛坯确定、定位基准选择、表面加工方案确定、工艺路线的拟定和工艺文件的编制等。

齿轮视频

（a）三维图

圆柱齿轮的基本参数	
模数	5 mm
齿数	63
压力角	20°
精度等级	8级

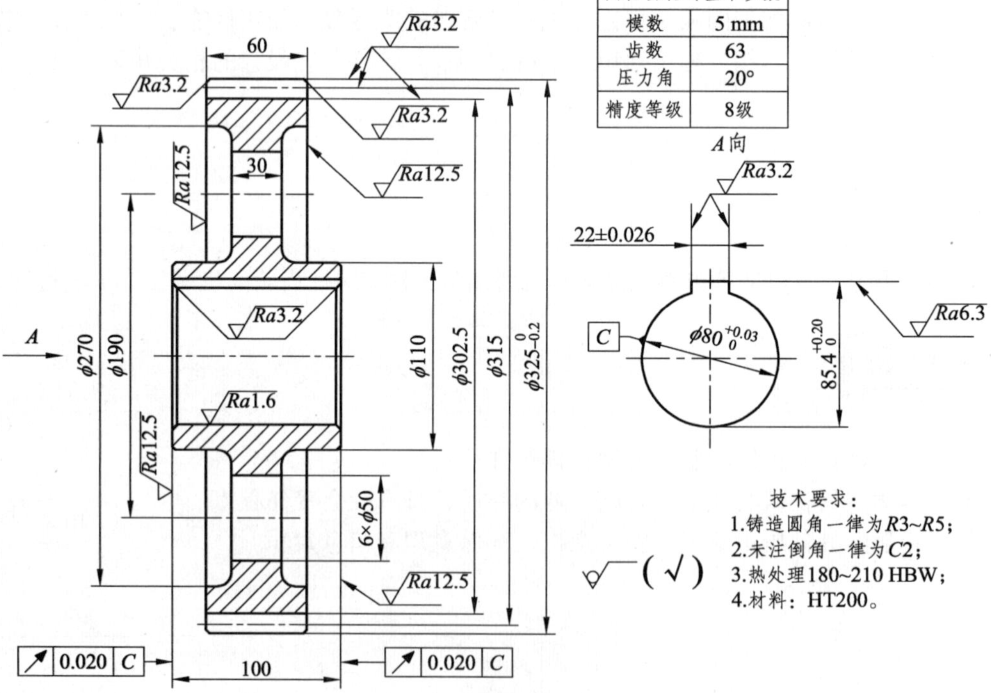

（b）零件图

图 8-1　圆柱齿轮

8.2 圆柱齿轮的结构工艺性分析及毛坯确定

圆柱齿轮的结构因使用要求不同而有所差异。齿轮从工艺角度出发可将其分成齿圈和轮体两部分。按照齿圈上轮齿的分布形式，齿轮可分为直齿、斜齿和人字齿等；按照轮体的结构形式，齿轮可分为盘类齿轮、套类齿轮、轴类齿轮及齿条等，如图 8-2 所示。

（a）直齿圆柱齿轮

（b）斜齿圆柱齿轮

（c）人字齿轮

（d）盘类齿轮

（e）套类齿轮

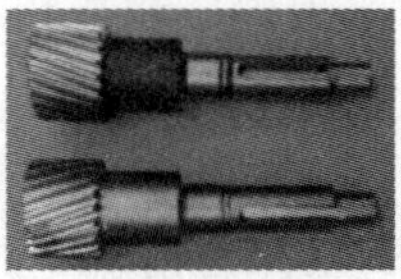

（f）轴类齿轮

（g）齿条

图 8-2 圆柱齿轮的结构形式

8.2.1 结构工艺性分析

齿轮的结构形式直接影响齿轮加工工艺的制定。普通单齿圈齿轮的工艺性最好，可以采用任何一种齿形加工方法加工。双联或三联等多齿圈齿轮的小齿圈加工，受其轮缘间轴向距离的限制，其齿形加工方法的选择受到限制，加工工艺性较差。

齿轮制造要经过锻造、切削加工和热处理等阶段，因此选择材料时要特别注意材料的工艺性能。一般来说，碳钢的锻造、切削加工等工艺性能较好，其力学性能可以满足一般工作条件的要求，但其强度不高，淬透性较差。而合金钢淬透性好、强度高，但其锻造、切削加工性能较差。另外，齿轮加工可以通过改变其工艺规程、热处理方法等途径来改善材料的工艺性能。

如图 8-1 所示的圆柱齿轮属于普通单齿圈齿轮，其工艺性很好，可以采用任何一种齿形加工方法加工。

8.2.2 技术要求分析

齿轮本身的制造精度，对整个机器的工作性能、承载能力及使用寿命都有很大的影响。根据其使用条件，齿轮传动应满足以下几方面的要求。

1. 传递运动准确性

要求齿轮能较准确地传递运动并使传动比恒定。即要求齿轮在一转中的转角误差不超过一定范围。

2. 传递运动平稳性

要求齿轮传递运动平稳，以减小冲击、振动和噪声。即要求限制齿轮转动时瞬时速比的变化。

3. 载荷分布均匀性

要求齿轮工作时，齿面接触要均匀，以使齿轮在传递动力时不致因载荷分布不匀而使接触应力过大，引起齿面过早磨损。接触精度除了包括齿面接触均匀性以外，还包括接触面积和接触位置。

4. 传动侧隙的合理性

要求齿轮工作时，非工作齿面间留有一定的间隙，以储存润滑油，补偿因温度、弹性变形所引起的尺寸变化和加工、装配时的一些误差。

由于齿轮的制造精度和齿侧间隙，主要根据齿轮的用途和工作条件而定，在实际运用中，对于分度传动用的齿轮，要求齿轮的运动精度较高；对于高速动力传动用齿轮，为了减少冲击和噪声，对工作平稳性精度有较高要求；对于重载低速传动用的齿轮，则要求齿面有较高的接触精度，以保证齿轮不过早磨损；对于换向传动和读数机构用的齿轮，则应严格控制齿侧间隙，必要时，需消除间隙。

8.2.3 毛坯选择

齿轮的轮齿在传动过程中要传递力矩，并且承受弯曲、冲击等载荷。通过一段时间的使用，轮齿还会发生齿面磨损、齿面点蚀、齿面咬合和齿面塑性变形等情况，会造成齿轮精度丧失，产生振动和噪声等故障。齿轮的工作条件不同，轮齿的破坏形式也不同。选取齿轮材料时，除考虑齿轮工作条件外，还应考虑齿轮的结构形状、生产数量、制造成本和材料货源等因素。

1. 齿轮材料

对齿轮材料的基本要求是：应使齿面具有足够的硬度和耐磨性，齿心具有足够的韧性，以防止齿面的各种失效，同时应具有良好的冷、热加工的工艺性，以达到齿轮的各种技术要求。

齿轮材料应满足下列基本要求：

（1）轮齿表面层要有足够的硬度和耐磨性；

（2）对于承受交变载荷和冲击载荷的齿轮，基体要有足够的抗弯强度与韧性；

（3）要有良好的工艺性，便于切削加工；

（4）要有良好的热处理性。

45 钢热处理后有较好的综合机械性能，经过正火或调质后可改善金相组织和材料的可切削性，降低加工后的表面粗糙度，并可减少淬火过程中的变形。因为 45 钢淬透性差，整体淬火后材料变脆，变形也大，所以一般采用齿轮表面淬火，硬度可达 52 ~ 58 HRC，适合于机床行业 7 级精度以下的齿轮。

40Cr 是中碳合金钢，与 45 钢相比，少量铬合金的加入可以使金属晶粒细化，提高强度，改善淬透性，减少了淬火时的变形。

使齿轮获得高的齿面硬度而心部又有足够韧性和较高的抗弯曲疲劳强度的方法是渗碳淬火，一般选用低碳合金钢 20Cr，它具有良好的切削性能，渗碳时工件的变形小，淬火硬度可达到 58 ~ 63 HRC，残留的奥氏体量也少，多用于汽车、拖拉机中承载大且有冲击的齿轮。

铸铁容易铸成复杂的形状，容易切削，成本低，但其抗弯强度、耐冲击和耐磨性能差，故常用于受力不大、无冲击、低速的齿轮。

有色金属作为齿轮材料的有黄铜 HPb59-1、青铜 QSNP10-1 和铝合金 LC4。

非金属材料中的夹布胶木、尼龙及塑料也常用于制造齿轮。这些材料具有易加工、传动噪声小、耐磨、减振性好等优点，适用于轻载、减振、低噪声、润滑条件差的场合。

2. 毛坯形式

齿轮毛坯形式主要有棒料、锻件和铸件。棒料用于小尺寸、结构简单而且对强度要求低的齿轮。锻件多用于要求强度高、耐冲击和耐磨的齿轮。当齿轮直径大于 400 ~ 600 mm 时，常用铸造方法铸造齿坯。为了减少机械加工量，对大尺寸、低精度齿轮，可以直接铸出轮齿；压力铸造、精密铸造、粉末冶金、热扎和冷挤等新工艺，可制造出具有轮齿的齿坯，以提高生产率和节约原材料。

3. 确定毛坯

如图 8-1 所示的圆柱齿轮，材料为 HT200，硬度为 180 ~ 210 HBW，精度等级为 8 级，生产纲领为 200 件/年。因为该齿轮受力不大，精度等级一般，属于中批量生产，用于低速传动的场合。故该齿轮毛坯选用 HT200 金属型铸造成型，毛坯结构及尺寸如图 8-3 所示。

(a) 毛坯三维图

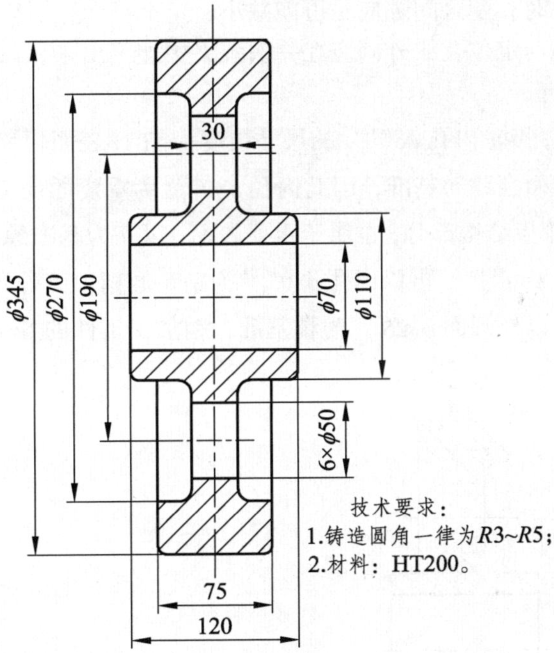

(b) 毛坯图

齿轮毛坯视频

图 8-3　圆柱齿轮毛坯

8.3　圆柱齿轮的机械加工工艺过程设计

下面对本案例齿轮零件进行定位基准选择、各主要加工表面的加工方案确定、拟定加工工艺路线等。

8.3.1　定位基准选择

齿轮的定位基准选择常因齿轮的结构形状不同而有所差异。齿轮轴（实心轴）主要采用两端顶尖孔定位；齿轮轴为空心轴时，则在中心内孔钻出后，用两端孔口的锥面定位；孔径大时则采用锥堵。顶尖孔定位的精度高，且能做到基准重合和统一。带孔齿轮在齿面加工时常采用以下两种定位、夹紧方式（本案例齿轮的定位、夹紧方式可参考下面两种方式）。

（1）内孔和端面定位。

以工件内孔定位确定定位位置，再以端面作为轴向定位基准，并对着端面夹紧。这种定位方式可使定位基准、设计基准、装配基准和测量基准重合，定位精度高，适合于批量生产，但对夹具的制造精度要求较高。

（2）外圆和端面定位。

当工件和夹具心轴的配合间隙较大时，采用千分表校正外圆以确定中心的位置，并以端面进行轴向定位，从另一端面夹紧。这种定位方式因每个工件都要校正，故生产率低；同时对齿坯的内、外圆同轴度要求高，而对夹具精度要求不高，故适用于单件、小批生产。

综上所述，为了减少定位误差，提高齿轮加工精度，在加工时应满足以下要求：

（1）应选择基准重合、统一的定位方式；

（2）内孔定位时，配合间隙应尽可能减小；

（3）定位端面与定位孔或外圆应在一次装夹中加工出来，以保证垂直度或圆跳动要求。

1. 精基准选择

由图 8-1 可知，齿轮内孔 $\phi80^{+0.03}_{0}$ 的尺寸精度为 IT7，表面粗糙度为 $Ra1.6$ μm，其轴线为 $\phi110$ 外圆两侧端面的端面圆跳动基准，因此内孔 $\phi80^{+0.03}_{0}$ 为重要的加工表面，选择它为精定位基准。外圆面 $\phi325^{\ 0}_{-0.2}$ 为轮齿结构部分，也属于重要表面。以互为基准原则，首先选择外圆面 $\phi325^{\ 0}_{-0.2}$ 为精基准精加工内孔 $\phi80^{+0.03}_{0}$，再以内孔 $\phi80^{+0.03}_{0}$ 为精基准精加工外圆面 $\phi325^{\ 0}_{-0.2}$，如图 8-4 所示。以基准统一原则，以外圆面 $\phi325^{\ 0}_{-0.2}$ 为精基准，精加工工件的各个端面和加工键槽。

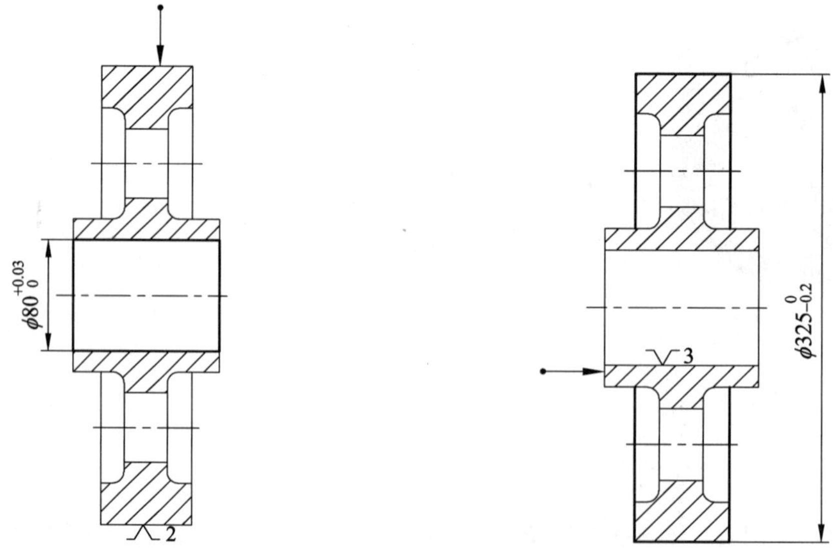

（a）以外圆为定位基准加工内孔　　（b）以内孔为定位基准加工外圆

图 8-4　工序 60 的工序图

2. 粗基准选择

粗基准选择时一般遵循以下原则：

（1）选择不加工表面作为粗基准；

（2）选择加工余量小且重要的表面作为粗基准；

（3）选择平整且定位可靠的表面作为粗基准；

（4）粗基准只能使用一次。

图 8-1 所示的圆柱齿轮，最大外圆部分为轮齿结构，$\phi110$ 外圆两侧端面有端面圆跳动要求，两者都为重要的加工表面。因此选择毛坯外圆和$\phi110$ 外圆的一侧端面为粗基准，粗加工内孔$\phi80_{0}^{+0.03}$ 和$\phi110$ 外圆的另一侧端面，如图 8-5 所示。

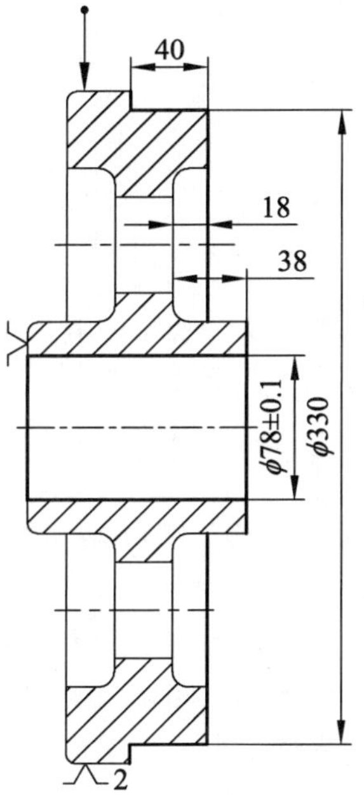

（a）粗加工内孔 $\phi80_{0}^{+0.03}$

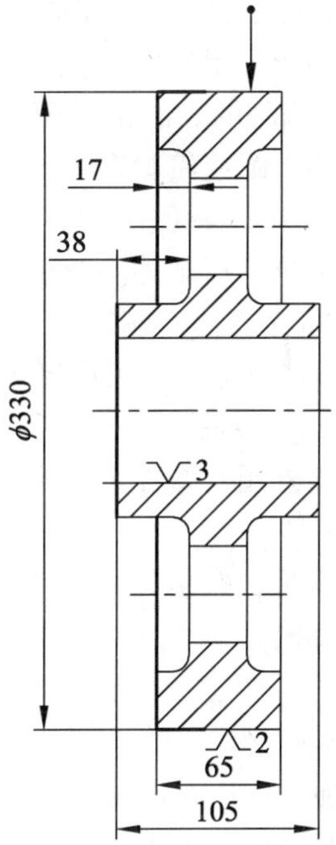

（b）调头，粗加工$\phi110$ 外圆的另一侧端面

图 8-5　工序 40 的工序图

8.3.2　表面加工方案确定

圆柱齿轮的机械加工分为齿坯加工和齿形加工。

1. 齿坯加工

齿坯加工在齿轮的整个加工过程中占有重要的位置。圆柱齿轮的孔、端面或外圆常作为齿形加工的定位、测量和装配基准，其加工精度对整个齿轮的精度有着重要的影响。另外，齿坯加工在齿轮加工总工时中占有较大的比例，因此齿坯加工在整个圆柱齿轮加工中占有重要的地位。

（1）齿坯加工精度。

圆柱齿轮在加工、检验和装夹时的径向基准面和轴向基准面应尽量一致。一般情况下，以圆柱齿轮的孔和端面为齿形加工的基准面，所以齿坯精度中主要是对齿轮孔的尺寸精度和形状精度以及孔和端面的位置精度有较高的要求；当外圆作为测量基准或定位、找正基准时，对齿坯外圆也有较高的要求。

（2）齿坯加工方案。

圆柱齿轮齿坯加工工艺方案主要取决于齿轮的轮体结构、技术要求和生产类型。圆柱齿轮齿坯加工的主要内容有：齿坯的孔、端面、顶尖孔（轴类齿轮）以及齿圈外圆和端面的加工。对于轴类齿轮和套筒齿轮的齿坯，其加工过程和一般轴、套类零件基本相同。圆柱齿轮齿坯的加工工艺方案如下：

① 单件小批生产的齿坯加工。

一般齿坯的孔、端面及外圆的粗、精加工都在通用车床上经两次装夹完成，但必须注意，将孔和基准端面的精加工在一次装夹内完成，以保证位置精度。齿坯加工类似于套类零件的加工，主要保证齿顶外圆与孔的同轴度、齿顶外圆对轴线的跳动等。图 8-1 所示的圆柱齿轮齿坯加工采用该加工方案，加工中要保证两端面与孔的端面圆跳动。

② 成批生产的齿坯加工。

成批生产齿坯时，经常采用“车—拉—车”的工艺方案：

a. 以齿坯外圆或轮毂定位，粗车外圆、端面和内孔；

b. 以端面定位拉孔；

c. 以孔定位，精车外圆及端面等。

③ 大批量生产的齿坯加工。

大批量生产齿坯，应采用高生产率的机床和高效专用夹具加工。加工中等尺寸齿轮的齿坯时，多采用“钻—拉—多刀车”的工艺方案：

a. 以毛坯外圆及端面定位进行钻孔或扩孔；

b. 拉孔；

c. 以孔定位，在多刀半自动车床上粗、精车外圆、端面、车槽及倒角等。

2. 齿形加工

齿形加工是整个齿轮加工的核心，尽管齿轮加工有许多工序，但都是为齿形加工服务，其目的在于最终获得符合精度要求的齿轮。齿形加工方法有无切屑加工和切削加工两大类。

无切屑加工方法有：热轧、冷挤、模锻、精密铸造和粉末冶金等。齿轮齿形的切削加工方法可分为成型法和展成法两种。

成型法是在铣床上用具有渐开线齿形的成型铣刀直接切出齿形。常用的齿形加工刀具有盘形齿轮铣刀和指形齿轮铣刀两种，如图 8-6 和图 8-7 所示。利用齿轮铣刀切齿时，铣刀旋转，同时轮坯沿齿轮轴线方向移动。铣出一个齿槽后，将轮坯转过 360°，再铣第二个齿槽，依此类推，加工出所有的齿槽。

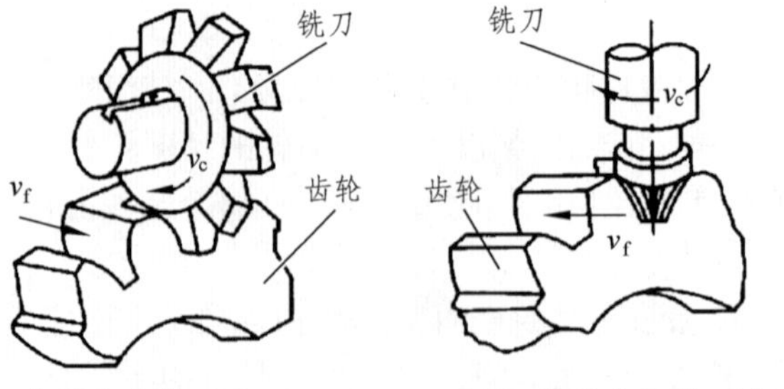

（a）盘形齿轮铣刀加工　　（b）指形齿轮铣刀加工

图 8-6　成形法加工齿轮

（a）盘形齿轮铣刀　　（b）指形齿轮铣刀

图 8-7　齿轮铣刀

展成法是使齿轮刀具和齿坯严格保持一对齿轮啮合的运动关系进行加工。展成法加工齿轮的齿形有滚齿、插齿、剃齿、珩齿、挤齿和磨齿等加工方法。齿轮齿形加工的常用切削方法见表 8-1。

表 8-1　齿轮齿形加工的常用切削方法

加工方法		刀具	机床	加工精度及适用范围
成型法	成型铣	盘形齿轮铣刀	铣床	加工精度和生产率都较低
		指形齿轮铣刀	滚齿机或铣床	加工精度和生产率都较低，是大型无槽人字齿轮的主要加工方法
	拉齿	齿轮拉刀	拉床	加工精度和生产率较高，采用专用拉刀，适用于大批生产，尤其适用于内齿轮加工
展成法	滚齿	齿轮滚刀	滚齿机	加工精度为 6～10 级，表面粗糙度为 *Ra*3.2～6.3 μm，常用于加工直齿轮、斜齿轮及蜗轮
	插齿	插齿刀	插齿机	加工精度为 7～9 级，表面粗糙度为 *Ra*3.2～6.3 μm，适用于加工内外啮合的圆柱齿轮、双联齿轮、三联齿轮、齿条和锥齿轮
	刨齿	刨齿刀	刨齿机	
	剃齿	剃齿刀	剃齿机	加工精度为 6～7 级，常用于滚齿、插齿后，淬火前的齿形精加工，表面粗糙度为 *Ra*0.8～1.6 μm
	珩齿	珩磨轮	珩齿机	加工精度为 6～7 级，常用于剃齿后或高频感应淬火后的齿形精加工
			剃齿机	
	磨齿	砂轮	磨齿机	加工精度为 3～6 级，表面粗糙度为 *Ra*0.8～1.6 μm，常用于齿轮淬火后的齿形精加工

（1）滚齿加工。

滚齿是应用一对交错螺旋圆柱齿轮的啮合传动原理，采用齿轮滚刀进行加工齿轮齿形，如图 8-8 所示。

滚齿是齿形加工中生产率较高、应用最广的一种加工方法。滚齿加工通用性好，既可加工圆柱齿轮，又可加工蜗轮；既可加工渐开线齿形，又可加工圆弧、摆线等齿形；既可加工小模数、小直径齿轮，又可加工大模数、大直径齿轮。

滚齿加工精度一般可达 6～9 级。对于 8、9 级精度齿轮，可直接滚齿得到；对于 7 级精度以上的齿轮，滚齿可作为齿形的粗加工或半精加工。当采用高精度的 AA 级齿轮滚刀和高精度滚齿机时，可直接加工出 7 级精度以上的齿轮。

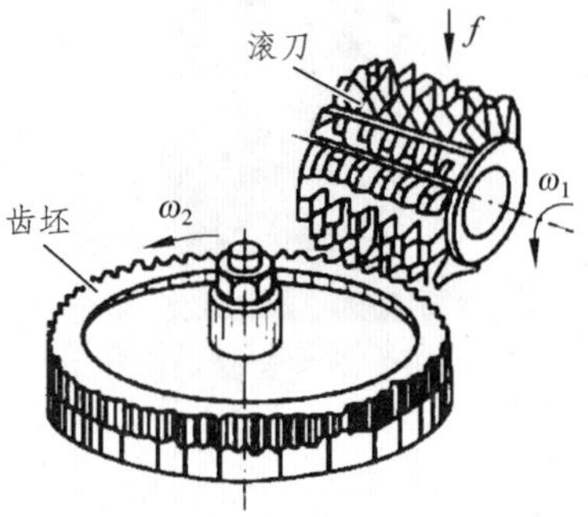

（a）滚齿原理

（b）滚齿加工圆柱齿轮

图 8-8　滚齿加工

在滚齿加工中，由于机床、刀具、夹具和齿坯在制造、安装和调整中不可避免地存在一些误差，因此被加工齿轮在尺寸、形状和位置精度等方面也会产生一些误差。这些误差将影响齿轮传动的准确性、平稳性、载荷分布的均匀性和齿侧间隙。

（2）插齿加工。

插齿时，插刀沿轮坯轴线方向做往复直线切削运动，同时插刀与轮坯像一对齿轮啮合传动那样以一定的传动比转动（见图 8-9），直至全部齿槽切削完毕。

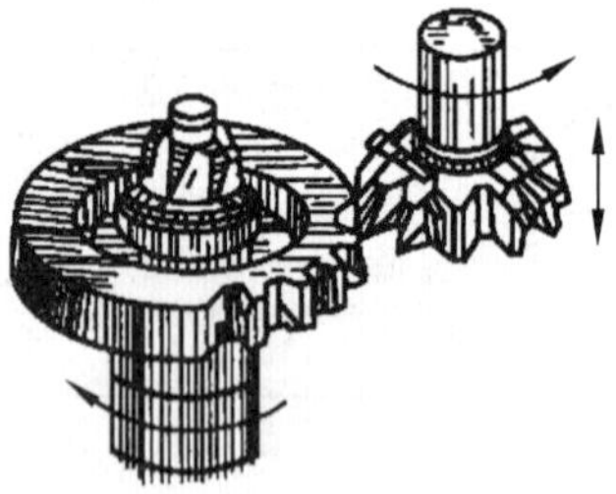

（a）插齿原理

（b）齿轮插齿刀加工圆柱齿轮

图 8-9　插齿加工

插齿刀的齿廓是精确的渐开线，所以插制的齿轮也是渐开线。根据正确啮合条件，被插制齿轮的模数和压力角与插齿刀的模数和压力角对应相等。

（3）剃齿加工。

剃齿是在滚齿之后对未淬硬齿轮的齿形进行精加工的一种常用方法。

剃齿是剃齿刀与齿轮做自由啮合传动而加工齿轮的一种切削方法，如图 8-10 所示（图中的 Σ 是剃齿刀轴线与齿轮轴线之间的夹角）。剃齿刀与齿轮间没有强制性的啮合运动，所以对齿轮传递运动的准确性精度提高不大，但传动的平稳性和接触精度有较大的提高，齿轮表面粗糙度值明显减小。剃齿时，剃齿刀和齿轮做无侧隙双面啮合，剃齿刀刀齿的两侧面都能进行切削。剃齿过程中剃齿刀交替地进行正反转运动，使齿轮的两侧都能获得较好的切削质量。

由于剃齿的质量较好、生产率高、所用机床简单、调整方便、剃齿刀耐用度高，所以汽车、拖拉机和机床中的齿轮多用这种加工方法进行精加工。

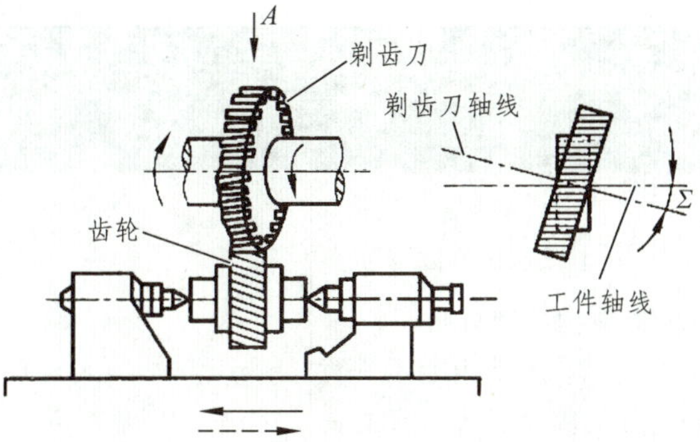

（a）剃齿原理

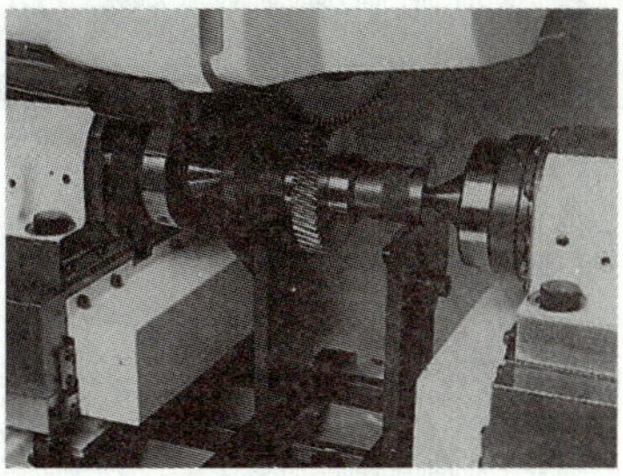

（b）剃齿加工圆柱齿轮

图 8-10　剃齿加工

目前，常用的剃齿方法有对角剃齿、轴向剃齿、径向剃齿和切向剃齿方法，如图 8-11 所示。常用剃齿方法与特点见表 8-2。

（a）轴向剃齿刀

（b）径向剃齿刀

图 8-11　剃齿刀

表 8-2　常用剃齿方法与特点

剃齿方法	运动原理图	剃齿运动说明	剃齿特点	
			优点	缺点
轴向剃齿	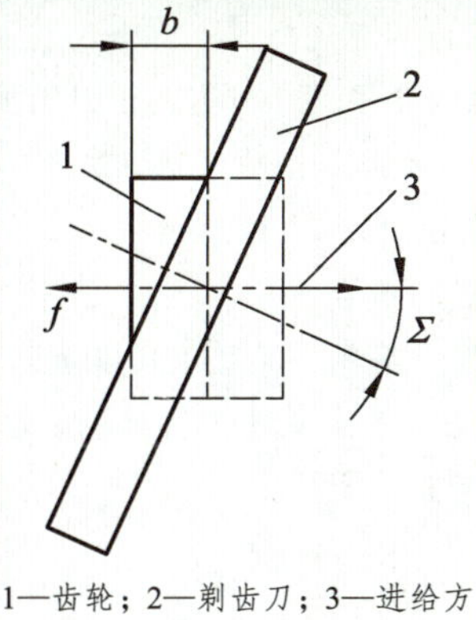 1—齿轮；2—剃齿刀；3—进给方向；b—齿轮宽度；Σ—轴交角	剃齿刀旋转，齿轮沿着本身轴向往复进给，每往复一次行程，做一次径向进给，最后两次行程不进给	（1）利用机床摇摆机构可剃削鼓形齿； （2）可剃削宽齿轮	（1）工作行程较长，所以生产率和刀具耐用度低于其他切齿方法； （2）刀具仅在齿轮和刀具交叉点上进行切削，影响刀具的使用寿命

续表

剃齿方法	运动原理图	剃齿运动说明	剃齿特点	
			优点	缺点
径向剃齿	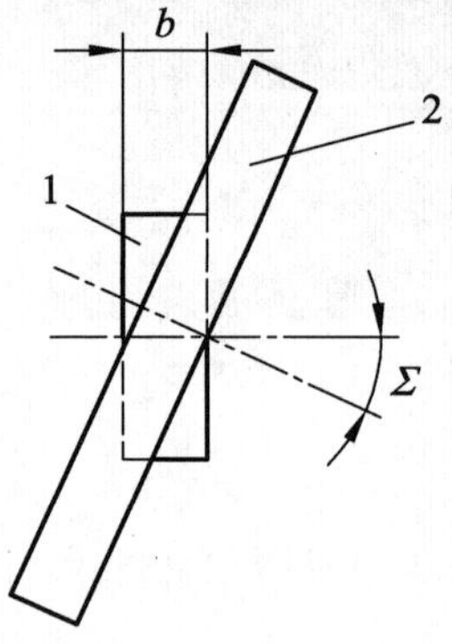 1—齿轮；2—剃齿刀； *b*—齿轮宽度；*Σ*—轴交角	剃齿刀只沿被剃齿齿轮半径方向进给，而轴向无进给，剃齿刀切削槽的排列需做成错位锯齿状	（1）能剃削双联齿轮和带凸缘的齿轮； （2）剃齿刀与工件齿向接触面积大，可提高齿向和齿形精度； （3）用较短的时间可剃出整个齿面，生产率高； （4）剃齿时匀速进给，刀齿磨损少	必须用修形剃齿刀进行鼓形齿和小锥度齿的修整
切向剃齿	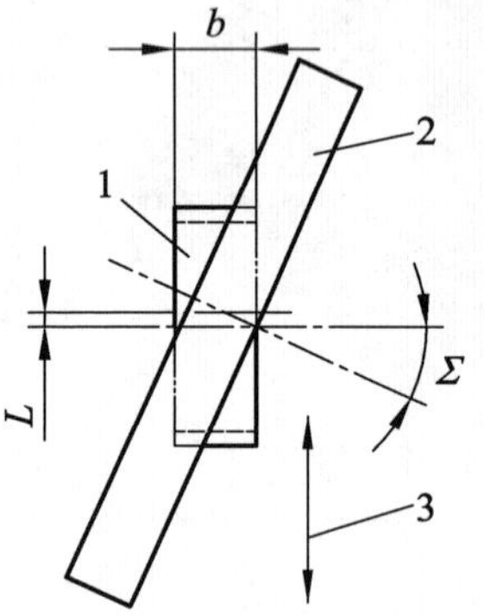 1—齿轮；2—剃齿刀；3—进给方向；*b*—齿轮宽度；*Σ*—轴交角；*L*—工作行程长度	剃齿刀沿齿轮的切线方向进给，因此剃齿机上须带有工作台导轨旋转到90°的机构。当剃削余量不大时，剃齿刀和齿轮中心距不变，一次工作行程即可剃完；当余量较大时，必须几次工作行程才能剃完，同时要有径向进给	（1）可剃削带凸缘的齿轮和多联齿轮； （2）工作行程长度短，可减少机动时间； （3）啮合节点位置连续变化，所以刀具磨损均匀，耐用度高； （4）切削运动简单，可用通用机床加工	（1）必须用修形剃齿刀进行鼓形齿修整； （2）剃齿刀宽度用于被剃齿轮宽度； （3）被剃齿轮齿面和加工质量较差
对角剃齿	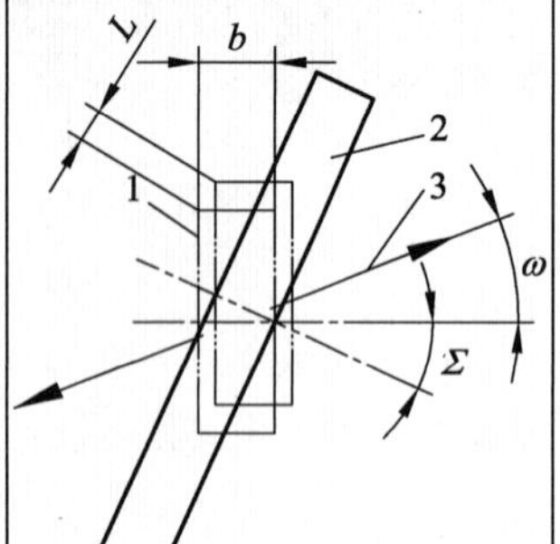 1—齿轮；2—剃齿刀；3—进给方向；*b*—齿轮宽度；*Σ*—轴交角；*L*—工作行程长度；*ω*—进给方向与齿轮轴线之间的夹角	齿轮沿与齿轮轴线偏斜成一定角度的方向进给	（1）可加工带凸缘的齿轮和阶梯齿轮； （2）工作行程长度短，减少了机动时间，对加工$b \leq 50$ mm的齿轮有利； （3）刀具与齿轮啮合节点在加工过程中沿剃齿刀齿长方向连续移动，刀具耐用度高，使用批量生产	（1）剃齿刀精度要求比轴向剃齿法高； （2）不易加工过宽齿轮； （3）齿轮宽度增加时，剃齿刀宽度也要增加

剃齿工艺中的几个问题：

① 剃齿齿轮的材料。

剃齿齿轮硬度在 22 ~ 32 HRC 时，剃齿刀校正误差能力最好，如果齿轮材质不均匀，含杂质过多或韧性过大，会引起剃齿刀滑刀或啃刀，最终影响剃齿的齿形及表面粗糙度。

② 剃齿齿轮的精度。

剃齿是齿形的精加工方法，因此剃齿前的齿轮应有较高的精度，通常剃齿后的精度只能比剃齿前提高一级。

（4）珩齿加工。

珩齿是齿轮热处理后的一种光整加工方法。珩齿主要用于去除热处理后齿面上的氧化皮及毛刺，可使表面粗糙度 *Ra*1.6 μm 左右降到 *Ra*0.4 μm 以下。为了保证齿轮的精度要求，必须提高珩齿前的加工精度和减少热处理变形。因此，珩齿前加工多采用剃齿。

珩齿切削运动与剃齿切削运动基本相同，即珩轮带动工件高速正反转，工件沿轴向往复运动，工件进行径向进给运动，如图 8-12 所示。所不同的是其径向进给是在开车后一次进给到预定位置。因此，珩齿开始时齿面压力较大，随后逐渐减小，直至压力消失时珩齿加工便结束。

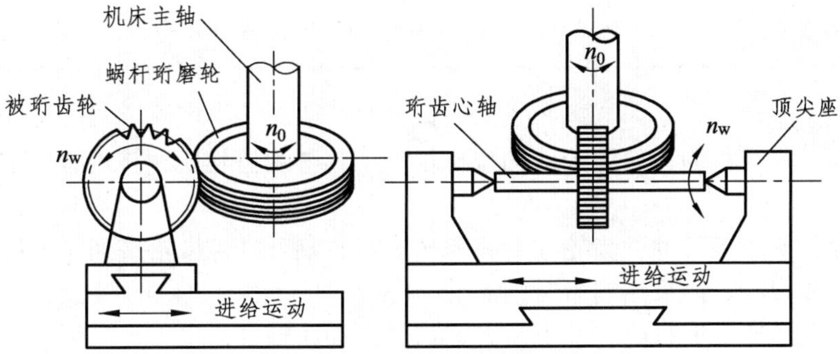

图 8-12　珩齿加工原理

珩齿的特点：

① 珩齿后齿轮齿面的表面质量较好。

珩齿的切削速度一般是 1 ~ 3 m/s，比普通磨削速度低、磨粒粒度小，结合剂弹性较大，珩齿过程实际上是低速磨削、研磨和抛光的综合过程，齿面不会产生烧伤和裂纹，所以珩齿后齿面表面质量较好。

② 珩齿后的表面粗糙度减小。

珩轮齿面上均匀密布着磨粒，珩齿后齿面切削痕迹很细，磨粒不仅在齿面产生滑动而切削，而且沿渐开线切线方向也具有切削作用，从而在齿面上产生交叉网纹，使齿面的表面粗糙度明显减小。

③ 珩齿修正误差能力低。

珩齿与剃齿的运动关系基本相同，由于珩轮本身有一定的弹性，不会全部复映到齿轮上，所以珩轮本身精度一般都不高，但对珩前齿轮的精度则要求高。

珩齿方法有外啮合珩齿、内啮合珩齿和蜗杆状珩磨轮珩齿三种，如图 8-13 所示。其工艺特点如表 8-3 所示。

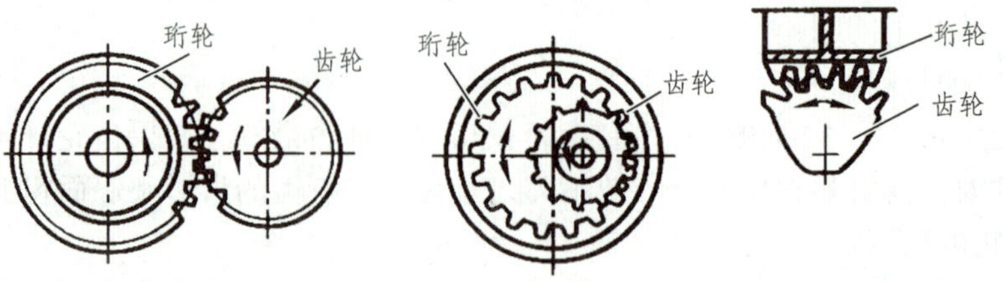

（a）外啮合珩齿　　（b）内啮合珩齿　　（c）蜗杆状珩磨轮珩齿

图 8-13　珩齿加工方法

表 8-3　珩磨法的工艺特点

珩磨方法	工艺特点		珩磨交角	用　途
	珩磨轮精度	切削速度		
外齿珩磨	低	低	小	去毛刺及降低表面粗糙度值
内齿珩磨	较高	很低	小（3° ~ 7°）	生产率低，校正齿形齿向误差能力强，精度高
蜗杆齿珩磨	高达 5 ~ 6 级	高达 20 ~ 25 m/s	大（≈90°）	比珩磨前提高精度 1 级左右，生产率高

（5）挤齿加工。

挤齿与剃齿一样，均为齿轮淬火前的齿形精加工，与剃齿相比，挤齿有以下特点：

① 生产率高。

压力足够时，对中等尺寸的齿轮一般只需 5 s 左右就可以将齿轮挤到规定尺寸，再需 20 s 左右的时间精整成成品，而采用剃齿时则需 2 ~ 4 min。

挤齿余量比剃齿小，而且挤齿前滚齿或插齿的齿面粗糙度要求可比剃齿低一些，因而可以增大滚齿或插齿的进给量，使生产率提高 30%以上。

② 精度高。

挤齿可以使齿轮精度达到 6 级甚至更高。剃齿机的运动部分多，刚性差，机床调整时间长，而挤齿只有单纯的径向进给，机床传动系统简单、刚性好、机床调整方便且精度稳定。

③ 齿面的表面粗糙度值小。

挤齿时工件的余量被碾压平整，所以有些表面缺陷和刮伤等容易被填平。挤齿的表面粗糙度值达到 *Ra*0.04 ~ 1.6 μm。

（6）磨齿加工。

磨齿是齿形加工中加工精度最高的一种切削方法。对于淬硬的齿面，要纠正热处理变形，获得高精度齿廓，磨齿是目前最常用的加工方法。

磨齿使用强制性的传动链，因此它的加工精度不直接取决于毛坯精度。磨齿可使齿轮精度最高达到 3 ~ 4 级，表面粗糙度达到 *Ra*0.8 ~ 0.2 μm。但磨齿加工成本高、生产率较低。

磨齿方法很多，根据磨齿原理的不同可以分为成型法和展成法。成型法是一种利用成型砂轮磨齿的方法，目前生产中应用较少，但它已经成为磨削内齿轮和特殊齿轮时必须采用的方法。展成法主要是利用齿轮与齿条啮合原理进行加工的方法，这种方法是将砂轮的工作面构成假象齿条的单侧或双侧齿面，在砂轮与工件的啮合运动中，砂轮的磨削平面包络出渐开线齿面。展成法磨齿有双片蝶形砂轮磨齿、锥形砂轮磨齿、蜗杆砂轮磨齿和大平面砂轮磨齿。

① 双片蝶形砂轮磨齿。

双片蝶形砂轮磨齿加工如图 8-14 所示，两片蝶形砂轮倾斜安装后，就构成假象齿条的两个齿面。磨齿时，砂轮在原位以 n_0 高速旋转；双片蝶形砂轮磨齿的展成运动是工件的往复移动 v 和相应的正反转运动 ω 是通过滑座 7 和滚圆盘 3、钢带 4 实现的。工件通过工作台 1 实现轴向的慢速进给运动 f 以磨出全齿宽。当一个齿槽的两侧齿面磨完后，工件快速退离砂轮，经分度机构分齿后，再进入下一个齿槽反向进给磨齿。

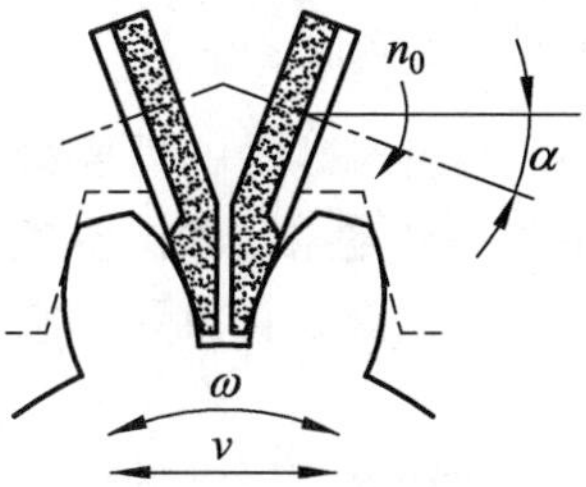

（a）磨齿原理

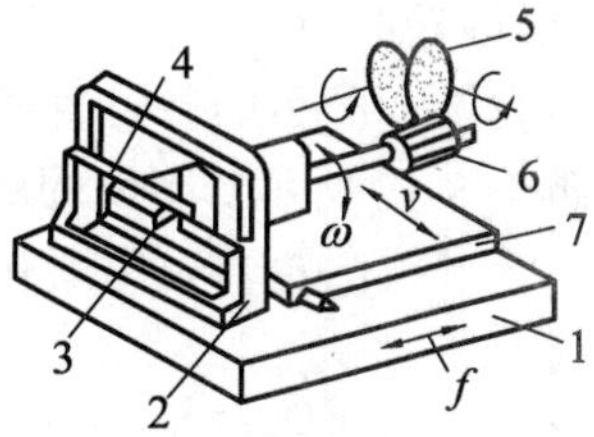

（b）磨齿机构

1—工作台；2—框架；3—滚圆盘；4—钢带；5—砂轮；6—工件；7—滑座。

图 8-14 双片蝶形砂轮磨齿

这种磨齿方法中展成运动传动环节少，运动精度高，是磨齿机精度最高的一种，加工精度可达 4 级。但由于蝶形砂轮刚性较差，每次进给磨去的工件余量很少，所以生产率较低。

② 锥形砂轮磨齿。

由图 8-15 可以看出，这种磨齿方法所用砂轮的齿形相当于假象齿条的一个齿廓，砂轮既绕自身轴线高速旋转，又沿齿宽方向做往复移动。工件被放在与假象齿条相啮合的位置，既绕自

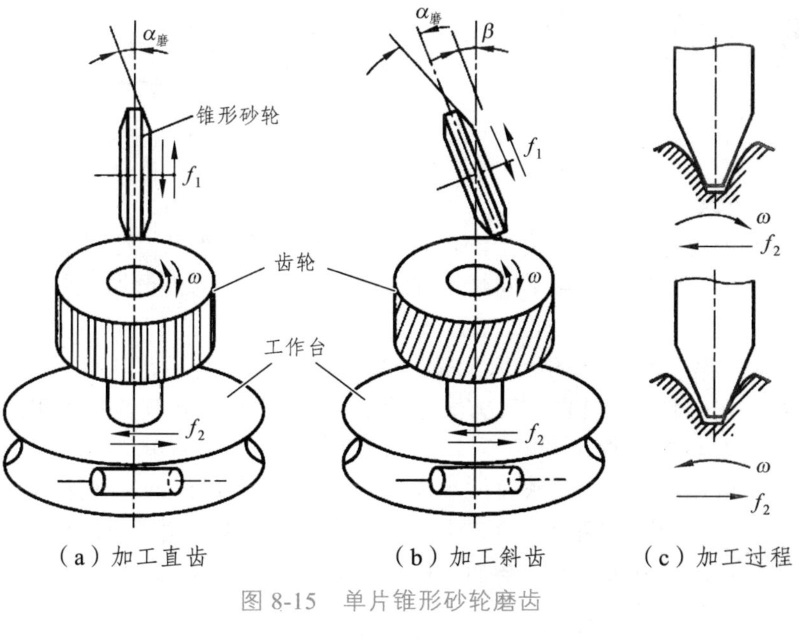

（a）加工直齿　（b）加工斜齿　（c）加工过程

图 8-15 单片锥形砂轮磨齿

身轴线旋转，又随工作台往复直线移动，实现展成运动。每磨完一个齿廓后，工件做分度运动再磨削下一个齿廓，直至磨完全部轮齿。

采用这种磨齿方法磨齿时，形成展成运动的机床传动链较长，结构复杂，故传动误差较大，磨齿精度一般只能达到 5 ~ 6 级。

③ 蜗杆砂轮磨齿。

如图 8-16 所示的连续分度磨齿机，加工原理和滚齿相似，只是相当于将滚刀换成蜗杆砂轮。砂轮的转速很高，一般为 2000 r/min。砂轮转一周，齿轮转过一个齿，工件转速也很高，而且可以连续磨齿。因此，蜗杆砂轮磨齿效率很高，一般磨削一个齿轮仅需几分钟。这种磨齿方法精度一般可达 5 ~ 6 级。

④ 大平面砂轮磨齿。

大平面砂轮端面磨齿的砂轮直径一般可达 400 ~ 800 mm，磨齿时砂轮不需要沿齿槽方向做进给运动，如图 8-17 所示。磨齿的展成运动由两种方式实现：一种是采用滚圆盘钢带机构，另一种是用精密渐开线凸轮。采用渐开线凸轮磨齿时，砂轮的工作端面垂直放置，它相当于假象齿条的单侧齿面。

大平面砂轮磨齿机是目前精度最高的磨齿机，它的展成运动和分度运动的传动链短，没有砂轮与工件间的轴向运动，可以磨出 3 ~ 4 级精度的齿轮。由于大平面砂轮磨齿没有轴向运动，只能磨削齿宽较窄的齿轮。

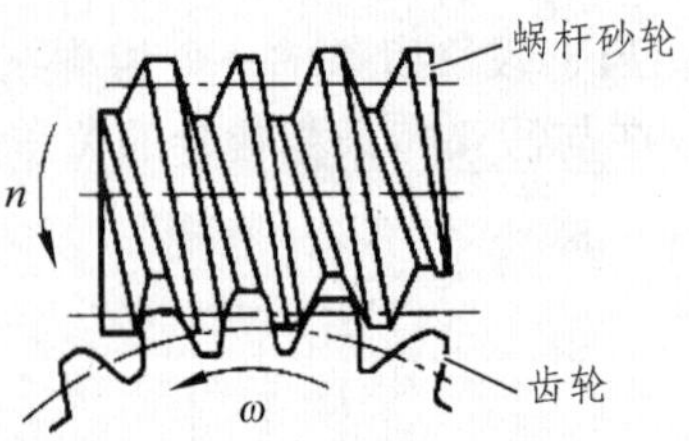

图 8-16　蜗杆砂轮磨齿

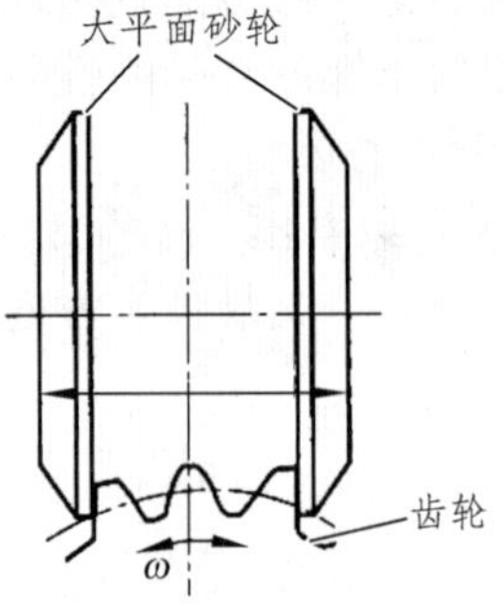

图 8-17　大平面砂轮磨齿

3. 齿形加工方案

齿形加工方案的选择，主要取决于齿轮的精度等级、结构形状、生产类型和齿轮的热处理方法及生产工厂的现有条件。对于不同精度等级的齿轮，常用的齿形加工方案如下：

（1）8 级或 8 级精度以下的齿轮加工方案。

对于不淬硬的齿轮用滚齿或插齿即可满足加工要求；对于淬硬齿轮可采用滚（插）齿—齿端加工—齿面热处理—修正内孔的加工方案，图 8-1 所示的圆柱齿轮齿形可采用该加工方案。

（2）6 ~ 7 级精度的齿轮加工方案。

对于淬硬齿面的齿轮可以采用滚（插）齿—齿端加工—表面淬火—校正基准—磨齿，采用这种加工方案可使工件的加工精度稳定；也可采用滚（插）齿—剃齿或冷挤—表面淬火—校正基准—内啮合珩齿的加工方案，此方案加工精度稳定，生产率高。

（3）5 级精度以上的齿轮加工方案。

一般采用粗滚齿—精滚齿—表面淬火—校正基准—粗磨齿—精磨齿的加工方案。大批量生产时也可采用粗磨齿—精磨齿—表面淬火—校正基准—磨削的加工方案。这种加工方案的齿轮精度可稳定在 5 级以上，且齿面加工纹理错综复杂，噪声极低，是品质极高的齿轮。

各级精度的圆柱齿轮齿形加工方法可参考表 8-4。

表 8-4　圆柱齿轮齿形加工方法和加工精度

类　型	不淬火齿轮										淬火齿轮											
精度等级	3	4	5		6			7			3～4	5				6				7		
表面粗糙度 *Ra*/μm	0.2～0.1	0.4～0.2			0.8～0.4			1.6～0.8			0.4～0.1	0.4～0.2				0.8～0.4				1.6～0.8		
滚齿或插齿	√	√	√	√	√	√	√	√	√	√	√	√	√	√	√	√	√	√	√	√	√	√
剃齿				√		√				√			√		√			√				
挤齿							√		√							√			√			
珩齿															√	√		√	√	√		
粗磨齿	√	√	√		√	√	√	√			√	√		√			√				√	
精磨齿	√	√	√	√							√	√	√	√								

注：表中“√”表示在对应的齿形加工方法下所能够达到的加工精度。

8.3.3　工艺路线的拟定

本案例齿轮材料为 HT200，在齿坯的粗加工之前应进行人工时效处理。对于精密齿轮，应进行二次时效处理，以保证加工精度；若铸件的铸造精度较低，在粗加工前应先划线，以保证加工余量的均匀。

按误差的特性及它们对齿轮传动性能的主要影响，齿轮的各项公差分为三组，如表 8-5 所示。根据使用要求的不同，允许各公差组选用不同的精度等级。但在同一公差组内，各项公差与极限偏差应保持相同的精度等级。

表 8-5　齿轮的公差组

公差组	误差特性	对传动性能的主要影响
Ⅰ	以齿轮转动一转为周期的误差	传递运动的准确性
Ⅱ	在齿轮转动一转内，多次周期性重复出现的误差	传动的平稳性、噪声、振动
Ⅲ	齿向线的误差	载荷分布的均匀性

圆柱齿轮齿坯精度直接影响齿轮齿部的加工精度，齿坯精加工后基准面尺寸、几何公差、齿轮齿部的加工精度可按表 8-6 和表 8-7 选取。

本案例齿轮的加工工艺路线见表 8-8。

表 8-6　齿坯公差

<table>
<tr><th colspan="2">齿轮精度等级①</th><th>1</th><th>2</th><th>3</th><th>4</th><th>5</th><th>6</th><th>7</th><th>8</th><th>9</th><th>10</th><th>11</th><th>12</th></tr>
<tr><td rowspan="2">孔</td><td>尺寸公差</td><td>IT4</td><td>IT4</td><td>IT4</td><td rowspan="2">IT4</td><td rowspan="2">IT5</td><td rowspan="2">IT6</td><td rowspan="2" colspan="2">IT7</td><td rowspan="2" colspan="2">IT8</td><td rowspan="2" colspan="2">IT8</td></tr>
<tr><td>几何公差</td><td>IT1</td><td>IT2</td><td>IT3</td></tr>
<tr><td rowspan="2">轴</td><td>尺寸公差</td><td>IT4</td><td>IT4</td><td>IT4</td><td rowspan="2">IT4</td><td rowspan="2" colspan="2">IT5</td><td rowspan="2" colspan="2">IT6</td><td rowspan="2" colspan="2">IT7</td><td rowspan="2" colspan="2">IT8</td></tr>
<tr><td>几何公差</td><td>IT1</td><td>IT2</td><td>IT3</td></tr>
<tr><td colspan="2">顶圆直径②</td><td colspan="2">IT6</td><td colspan="3">IT7</td><td colspan="3">IT8</td><td colspan="2">IT9</td><td colspan="2">IT11</td></tr>
<tr><td colspan="2">基准面的径向圆跳动③</td><td colspan="12" rowspan="2">参考“表 8-7　齿坯基准面径向和端面圆跳动公差”中的精度等级</td></tr>
<tr><td colspan="2">基准面的端面圆跳动</td></tr>
</table>

注：① 当三个公差组的精度等级不同时，按最高的精度等级确定公差值；

② 当顶圆不作测量齿厚的基准时，尺寸公差按 IT11 给定，但不得大于 0.1 mm；

③ 当以顶圆作基准面时，本栏就指顶圆的径向圆跳动。

表 8-7　齿坯基准面径向和端面圆跳动公差　　单位：μm

分度圆直径/mm	精度等级				
	1 和 2	3 和 4	5 和 6	7 和 8	9 ~ 12
$d \leqslant 125$	2.8	7	11	18	28
$125<d \leqslant 400$	3.6	9	14	22	36
$400<d \leqslant 800$	5.0	12	20	32	50
$800<d \leqslant 1600$	7.0	18	28	45	71
$1600<d \leqslant 2500$	10.0	25	40	63	100
$2500<d \leqslant 4000$	16.0	40	63	100	160

表 8-8　圆柱齿轮的工艺路线

工序号	工序内容
10	铸造
20	人工时效
30	车端面，粗车内径至 $\phi 78$ mm ± 0.1 mm，粗车齿轮外圆； 调头，粗车另一端面，粗车齿轮外圆至 $\phi 330$ mm
40	精车内孔至尺寸 $\phi 80_{0}^{+0.03}$ mm，精车外圆至尺寸 $\phi 325_{-0.2}^{0}$ mm； 调头，精车另一端各部至图样尺寸； 对轮齿顶部两侧倒角 $C2$
50	插键槽（22 ± 0.026）mm
60	滚齿
70	去毛刺
80	检验、入库

8.4 圆柱齿轮的工艺文件编制

参考以上内容，编制本案例零件的机械加工工艺过程卡和主要工序的工序卡，如表 8-9 ~ 表 8-13 所示。

表 8-9 圆柱齿轮的机械加工工艺过程卡

机械加工工艺过程卡片		产品型号		零件图号		共 页 第 页			
		产品名称		零件名称	圆柱齿轮				
材料牌号	HT200	毛坯种类	铸件	毛坯外形尺寸/mm	ϕ345×120	每毛坯可制件数	1	每台件数	1	备注
工序号	工序名称	工序内容		车间	工段	设备	工艺装备	工时	
								准终	单件
10	铸	铸造ϕ345 mm×120 mm 的齿轮毛坯		铸					
20	热处理	人工时效		热					
30	粗车	夹工件一端外圆，按毛坯找正，照顾工件各部毛坯尺寸，车端面，车内径至ϕ78 mm±0.1 mm，保证距轮辐侧面尺寸 38 mm，齿部侧面至轮辐侧面 18 mm，齿轮外圆车至ϕ330 mm； 调头，夹ϕ330 mm 外圆，找正ϕ78 mm±0.1 mm 内径，车端面，ϕ120 mm 端面距轮辐侧面为 38 mm，齿轮部分侧面至轮辐侧面 17 mm，车齿轮外圆至ϕ330 mm		机加工		CA6163	45°外圆车刀；单动卡盘；0.02 mm 精度的游标卡尺		
40	精车	夹ϕ330 mm 外圆（参考划线）加工齿轮一端面各部分至图样尺寸，内径加工至尺寸$\phi 80^{+0.03}_{0}$ mm； 外圆加工至尺寸$\phi 325^{0}_{-0.2}$ mm； 调头，以$\phi 325^{0}_{-0.2}$ mm 定位装夹工件，内径找正，车工件端面及倒角至图样尺寸，保证工件总厚度尺寸 100 mm 和 60 mm； 对轮齿顶部两侧倒角		机加工		CA6163			
50	插	以$\phi 325^{0}_{-0.2}$ mm 外圆及一端面定位装夹工件，插键槽（22±0.026）mm		机加工		B5020	组合夹具		
60	滚齿	以$\phi 80^{+0.03}_{0}$ mm 及一端面定位滚齿，$m=5$ mm、$z=63$、$\alpha=20°$		机加工		Y315	专用夹具		
70	检验	按图样要求检验工件各部尺寸及精度							
80	入库	入库							
					设计日期	审核日期	标准化日期	会签日期	
标记	处数	更改文件号	签字	日期					

描图

审核

底图号

装订号

表 8-10　圆柱齿轮的机械加工 30 工序卡

机械加工工序卡片	产品型号		零件图号		共　页
	产品名称		零件名称	圆柱齿轮	第　页

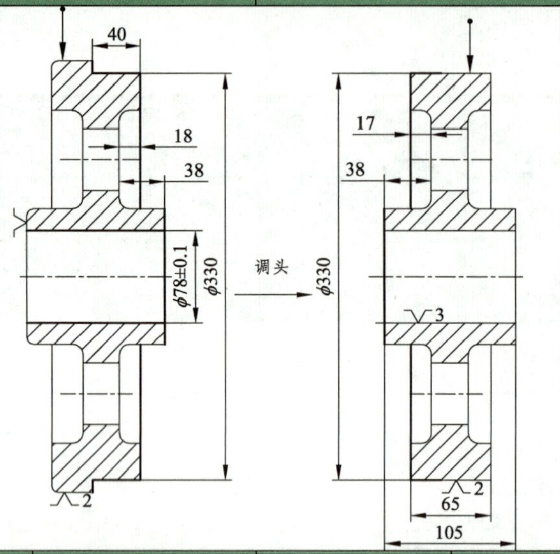

车间	工序号	工序名称	材料牌号
机加工	30	粗车	HT200
毛坯种类	毛坯外形尺寸/mm	每件毛坯可制件数	每台件数
铸件	$\phi345\times120$	1	1
设备名称	设备型号	设备编号	同时加工件数
卧式车床	CA6140		1
夹具编号		夹具名称	切削液
工位器具编号		工位器具名称	工序工时
			准终　单件

	工步号	工步内容	工艺装备	主轴转速/(r/min)	切削速度/(m/min)	进给量/(mm/rad)	背吃刀量/mm	进给次数	工步工时 机动	工步工时 辅助
描图	1	夹工件一端外圆，按毛坯找正，照顾工件各部毛坯尺寸，车外圆至ϕ330 mm	90°外圆硬质合金车刀、游标卡尺	400	95	0.75	2.5	3		
描校	2	车内径至ϕ（78±0.1）mm	90°外圆硬质合金车刀、游标卡尺	400	95	0.75	2	2		
底图号	3	车端面，保证距轮辐侧面尺寸 38 mm	90°外圆硬质合金车刀、游标卡尺	400	95	0.75	2	1		
	4	车端面，齿部侧面至轮辐侧面 18 mm	90°外圆硬质合金车刀、游标卡尺	400	95	0.75	2.25	2		
装订号	5	调头，车齿轮另一端外圆至ϕ330 mm	90°外圆硬质合金车刀、游标卡尺	400	95	0.75	2.5	3		
	6	夹ϕ330 mm 外圆，找正ϕ78 mm ± 0.1 mm 内孔，车端面，ϕ110 mm 端面距轮辐侧面为 38 mm	90°外圆硬质合金车刀、游标卡尺	400	95	0.75	2	1		
	7	车端面，齿轮部分侧面至轮辐侧面 17 mm	90°外圆硬质合金车刀、游标卡尺	400	95	0.75	2.75	2		

				编制日期	审核日期	标准化日期	会签日期
标记	处数	更改文件号	签字	日期			

表 8-11　圆柱齿轮的机械加工 40 工序卡

机械加工工序卡片	产品型号		零件图号		共　页
	产品名称		零件名称	圆柱齿轮	第　页

第一步

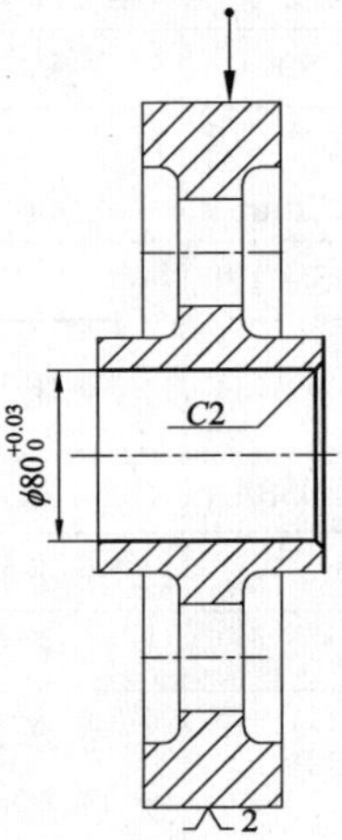

第二步

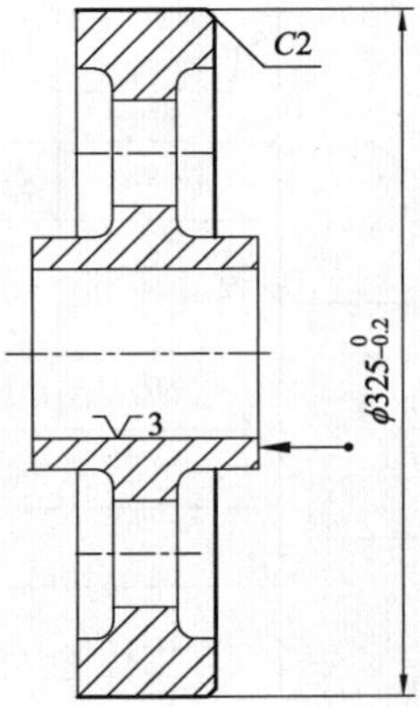

第三步

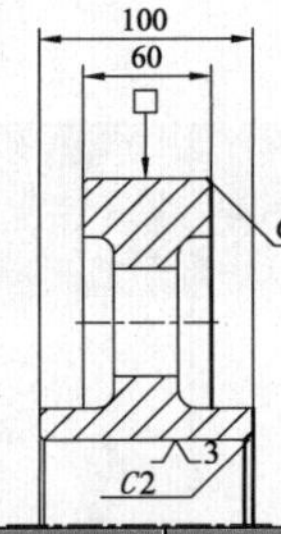

车间	工序号	工序名称	材料牌号	
机加工	40	精车	HT200	
毛坯种类	毛坯外形尺寸/mm	每件毛坯可制件数	每台件数	
铸件	$\phi 345\times 120$	1	1	
设备名称	设备型号	设备编号	同时加工件数	
卧式车床	CA6140		1	
夹具编号		夹具名称	切削液	
工位器具编号		工位器具名称	工序工时	
			准终	单件

	工步号	工步内容	工艺装备	主轴转速/(r/min)	切削速度/(m/min)	进给量/(mm/min)	背吃刀量/mm	进给次数	工步工时 机动	辅助
描图	1	车端面，车内径至尺寸 $\phi 80_{0}^{+0.03}$ mm，倒角 $C2$	90°外圆硬质合金车刀、游标卡尺	900	150	0.18	0.5	2		
描校	2	车端面，车外圆至尺寸 $\phi 325_{-0.2}^{0}$ mm，倒角 $C2$	90°外圆硬质合金车刀、游标卡尺	900	150	0.18	0.85	3		
底图号	3	调头，车工件另一端及倒角至图样尺寸，保证工件总厚度尺寸 100 mm 和 60 mm	90°外圆硬质合金车刀、游标卡尺	900	150	0.18	0.85	3		
装订号										
				编制日期	审核日期		标准化日期		会签日期	
标记	处数	更改文件号	签字	日期						

表 8-12 圆柱齿轮的机械加工 50 工序卡

机械加工工序卡片	产品型号		零件图号		共　页
	产品名称		零件名称	圆柱齿轮	第　页

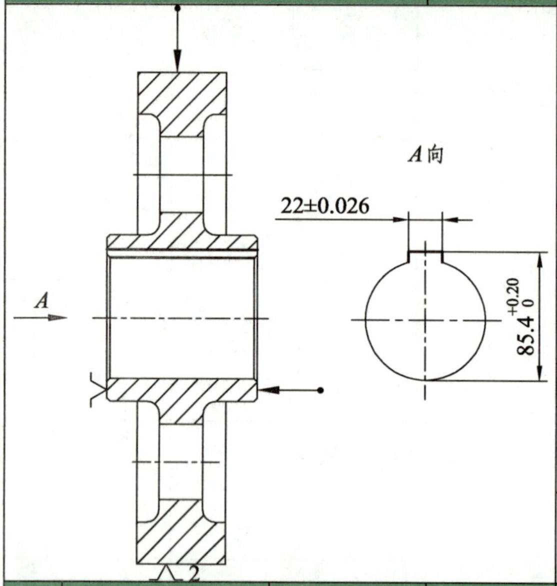

车间	工序号	工序名称	材料牌号	
机加工	50	插	HT200	
毛坯种类	毛坯外形尺寸/mm	每件毛坯可制件数	每台件数	
铸件	$\phi345\times120$	1	1	
设备名称	设备型号	设备编号	同时加工件数	
插床	B5050A		1	
夹具编号		夹具名称	切削液	
工位器具编号		工位器具名称	工序工时	
			准终	单件

	工步号	工步内容	工艺装备	主轴冲程速度/(str/min)	切削速度/(m/min)	圆周进给量/(mm/str)	背吃刀量/mm	进给次数	工步工时 机动	辅助
描图	1	以 $\phi325_{-0.2}^{0}$ mm 外圆及一端面定位装夹工件，插键槽（22 ±0.026）mm	游标卡尺、专用夹具	400	28	0.2	0.02～1.07	4		
描校										
底图号										
装订号										

					编制日期	审核日期	标准化日期	会签日期
标记	处数	更改文件号	签字	日期				

表 8-13　圆柱齿轮的机械加工 60 工序卡

机械加工工序卡片	产品型号		零件图号		共　页
	产品名称		零件名称	圆柱齿轮	第　页

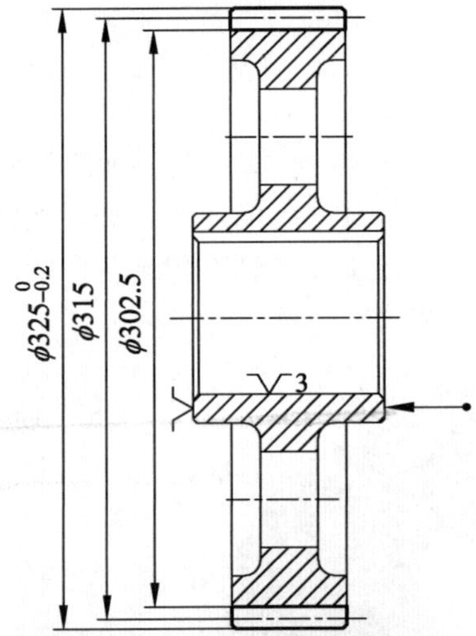

车间	工序号	工序名称	材料牌号	
机加工	60	滚齿	HT200	
毛坯种类	毛坯外形尺寸/mm	每件毛坯可制件数	每台件数	
铸件	$\phi345\times120$	1	1	
设备名称	设备型号	设备编号	同时加工件数	
滚齿机	Y3150E		1	
夹具编号		夹具名称	切削液	
工位器具编号		工位器具名称	工序工时	
			准终	单件

	工步号	工步内容	工艺装备	主轴转速/(r/min)	切削速度/(m/min)	背吃刀量/mm	进给次数	工步工时 机动	工步工时 辅助
描图									
描校	1	以 $\phi80_{0}^{+0.03}$ mm 及一端面定位滚齿，$m=5$ mm、$z=63$、$\alpha=20°$	滚刀、游标卡尺、齿厚测量仪、公法线千分尺	200	30	0.1～1	12		
底图号									
装订号									

					编制日期	审核日期	标准化日期	会签日期
标记	处数	更改文件号	签字	日期				

模块 2 技能训练

任务 1　行星轮的机械加工工艺过程设计

1. 任务内容

图 8-18 是某行星齿轮减速器的行星轮零件图，生产纲领：400 件。要求了解行星轮的结构特点和技术要求，对零件进行结构分析和工艺分析。绘制产品毛坯图，确定毛坯的种类及制造方法。拟定零件的机械加工工艺过程，选择各工序的加工设备和工艺装备，确定各工序的加工余量和工序尺寸及公差，并计算各工序的切削用量和工时定额。

行星轮视频

（a）三维图

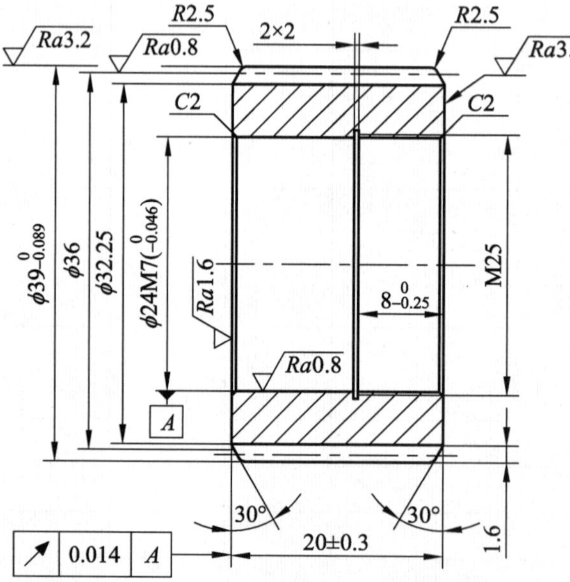

行星轮的基本参数	
模数	1.5 mm
齿数	24
压力角	20°
精度等级	7级

技术要求：

1.热处理180~210 HBW；

2.材料：45钢。

Ra6.3（√）

（b）零件图

图 8-18　行星轮

2. 任务准备

读懂图 8-18 行星轮零件图；分析该零件各表面的精度、表面粗糙度和其他技术要求。

3. 实训目的

熟悉绘图软件；掌握齿轮的各种机械加工方法；掌握工序尺寸及公差的计算方法；了解工序切削用量和工时定额的计算方法；掌握工序余量的查阅方法和各种手册的查阅方法。

4. 实训步骤

（1）分析图 8-18 行星轮的工艺结构；

（2）确定行星轮毛坯类型、结构及尺寸大小；

（3）进行行星轮的机械加工工艺过程设计；

（4）选择行星轮的机械加工设备及工艺装备；

（5）编制行星轮的机械加工工艺过程卡片。

思考与练习

一、简答题

1. 齿轮材料应满足哪些基本要求？

2. 齿形加工方法有哪些？

3. 齿轮传动应满足哪些要求？

4. 简述齿坯加工的常用方案。

5. 简述齿形加工的常用方案。

二、分析题

1. 图 8-19 为一圆柱齿轮零件图，生产类型为小批量生产。结合齿轮结构特点和技术要求，设计出该齿轮的工艺路线。

（a）圆柱齿轮三维图

圆柱齿轮视频

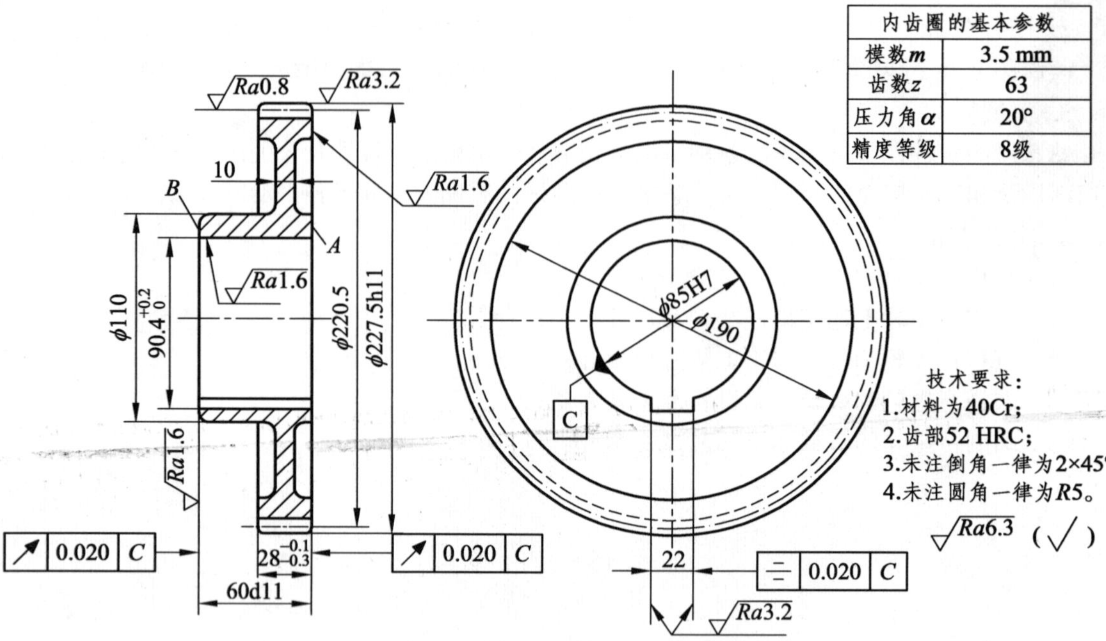

（b）零件图

图 8-19　圆柱齿轮

2. 图 8-20 为某行星轮系的内齿圈零件图，生产纲领为 100 件。试分析内齿圈的加工工艺过程。

（a）内齿圈三维图

内齿圈视频

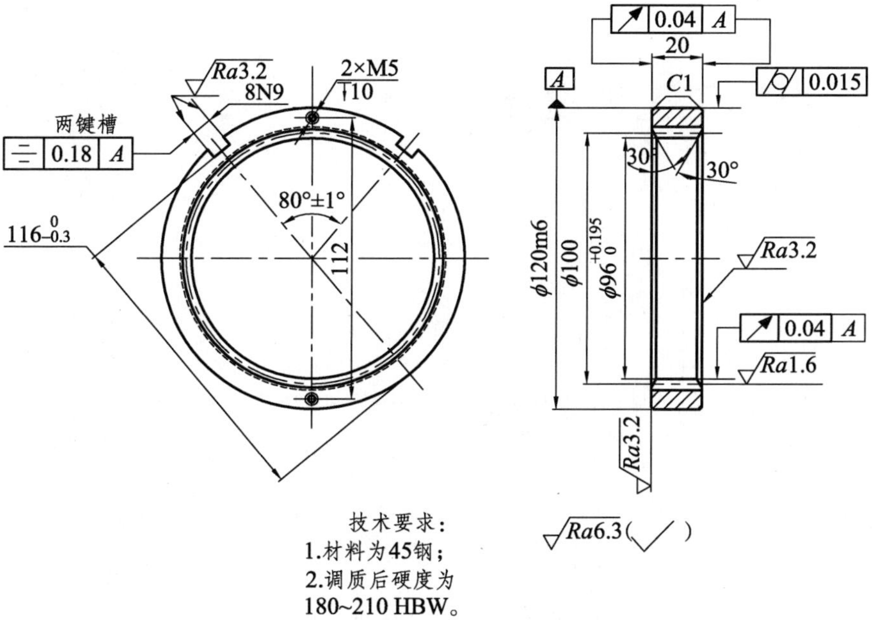

内齿圈的基本参数	
模数m	2 mm
齿数z	50
压力角α	20°
精度等级	7级

（b）零件图

图 8-20　内齿圈

项目 8 答案

项目 9 数控加工工艺设计

教学导读

数控加工是制造形状复杂、精度高和种类繁多的零件的有效方法，它在整个制造业中被广泛使用。现阶段数控机床以加工生产效率高、加工精度高、加工质量稳定、能加工复杂零件、生产能力灵活、能有效减少操作人员劳动强度等优点正大幅度取代手动机床。

金属切削类数控机床主要有：数控车床、数控铣床、数控钻床、数控磨床、数控齿轮加工机床、数控加工中心等。本项目重点研究数控切削加工领域内常见的数控车削加工工艺和数控铣削加工工艺的设计过程。

知识要点

掌握数控车削、数控铣削工艺拟定的过程、工序的划分方法、工序顺序的安排和进给路线的确定、刀具的选择和切削用量的选用等工艺知识，对数控切削加工工艺知识有一个系统的了解，并学会对一般数控车削、铣削零件加工工艺进行分析及制定加工方案。

重点和难点

数控车削；铣削加工工艺的拟定；刀具的选择；切削用量的选用。

素养目标

（1）培养学生具备坚定的政治信念，德智体美劳全面发展；
（2）培养学生具备良好的职业道德，遵纪守法；
（3）培养学生具备诚实守信、爱岗敬业的品质，具有社会责任心。

模块 1 理论基础知识

9.1 数控车床简介

数控车床是金属切削加工领域使用非常广泛的数控机床之一，数控车床与普通车床一样，也是用来加工回转体零件的，一般能够自动完成外圆柱面、圆锥面、球面以及螺纹的加工，还能加工一些复杂的回转面，如双曲面等。数控车床的外形与普通车床相似，即由床身、主轴箱、刀架、进给系统、液压系统、冷却和润滑系统等部分组成。数控车床的进给系统与普通车床有质的区别，普通车床主轴的运动经过挂轮架、进给箱、溜板箱传到刀架实现纵向和横向进给运动，而数控车床是直接用伺服电机通过滚珠丝杠驱动溜板和刀架实现进给运动，因而进给系统的结构大为简化。另外为了提高工件装夹效率，数控车床多采用液压、气动和电动卡盘。由于采用数字化控制技术能够连续控制刀具的运动轨迹加工复杂轮廓，同时具备高转速、低进给等普通车床无法比拟的优势，使得数控车削加工工艺与普通车床加工工艺有较大区别。

9.1.1 数控车床的分类

数控车床品种繁多，规格不一，大致可按如下方法进行分类：

1. 按车床主轴位置分类

（1）卧式数控车床。

卧式数控车床的主轴与水平面平行，主要用于轴向尺寸较长或小型盘类零件的车削加工。卧式数控车床又分为水平导轨式和倾斜导轨式，如图 9-1 所示。其中倾斜导轨式卧式数控车床又称斜床身数控车床，其两根导轨所在平面与水平面成一个斜面，角度有 30°、45°、60°、75° 之分。斜床身数控车床的床身呈直角三角形。很明显，在相同导轨宽度的情况下，斜床身的 X 向拖板比平床身的要长，应用在车床的实际意义是可以安排更多的刀位数。斜床身数控车床的截面面积要比同规格平床身的大，即抗弯曲和抗扭能力更强，同时斜床身也易于排除切屑。

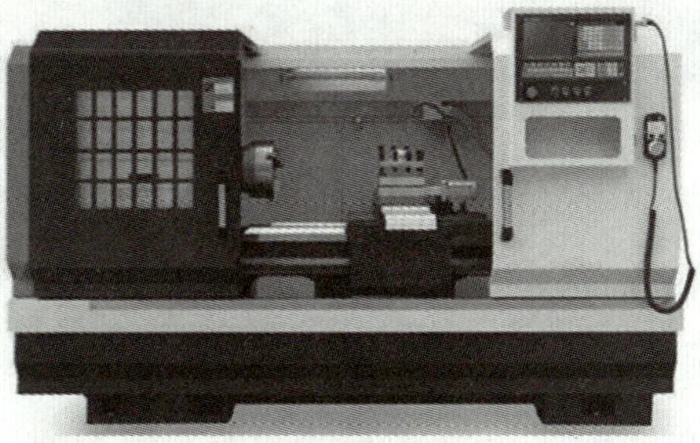

（a）水平导轨式卧式数控车床

（b）倾斜导轨式卧式数控车床

图 9-1 卧式数控车床车床

（2）立式数控车床。

立式数控车床的主轴垂直于水平面，主要用于加工回转直径较大、轴向尺寸相对较小的大型、重型以及不易在卧式车床上装夹的工件，如图 9-2 所示。

图 9-2　立式数控车床及其加工对象

2. 按功能分类

（1）经济型数控车床。

经济型数控车床是采用步进电动机和单片机对普通车床的进给系统进行改造后形成的简易型数控车床，成本较低，但自动化程度和功能都比较差，车削加工精度也不高，适用于要求不高的回转类零件的车削加工，如图 9-3（a）所示。随着数控机床自动化技术的迅速发展，该类型的数控车床目前已基本被淘汰。

（2）全功能型数控车床。

全功能型数控车床是根据车削加工要求在结构上进行专门设计并配备通用数控系统而形成的数控车床，数控系统功能强，自动化程度和加工精度也比较高，适用于一般回转体类零件的车削加工。这种数控车床可同时控制两个坐标轴，即 X 轴和 Z 轴，是如今被广泛使用的数控车床。

（a）经济型数控车床

（b）全功能型数控车床

图 9-3　数控车床

（3）车削加工中心。

在全功能型数控车床的基础上，增加了 C 轴和动力头，更高级的数控车床带有刀库，可控制 X、Z 和 C 三个坐标轴，联动控制轴可以是（X，Z）、（X，C）或（Z，C），如图 9-4 所示。由于增加了 C 轴和铣削动力头，这种数控车床的加工功能大大增强，除可以进行一般车削外，还可以进行径向和轴向铣削、曲面铣削、中心线不在零件回转中心的孔和径向孔的钻削等加工。

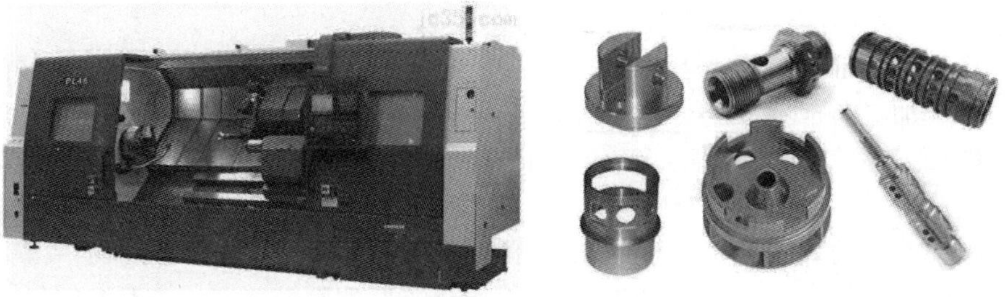

图 9-4　车削加工中心及其加工对象

9.1.2　数控车床的加工对象和优势

数控车床主要用于回转体零件的加工，如轴类零件或盘套类零件的内外圆柱面、任意锥角的内外圆锥面、复杂回转内外曲面及圆柱、圆锥螺纹等切削加工，并能进行切槽、钻孔、扩孔、铰孔及镗孔等，如图 9-5 所示。

图 9-5　数控车床加工的零件

与传统车床相比，数控车床比较适合于车削具有以下要求和特点的回转体零件：

（1）精度要求高的零件。

由于数控车床的刚性好，制造和对刀精度高，且能方便和精确地进行人工补偿甚至自动补偿，所以它能够加工尺寸精度要求高的零件。在有些场合可以以车代磨。此外，由于数控车削时刀具运动是通过高精度插补运算和伺服驱动来实现的，再加上机床的刚性好和制造精度高，所以它能加工对母线直线度、圆度、圆柱度要求高的零件。

（2）表面粗糙度值小的回转体零件。

数控车床能加工出表面粗糙度小的零件，不但是因为机床的刚性好和制造精度高，还由于它具有恒线速度切削功能。在材质、精车留量和刀具已定的情况下，表面粗糙度取决于进给速度和切削速度。使用数控车床的恒线速度切削功能，就可选用最佳线速度来切削端面，这样切出的粗糙度既小又一致。数控车床还适合于车削各部位表面粗糙度要求不同的零件。粗糙度小的部位可以用减小进给速度的方法来达到，而这在传统车床上是做不到的。

（3）轮廓形状复杂的零件。

数控车床具有圆弧插补功能，所以可直接使用圆弧指令来加工圆弧轮廓。数控车床也可加工由任意平面曲线所组成的轮廓回转零件，既能加工可用方程描述的曲线，也能加工列表曲线。如果说车削圆柱零件和圆锥零件既可选用传统车床也可选用数控车床，那么车削复杂转体零件就只能使用数控车床。

（4）带一些特殊类型螺纹的零件。

传统车床所能切削的螺纹相当有限，它只能加工等节距的直、锥面，公、英制螺纹，而且一台车床只限定加工若干种节距。数控车床不但能加工任何等节距直、锥面，公、英制和端面螺纹，而且能加工增节距、减节距，以及要求等节距、变节距之间平滑过渡的螺纹。数控车床加工螺纹时主轴转向不必像传统车床那样交替变换，它可以一刀又一刀不停顿地循环，直至完成，所以它车削螺纹的效率很高。数控车床还配有精密螺纹切削功能，再加上一般采用硬质合金成型刀片，以及可以使用较高的转速，所以车削出来的螺纹精度高、表面粗糙度小。可以说，包括丝杠在内的螺纹零件很适合于在数控车床上加工。

9.2 数控车削加工常用夹具与零件的装夹方法

数控车床上所使用的夹具主要分为两大类：一是各种卡盘，适用于盘类零件和短轴类零件加工的夹具；二是中心孔、顶尖定心定位安装工件的夹具，适用于长度尺寸较大或加工工序较多的轴类零件。

1. 卡盘夹具

（1）三爪卡盘：最常用的车床通用卡具，三爪卡盘最大的优点是可以自动定心，夹持范围大，装夹速度快，但定心精度存在误差，不适于同轴度要求高的工件的二次装夹，如图 9-6 所示。

（a）三爪自定心卡盘

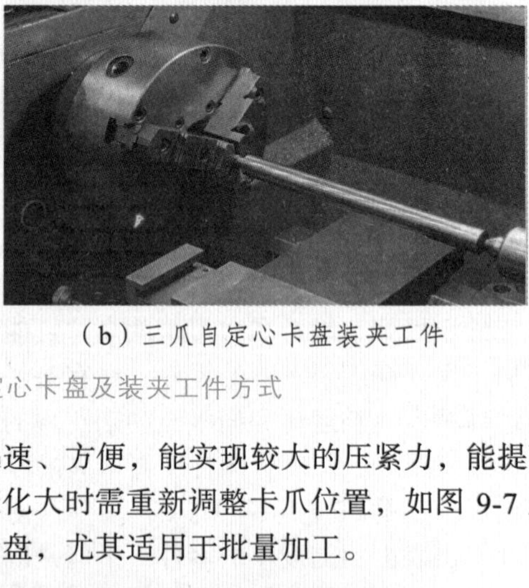

（b）三爪自定心卡盘装夹工件

三爪卡盘视频

图 9-6　三爪自定心卡盘及装夹工件方式

（2）液压卡盘：动作灵敏，装夹迅速、方便，能实现较大的压紧力，能提高生产率和减轻劳动强度；但夹持范围变化小，尺寸变化大时需重新调整卡爪位置，如图 9-7 所示。自动化程度高的数控车床经常使用液压自定心卡盘，尤其适用于批量加工。

液压卡盘视频

图 9-7　液压卡盘

（3）可调卡爪式卡盘：要比其他类型的卡盘需要用更多的时间来夹紧和对正零件。因此，对提高生产率来说至关重要的 CNC（计算机数控）车床上很少使用这种卡盘。可调卡爪式四爪卡盘一般用于定位、夹紧不同心或结构对称的零件表面，如图 9-8 所示。用四爪卡盘、花盘，角铁（弯板）等装夹不规则偏重工件时，必须加配重。

（a）四爪单动卡盘

（b）四爪单动卡盘装夹不规则工件

可调卡爪卡盘视频

图 9-8　四爪单动卡盘及装夹工件方式

（4）高速动力卡盘：为了提高数控车床的生产效率，对其主轴提出越来越高的要求，以实现高速，甚至超高速切削。现在有的数控车床转速甚至达到 100 000 r/min。对于这样高的转速，一般的卡盘已不适用，而必须采用高速动力卡盘才能保证安全可靠地进行加工。随着卡盘的转速提高，由卡爪、滑座和紧固螺钉组成的卡爪组件离心力急剧增大，卡爪对零件的夹紧力下降。高速动力卡盘常增设离心力补偿装置，利用补偿装置的离心力抵消卡爪组件离心力造成的夹紧力损失。另一个方法是减轻卡爪组件质量以减小离心力。

2. 轴类零件中心孔定心装夹

中心孔是轴类零件的常用定位基准，工件装在主轴顶尖和尾座顶尖之间，但车床两顶尖轴线如不重合（前后方向），车削的工件将成为圆锥体。因此，必须横向调节车床的尾座，使两顶尖轴线重合。

（1）两顶尖装夹工件：在数控车床上加工轴类零件时，毛坯装在主轴顶尖和尾座顶尖之间，工件用主轴上的拨动卡盘或拨齿顶尖带动旋转，如图 9-9 所示。这类夹具在粗车时可传递足够大的转矩，以适应主轴高转速地切削。

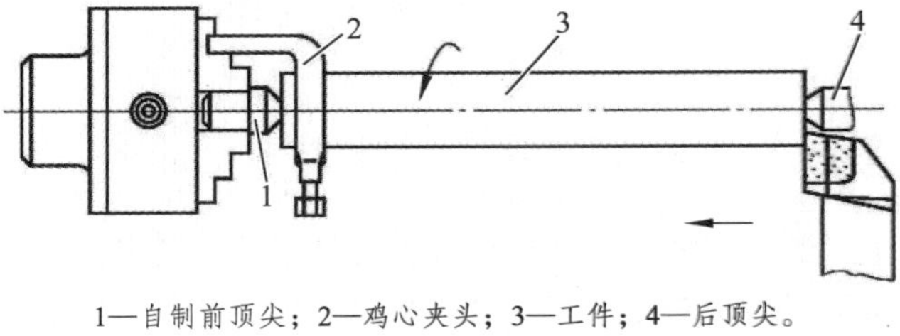

1—自制前顶尖；2—鸡心夹头；3—工件；4—后顶尖。

图 9-9　两顶尖装夹工件

（2）拨齿顶尖装夹工件：拨齿驱动顶尖是一种新兴的机床附件，依靠驱动卡爪嵌入工件端面使其随机床主轴旋转，从而完全替代了鸡心夹头和卡盘，一次装夹即可完成各轴颈、端面、槽形和螺纹加工，在车铣中心上还可以一次完成键槽和油孔的加工，加工效率提高 2 倍以上，同轴度和位置度更有保证，因而越来越广泛地应用于轴类零件的车削、磨削和齿形加工，如图 9-10 所示。数控车床通常采用此夹具加工直径 ϕ10 ~ ϕ660 mm 的轴类零件。

（a）拨齿驱动顶尖

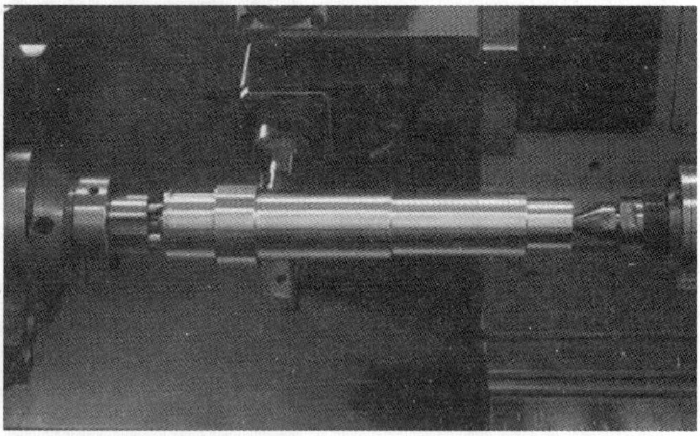

（b）拨齿驱动顶尖装夹工件

图 9-10　拨齿顶尖及装夹工件方式

（4）复合卡盘与一夹一顶：复合卡盘不仅可适用在两顶尖间安装工件，还适用于一夹一顶安装工件，如图 9-11 所示。

图 9-11　一夹一顶装夹工件

9.3　数控车削刀具简介

目前在数控机床上广泛使用的刀具结构形式主要是可转位机夹式车刀，可转位车刀按其用途可分为外圆车刀、仿形车刀、端面车刀、内圆车刀、切槽车刀、切断车刀和螺纹车刀等，如图 9-12 所示。

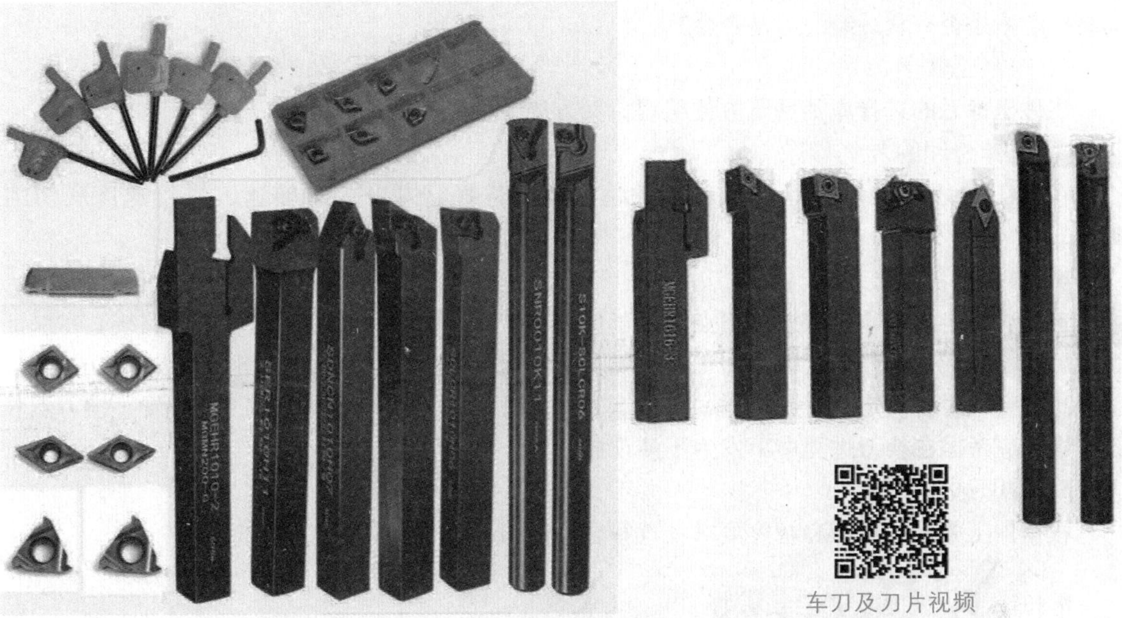

车刀及刀片视频

图 9-12　数控车床可转位车刀及刀片

可转位车刀具有精度高、可靠性高、换刀迅速、刀具耐用度高等特点，如表 9-1 所示。常用的刀具材料主要有高速钢、硬质合金、陶瓷材料和超硬材料四类，其中以硬质合金最为常用。

表 9-1　数控车床可转位车刀特点

特　点	策　略	目　的
精度高	采用 *M* 级或更高精度等级的刀片； 多采用精密级的刀杆； 用带微调装置的刀杆在机外预调好	保证刀片重复定位精度，方便坐标设定，保证刀尖位置精度
可靠性高	采用断屑可靠性高的断屑槽形或有断屑台和断屑器的车刀； 采用结构可靠的车刀，采用复合式夹紧结构和夹紧可靠的其他结构	断屑稳定，不能有紊乱和带状切屑；适应刀架快速移动和换位以及整个自动切削过程中夹紧不得有松动的要求
换刀迅速	采用车削工具系统； 采用快换小刀夹	迅速更换不同形式的切削部件，完成多种切削加工，提高生产效率
刀片材料	刀片较多采用涂层刀片	满足生产节拍要求，提高加工效率

9.4　数控车床加工工艺分析与加工方案的确定

9.4.1　数控车床零件的工艺分析的主要内容

1. 分析被加工零件图样，明确加工内容和技术要求

在数控机床上加工零件时，考虑的主要因素概括起来有三点：零件技术要求能否保证，对提高生产率是否有利，经济上是否合算。

2. 确定工件坐标系

工件坐标系的选择原则是既方便编程，又方便在机床上进行建立。

3. 选择合理的加工参数

在加工过程中，应根据刀具和零件精度要求选择合理的主轴转速、进给速度和切削深度。

4. 制定工艺路线

首先应确定起刀点位置，起刀点应便于检查和装夹工件；其次确定粗、精车路线，在保证零件尺寸精度和表面光洁度以及加工参数要求的前提下，尽可能以最少的路线完成零件的加工，以提高效率；最后确定换刀点位置，换刀点是加工过程中刀架进行自动换刀的位置，换刀点位置的选择应考虑在换刀过程中不发生干涉现象。

5. 合理选择刀具

根据加工零件的形状和精度要求，选择合适的刀具进行加工。

9.4.2 确定加工方案的原则

加工方案又称工艺方案，数控机床的加工方案包括制定工序、工步及走刀路线等内容。在数控机床加工过程中，由于加工对象复杂多样，特别是轮廓曲线的形状及位置千变万化，加上材料不同、批量不同等多方面因素的影响，在对具体零件制定加工方案时，应该进行具体分析和区别对待，灵活处理。只有这样，才能使所制定的加工方案合理，从而达到质量优、效率高和成本低的目的。

制定加工方案的一般原则为：先粗后精，先近后远，先内后外，程序段最少，走刀路线最短以及特殊情况特殊处理。

1. 基面先行

用作精基准的表面应优先加工出来，因为定位基准的表面越精确，装夹误差就越小。例如轴类零件加工时，总是先加工中心孔，再以中心孔为精基准加工外圆表面和端面。

2. 先粗后精

为了提高生产效率并保证零件的精加工质量，在切削加工时，应先安排粗加工工序，在较短的时间内，将精加工前大量的加工余量去掉，同时尽量满足精加工的余量均匀性要求。

3. 先近后远

这里所说的远与近，是按加工部位相对于对刀点的距离大小而言的。在一般情况下，特别是在粗加工时，通常安排离对刀点近的部位先加工，离对刀点远的部位后加工，以便缩短刀具的移动距离，减少空行程时间。对于车削加工，先近后远有利于保持毛坯件或半成品件的刚性，改善其切削条件。

4. 先内后外

对既要加工内表面（内型、腔），又要加工外表面的零件，在制定其加工方案时，通常应安排先加工内型和内腔，后加工外表面。这是因为控制内表面的尺寸和形状较困难，刀具刚性相应较差，刀尖（刃）的耐用度易受切削热影响而降低，以及在加工中清除切屑较困难等。

5. 走刀路线最短

在保证加工质量的前提下，使加工程序具有最短的走刀路线，不仅可以节省整个加工过程的执行时间，还能减少一些不必要的刀具消耗及机床进给机构滑动部件的磨损等。

优化工艺方案除了依靠大量的实践经验外，还应善于分析，必要时可辅以一些简单计算。上述原则并不是一成不变的，对于某些特殊情况，则需要采取灵活可变的方案，才能保证其加工精度与质量。这些都有赖于编程者实际加工经验的不断积累与学习。

9.4.3 数控车床切削用量的选择

切削用量选择是否合理，对能否充分发挥机床潜力与刀具切削性能，实现优质、高产、低成本和安全操作具有很重要的作用。

车削用量的选择原则是：

粗车时，首先考虑选择一个尽可能大的背吃刀量 a_p，其次选择一个较大的进给量 f，最后确定一个合适的切削速度 v_c。增大背吃刀量 a_p 可使走刀次数减少，增大进给量 f 有利于断屑，因此根据以上原则选择粗车切削用量对提高生产效率、减少刀具消耗、降低加工成本是有利的。

精车时，加工精度和表面粗糙度要求较高，加工余量不大且较均匀，因此选择精车切削用量时，应着重考虑如何保证加工质量，并在此基础上尽量提高生产率。因此精车时应选用较小的背吃刀量 a_p 和进给量 f，并选用切削性能高的刀具材料和合理的几何参数，以尽可能提高切削速度 v_c。

1. 背吃刀量 a_p 的确定

在工艺系统刚度和机床功率允许的情况下，尽可能选取较大的背吃刀量，以减少进给次数。当零件精度要求较高时，则应考虑留出精车余量，其所留的精车余量一般比普通车削时所留余量小，常取 0.1 ~ 0.5 mm。

2. 进给量 f

进给量 f 的选取应该与背吃刀量和主轴转速相适应。在保证工件加工质量的前提下，可以选择较高的进给速度（2000 mm/min 以下）。在切断、车削深孔或精车时，应选择较低的进给速度。

粗车时，一般取 $f = 0.3 \sim 0.8$ mm/r，精车时常取 $f = 0.1 \sim 0.3$ mm/r，切断时 $f = 0.05 \sim 0.2$ mm/r。

3. 主轴转速 n 的确定

（1）车外圆时主轴的转速。

车外圆时主轴转速应根据零件上被加工部位的直径，并按零件和刀具材料以及加工性质等条件所允许的切削速度来确定。切削速度除了计算和查表选取外，还可以根据实践经验确定。

切削速度确定后，用公式：

$$n = 1000v_c/\pi d \tag{9-1}$$

计算主轴转速 n（r/min）。

表 9-2 为硬质合金外圆车刀切削速度的参考值。如何确定加工时的切削速度，除了可参考此表列出的数值外，主要根据实践经验进行确定。

表 9-2　硬质合金外圆车刀切削速度的参考值

工件材料	热处理状态	a_p/mm		
		[0.3，2]	[2，6]	[6，10]
		f/（mm/r）		
		[0.08，0.3]	[0.3，0.6]	[0.6，1]
		v_c/（m/min）		
低碳钢、易切钢	热轧	140 ~ 180	100 ~ 120	70 ~ 90
中碳钢	热轧	130 ~ 160	90 ~ 110	60 ~ 80
	调质	100 ~ 130	70 ~ 90	50 ~ 70
合金结构钢	热轧	100 ~ 130	70 ~ 90	50 ~ 70
	调质	80 ~ 110	50 ~ 70	40 ~ 60
工具钢	退火	90 ~ 120	60 ~ 80	50 ~ 70
灰铸铁	HBS<190	90 ~ 120	60 ~ 80	50 ~ 70
	HBS = 190 ~ 225	80 ~ 110	50 ~ 70	40 ~ 60
铜及铜合金		200 ~ 250	120 ~ 180	90 ~ 120
铝及铝合金		300 ~ 600	200 ~ 400	150 ~ 200

（2）车螺纹时主轴的转速。

在车削螺纹时，车床的主轴转速将受到螺纹的螺距 P（或导程）大小、驱动电机的升降频特性，以及螺纹插补运算速度等多种因素影响，故对于不同的数控系统，推荐不同的主轴转速选择范围。大多数经济型数控车床推荐车螺纹时的主轴转速 n（r/min）为

$$n \leqslant (1200/P) - k \qquad (9\text{-}2)$$

式中　P——被加工螺纹螺距，mm；

k——保险系数，一般取 80。

此外，在安排粗、精车削用量时，应注意机床说明书给定的允许切削用量范围，对于主轴采用交流变频调速的数控车床，由于主轴在低转速时扭矩降低，尤其应注意此时的切削用量选择。

9.5　典型数控车削零件的加工工艺设计

如图 9-13 所示的传动轴零件，零件材料为 45 钢，试对该零件进行数控车削工艺分析，并制定加工方案，填写工艺文件。

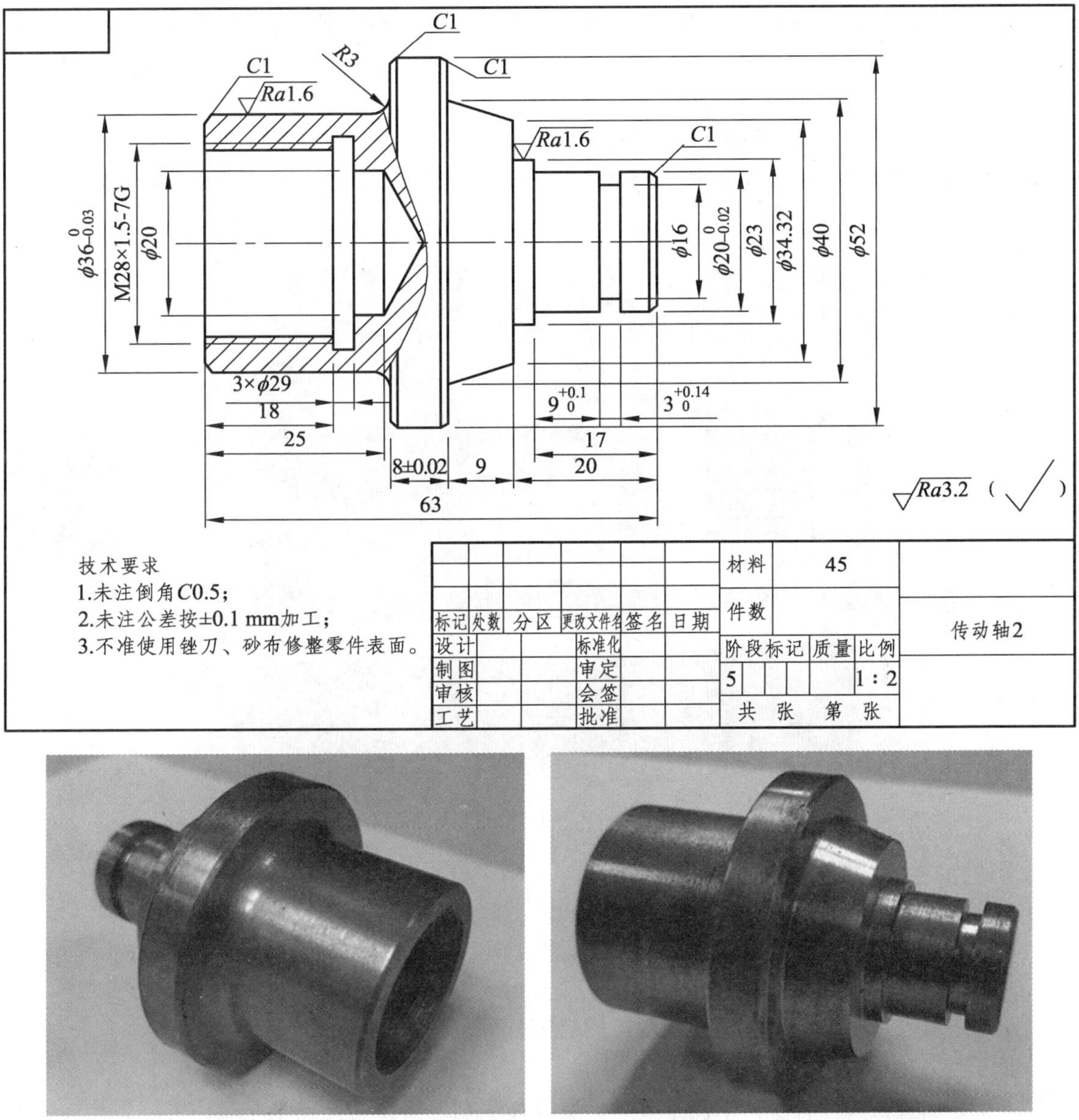

图 9-13　传动轴零件图及零件实物

1. 零件图工艺分析

该零件表面由圆柱、圆锥、圆角、矩形槽、内孔、螺纹退刀槽等形状结构组成。最高尺寸精度为 0.02 mm，表面粗糙度为 *Ra*1.6 μm，其中多个直径尺寸有较严的尺寸精度和表面粗糙度等要求。尺寸标注完整，轮廓描述清楚，零件材料为 45 钢，无热处理和硬度要求。

通过上述分析，可采用以下几点工艺措施：

（1）对图样上给定的尺寸公差，在编程时取其平均值，确保加工出来的零件在公差范围内。

（2）在轮廓曲线上，圆弧和圆锥面，编程时应采用刀尖圆弧半径补偿功能，以保证轮廓曲线的准确性。

（3）毛坯选ϕ55 mm × 65 mm 棒料，由于工件较短，可以不用顶尖，三爪卡盘装夹后用百分表校正。

2. 选择设备

根据被加工零件的外形和材料等条件，选用 CK6140 数控车床，如图 9-14 所示。该机床最大切削直径ϕ400 mm，X 轴最大行程 225 mm，Z 轴最大行程 1500 mm，转速范围 20 ~ 2600 r/min。

图 9-14　CK6140 数控车床

CK6140 数控车床视频

3. 确定零件的定位基准和装夹方式

（1）定位基准。

确定坯料轴线和左、右端面为定位基准。

（2）装夹方法。

左端采用三爪自定心卡盘定心夹紧，然后用百分表校正即可。

4. 确定加工顺序

由于右端直径尺寸较小，不便于夹紧，所以加工顺序安排为先加工左端，再掉头装夹后加工右端。加工顺序如表 9-3 所示。

表 9-3　传动轴零件加工顺序示意图

		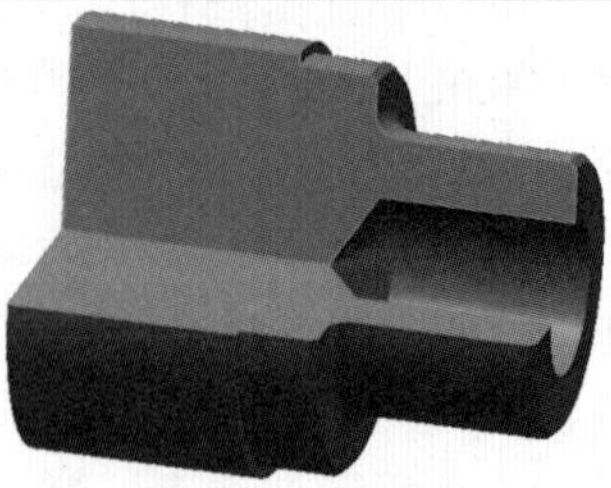
步骤 1：毛坯装夹后对刀	步骤 2：粗精加工左端外轮廓至图纸尺寸	步骤 3：钻ϕ20 孔，深度 25 mm

续表

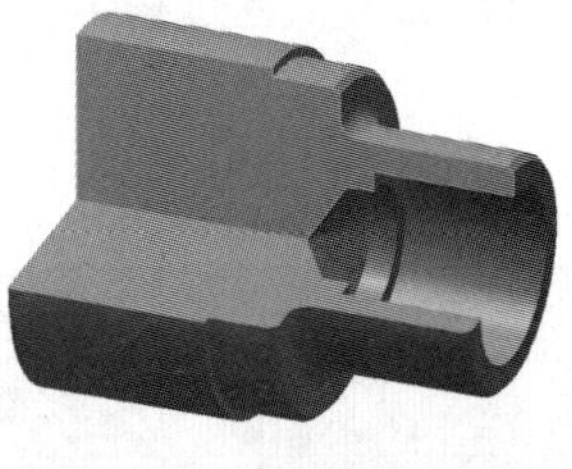 步骤 4：车内孔至直径ϕ26.5，深 21 mm	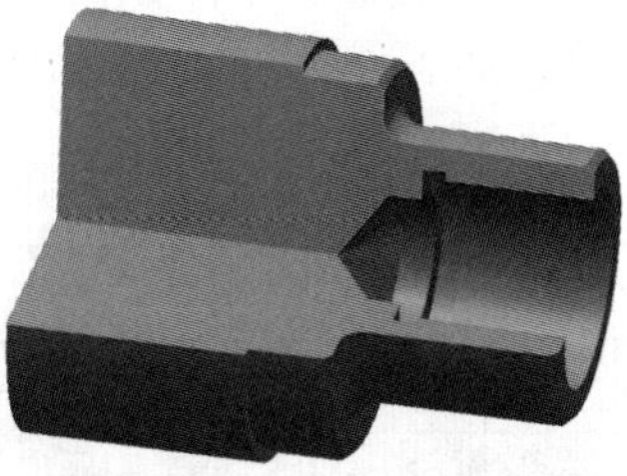 步骤 5：车ϕ29×3 内螺纹退刀槽	 步骤 6：车 M28×1.5 内螺纹
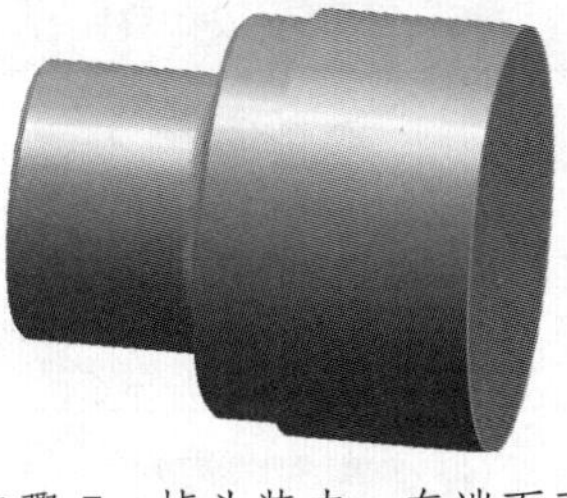 步骤 7：掉头装夹，车端面至零件长度为（63±0.1）mm	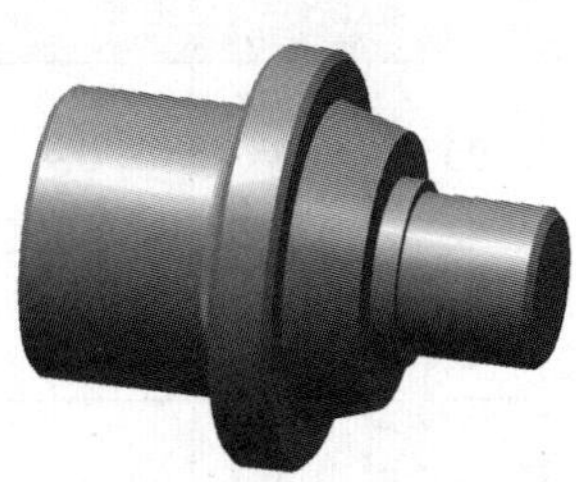 步骤 8：粗精车右侧外轮廓至图纸尺寸	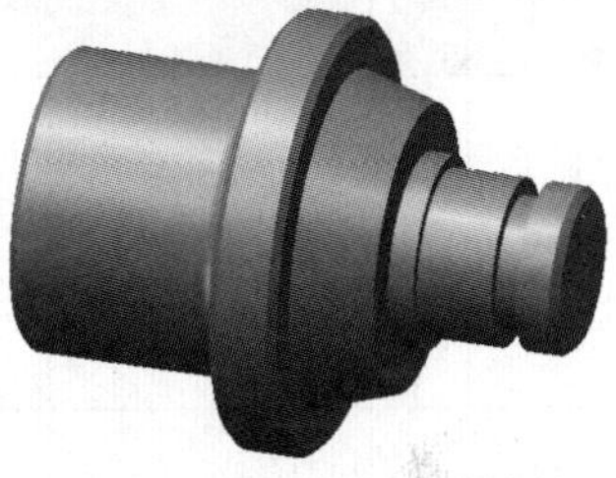 步骤 7：车ϕ16×3 外圆沟槽槽至图纸尺寸

5. 刀具选择

（1）选用 95°机夹式硬质合金外圆车刀粗精车左右两侧的外圆柱表面及端面。

（2）选用ϕ20 锥柄麻花钻钻左侧螺纹底孔，然后用 95°机夹式内孔车刀车扩内孔至图纸尺寸。

（3）选用 3 mm 内孔切槽刀加工ϕ29×3 螺纹退刀槽。

（4）选用内螺纹车刀车削 M28×1.5 内螺纹。

（5）选用 3 mm 外圆切槽刀加工ϕ29×3 外圆沟槽。

将所选定的刀具参数填入数控加工刀具卡片中（见表 9-4）以便编程和操作管理。

6. 切削用量选择

（1）背吃刀量的选择。

轮廓粗车循环时选 $a_p = 1$ mm，精车时选 $a_p = 0.15$ mm；切槽时粗车选 $a_p = 0.5$ mm，精车时选 0.1 mm，螺纹粗车时选 $a_p = 0.4$ mm，逐刀减少，精车时选 $a_p = 0.1$ mm。

（2）主轴转速的选择。

车直线和圆弧时，查表 9-2 选粗车切削速度 $v_c = 90$ m/min、精车切削速度 $v_c = 120$ m/min，然后利用公式 $v_c = \pi dn/1000$ 计算主轴转速 n（粗车直径 $D = 55$ mm，精车工件直径取平均值），再结合实际经验，选择粗车转速 500 r/min、精车转速 1200 r/min。车螺纹时，参照式（9-2）计算主轴转速 $n = 720$ r/min。

（3）进给速度的选择。

查表选择粗车、精车每转进给量，再根据加工的实际情况确定粗车每转进给量为 0.4 mm/r，精车每转进给量为 0.15 mm/r，最后根据公式 $v_f = nf$ 计算粗车、精车进给速度分别为 200 mm/min 和 120 mm/min。切槽时进给速度取 50 mm/min。

7. 工艺文件的编制

综合上面传动轴零件的工艺过程设计，编制该零件数控刀具卡、数控加工工艺过程卡、主要加工表面的工序卡和数控加工程序单，如表 9-4 ~ 表 9-9 所示。

表 9-4 数控加工刀具卡

零件名称	轴承座		数控加工刀具卡			工序号	20	
材料	45 钢		设备名称	数控车床		设备型号	CK6140	
序号	刀具号	刀具名称	刀柄规格	刀片参数			刀偏方向	备注
				角度	刀片宽度/mm	刀尖圆弧半径/mm		
1	T01	外圆车刀	20×20	95°	8	0.4	左偏刀	
2	T02	内孔车刀	16×16	95°	8	0.2	左偏刀	
3	T03	内孔切槽刀	16×16	—	3		左偏刀	
4	T04	外径切槽刀	20×20	—	3	0.2	左偏刀	
5	T05	内螺纹车刀	16×16	60°	—	—	左偏刀	
6	T06	锥柄麻花钻	ϕ20	—	—	—	—	
编制		审核		批准		共　页	第　页	

表 9-5 数控加工工艺过程卡

<table>
<tr><td rowspan="2">零件名称</td><td colspan="2" rowspan="2">传动轴</td><td colspan="2" rowspan="2">数控加工工艺过程卡</td><td>毛坯种类</td><td>棒料</td><td>共 1 页</td></tr>
<tr><td>材料</td><td>45 钢</td><td>第 1 页</td></tr>
<tr><td>工序号</td><td>工序名称</td><td colspan="4">工　序　内　容</td><td>设备</td><td>工艺装备</td></tr>
<tr><td>10</td><td>备料</td><td colspan="4">备料ϕ55 mm×65 mm，材料为 45 钢</td><td></td><td></td></tr>
<tr><td>20</td><td>数车</td><td colspan="4">车左端端面，粗、精车左端ϕ36 外圆，R3 圆角，钻ϕ20 底孔，车 3×ϕ29 退刀槽，车 M28×1.5 内螺纹至图纸要求及倒角</td><td>CK6140</td><td>三爪卡盘</td></tr>
<tr><td>30</td><td>数车</td><td colspan="4">车右端端面保证总长 63 mm，粗、精车右端ϕ20、ϕ23、ϕ52 外圆，车 3×ϕ16 外圆槽至图纸要求及倒角</td><td>CK6140</td><td>三爪卡盘</td></tr>
<tr><td>40</td><td>钳</td><td colspan="4">锐边倒钝，去毛刺</td><td>钳台</td><td>台虎钳</td></tr>
<tr><td>50</td><td>清洗</td><td colspan="4">用清洁剂清洗零件</td><td></td><td></td></tr>
<tr><td>60</td><td>检验</td><td colspan="4">按图样尺寸检测</td><td></td><td></td></tr>
<tr><td>编制</td><td></td><td>日期</td><td></td><td>审核</td><td></td><td>日期</td><td></td></tr>
</table>

表 9-6　数控加工工序卡（传动轴 20 工序）

零件名称	传动轴	数控加工工序卡		工序号	20	工序名称	左端加工	共 2 页 第 1 页
材料	45 钢	毛坯状态	ϕ55 mm×65 mm	机床设备	CK6140	夹具		三爪卡盘

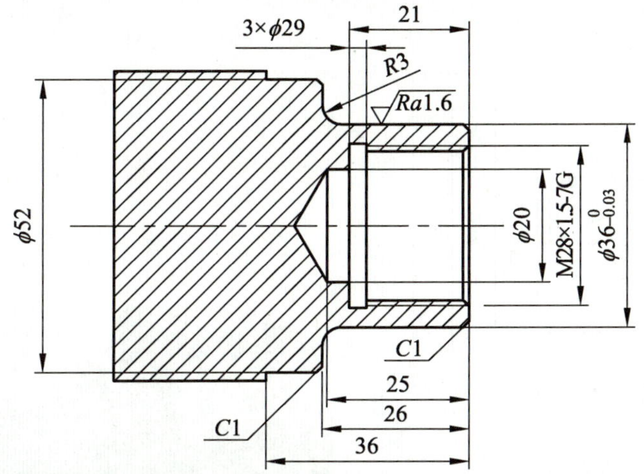

工步号	工步内容	刀具号	刀具规格	刀具材料	量具	背吃刀量/mm	进给量/（mm/min）	主轴转速/（r/min）
01	装夹、校正		—	—	百分表	—	—	—
02	对刀、输入刀具偏置量	T01	—	—	外径千分尺	—	—	500
03	粗精加工左端外轮廓至图纸尺寸	T01	95°外圆车刀	硬质合金	游标卡尺	粗车 1 精车 0.15	粗车 200 精车 120	粗车 500 精车 1200
04	手动钻螺纹底孔	T06	ϕ20	高速钢	游标卡尺	0.5	—	300
05	粗精车内孔至直径 ϕ26.5，深 21 mm	T02	95°内圆车刀	硬质合金	内径千分尺、深度游标卡尺	粗车 0.8 精车 0.1	粗车 200 精车 100	粗车 500 精车 1200
06	车ϕ29×3 内螺纹退刀槽	T03	3 mm 内孔切槽刀	硬质合金	内径千分尺	0.5	50	400
07	车 M28×1.5 内螺纹	T05	60°内螺纹车刀	硬质合金	螺纹量规	查手册	1.5　r/min	720
编制		日期		审核		日期		

表 9-7　数控加工工序卡（传动轴 30 工序）

零件名称	传动轴	数控加工工序卡		工序号	30	工序名称	右端加工	共 2 页 第 1 页
材料	45 钢	毛坯状态	ϕ55 mm × 60 mm	机床设备	CK6140	夹具		三爪卡盘

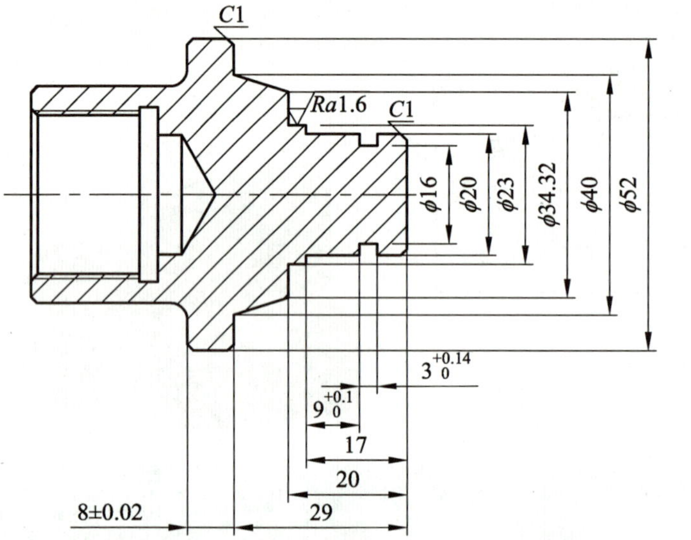

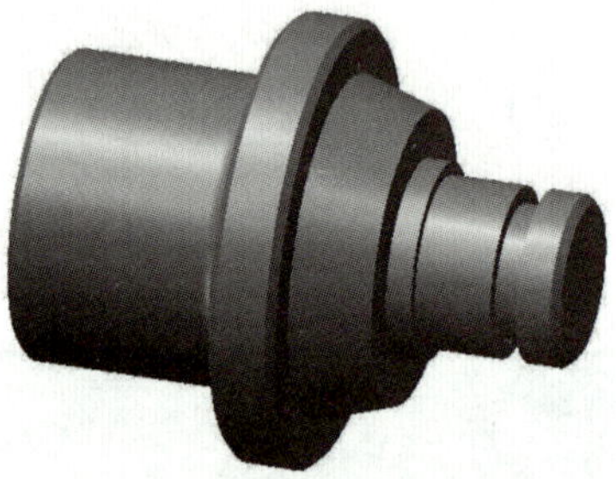

工步号	工步内容	刀具号	刀具规格	刀具材料	量具	背吃刀量/mm	进给量/（mm/min）	主轴转速/（r/min）
01	掉头装夹、找正		—	—	百分表	—	—	—
02	手动车端面至零件长度为（63±0.1）mm	T01	95°外圆车刀	硬质合金	游标卡尺	1	200	500
03	粗精车右侧外轮廓至图纸尺寸	T01	95°外圆车刀	硬质合金	游标卡尺	粗车 1 精车 0.15	粗车 200 精车 120	粗车 500 精车 1200
04	车ϕ16×3 外圆沟槽槽至图纸尺寸	T04	3 mm 外径切槽刀	硬质合金	游标卡尺	0.5	50	400
编制		日期		审核		日期		

表 9-8　数控加工程序单（传动轴 20 工序）

<table>
<tr><td colspan="2" rowspan="2">数控加工程序单</td><td>产品名称</td><td>回转底座</td><td>零件名称</td><td>传动轴</td><td>共 2 页</td></tr>
<tr><td>工序号</td><td>20</td><td>工序名称</td><td>左端加工</td><td>第 1 页</td></tr>
<tr><td>序号</td><td>程序编号</td><td>工序内容</td><td>刀具</td><td>刀柄规格/mm</td><td>刀具号</td><td>备注</td></tr>
<tr><td>01</td><td>A-1</td><td>粗精加工左端外轮廓至图纸尺寸</td><td>95°外圆车刀</td><td>20×20</td><td>T01</td><td></td></tr>
<tr><td>02</td><td>A-2</td><td>粗精车内孔至直径 ϕ26.5，深 21 mm</td><td>95°内圆车刀</td><td>16×16</td><td>T02</td><td></td></tr>
<tr><td>03</td><td>A-3</td><td>车 ϕ29×3 内螺纹退刀槽</td><td>3 mm 内孔切槽刀</td><td>16×16</td><td>T03</td><td></td></tr>
<tr><td>04</td><td>A-4</td><td>车 M28×1.5 内螺纹</td><td>60°内螺纹车刀</td><td>16×16</td><td>T05</td><td></td></tr>
<tr><td colspan="4">装夹示意图：
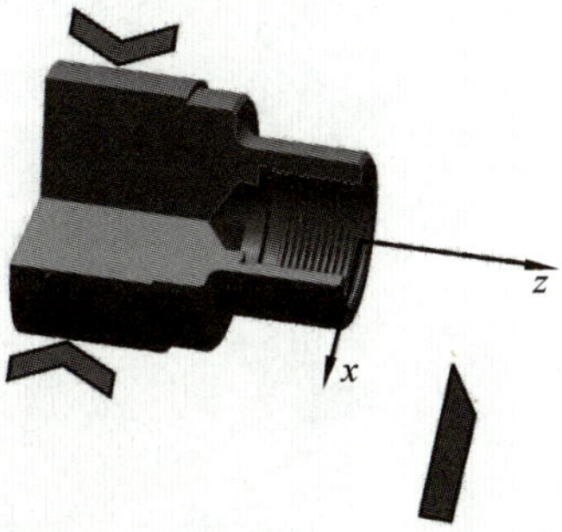
</td><td colspan="3">装夹说明：三爪自动心卡盘装夹后找正，悬伸长度不小于 40 mm</td></tr>
<tr><td colspan="2">编程/日期</td><td></td><td>审核/日期</td><td></td><td colspan="2"></td></tr>
</table>

表 9-9　数控加工程序单（传动轴 30 工序）

<table>
<tr><td colspan="2" rowspan="2">数控加工程序单</td><td>产品名称</td><td>回转底座</td><td>零件名称</td><td>传动轴</td><td>共 2 页</td></tr>
<tr><td>工序号</td><td>30</td><td>工序名称</td><td>右端加工</td><td>第 2 页</td></tr>
<tr><td>序号</td><td>程序编号</td><td>工序内容</td><td>刀具</td><td>刀柄规格/mm</td><td>刀具号</td><td>备注</td></tr>
<tr><td>01</td><td>B-1</td><td>粗精车右侧外轮廓至图纸尺寸</td><td>95°外圆车刀</td><td>20×20</td><td>T01</td><td></td></tr>
<tr><td>02</td><td>B-2</td><td>车 ϕ16×3 外圆沟槽槽至图纸尺寸</td><td>3 mm 外径切槽刀</td><td>20×20</td><td>T04</td><td></td></tr>
<tr><td colspan="4">装夹示意图：
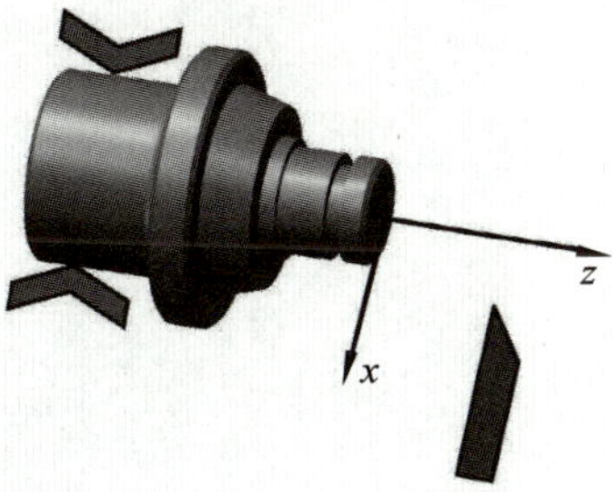
</td><td colspan="3">装夹说明：掉头，用三爪自动心卡盘夹持在 ϕ36 圆柱表面，找正</td></tr>
<tr><td colspan="2">编程/日期</td><td></td><td>审核/日期</td><td></td><td colspan="2"></td></tr>
</table>

9.6 数控铣床简介

数控铣床是在普通铣床的基础上发展起来的，一般由数控系统、主传动系统、进给伺服系统、冷却润滑系统等几大部分组成。数控铣床具有点位控制功能、连续轮廓控制功能、刀具半径补偿功能、刀具长度补偿等功能，主要用来加工由直线、圆弧或其他曲线所组成的平面类零件、变斜角类零件、曲面类零件。

9.6.1 数控铣床的分类

按照结构类型分类大概有以下几种：

1. 立式数控铣床

立式数控铣床，其主轴垂直布置，在数量上一直占据数控铣床的大多数，应用范围也最广，可进行 3 坐标联动加工，一般用在中型数控铣床中，如图 9-15 所示。

图 9-15 立式数控铣床及其加工的零件

2. 卧式数控铣床

其主轴轴线平行于水平面，如图 9-16 所示。为了扩大加工范围和扩充功能，卧式数控铣床通常采用增加数控转盘或万能数控转盘来实现 4、5 坐标加工。这样，不但工件侧面上的连续回转轮廓可以加工出来，而且可以实现在一次安装中，通过转盘改变工位，进行“四面加工”，卧式数控铣床一般用在中型数控铣床中。

图 9-16 卧式数控铣床及其加工的零件

3. 龙门式数控铣床

龙门铣床简称龙门铣，是具有门式框架和卧式长床身的铣床，如图 9-17 所示。龙门铣床上可以用多把铣刀同时加工表面，加工精度和生产效率都比较高，适用于在成批和大量生产中加工大型工件的平面和斜面。数控龙门铣床还可加工空间曲面和一些特型零件。

图 9-17　龙门式数控铣床

4. 铣削加工中心

带刀库的数控铣床又称为铣削加工中心。

加工中心是一种功能较全的数控加工机床。它把铣削、镗削、钻削、攻螺纹和切削螺纹等功能集中在一台设备上，使其具有多种工艺手段，如图 9-18 所示。加工中心设置有刀库，刀库中存放着不同数量的各种刀具或检具，在加工过程中由程序自动选用和更换。这是它与数控铣床、数控镗床的主要区别。加工中心是一种综合加工能力较强的设备，工件一次装夹后能完成较多的加工步骤，加工精度较高，就中等加工难度的批量工件，其效率是普通设备的 5 ~ 10 倍，特别是它能完成许多普通设备不能完成的加工。加工中心对形状较复杂、精度要求高的单件加工或中小批量多品种生产更为适用。

图 9-18　五轴联动立式数控加工中心

9.6.2　数控铣床的加工对象和优势

1. 数控铣床的加工对象

数控铣床主要用来加工平面类零件、变斜角类零件、曲面类零件，还可以加工复杂型面的零件，如凸轮、样板、模具、螺旋槽等，同时也可以对零件进行钻、扩、铰、锪和镗孔加工，如图 9-19 所示。

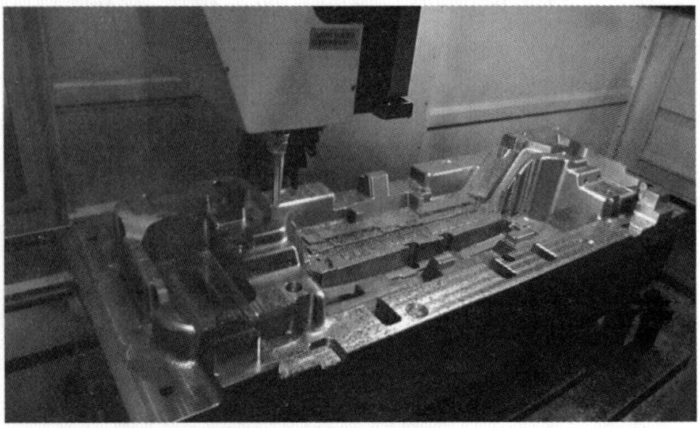

图 9-19　数控铣床加工的零件

2. 数控铣床的特点和优势

数控铣削加工除了具有普通铣床加工的特点外，还具有如下特点：

（1）零件加工的适应性强、灵活性好，能加工轮廓形状特别复杂或难以控制尺寸的零件，如模具类零件、壳体类零件等。

（2）能加工普通机床无法加工或很难加工的零件，如用数学模型描述的复杂曲线零件以及三维空间曲面类零件。

（3）能加工一次装夹定位后，需进行多道工序加工的零件。

（4）加工精度高，加工质量稳定、可靠。

（5）生产自动化程序高，生产效率高，可以减轻操作者的劳动强度，有利于生产管理自动化。

9.7　数控铣削加工常用夹具与零件的装夹

数控机床主要用于加工形状复杂的零件，但所使用夹具的结构往往并不复杂，数控铣床夹具的选用可首先根据生产零件的批量来确定。对单件、小批量、工作量较大的模具加工来说，一般可直接在机床工作台面上通过调整实现定位与夹紧，然后通过加工坐标系的设定来确定零件的位置。夹具的选用原则如下：

（1）尽量选择通用夹具、组合夹具，能使零件一次装夹中完成全部加工面的加工，并尽可能使零件的定位基准与设计基准重合，以减少定位误差。一般在模具加工中采用平口虎钳或压板为多。

（2）装夹迅速方便及定位准确，以减少辅助时间。

（3）零件安装时，应注意夹紧力的作用点和方向，尽量使切削力的方向与夹紧力方向一致。

（4）夹具应具备足够的强度和刚度，使零件在切削过程中切削平稳，保证零件的加工精度。

1. 机用平口虎钳

一般采用高质量的普通铸铁材料制造，两钳口平行度、两钳口对导轨面垂直度≤0.025 mm/100 mm，广泛用于铣床、钻床等进行各平面、沟槽、角度、孔等加工，通用性较强，标准化程度高，使用简便、装夹可靠，是目前数控铣床进行小批量工件加工最为主要的夹具形式，如图 9-20 所示。

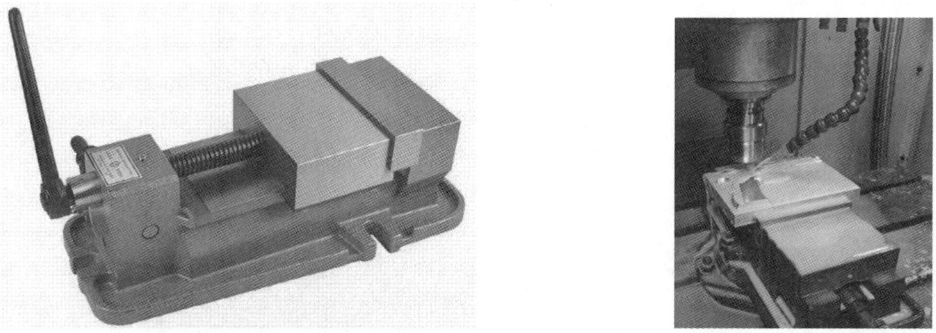

（a）机用平口虎钳　　（b）机用平口虎钳装夹工件

图 9-20　机用平口虎钳及装夹工件方式

2. 组合压板

对于体积较大的工件，大都用组合压板来装夹，根据图纸的加工要求，可将工件直接压在工作台面上，如图 9-21（a）所示，这种装夹方法不能进行贯通的挖槽或钻孔加工等；也可在工件下面垫上厚度适当且要求较高的等高垫块后再将其压紧，如图 9-21（b）所示，这种装夹方法可进行贯通的挖槽或钻孔加工。

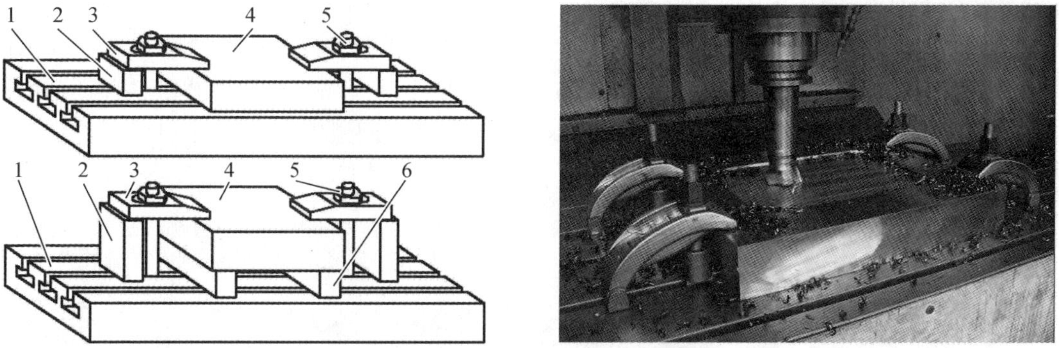

1—工作台；2—支承块；3—压板；4—工件；5—双头螺柱；6—等高垫块。

图 9-21　组合压板安装工件的方法

3. 卡盘装夹

将三爪卡盘利用压板安装在工作台面上，可装夹圆柱形零件，如图 9-22 所示。在批量加工圆柱工件端面时，装夹快捷方便，如铣削端面凸轮、不规则槽等。

图 9-22　卡盘装夹工件

4. 电永磁夹具装夹

电永磁夹具的夹紧与松开过程极快，可大幅缩短工件的加工过程。此外，与其他夹具相比，这种夹具的使用范围更广，并且体积较小，对机床的行程及工件的加工不会造成影响。不过，这种夹具的造价较高，适合数控铣床多品种、大批量工件的使用场合，如图 9-23 所示。

电永磁夹具装夹视频

图 9-23　电永磁夹具装夹工件

5. 组合夹具装夹

组合夹具又称“积木式夹具”，它由一系列经过标准化设计、功能各异、规格尺寸不同的夹具元件组成，加工时可根据具体加工要求，像“搭积木”一样，快速拼装出各种类型的机床夹具，因而具有装夹柔性大、循环重复性高等特点，一般用于数控铣床的小批量工件加工，如图 9-24 所示。

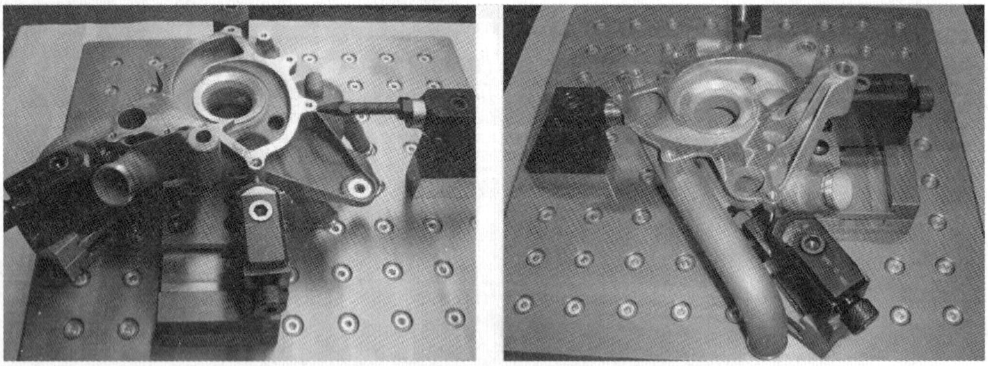

图 9-24　组合夹具装夹工件

9.8　数控铣床刀具

加工中心使用的刀具由刃具和刀柄两部分组成。刃具部分与通用刃具一样，如钻头、铣刀、铰刀、丝锥等。被加工零件的几何形状是选择刀具类型的主要依据。

（1）铣铰大平面时，为了提高生产效率和提高加工表面质量，一般采用刀片镶嵌式盘形铣刀，如图 9-25 所示。

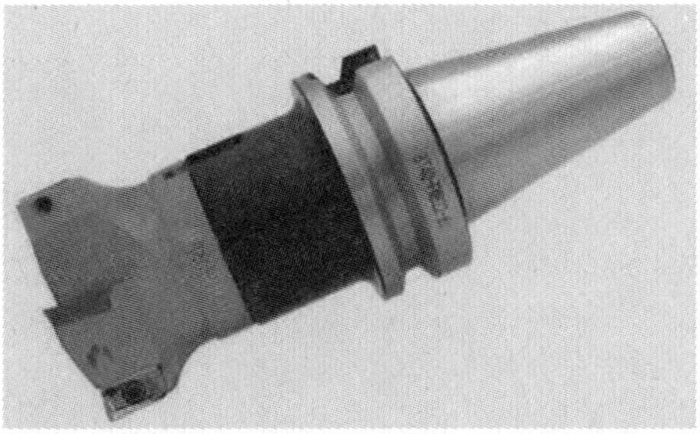

（a）面铣刀

（b）面铣刀铣削大平面

面铣刀视频

图 9-25　面铣刀及铣平面

（2）铣小平面或台阶面时一般采用立铣刀。立铣刀的主切削刃为侧刃，是数控铣床上用得最多的一种铣刀，有整体式、机夹式两种。一半直径在ϕ16 以下做成整体式，主要用于半精加工和精加工，直径在ϕ16 以上时做成机夹式，主要用于粗加工，比较节省成本，如图 9-26 所示。

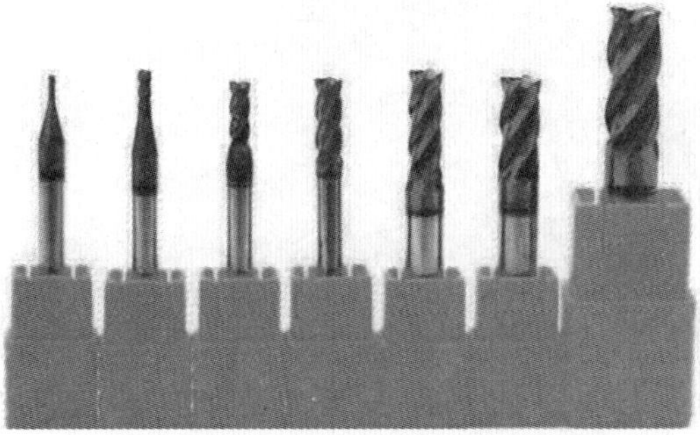

（a）整体式硬质合金立铣刀

（b）机夹式硬质合金立铣刀

（c）立铣刀铣削台阶面

（d）立铣刀铣削沟槽

图 9-26　立铣刀

（3）铣键槽时，为了保证槽的尺寸精度，一般用两刃键槽铣刀，主要用于铣键槽，其外形与立铣刀相似，与立铣刀的主要区别在于其只有两个螺旋刀齿，且端面刃延伸至中心，故可做轴向进给，直接切入工件，如图 9-27 所示。

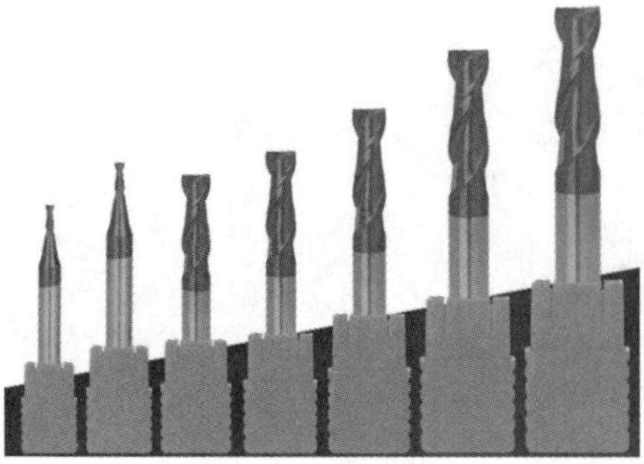

（a）键槽铣刀

（b）键槽铣刀铣削键槽

图 9-27 键槽铣刀及铣键槽方式

（4）加工曲面类零件时，为了保证刀具切削刃与加工轮廓在切削点相切，而避免刀刃与工件轮廓发生干涉，一般采用球头铣刀。球头铣刀用于铣削各种曲面、圆弧沟槽。球头铣刀也叫R 刀，分为机夹式和整体式两种，大直径的做成机夹式，主要用于粗加工，小直径的做成整体式，主要用于半精加工和精加工，如图 9-28 所示。

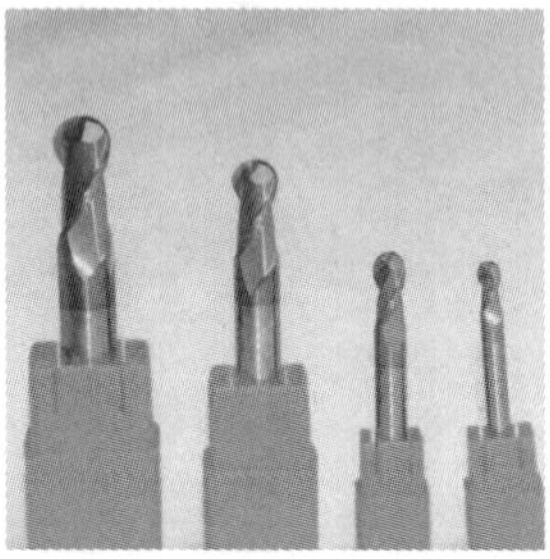

（a）整体式球头铣刀

（b）机夹式球头铣刀

（c）球头铣刀加工塑料瓶模具曲面

图 9-28 球头铣刀及加工工件曲面

（5）孔加工时，可采用钻头、铰刀、镗刀等孔加工类刀具，如图 9-29 所示。

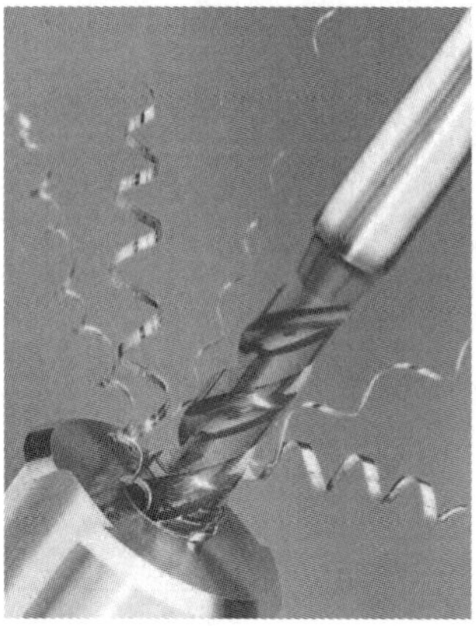

（a）麻花钻钻孔

（b）镗刀镗孔

（c）铰刀铰孔

图 9-29 孔加工

9.9 数控铣床加工工艺分析与加工方案的确定

数控铣削加工工艺分析的主要内容和步骤与数控车削类似，但由于加工对象的不同和加工方式、装备的差异，数控铣削的加工工艺比数控车削要复杂许多，但由于篇幅有限，且本项目在整本书知识体系里只起基本的拓展和介绍作用，因此本部分内容仅做框架性的介绍。

9.9.1 数控铣削零件工艺分析的主要内容

1. 图纸分析

分析图样是确定加工方案的前提，在分析图样的过程中应重点关注零件图样上的尺寸标注、公差等级及质量要求等数据，分析零件各加工部位的结构工艺性，分析出定位基准，建立工件坐标系等。

2. 机床的选择

立式数控铣床一般适用于加工平面凸轮、样板、形状复杂的平面或立体零件以及模具的内、外型腔等。卧式数控铣床适用于加工箱体、泵体、壳体等零件。

3. 加工方法的选择

原则是保证加工表面的加工精度和表面粗糙度的要求。由于获得同一级精度及表面粗糙度的加工方法一般有很多，因而在实际选择时，要结合零件的形状、尺寸大小和热处理要求等全面考虑。

4. 加工方案的确定

确定加工方案时，首先应根据主要表面的精度和表面粗糙度的要求，初步确定为达到这些要求所需要的加工方法。例如，对于孔径不大的 IT7 级精度的孔，最终加工方法取精铰时，则精铰孔前通常要经过钻孔、扩孔和粗铰孔等加工。

9.9.2 数控铣削加工顺序的安排

加工顺序通常包括切削加工工序、热处理工序和辅助工序等，工序安排得科学与否将直接影响到零件的加工质量、生产率和加工成本。切削加工工序通常按以下原则安排：

1. 先粗后精原则

当加工零件精度要求较高时，都要经过粗加工、半精加工、精加工阶段，如果精度要求更高，还包括光整加工等几个阶段。

2. 基准面先行原则

用作精基准的表面应先加工。任何零件的加工过程总是先对定位基准进行粗加工和精加工，例如轴类零件总是先加工中心孔，再以中心孔为精基准加工外圆和端面；箱体类零件总是先加工定位用的平面及两个定位孔，再以平面和定位孔为精基准加工孔系和其他平面。

3. 先面后孔原则

对于箱体、支架等零件，平面尺寸轮廓较大，用平面定位比较稳定，而且孔的深度尺寸又是以平面为基准的，故应先加工平面，然后加工孔。

4. 先主后次原则

即先加工主要表面，然后加工次要表面。

9.9.3 数控铣削加工工序的划分方法

在数控铣床上加工零件，工序比较集中，一般只需一次装卡即可完成全部工序的加工。根据数控铣床的特点，为了提高数控铣床的使用寿命，保持数控铣床的精度、降低零件的加工成本，通常是把零件的粗加工，特别是零件的基准面、定位面在普通机床上加工。加工工序的划分通常有以下几种方法：

1. 刀具集中分序法

这种方法就是按所用刀具来划分工序，用同一把刀具加工完成所有可以加工的部位，然后再换刀。这种方法可以减少换刀次数，缩短辅助时间，减少不必要的定位误差。

2. 粗、精加工分序法

根据零件的形状、尺寸精度等因素，按粗、精加工分开的原则，先粗加工，再半精加工，最后精加工。

3. 加工部位分序法

即先加工平面、定位面，再加工孔；先加工形状简单的几何形状，再加工复杂的几何形状；先加工精度比较低的部位，再加工精度比较高的部位。

9.9.4 数控铣削加工切削用量的选用原则

铣削加工的切削用量包括切削速度、进给速度、背吃刀量和侧吃刀量。

从刀具耐用度出发，切削用量的选择方法是：先选择背吃刀量或侧吃刀量，其次选择进给速度，最后确定切削速度。

1. 背吃刀量 a_p 或侧吃刀量 a_e

以立式数控铣床为例，背吃刀量 a_p（也叫铣削深度）为铣刀在一次进给中所切掉工件表面的厚度，即工件的已加工表面和待加工表面间的垂直距离，单位为毫米（mm）。侧吃刀量 a_e（也叫铣削宽度）为铣刀在一次进给中所切掉工件表面的宽度，单位为毫米（mm），如图 9-30 所示。

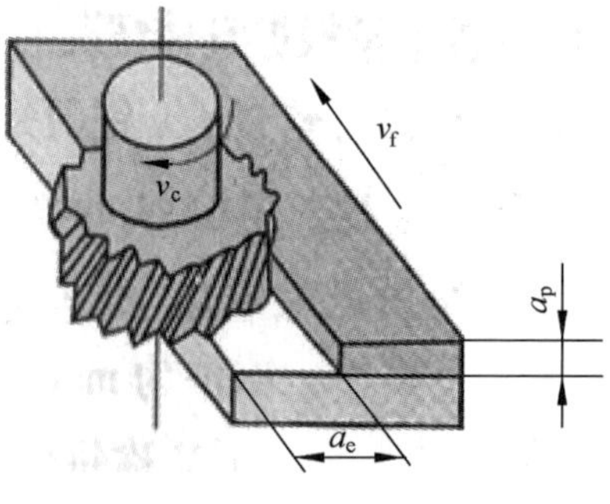

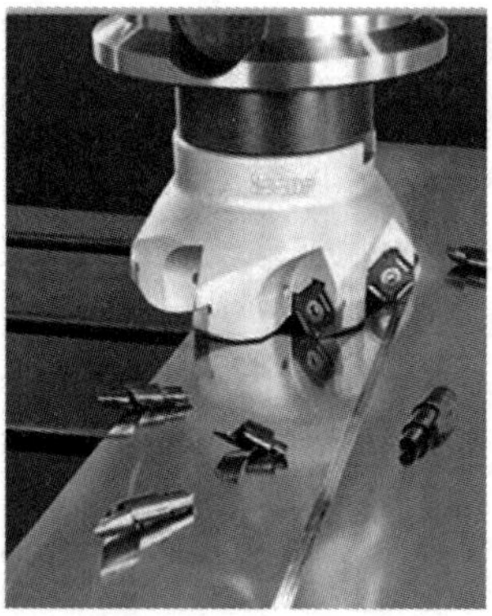

图 9-30 铣削加工的切削用量示意图

背吃刀量 a_p 的选择：一般立铣刀粗铣时的背吃刀量以不超过铣刀半径为原则，以防背吃刀量过大而造成刀具的损坏，粗铣时可选 0.5 ~ 4 mm，精铣时为 0.05 ~ 0.30 mm；面铣刀粗铣时为 1 ~ 4 mm，精铣时为 0.10 ~ 0.50 mm。

侧吃刀量 a_e：一般立铣刀和面铣刀的铣削宽度为铣刀直径的 60%～90%。

2. 进给速度 v_f 的选择

进给量有三种表示方法：

（1）每齿进给量 f_z，即铣刀每转过一个齿，与工件的相对位移，单位为 mm/z（z 为铣刀齿数或刃数）。

（2）每转进给量 f，即铣刀每转过一转，与工件的相对位移，单位为 mm/r。

（3）每分钟进给量 v_f，即铣刀每旋转 1 min，与工件的相对位移，单位为 mm/min。

三者之间的换算公式为

$$f = zf_z \tag{9-3}$$

$$v_f = nf = nzf_z \tag{9-4}$$

式中 v_f——每分钟进给量（mm/min）；

f——每转进给量（mm/r）；

f_z——每齿进给量（mm/z）；

z——铣刀齿数；

n——铣床主轴转速（r/min）。

进给量与进给速度是数控铣床加工切削用量中的重要参数，根据零件的表面粗糙度、加工精度要求、刀具及工件材料等因素，参考切削用量手册选取或通过选取每齿进给量 f_z，再根据公式进行计算。每齿进给量 f_z 的选取主要依据工件材料的力学性能、刀具材料、工件表面粗糙度等因素。工件材料强度和硬度越高，f_z 越小；反之则越大。硬质合金铣刀的每齿进给量高于同类高速钢铣刀。工件表面粗糙度要求越高，f_z 就越小。每齿进给量的确定可参考表 9-9 选取。工件刚性差或刀具强度低时，应取较小值。

表 9-9　铣刀每齿进给量参考值

工件材料	f_z/mm			
	粗铣		精铣	
	高速钢铣刀	硬质合金铣刀	高速钢铣刀	硬质合金铣刀
钢	0.10～0.15	0.10～0.25	0.02～0.05	0.10～0.15
铸铁	0.12～0.20	0.15～0.30		

3. 切削速度 v_c

铣削的切削速度 v_c：铣刀旋转切削时，刀尖的瞬时速度，即刀尖在 1 min 内所转过的圆周弧线的总长度。铣削速度的单位是 m/min。

铣削速度与铣刀直径、铣刀转速有关，计算公式为

$$v_c = \frac{\pi dn}{1000} \tag{9-4}$$

式中 v_c——切削速度（m/min）；

d——铣刀直径（mm）；

n——铣床主轴转速（r/min）。

切削速度 v_c，与刀具的耐用度、每齿进给量、背吃刀量、侧吃刀量以及铣刀齿数成反比，而与铣刀直径成正比。其原因是当 f_z、a_p、a_e 和 z 增大时，刀刃负荷增加，而且同时工作的齿数也增多，使切削热增加，刀具磨损加快，从而限制了切削速度的提高。为提高刀具耐用度，允许使用较低的切削速度。但是加大铣刀直径则可改善散热条件，可以提高切削速度。

铣削加工的切削速度 v_c 可参考表 9-10 选取，也可参考有关切削用量手册中的经验公式通过计算选取（粗加工选较小值，精加工选较大值）。

表 9-10 铣削加工切削速度参考值

工件材料	硬度/HBS	v_c/（m/min）	
		高速钢铣刀	硬质合金铣刀
钢	<225	18 ~ 42	66 ~ 150
	225 ~ 325	12 ~ 36	54 ~ 120
	325 ~ 425	6 ~ 21	36 ~ 75
铸铁	<190	21 ~ 36	66 ~ 150
	190 ~ 260	9 ~ 18	45 ~ 90
	260 ~ 320	4.5 ~ 10	21 ~ 30

9.9.5 加工路线的确定原则

在数控加工中，刀具刀位点相对于工件运动的轨迹称为加工路线。编程时，加工路线的确定原则主要有以下几点：

（1）加工路线应保证被加工零件的精度和表面粗糙度，且效率较高。

（2）使数值计算简单，以减少编程工作量。

（3）应使加工路线最短，这样既可减少程序段，又可减少空走刀时间等情况。确定是一次走刀，还是多次走刀来完成加工以及在铣削加工中是采用顺铣还是采用逆铣等。

9.10 典型零件的数控铣削工艺设计

如图 9-31 所示的轴承座零件，零件材料为 2A12 铝合金，毛坯尺寸为 80 mm × 80 mm × 25 mm，试对该零件进行数控铣削工艺分析，并制定加工方案，填写工艺文件。

1. 零件图工艺分析

该零件为比较规则的立方体平面类零件，正反两面均需加工，最高尺寸精度为 0.039 mm，最高表面粗糙度为 Ra1.6 μm，在普通数控铣床上均能得到保证。其中背面底面为设计基准，同时考虑到工件需要翻面装夹，从装夹的方便的角度考虑，应该先加工背面，再加工正面。

在加工背面的时候，把 78 mm × 74 mm × 17 mm 外轮廓加四个圆角加工出来，然后加工 ϕ42 和 ϕ37 台阶直接铣通，将 4 × ϕ8 四个孔加工成型深度至 13 mm，确保翻面后不用再加工孔。装夹时垫铁位置要适当，不要影响加工 ϕ42 和 ϕ37 台阶通孔，由于 4 × ϕ8 四个孔未钻穿毛坯，所有不受垫铁位置的影响。

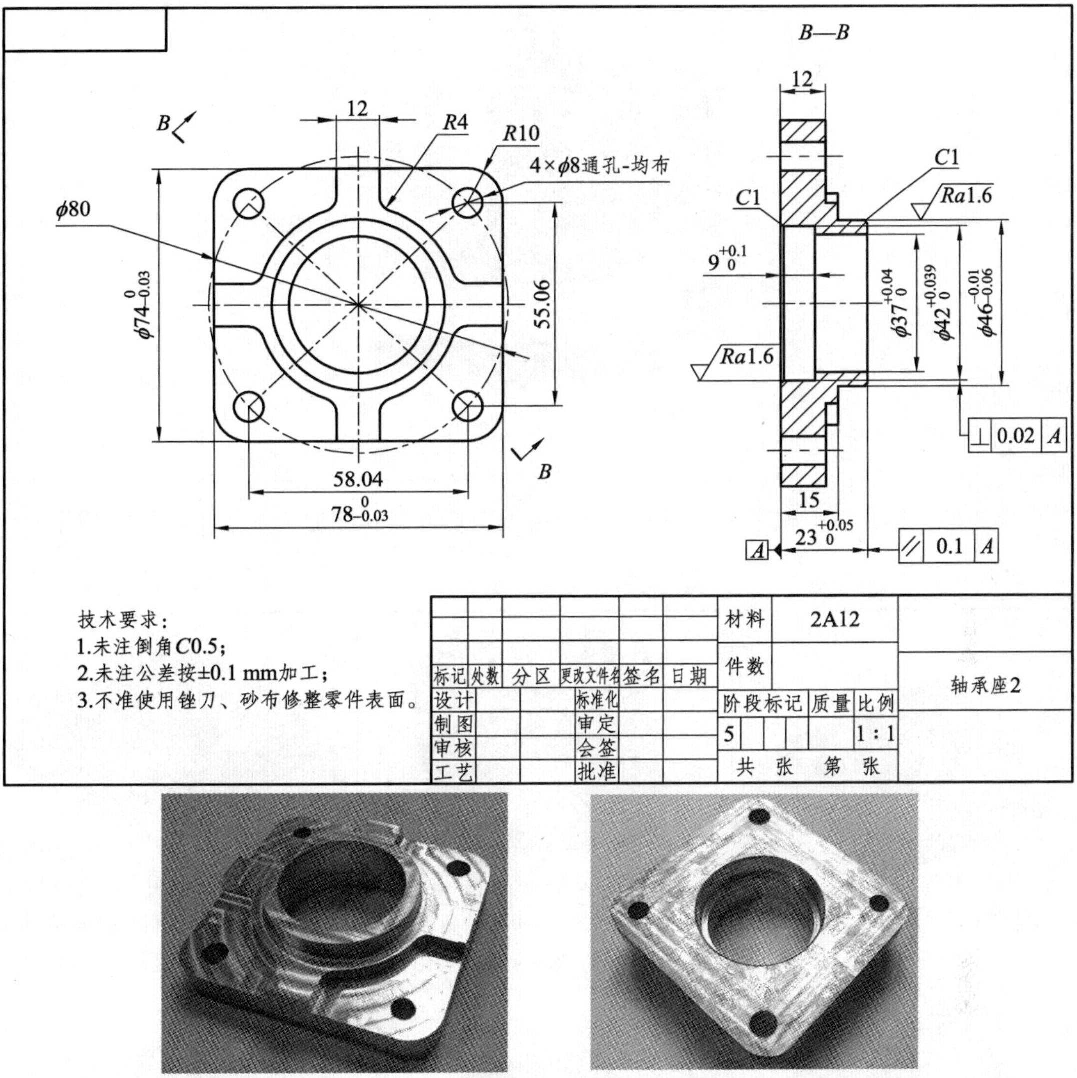

图 9-31 轴承座零件图及零件实物

翻面加工正面时，一定要保证留有足够的加工高度，避免刀具切削到虎钳。先粗精加工圆台和十字凸台等主要外形轮廓至图纸尺寸，最后进行倒角部位的加工。

2. 选择设备

根据被加工零件的外形和材料等条件，选用 VMC850 数控铣床（见图 9-32）。该机床 *X*/*Y*/*Z* 轴行程 800 mm/500 mm/500 mm，定位精度 0.01 mm，重复定位精度 0.008 mm，主轴最高转速 8000 r/min。

3. 确定零件的定位基准和装夹方式

（1）定位基准。

确定坯料上表面中心为定位基准。

（2）装夹方法。

采用机用虎钳装夹，加工背面时，加工部位高出虎钳钳口表面 20 mm。翻面加工正面时，高出钳口表面 15 mm。

图 9-32　VMC850 数控铣床

4. 确定加工顺序

根据之前分析，加工顺序为先加工背面，再加工正面。详细加工顺序如表 9-11 所示。

表 9-11　轴承座零件加工顺序　　单位：mm

 步骤 1：毛坯装夹后对刀	 步骤 2：粗铣反面台阶孔至 $\phi41.6\times8.85$ 和 $\phi36.85\times10.85$、粗铣反面外轮廓至 $78.4\times74.4\times13$	 步骤 3：精加工反面外形至 $78_{-0.03}^{0}\times74_{-0.03}^{0}\times12.85$，精铣反面内孔至 $\phi42_{0}^{+0.039}\times9_{0}^{+0.1}$
 步骤 4：钻 $4\times\phi8$ 定位中心孔，钻削深度 0.5	 步骤 5：钻 $4\times\phi8$ 孔，钻削深度 17	 步骤 6：$\phi42$、$\phi37$ 孔口倒角
 步骤 7：翻面装夹，铣削部分高出钳口 15	 步骤 8：粗精加工正面圆台和十字凸台外形到图纸尺寸	 步骤 7：$4\times\phi8$ 孔口倒角、圆形凸台内外侧倒角

5. 刀具选择

（1）正面反面轮廓、圆台、十字凸台、台阶孔部位的粗加工均用$\phi10$ 立铣刀，以上部位的侧壁和底面精加工均用$\phi8$ 立铣刀进行加工。

（2）4×$\phi8$ 孔先用中心钻点定位孔，然后再选用$\phi8$ 直柄麻花钻钻孔。

（3）圆台、孔口部位的倒角均用$\phi8$ 圆鼻立铣刀进行铣削加工。

6. 切削用量选择

查阅刀具手册后，根据刀具参数计算后结合实际经验给出切削用量，详见数控加工工序卡。

7. 工艺文件的编制

综合上面轴承座零件的工艺过程设计，编制该零件数控刀具卡、数控加工工艺过程卡、主要加工表面的工序卡和数控加工程序单，如表 9-12 ~ 表 9-16 所示。

表 9-12　数控加工刀具卡

零件名称	轴承座		数控加工刀具卡			工序号	20 和 30		
材料	2A12 铝合金		设备名称	数控铣床		设备型号	VMC850		
序号	刀具号	刀具名称	刀柄型号	刀片参数			刃数	材质	备注
				直径/mm	刀长/mm	刀尖半径/mm			
1	T01	立铣刀	BT40ER 数控刀柄	10	50	0	3	硬质合金	
2	T02	立铣刀	BT40ER 数控刀柄	8	50	0	3	硬质合金	
3	T03	定心钻	BT40 钻夹头	6	40	0	2	硬质合金	
4	T04	圆鼻立铣刀	BT40ER 数控刀柄	4	50	0.5	3	硬质合金	
5	T05	直柄麻花钻	BT40 钻夹头	8	75	0	2	高速钢	
编制		审核		批准		共　页	第　页		

表 9-13　数控加工工艺过程卡

零件名称	轴承座	数控加工工艺过程卡	毛坯种类	方料	共 1 页
			材料	2A12 铝	第 1 页
工序号	工序名称	工序内容		设备	工艺装备
10	备料	备料 80 mm×80 mm×25 mm，材料为 2A12 铝		切割机	
20	数铣	粗、精铣反面平面，78 mm×74 mm×12 mm 的外形，$\phi42$、$\phi37$ 内孔至图纸要求及倒角		VMC850	机用虎钳
30	数铣	粗、精铣正面平面、$\phi46$ 的圆台、12 mm 宽十字凸台、钻 4×$\phi8$ 孔至图纸要求及倒角		VMC850	机用虎钳
40	钳	锐边倒钝，去毛刺		钳台	台虎钳
50	清洗	用清洁剂清洗零件			
60	检验	按图样尺寸检测			
编制		日期	审核	日期	

表 9-14　数控加工工序卡（轴承座 20 工序）

零件名称	轴承座	数控加工工序卡		工序号	20	工序名称	粗、精铣反面	共 2 页 第 1 页
材料	2A12	毛坯状态	80 mm × 80 mm × 25 mm	机床设备	VMC850	夹具		机用虎钳

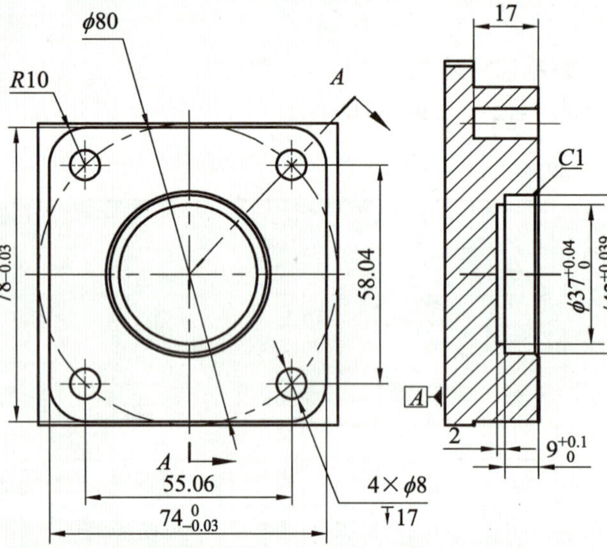

工步号	工步内容	刀具规格	刀具号	量具	背吃刀量/mm	进给量/（mm/min）	主轴转速/（r/min）
01	粗、精铣反面平面	ϕ10 立铣刀	T01	游标卡尺	粗铣 0.5 精铣 0.1	粗铣 3000 精铣 1000	2500
02	粗铣反面台阶孔至 ϕ41.6×8.85、ϕ36.85×10.85； 粗铣反面外轮廓至 78.4 mm×74.4 mm×13 mm	ϕ10 立铣刀	T01	游标卡尺	1	3000	2500
03	精加工反面外形至 $78_{-0.03}^{\ 0}\times74_{-0.03}^{\ 0}\times12.85$； 精铣反面内孔至 $\phi42_{\ 0}^{+0.039}\times9_{\ 0}^{+0.1}$	ϕ8 立铣刀	T02	内、外径千分尺、游标卡尺	精加工余量	800	2500
04	钻 4×ϕ8 定位孔，钻削深度 1 mm	定心钻	T03		1	50	1500
05	钻 4×ϕ8 孔，钻削深度 17 mm	ϕ8 直柄麻花钻	T05		1	50	1500
06	ϕ42、ϕ37 孔口倒角	ϕ4R0.5 圆鼻立铣刀	T04		侧铣 0.1	800	2000
编制	日期	审核			日期		

表 9-15　数控加工工序卡（轴承座 30 工序）

零件名称	轴承座	数控加工工序卡		工序号	30	工序名称	粗、精铣正面	共 2 页 第 2 页
材料	2A12 铝	毛坯状态	80 mm×80 mm×25 mm	机床设备	VMC850	夹具		机用虎钳

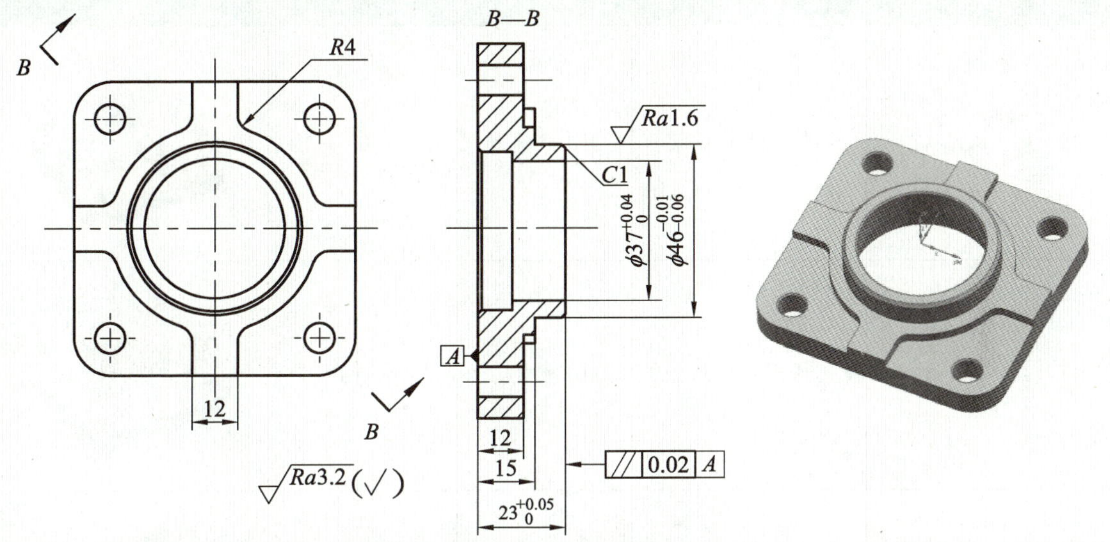

工步号	工步内容	刀具规格	刀具号	量具	背吃刀量/mm	进给量/(mm/min)	主轴转速/(r/min)
07	零件正面圆台和十字凸台外形整体粗加工，侧壁留余量 0.2 mm，底面留余量 0.15 mm，让零件轮廓特征成型	ϕ10 立铣刀	T01	游标卡尺	1	3000	2500
08	正面精铣：圆形凸台顶面加工到 20 mm、十字凸台顶面加工至 2～8 mm、十字凸台底面加工至 2～11 mm、ϕ46 圆形凸台外侧加工到图纸尺寸，ϕ37 圆孔加工到图纸尺寸、12 mm 宽十字凸台侧面加工到图纸尺寸	ϕ8 立铣刀	T02	外径千分尺、内径千分尺、游标卡尺	侧铣 0.05	800	3000
09	倒角：4×ϕ8 的孔倒斜角 C0.5 mm、圆形凸台外侧倒斜角 C1 mm、圆形凸台内侧倒斜角 C0.5 mm	ϕ4R0.5 圆鼻立铣刀刀	T04		侧铣 0.1	800	2000
编制		日期		审核		日期	

表 9-16　数控加工程序单

数控加工程序单		产品名称	回转底座	零件名称	轴承座	共 1 页
		工序号	20、30	工序名称	铣轴承座正反面	第 1 页
序号	程序编号	工序内容	刀具	切削深度（相对最高点）	备注	
01	AA-A1	粗精铣毛坯平面	ϕ10 立铣刀	0		
02	AA-A2	背面外形轮廓粗加工	ϕ10 立铣刀	−13		
03	AA-A3	背面精加工外形轮廓和台阶孔 ϕ42	ϕ10 立铣刀	−12.85		
04	AA-A4	背面 4×ϕ8 钻定位孔	定心钻	−1		
05	AA-A5	钻背面 4×ϕ8 过孔	ϕ8 直柄麻花钻	−17	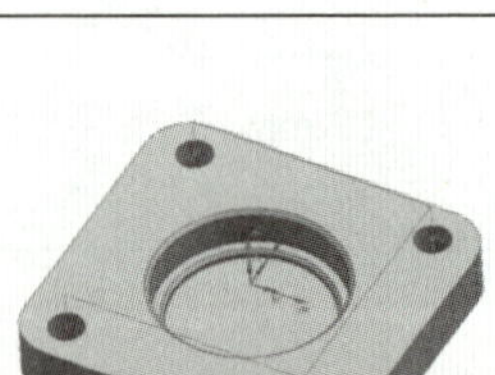	

续表

<table>
<tr><td colspan="2" rowspan="2">数控加工程序单</td><td>产品名称</td><td>回转底座</td><td>零件名称</td><td>轴承座</td><td>共 1 页</td></tr>
<tr><td>工序号</td><td>20、30</td><td>工序名称</td><td>铣轴承座正反面</td><td>第 1 页</td></tr>
<tr><td>序号</td><td>程序编号</td><td>工序内容</td><td>刀具</td><td>切削深度
（相对最高点）</td><td colspan="2">备注</td></tr>
<tr><td>06</td><td>AA-A6</td><td>背面 $\phi42$ 内孔倒斜角 $C1$，$\phi37$ 内孔倒斜角 $C0.5$</td><td>$\phi4R0.5$ 圆鼻立铣刀</td><td>－10.5</td><td colspan="2"></td></tr>
<tr><td>07</td><td>BB-B1</td><td>正面轮廓、圆台、十字凸台外形粗加工</td><td>$\phi10$ 立铣刀</td><td>－10.85</td><td colspan="2">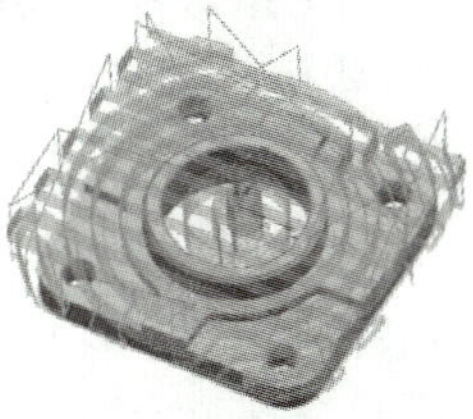</td></tr>
<tr><td>08</td><td>BB-B2</td><td>正面轮廓、圆台、十字凸台侧壁和底面精加工</td><td>$\phi8$ 立铣刀</td><td>－11.85</td><td colspan="2">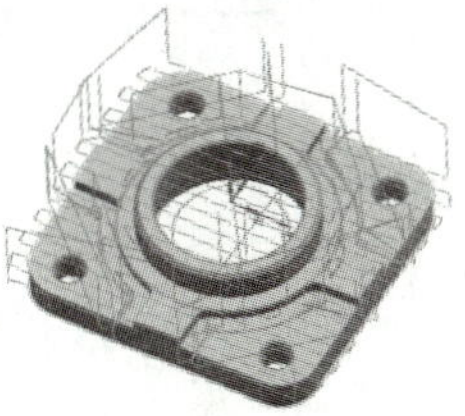</td></tr>
<tr><td>09</td><td>BB-B3</td><td>正面倒角 $4\times\phi8$ 的孔倒斜角，圆形凸台内外侧倒斜角</td><td>$\phi4R0.5$ 圆鼻立铣刀</td><td>－12.5</td><td colspan="2"></td></tr>
<tr><td colspan="4">装夹示意图：
背面 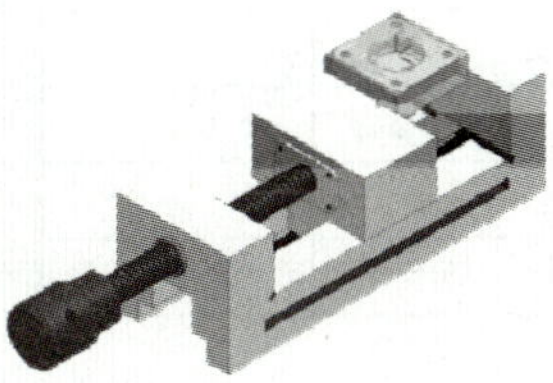
正面 </td><td colspan="3">装夹说明：
背面：毛坯高出钳口 15 mm，四面分中，对顶为零；
正面：铣削部分高出钳口 15 mm，四面分中，对顶为零</td></tr>
<tr><td colspan="2">编程/日期</td><td></td><td>审核/日期</td><td></td><td colspan="2"></td></tr>
</table>

模块 2 技能训练

任务 1 回转底座主要零件的数控加工工艺过程设计

1. 任务内容

如图 9-33 所示，某回转底座由传动轴、轴承座、轴套和深沟球轴承组成，生产件数 10 件，试对其主要零件传动轴（见图 9-34）、轴承座（见图 9-35）进行数控加工工艺设计。

要求完成下列任务：

（1）了解该零件的结构特点和技术要求，对其进行结构分析和工艺分析；

（2）绘制产品毛坯图，确定毛坯的种类及制造方法；

（3）拟定零件的数控加工工艺过程；

（4）确定加工设备、夹具和刀具等工艺装备；

（5）确定各工序的加工余量和工序尺寸及公差；

（6）计算并结合经验确定各工序的切削用量；

（7）编制数控加工工艺过程卡、数控加工刀具卡、数控加工工序卡和数控加工程序单等工艺文件。

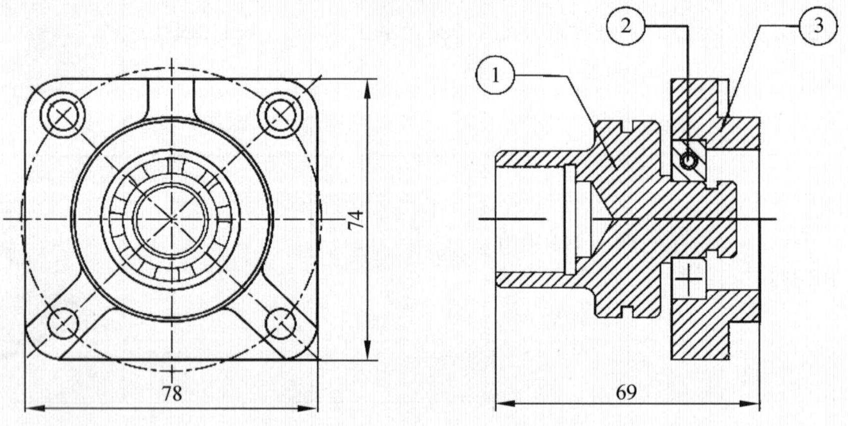

序号	零件名称	零件材料	数量	备注
1	传动轴		1	
2	轴套		1	
3	轴承座		1	

图 9-33 回转底座装配图

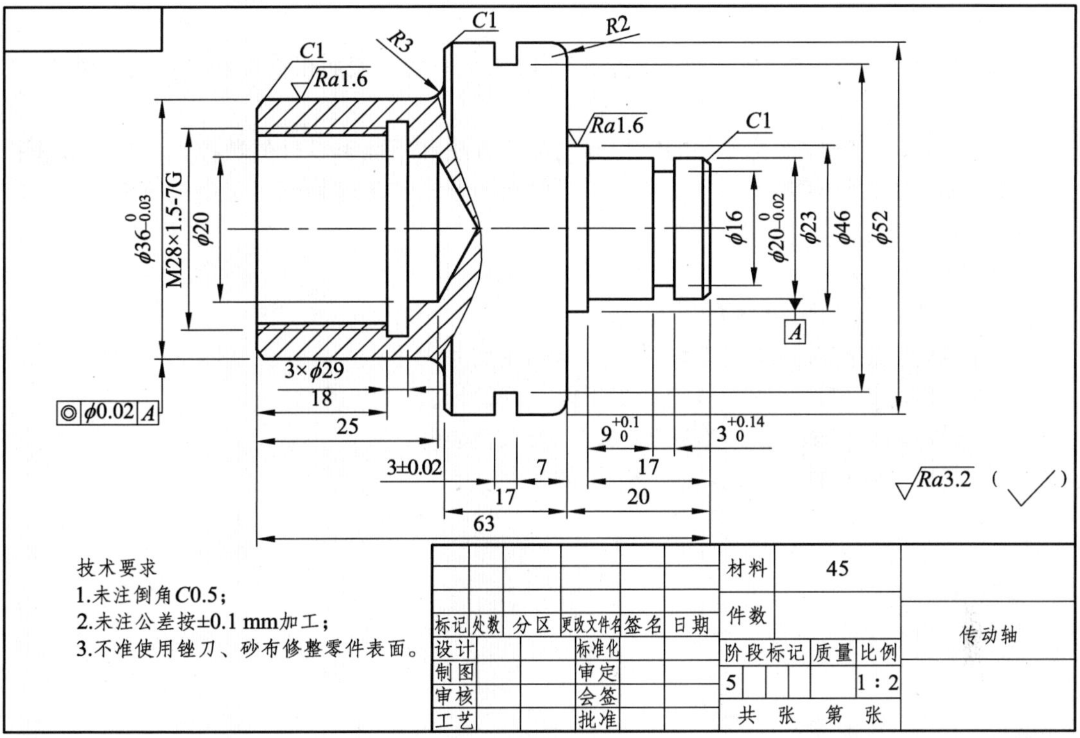

图 9-34 传动轴 1 零件图

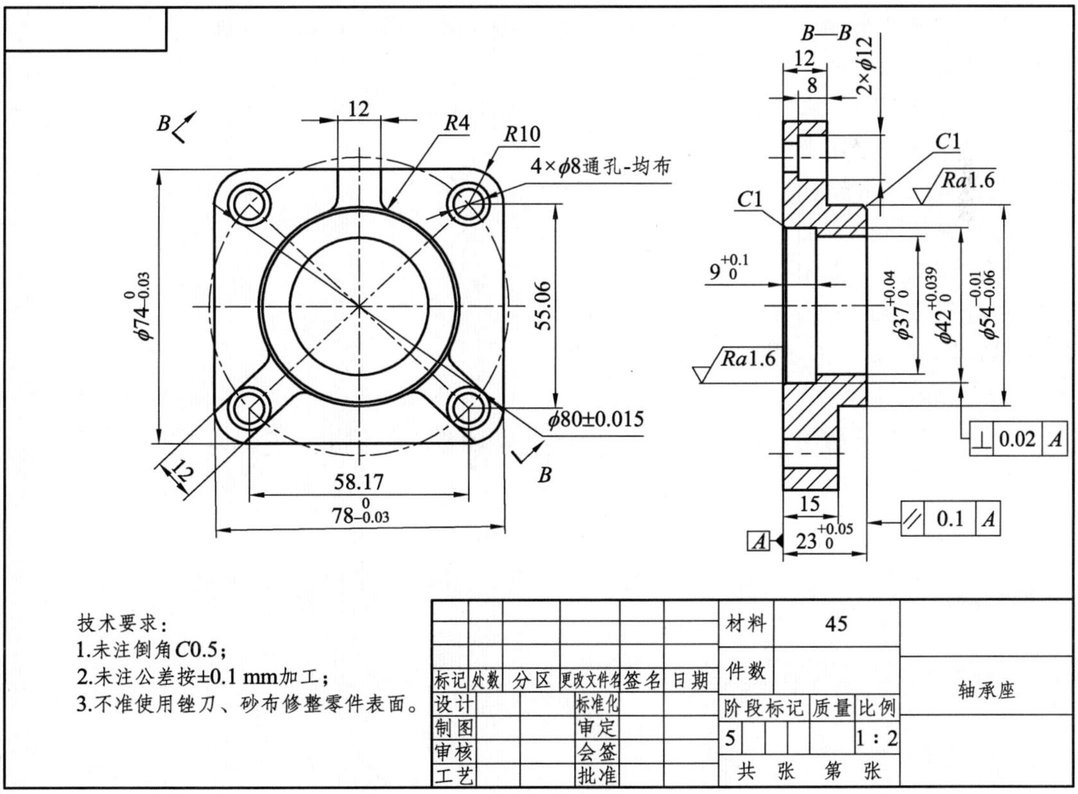

图 9-35 轴承座 3 零件图

2. 任务准备

读懂图 9-34 和图 9-35，分析该零件各表面的加工精度、表面粗糙度和其他技术要求。

3. 实训目的

熟悉绘图软件；掌握轴类零件的数控车削加工方法和平面类零件的数控铣削加工方法；掌握工序尺寸及公差的计算方法；了解数控刀具的选用原则和工序切削用量的计算方法；掌握工序余量的查阅方法。

4. 实训步骤

（1）分析图 9-34 和图 9-35 的工艺结构；

（2）确定传动轴和轴承座的毛坯类型、结构及尺寸大小；

（3）进行传动轴和轴承座的数控加工工艺过程设计；

（4）选择传动轴和轴承座的数控加工设备及工艺装备；

（5）编制传动轴和轴承座的数控加工工艺文件。

思考与练习

一、简答题

1. 金属切削类数控机床主要有哪些？
2. 数控车床按主轴位置分类，有哪些类型？按功能分类，有哪些类型？
3. 简述数控车床的主要加工对象。
4. 数控车床可转位车刀的特点是什么？常用的刀具材料有哪些？
5. 数控车床切削用量的选用原则是什么？
6. 数控铣床按照结构类型分类有哪些类型？
7. 数控铣床的主要加工对象是什么？
8. 数控铣削加工常用夹具有哪些？
9. 数控铣床常用刀具有哪些？
10. 数控铣削加工工序的划分方法有哪些？

二、分析题

某零件如图 9-36 所示，材料为 2A12 铝，产量 10 件，请拟定其数控加工工艺路线。

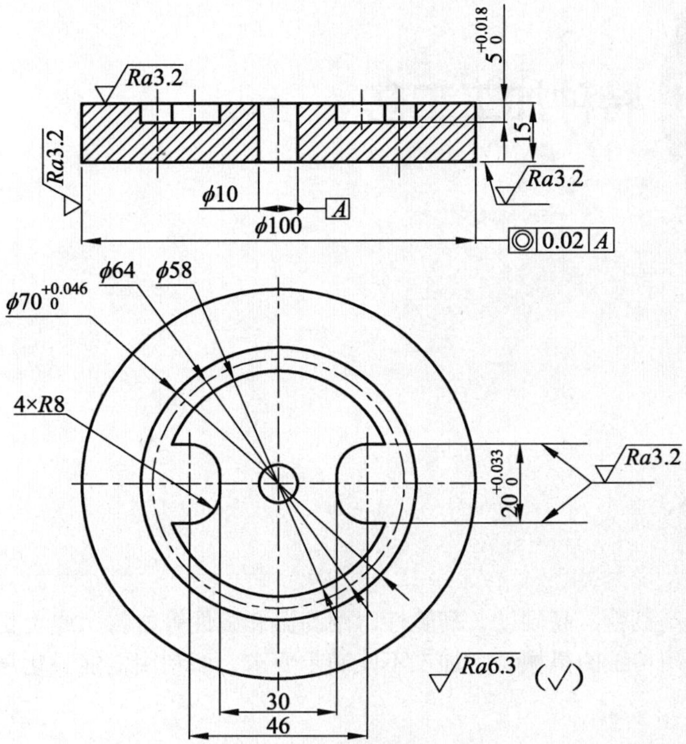

图 9-36　圆盘零件图

项目 9 答案

项目 10 特种加工工艺

教学导读

对于高强度、高韧性、高硬度、高脆性、耐高温和磁性等材料，或者复杂、精密细小和特殊要求的零件，利用传统的机械切削加工不能满足要求，而利用电能、化学能、声能或光能等可以加工成型。

知识要点

了解常见特种加工方法的特点、工作原理；了解常见特种加工方法的优缺点及其应用场合；根据零件结构特点和工艺要求，选择合适的特种加工方法。

重点和难点

重点和难度：电火花加工；激光加工；超声波加工。

素养目标

（1）培养学生的创新精神和创新实践能力；

（2）培养学生的团队合作能力，专业技术交流的表达能力，学习新知识、新技能的学习能力和解决实际问题的工作能力；

（3）养成踏实、严谨、进取的品质及独立思考的习惯。

模块 1 理论基础知识

10.1 概 述

特种加工是指不采用常规的刀具对工件进行加工，而是直接利用电能、热能、光能、化学能、电化学能或声能等能量，或以几种能量复合的形式对材料进行加工的工艺方法。

10.1.1 特种加工的特点

特种加工不同于机械切削加工，其具有以下几方面的特点：

1. 可利用多种能量进行加工

特种加工不是只依靠机械能，而是可利用其他能量（如电能、化学能、光能、声能或热能等）去除金属材料，其加工过程中工具和工件之间不存在显著的机械切削力，故加工过程无须使用复杂的工装夹具来保证装夹的受力可靠性。

2. 非接触加工

加工过程中不一定需要工具，有的虽使用工具，但工具与工件不直接接触，因此工件不承受大的作用力，装夹简便，加工材料的硬度不受限制，工具硬度可低于工件硬度。

3. 工件表面质量高

常见的超声波、电火花和慢走丝线切割等都属于精细加工，其加工余量小，控制精度高，可获得很高的尺寸精度和很低的表面粗糙度。比如镜面电火花加工，可直接获得 *Ra*0.1 μm 的表面。

4. 表面形状不受限制

传统机械加工，由于受刀具形状的限制，很多复杂或者微细的型面无法实现。特种加工可以有针对性地对其弥补。比如加工一个尖角方孔，通孔可以用线切割，盲孔可以用电火花，但传统车、铣、磨、钻等方式就无法实现。

5. 灵活组合

各种加工方法可以扬长避短、任意组合，形成新的工艺方法，更突出其优越性，便于扩大应用范围。如目前广泛应用的电解电火花加工和电解电弧加工，都是两种特种加工复合而形成的新加工方法。图 10-1 为特种加工成型的零件。

（a）

（b）

图 10-1 特种加工成型的零件

10.1.2 特种加工的应用场合

近年来，特种加工技术在高端制造领域，特别是航空、航天、高铁列车、军事国防、电子信息等领域被大量使用，占据越来越重要的地位。其应用主要表现在以下几个方面：

1. 可加工难加工材料

可加工硬质合金、钛合金、耐热钢、不锈钢、淬火钢、金刚石、宝石、石英以及锗、硅等各种高硬度、高强度、高韧性、高脆性的金属与非金属材料。

2. 可加工复杂表面

可加工喷气涡轮机叶片、整体涡轮、发动机机匣、锻压模、注射模等复杂的三维型面，以及各种冲模、冷拔模上的特殊截面的型孔，炮管内膛线、喷油嘴、栅网、喷丝头上的小孔和窄缝等特殊结构的表面。

3. 可加工特殊要求的零件

可加工航空航天陀螺仪、伺服阀等表面质量和精度要求较高的零件，以及细长轴、薄壁零件或弹性零件等低刚度零件。

10.2 特种加工方法

按照加工能量的来源和作用形式，特种加工可分为表10-1所示的几种常用加工方法。

表10-1 几种常用的特种加工方法

特种加工方法		能量来源及形式	作用原理
电火花加工	电火花成型加工	电能、热能	熔化、汽化
	电火花线切割加工	电能、热能	熔化、汽化
电化学加工	电解加工	电化学能	金属离子阳极溶解
	电解磨削	电化学能、机械能	阳极溶解、磨削
	电　铸	电化学能	金属离子阴极沉淀
	涂　镀	电化学能	金属离子阴极沉淀
激光加工	激光切割、打孔、焊接	光能、热能	熔化、汽化
	激光处理、表面改性	光能、热能	熔化、相变
电子束加工	切割、打孔、焊接	电能、热能	熔化、汽化
离子束加工	蚀刻、镀覆、注入	电能、动能	原子撞击
等离子弧加工	切割（喷镀）	电能、热能	熔化、汽化（涂覆）
超声加工	切割、打孔、雕刻	声能、机械能	磨料高频撞击
化学加工	化学铣削	化学能	腐　蚀
	光　刻	化学能	光化学腐蚀
水射流加工	切割、打孔	压力能、动能	超音速冲击

10.2.1 电火花加工

电火花加工是指在一定的介质中，通过工具电极和工件电极之间的脉冲放电的电蚀作用，对工件进行加工的方法。

1. 加工原理

电火花加工是一种利用电能和热能进行加工的新工艺，俗称放电加工。电火花加工与一般切削加工的区别在于，电火花加工时工具与工件并不接触，而是靠工具与工件间不断产生的脉冲性火花放电，利用放电时产生局部、瞬时的高温把金属材料逐步蚀除下来。由于在放电过程中有可见火花产生，故称电火花加工。如图 10-2 所示，工件和工具（俗称电极）均浸入带有一定绝缘性质的液体中（如去离子水），进给系统使工具和工件保持一个很小的间隙（通常为 0.01 ~ 0.1 mm），当脉冲电压加到工件和工具两极之间时，便会击穿介质形成放电通道，在该局部产生火花放电，放电处产生瞬时高温，使工件表面熔化蒸发掉极小部分的金属，形成一个小凹坑；然后工具抬起一定距离，绝缘液体冲刷放电部位，清理积炭，随后进给系统再次使工具和工件保持一个很小的间隙，放电熔蚀。周而复始，便可以把工件熔蚀出一个和工具形状一一对应的凹坑或者凸起。

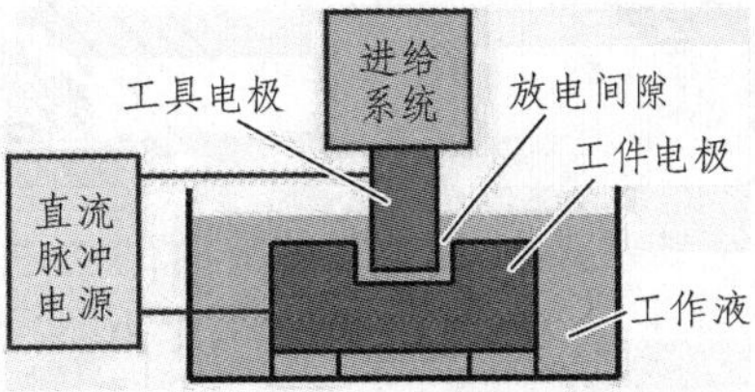

图 10-2　电火花加工

电火花
加工视频

电火花加工按工具电极和工件的相互运动关系及用途的不同，可分为电火花成型加工和电火花线切割加工。

2. 影响加工精度的因素

工件的加工精度除受机床精度、工件的装夹精度、电极制造及装夹精度影响之外，主要受放电间隙和电极损耗的影响。

（1）电极损耗对加工精度的影响。

在电火花加工过程中，电极会受到电腐蚀而损耗，电极的不同部位，其损耗不同。电极的尖角、棱边等突起部位的电场强度较强，易形成尖端放电，所以这些部位比平坦部位损耗要快。电极的不均匀损耗必然使加工精度下降。所以电火花穿孔加工时，电极可以贯穿型孔而补偿电极的损耗，型腔加工时则无法采用这一方法，精密型腔加工时可采用多组电极进行粗精放电的方法。

（2）放电间隙对加工精度的影响。

电火花加工时，电极和工件之间发生脉冲放电需保持一定的放电间隙。放电间隙的存在，使加工出的工件型孔（或型腔）尺寸和电极尺寸相比，沿加工轮廓要相差一个放电间隙（单边间隙）。如果加工过程中需要放电间隙保持不变，通常可以通过修正工具电极的尺寸对放电间隙进行补偿，以获得较高的加工精度。电火花粗加工时，为了提高效率，往往电流使用得比较大，加大熔蚀能力，因此火花间隙也必须加大（通常为 0.05 mm），否则造成工件过切。但也会因此造成加工表面粗糙、尺寸精度低；电火花精加工时，为了保证高尺寸精度和高表面质量，因此会使用很小的电流，降低溶蚀能力，缓慢加工，自然放电间隙也会变小（通常为 0.01 ~ 0.03 mm）。由此可见，放电间隙对加工的精度有着至关重要的作用。

（3）加工斜度对加工精度的影响。

在加工过程中随着加工深度的增加，积炭清理难度增大，导致二次放电次数增多，侧面间隙逐渐增大，使被加工孔入口处的间隙大于出口处的间隙，出现加工斜度，使加工表面产生形状误差，如图 10-3 所示。二次放电的次数越多，单个脉冲的能量越大，则加工斜度越大。二次放电的次数与电蚀产物的排除条件有关。因此，应从工艺上采取措施及时排除电蚀产物，使加工斜度减小。

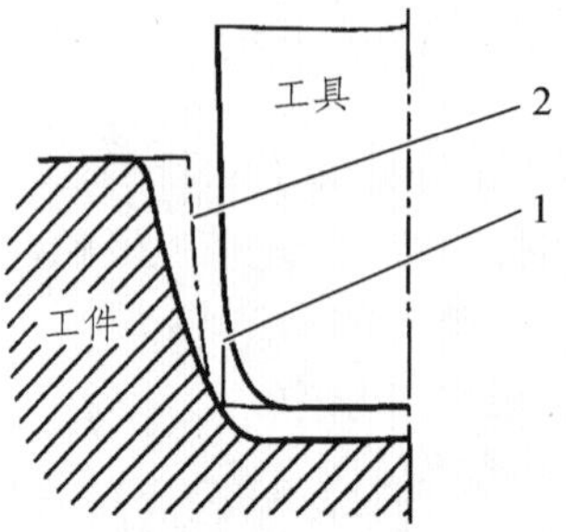

1—电极无损耗时工件轮廓线；2—电极有损耗而不考虑二次放电时的工件轮廓线。

图 10-3　电火花加工斜度

3. 电火花成型加工

电火花成型加工是电火花加工的一种，其基本原理和机床实物如图 10-4 所示。

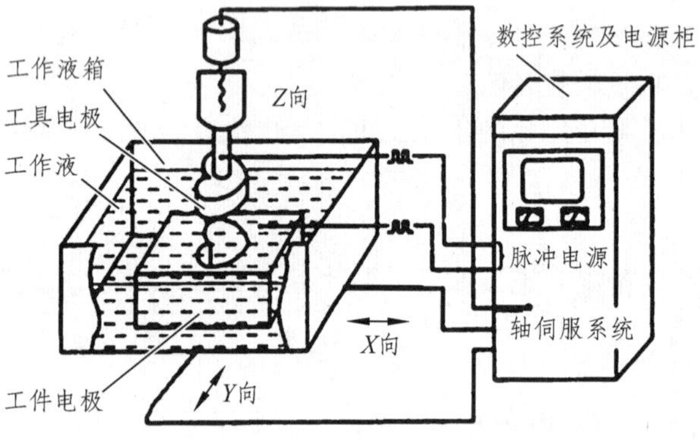

（a）电火花成型加工原理

（b）数控电火花成型加工机床

图 10-4　电火花成型加工

以被加工工件为工件电极，紫铜（或其他导电材料，如石墨）为工具电极，脉冲电源发出一连串的脉冲电压，加到工件电极和工具电极上，此时工具电极和工件均被淹没在具有一定绝缘性能的工作液（绝缘介质）中。在轴伺服系统的控制下，当工具电极与工件的距离小到一定程度时，在脉冲电压的作用下，两极间最近点处的工作液（绝缘介质）被击穿，工具电极与工件之间形成瞬时放电通道，产生瞬时高温，使金属局部熔化甚至汽化而被蚀除下来，使局部形成电蚀凹坑。这样以很高的频率连续不断地重复放电，工具电极不断地向工件进给，就可以将工具电极的形状“复制”到工件上，加工出需要的型面来，如图 10-5 所示。

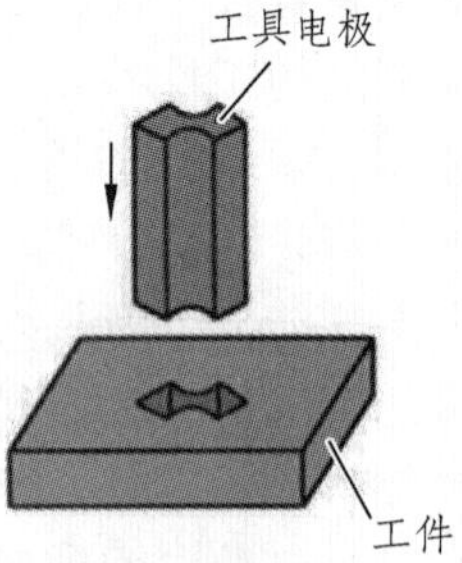

图 10-5　工具电极加工工件

（1）加工特点。

① 电火花加工属于不接触加工。工件与工具电极之间作用力极小。火花放电时，局部、瞬时爆炸力的平均值很小，不足以引起工件的变形和位移。

② 脉冲放电的能量密度高，便于加工用普通的机械加工方法难以加工或无法加工的特殊材料和复杂形状的工件。

③ 电火花加工直接利用电能和热能来去除金属材料，与工件材料的强度和硬度等关系不大，因此可以用硬度低的工具电极加工硬度高的工件，实现“以柔克刚”。

④ 加工精度高。精加工时尺寸精度一般可达 0.01 mm，表面粗糙度为 *Ra*0.63 ~ 1.25 μm；微精加工时精度可达 0.002 ~ 0.004 mm，表面粗糙度为 *Ra*0.04 ~ 0.16 μm。

⑤ 直接利用电能加工，便于实现加工过程的自动化。

（2）应用。

① 可以加工任何难加工的金属材料和导电材料，可以实现低硬度工具加工高硬度的工件，甚至可以加工聚晶金刚石、立方氮化硼一类的超硬材料。

② 可以加工形状复杂的表面，特别适用于复杂表面形状工件的加工，如复杂型腔模具加工。

③ 可以加工薄壁、弹性、低刚度、微细小孔、异形小孔、深小孔等有特殊要求的零件。

图 10-6 为电火花成型加工工具及其加工的产品。

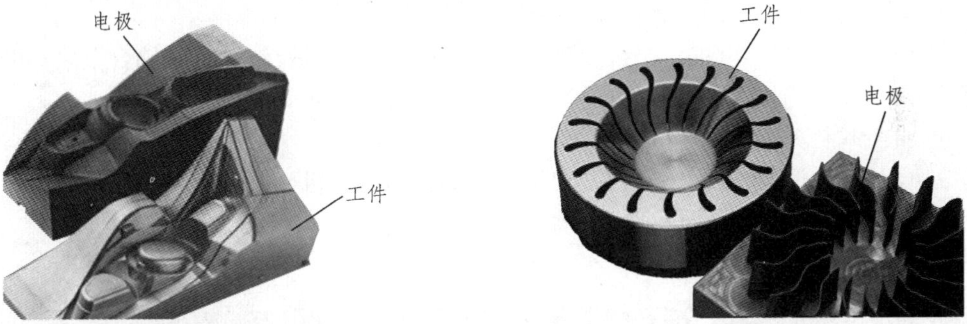

（a）　　（b）

图 10-6　电火花成型加工工具电极及其加工的产品

4. 电火花线切割

（1）加工原理。

电火花线切割加工是利用移动的细金属导线（铜丝或钼丝）作电极，对工件进行脉冲火花放电切割成型，如图 10-7 所示。

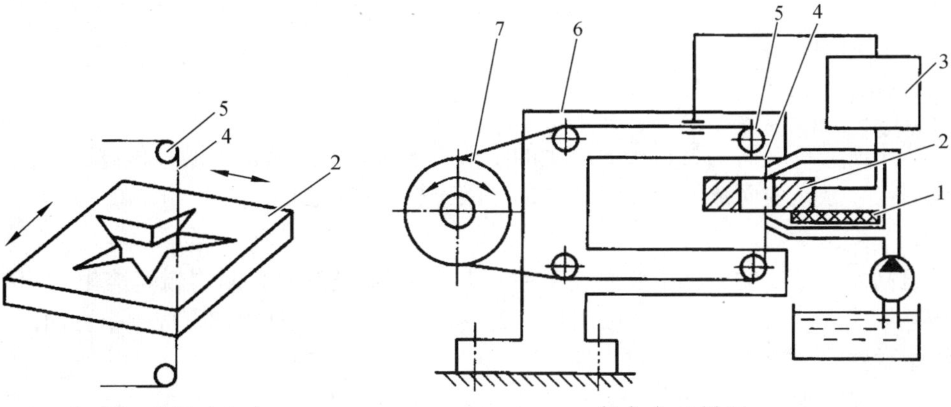

（a）工件运动方向　　（b）加工原理

1—绝缘底板；2—工件；3—脉冲电源；4—电极丝；5—导向轮；6—支架；7—储丝筒。

图 10-7　电火花线切割

电火花线切割视频

（2）加工特点。

① 电火花线切割加工的电压、电流波形与电火花加工基本相似，可以加工一切导电材料。

② 用简单丝状工具电极，省掉了成型的工具电极，大大降低了成型工具电极的设计和制造费用。

③ 由于电极丝比较细，可以加工微细异形孔、窄缝和复杂形状的工件。由于切缝很窄，可对工件材料进行“套料”加工，实际金属去除量很少，材料的利用率很高，这对加工、节约贵重金属有重要意义。

④ 由于采用移动的长电极丝进行加工，单位长度电极丝的损耗较少，从而对加工精度的影响比较小。

（3）应用。

① 可加工模具。

适用于各种形状的冲压模具和直通的模具型腔。此外，还可加工挤压模、粉末冶金模、注塑模等。采用锥度线切割，可加工带锥度的零件，如“天圆地方”等上下异形面的零件。

② 可加工电火花成型用的电极。

电火花穿孔加工用的电极，带锥度型腔加工用的电极，以及铜钨、银钨合金之类的电极材料，用线切割加工特别经济，同时也适用于加工微细复杂形状的电极。

③ 可加工试制新产品的零件。

用线切割在坯料上直接割出零件，如试制切割特殊微电机硅钢片定转子铁心，由于不需另行制造模具，可大大缩短制造周期、降低成本。

图 10-8 为线切割加工的产品。

（a）小直径大深度的通孔零件

（b）冷冲压模具

（c）电机冲片模具

图 10-8　线切割加工的产品

10.2.2　激光加工

激光加工是利用激光束投射到材料表面产生的热效应来对材料进行加工的一种方法，包括激光切割、激光焊接、激光表面热处理、激光打标、激光打孔和微加工等。

1. 加工原理

激光加工是将高能量密度的激光束照射到工件的表面，导致光斑处的材料瞬间熔化、汽化、膨胀，使熔融物爆炸式地喷射出来，高速喷射产生的反冲压力又在工件内部形成一个方向性很强的冲击波，将熔融物喷射出去，从而对工件进行穿孔、蚀刻、切割。

如图 10-9 所示，激光器发射一定能量密度的激光束，经过平面镜的反射和聚焦镜的聚焦后形成直径极小能量极高的光斑照射到工件表面，通过机械运动系统的配合，按照预定轨迹对工件进行加工。

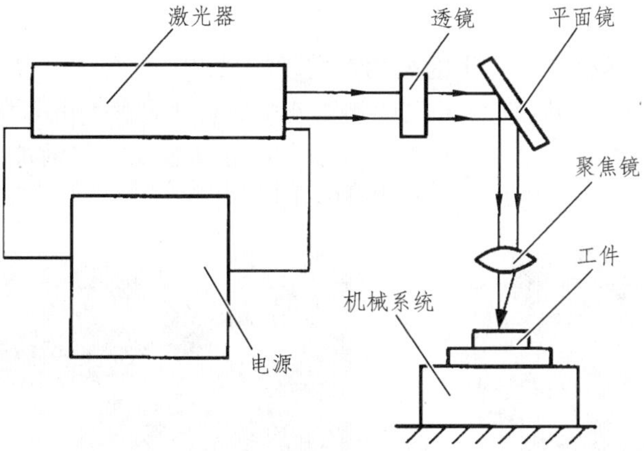

图 10-9 激光加工原理

2. 加工特点

（1）能量密度高，应用广泛。激光加工几乎能加工所有的材料，如各种金属材料、陶瓷、石英、金刚石等，反射率或透射率高的工件进行打毛或色化处理后，仍可加工。

（2）加工速度快，效率高，可控性好，容易实现自动化，且质量可靠，经济效益好。

（3）能透过空气、惰性气体或透明物体对工件进行加工。因此，可通过由玻璃等制成的窗口对被封闭零件进行加工，在真空环境下也可以加工。

（4）激光光斑大小可以聚焦到微米级，输出功率可调节，因此可用于精密微细加工。

（5）激光加工过程中无“刀具”磨损，无“切削力”作用于工件。

（6）由于激光束易于导向、聚集实现做各方向变换，极易与数控系统配合，对复杂工件进行加工，因此是一种极为灵活的加工方法。

3. 应　用

（1）激光打孔。

激光打孔是最早达到实用化的激光加工技术，也是激光加工的主要应用领域之一。将高效能激光器与高精度的机床及控制系统配合，通过微处理机进行程控，可以实现高效率打孔。在不同的工件上激光打孔与电火花打孔和机械钻孔相比，效率提高 10 ~ 1000 倍。

采用脉冲激光器，脉冲宽度为 0.1 ~ 1 ms 时，特别适合于打微孔和异形孔，孔径为 0.005 ~ 1 mm。激光打孔已广泛用于钟表和仪表的宝石轴承、金刚石拉丝模、化纤喷丝头等工件的加工，如图 10-10 所示。

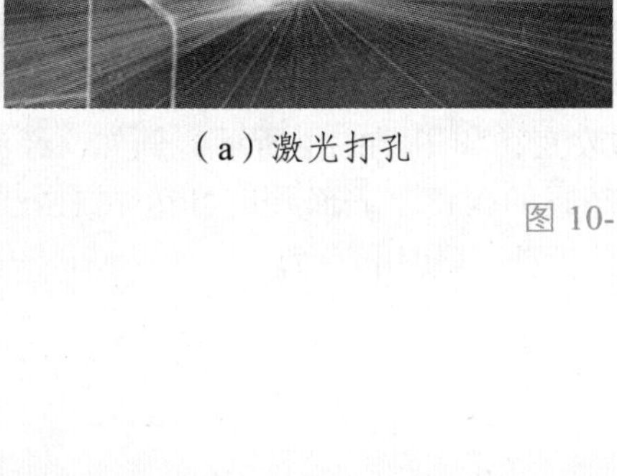

（a）激光打孔

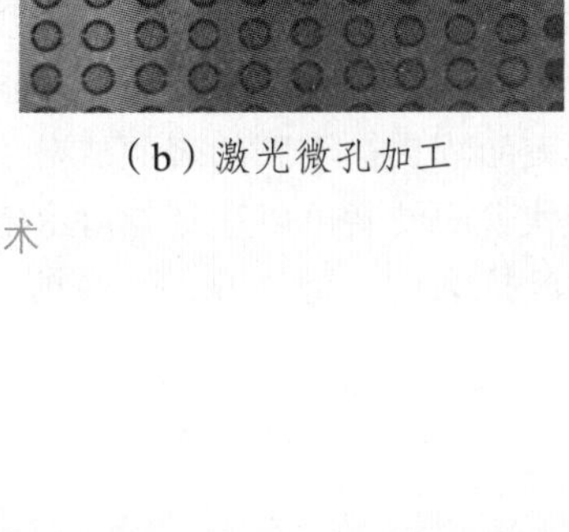

（b）激光微孔加工

图 10-10 激光打孔技术

（2）激光切割。

激光切割是应用激光聚焦后产生的高功率密度能量来实现加工产品，与传统的板材加工方法相比，激光切割具有高的切割质量、高的切割速度、高的柔性（可随意切割任意形状）、广泛的材料适应性等优点。激光切割技术广泛应用于金属和非金属材料的加工中，可大大减少加工时间，降低加工成本，提高工件质量，如图 10-11 所示。

（a）金属板材激光切割

（b）手机盖板玻璃激光切割

激光切割视频

图 10-11　激光切割

（3）激光焊接。

激光焊接是激光材料加工技术应用的重要方面之一，焊接过程属热传导型，即激光辐射加热工件表面，表面热量通过热传导向内部扩散，通过控制激光脉冲的宽度、能量、峰功率和重复频率等参数，使工件熔化，形成特定的熔池，如图 10-12 所示。由于其独特的优点，已成功地应用于微、小型零件焊接中。与其他焊接技术比较，激光焊接的主要优点是：激光焊接速度快、深度大、变形小，能在室温或特殊的条件下进行焊接，焊接设备装置简单。

激光焊接视频

图 10-12　激光焊接

（4）激光表面热处理。

激光表面热处理是利用高功率密度的激光束对金属进行表面处理的方法，它可以对金属实现相变硬化（或称为表面淬火、表面非晶化、表面重熔淬火）、表面合金化等表面改性处理，产生用其他表面淬火达不到的表面成分、组织、性能的改变，如图 10-13 所示。例如，经激光处理后，铸铁表面硬度可以达到 60 HRC 以上，中碳及高碳的碳钢，表面硬度可达 70 HRC 以上，从而提高其抗磨性、抗疲劳、耐腐蚀、抗氧化等性能，延长其使用寿命。

（a）大型蜗杆的表面激光淬火

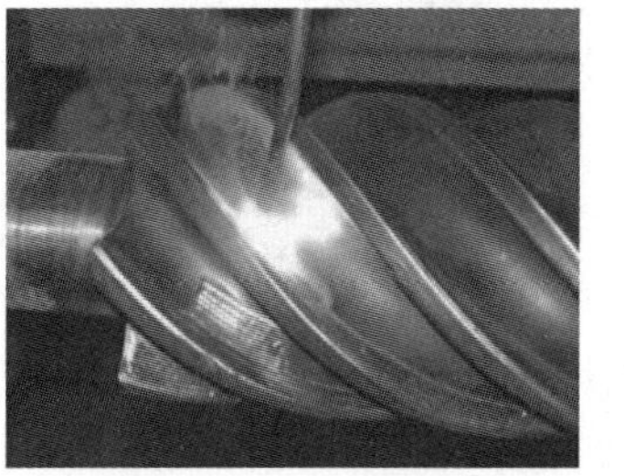

（b）钻头表面激光淬火

图 10-13　激光表面热处理

（5）激光打标。

激光打标是利用高能量密度的激光对工件进行局部照射，使表层材料汽化或发生颜色变化的化学反应，从而留下永久性标记的一种打标方法，如图 10-14 所示。激光打标可以打出各种文字、符号和图案等，字符大小可以从毫米到微米量级，这对产品的防伪有特殊的意义。

激光打标视频

图 10-14　激光标志

（6）激光熔覆。

激光熔覆是一种表面改性技术，又称激光熔敷或激光包覆。激光熔覆通过在基材表面添加熔覆材料，并利用高能量密度的激光束使之与基材表面薄层一起熔凝的方法，在基层表面形成冶金结合的添料熔覆层，如图 10-15 所示。

（a）曲轴的激光熔覆

（b）辊筒轴承位磨损激光熔覆修复

图 10-15　激光熔覆

具体来说，激光熔覆技术是指以不同的添料方式在被熔覆基体表面上放置被选择的涂层材料经激光辐照使之和基体表面一薄层同时熔化，并快速凝固后形成稀释度极低，与基体成冶金结合的表面涂层，显著改善基层表面的耐磨、耐蚀、耐热、抗氧化及电气特性的工艺方法，从而达到表面改性或修复的目的，既满足了对材料表面特定性能的要求，又节约了大量的贵重材料。

10.2.3　电子束加工

电子束加工是利用高能量密度的电子束对材料进行工艺处理的一种方法。经过几十年的发展，目前电子束加工技术已在核工业、航空宇航、精密制造等工业部门广泛应用。

1. 加工原理

如图 10-16 所示，在真空条件下，利用电子枪中产生的电子经加速、聚焦后能量密度为 10^6 ~ 10^9 W/cm^2 的极细束流高速冲击到工件表面上极小的部位，并在几分之一微秒时间内，其能量大部分转换为热能，使工件被冲击部位的材料达到几千摄氏度，致使材料局部熔化或蒸发，来去除材料。

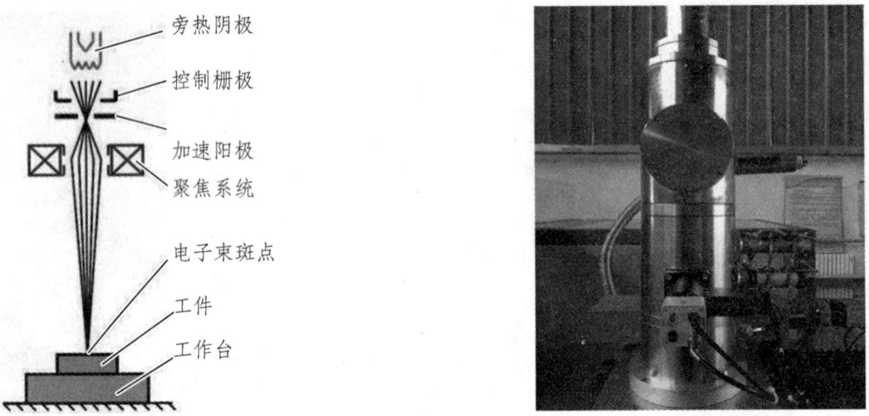

（a）加工原理　（b）电子枪

图 10-16　电子束加工

2. 加工特点

（1）电子束能够极其微细地聚焦（可达 0.1 ~ 1 μm），故可进行微细加工。

（2）加工材料的范围广且加工效率高，能加工各种力学性能的导体、半导体和非导体材料。

（3）加工在真空中进行，污染少，加工表面不易被氧化。

（4）电子束加工需要整套的专用设备和真空系统，价格较贵，故在生产中受到一定程度的限制。

3. 应　用

电子束加工常应用于电子束焊接、打孔、表面处理、熔炼、镀膜、物理气相沉积、雕刻、铣切、切割以及电子束曝光等。

（1）电子束打孔。

电子束打孔技术能加工各种孔，包括异形孔、斜孔、锥孔和弯孔，加工孔的最小直径可达 0.003 mm，最大深径比可达 10。电子束打孔生产效率高、加工材料范围广、加工质量好，可加工不锈钢、耐热钢、宝石、陶瓷、玻璃、塑料和人造革等各种材料上的小孔、深孔。利用电子束在磁场中偏转的原理，使电子束在工件内偏转方向，控制电子速度和磁场强度，就可控制曲率半径，加工出弯曲的孔，如图 10-17 所示。

（a）电子束打孔产品

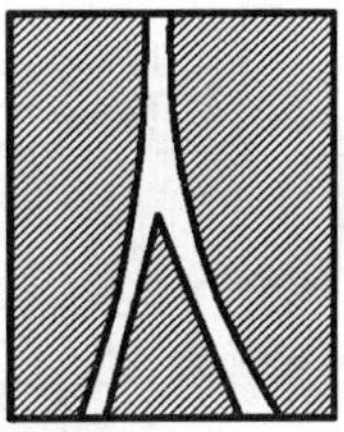

（b）电子束加工弯孔

图 10-17　电子束打孔

（2）电子束焊接。

电子束焊接具有焊缝深宽比大，焊接速度快，焊缝深而窄，焊件变形小，不用焊条，接头机械性能好，可进行不同金属之间的焊接，可在精加工后焊接等优点，尤其在焊接大型铝合金零件中，具有极大的优势。因此，电子束焊接应用范围极为广泛，如图 10-18 所示。

（a）电子束焊接加工

（b）电子束焊接航空叶轮

图 10-18　电子束焊接

（3）电子束表面改性。

电子束表面改性包括表面淬火、表面熔凝、表面合金化、表面熔覆和制造表面非晶态层。经电子束表面改性的工件表层一般具有较高的硬度、强度以及优良的耐腐蚀和耐磨性能，如图 10-19 所示。

图 10-19　电子束表面改性

（4）电子束熔炼。

电子束熔炼也称电子轰击熔炼，是在高真空室内，利用电子枪发射出的电子束，对熔炉料进行轰击，使电子动能转化为热能而把炉料熔化，真空度要求达到 $1.33\times10^{-4}\sim1.33\times10^{-2}$ Pa，一般用来生产活性金属、难熔金属，如钨、钼、铌、钛、锆、钒等，也可用来生产高质量的轴承钢和超低碳不锈钢。

10.2.4　高压水射流切割

高压水射流切割技术（也称水刀切割技术），是利用高压、高速的细径液流作为工作介质，对工件表面进行喷射，依靠液流产生的强大冲击作用来去除材料，实现对工件的切割，如图 10-20 所示。

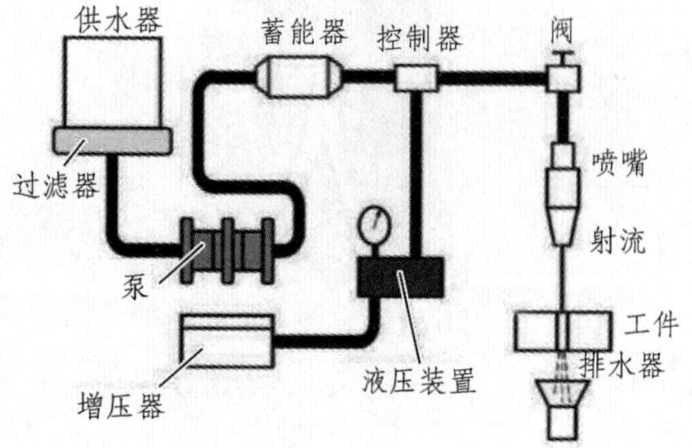

（a）加工原理

（b）高压水射流增压系统

图 10-20　高压水射流切割

1. 加工原理

高压水射流切割是运用液体增压原理，通过增压器可将水的压力增加到 100 ~ 750 MPa，具有巨大压力能的水通过小孔喷嘴，产生巨大的动能，从而形成高速射流。高压水射流本身具有较高的刚性，在与工件发生碰撞时，会产生极高的冲击动压和涡流，对工件进行切割。

根据高压射流工作介质的不同，高压水射流切割分为纯水型高压水射流切割和磨料型高压水射流切割。

（1）纯水型高压水射流切割。

纯水型高压水射流切割使用经过处理的工业用水，最好用去离子水作为工作介质，经过精细过滤，不掺杂任何固体颗粒物料，用于切割软质材料，如纸张、纸板、玻璃纤维制品、食品等。

（2）加磨料型高压水射流切割。

加磨料型高压水射流切割是在液流中掺加了一定比例的细粒度磨料，目的在于增加射流的能量密度，提高切割效率，用于切割脆性材料，如各种金属材料、石材、玻璃、塑料、陶瓷等，如图 10-21 所示。

图 10-21　磨料型高压水射流切割

2. 加工特点

（1）切割方向无限制，可完成各种形状、角度、斜度或异形零件的加工。

（2）切割时产生的侧向力极小，可降低设定时间、节省夹具使用成本。

（3）切割时无热变形，避免了材料的物理、化学变化，切割精度高，可以切割间隙很窄的材料，切口光滑平整无毛刺，不需二次加工，可节省时间及制造成本。

（4）切割速度快，效率高，加工成本低，广泛适应于各种材料的切割加工，有“万能切割机”之誉。

（5）加工过程不会产生污染环境的废物，无粉尘，工作环境好。

3. 应用场合

高压水射流切割的用途和优势主要体现在难加工材料方面：如陶瓷、硬质合金、高速钢、模具钢、淬火钢、白口铸铁、钨钼钴合金、耐热合金、钛合金、耐蚀合金、复合材料等，如图 10-22 所示。高压水射流除用于切割外，在适当降低压力或增大靶距和流量时，还可以用在清洗、破碎、表面毛化和强化处理等领域。

（a）高压水射流切割钢板

（b）高压水射流切割大理石地板拼花

高压水射流切割视频

图 10-22　高压水射流切割

10.2.5　超声波加工

超声波加工是利用工具端面的超声振动，通过磨料悬浮液加工脆硬材料的一种加工方法。超声波加工常用于穿孔、切割、焊接、套料和抛光等方面。

1. 加工原理

如图 10-23 所示，加工时在工具头与工件之间加入液体与磨料混合的悬浮液，并在工具头振动方向加上一个不大的压力，超声波发生器产生的超声频电振荡通过换能器转变为超声频的机械振动，变幅杆将振幅放大到 0.01 ~ 0.15 mm，再传给工具，并驱动工具端面做超声振动，迫使悬浮液中的悬浮磨料在工具头的超声振动下以很大速度不断撞击、抛磨被加工表面，把加工区域的材料粉碎成很细的微粒，从材料上被打击下来。虽然每次打击下来的材料不多，但由于每秒钟打击 16 000 次以上，所以仍存在一定的加工速度。与此同时，悬浮液受工具端部的超声振动作用而产生的液压冲击和空化现象促使液体钻入被加工材料的隙裂处，加速了破坏作用，而液压冲击也使悬浮工作液在加工间隙中强迫循环，使变钝的磨料及时得到更新。

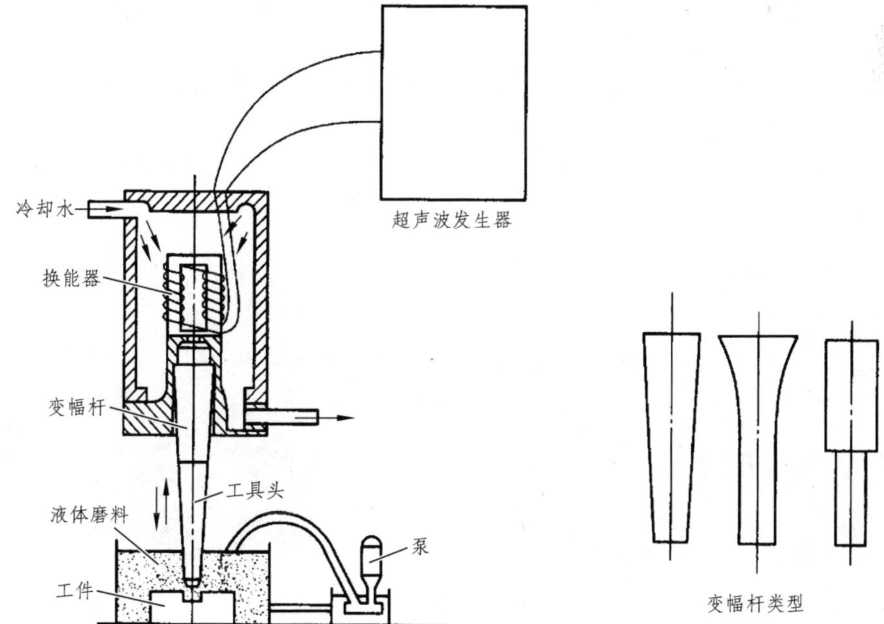

图 10-23　超声波加工原理图

2. 加工特点

（1）加工范围广。

可加工淬硬钢、不锈钢、钛及其合金等传统切削难加工的金属、非金属材料；特别是一些不导电的非金属材料，如玻璃、陶瓷、石英、硅、玛瑙、宝石、金刚石及各种半导体等。

（2）切削力小、切削功率消耗低。

由于超声波加工主要靠瞬时的局部冲击作用，故工件表面的宏观切削力很小，切削应力、切削热更小。

（3）工件加工精度高、表面粗糙度低，可获得较高的加工精度（尺寸精度可达 0.005 ~ 0.02 mm）和较低的表面粗糙度（*Ra* 值为 0.05 ~ 0.2 μm），被加工表面无残余应力、烧伤等现象，也适合加工薄壁、窄缝和低刚度零件。

（4）易于加工各种复杂形状的型孔、型腔和成型表面等。

（5）工具可用较软的材料做成较复杂的形状。

（6）超声波加工设备结构一般比较简单，操作维修方便。

3. 应　用

（1）型孔和型腔的加工。

超声波目前主要应用在脆硬材料的圆孔、型孔、型腔、套料、微细孔等的加工中。

（2）切割加工。

对于难以用普通加工方法切割的脆硬材料，如陶瓷、石英、硅、宝石等用超声波加工具有切片薄、切口窄、精度高、生产率高、经济性好等优点。

（3）超声波清洗。

其原理主要是基于清洗液在超声波作用下产生空化效应的结果。空化效应产生的强烈冲击液直接作用到被清洗的部位，使污物遭到破坏，并从被清洗表面脱落下来。

（4）超声波焊接。

超声波焊接就是利用超声振动作用去除工件表面的氧化膜，使工件露出本体表面，使两个被焊工件表面在高速振动撞击下摩擦发热并亲和粘在一起。它可以焊接尼龙、塑料及表面易生成氧化膜的铝制品，还可以在陶瓷等非金属表面挂锡、挂银，从而改善这些材料的可焊性，如图 10-24 所示。

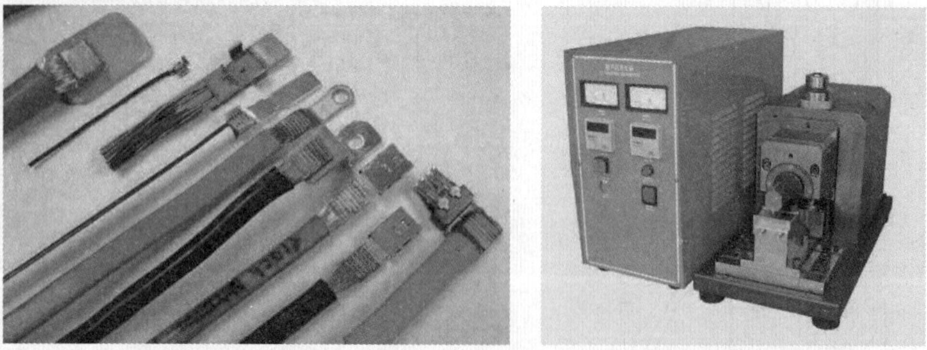

（a）电器接头的超声波焊接　　（b）金属线束超声波焊接机

超声波焊接视频

图 10-24　超声波焊接

（5）复合加工。

在超声波加工硬质合金、耐热合金等硬质金属材料时加工速度低，工具损耗大，为了提高加工速度和降低工具损耗，采用超声波、电解加工或电火花加工相结合来加工喷油嘴、喷丝板上的孔或窄缝，这样可大大提高生产率和质量。在切削加工中引入超声波振动即超声振动切削（例如对耐热钢、不锈钢等硬韧材料进行车削、钻孔、攻螺纹时），经过几十年的发展，已经日趋成熟，作为一种精密加工和难切削材料加工中的新技术，可以降低切削力，降低表面粗糙度值、延长刀具使用寿命及提高生产率等。目前，在国内应用较多的主要有：超声振动车削，超声振动磨削，超声振动加工深孔，小孔和攻丝、铰孔等。

10.3 特种加工工艺设计简介

如图 10-25 所示为一冷冲模凸模工件，材料为高碳合金工具钢 CrWMn。

对于图 10-25 所示的零件，采用常规的机械加工方法难以加工，只能采用特殊的加工方法加以解决。

由于数控电火花线切割加工应用最广的是冷冲模加工，冲模一般主要由凸模、凹模、凸模固卸料板、卸料板、侧刃、侧倒板等零件组成。在线切割加工时，安排加工顺序的原则是先切割卸料板、凸模固定板等非主要零件，然后再切割凸模、凹模等主要件。这样，在切割主要零件之前，通过对非主要件的切割，可检验操作人员在编程过程中存在的错误，同时也能检验机床和控制系统的工作情况，若有问题，及时纠正。下面选择合适的特种加工方法对其工艺路线进行拟定。

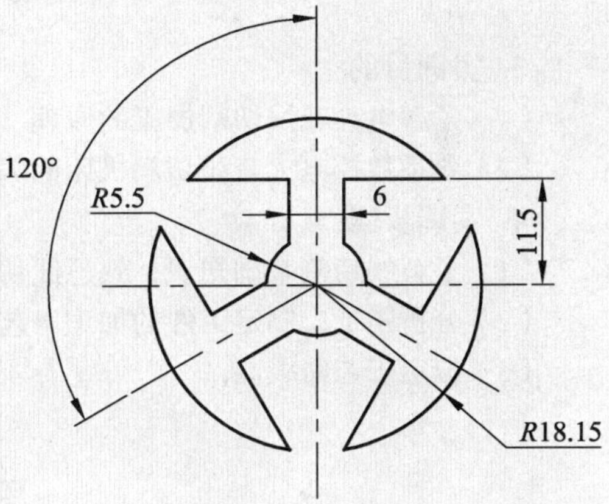

图 10-25 冷冲模凸模

图 10-25 所示零件的工艺路线可安排为：下料—锻造—退火—铣上、下平面—钳工钻穿丝孔—淬火与回火—磨上、下平面—线切割加工成型—钳工修整。该零件属于小批量生产的小型模件，可以在一块坯件上分别依次加工成型。

模块 2 技能训练

任务 1 数字冲裁模的凸凹模加工工艺编制

1. 任务内容

如图 10-26 所示为一冷冲模凸模工件，材料为高碳合金工具钢 CrWMn。请拟定其加工工艺路线。

2. 任务准备

分析图 10-26 上各项标注的含义及其零件的结构特点，熟悉数控线切割机和线切割编程软件。

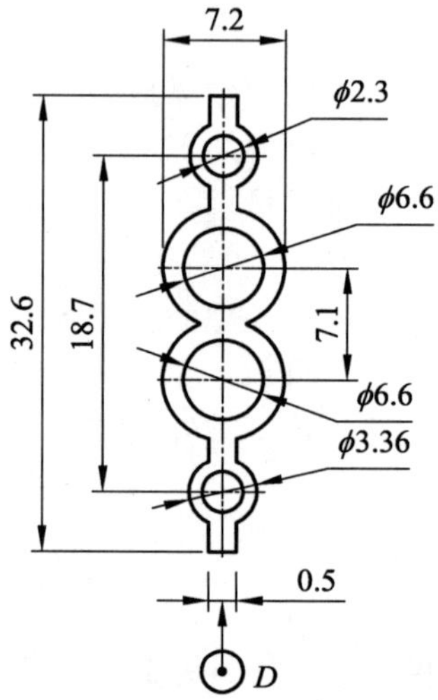

图 10-26　数字冲裁模的凸凹模

3. 实训目的

（1）了解电火花线切割加工的原理、特点和应用；

（2）熟悉数控电火花线切割机床的编程和操作方法。

4. 实训步骤

（1）了解线切割基础知识，熟悉线切割机床的基本结构和操作规范；

（2）分析图纸，制定工件的加工工艺过程；

（3）拟定工艺路线。

思考与练习

一、简答题

1. 简述电火花加工的原理。
2. 激光切割技术有哪些特点和优势？
3. 电子束切割是如何切割出曲面零件的？
4. 简述电子束焊接的特点和优势。
5. 简述高压水射流切割的基本原理。

项目 10 答案

二、判断题

1. 超声波加工是利用工具端面的超声振动，通过磨料悬浮液加工脆硬材料的一种加工方法。（　　）

2. 电子束打孔技术不能加工异形孔。（　　）

3. 对陶瓷、石英、硅、宝石等用超声波加工具有切片薄、切口窄、精度高、生产率高、经济性好等优点。（　　）

4. 选择性激光烧结工艺成型材料单一，价格昂贵，对制件形状要求严格。（　　）

5. 电火花成型机床主要用于加工各种复杂形状型腔的工件。（　　）

参考文献

[1] 张宝珠，王冬生，纪海明. 典型精密零件机械加工工艺分析及实例[M]. 北京：机械工业出版社，2019.

[2] 李益民. 机械制造工艺设计简明手册[M]. 北京：机械工业出版社，2019.

[3] 杨叔子. 机械加工工艺师手册[M]. 北京：机械工业出版社，2002.

[4] 孙本绪，熊万武. 机械加工余量手册[M]. 北京：国防工业出版社，1999.

[5] 武友德，苏珉. 机械加工工艺[M]. 北京：北京理工大学出版社，2018.

[6] 齿轮制造工艺手册编委会. 齿轮制造工艺手册[M]. 北京：机械工业出版社，2016.

[7] 陈晓英. 异形件制造[M]. 北京：机械工业出版社，2011.

[8] 沈浩. 机械加工工艺[M]. 上海：同济大学出版社 2019.

[9] 范仁杰，程启森. 典型零件机械加工工艺设计与实施[M]. 北京：北京邮电大学出版社，2021.